O Primeiro Milhão de Algarismos de Pi

editado por

David E. McAdams

Para mais informações, veja http://www.piday.org.
O site do editor é http://www.demcadams.com.

Este livro tem apenas fins educacionais e de entretenimento. A editora e o autor não o oferecem como aconselhamento matemático.

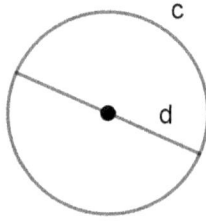

$$\Pi = \frac{c}{d}$$

$$\Pi = \frac{circunferência}{diâmetro}$$

Π ≈ 3.141592653589793238462643383279502884197169399375105820974944
5923078164062862089986280348253421170679821480865132823066470938446
0955058223172535940812848111745028410270193852110555964462294895493
0381964428810975665933446128475648233786783165271201909145648566
9234603486104543266482133936072602491412737245870066063155881748815
2092096282925409171536436789259036001133053054882046652138414695194
1511609433057270365759591953092186117381932611793105118548074462379
9627495673518857527248912279381830119491298336733624406566430860213
9494639522473719070217986094370277053921717629317675238467481846766
9405132000568127145263560827785771342757789609173637178721468440901
2249534301465495853710507922796892589235420199561121290219608640344
1815981362977477130996051870721134999999837297804995105973173281609
6318595024459455346908302642522308253344685035261931188171010003137
8387528865875332083814206171776691473035982534904287554687311595628
6388235378759375195778185778053217122680661300192787661195909216420
1989380952572010654858632788659361533818279682303019520353018529689
9577362259941389124972177528347913151557485724245415069595082953311
6861727855889075098381754637464939319255060400927701671139009848824
0128583616035637076601047101819429555961989467678374494482553797747
2684710404753464620804668425906949129331367702898915210475216205696
6024058038150193511253382430035587640247496473263914199272604269922
7967823547816360093417216412199245863150302861829745557067498385054
9458858692699569092721079750930295532116534498720275596023648066549
9119881834797753566369807426542527862551818417574672890977772793800
0816470600161452491921732172147723501414419735685481613611573525521
3347574184946843852332390739414333454776241686251898356948556209921
9222184272550254256887671790494601653466804988627232791786085784383
8279679766814541009538837863609506800642251252051173929848960841284
8862694560424196528502221066118630674427862203919494504712371378696
0956364371917287467764657573962413890865832645995813390478027590099
4657640789512694683983525957098258226205224894077267194782684826014
7699090264013639443745530506820349625245174939965143142980919065925
0937221696461515709858387410597885959772975498930161753928468138268
6838689427741559918559252459539594310499725246808459872736446958486
5383673622262609912460805124388439045124413654976278079771569143599
7700129616089441694868555848406353422072225828488648158456028506016
8427394522674676788952521385225499546667278239864565961163548862305
7745649803559363456861743241125150706947945109659609402522887971089
3145669136672287489240560101503308617928680920874760917824938589009
7149096759852613655497818931297848216829989487226588048575640142704
7755513237964145152374623436454285844479526586782105114135473573952
3113427166102135969536231442952484937187110145765403590279934403742
00731057853906219838744780

```
47848968332144571386875194350643021845319104848100537061468067491
278191197939952061419663428754440643745123718192179998391015919561
8146751426912397489409071864942319615679452080951465502252316038810
9301420937621378559566389377870803039069792077346722182562599661501
4215030680384477345492026054146659252014974428507325186660021324340
0881907104863317346496514539057962685610055081066587969981635747360
3840525714591028970641401109712062804390397595156771577004203378690
9360072305587631763594218731251471205329281918261861258673215791980
4148488291644706095752706957220917567116722910981690915280173506710
2748583222871835209353965725121083579151369882091444210067510334670
1103141267111369908658516398315019701651511685171437657618351556500
8849099898599823873455283316355076479185358932261854896321329330890
8570642046752590709154814165498594616371802709819943099244889575710
2828905923233260972997120844335732654893823911932597463667305836040
1428138830320382490375898524374417029132765618093773444030707469210
1201913020330380197621101100449293215160842444859637669838952286840
7831235526582131449576857262433441893039686426243410773226978028070
3189154411010446823252716201052652272111660396665573092547110557850
3763466820653109896526918620564769312570586356620185581007293606590
8764861179104533488503461136576867532494416680396265797877185560840
5529654126654085306143444318586769751456614068007002378776591344010
7127494704205622305389945613140711270004078547332699390814546646450
8807972708266830634328587856980305235808933065757406795457163775254
20211495576158140025012622859413021647155097925923099079654737612 5
5176567513575178296664547791745011299614890304639947132962107340430
7518957359614589019389713111790429782856475032031986915140287080850
9904801094121472213179476477726224142548545403321571853061422881370
5850430633217518297986622371721591607716692547487389866549494501140
6540628433663937900397692656721463853067360965712091807638327166410
6274888800786925602902284721040317211860820419000422966171196377920
1337575114959501566049631862947265473642523081770367515906735023500
7283540567040386743513622224771589150495309844489333096340878076930
2599397805419341447377441842631298608099888687413260472156951623960
5864573021631598193195167353812974167729478672422924654366800980670
6928238280689964004824354037014163149658979409243237896907069779420
2362508221688957383798623001593776471651228935786015881617557829730
5233446042815126272037343146531977774160319906655418763979293344190
5215413418994854447345673831624993419131814809277771038638773431770
2075456545322077709212019051660962804909263601975988281613323166630
6528619326686336062735676303544776280350450777235547105859548702790
0814356240145171806246436267945612753181340783303362542327839449750
3824372058353114771199260638133467768796959703098339130771098704080
5913374641442822772634659470474587847787201927715280731767907707150
7213444730605700733492436931138350493163128404251219256517980694110
3528013147013047816437885185290928545201165839341965621349143415950
6258658655705526904965209858033850722426482939728584783163057777560
0688876446248246857926039535277348030480290058760758251047470916430
9613626760449256274204208320856611906254543372131535958450687724600
2901618766795240616342522577195429162991930645537799140373404328750
2628889639958794757291746426357455254079091451357111369410911939320
5191076020825202618798531887705842972591677813149699009019211697170
3727847684726860849003377024242916513005005168323364350389517029890
3922334517220138128069650117844087451960121228599371623130171144480
4640903890644954440061986907548516026327505298349187407866808818330
8510228334508504860825039302133219715518430635455007668282949304130
7765527939751754613953984683393638304746119966538581538420568533860
2186725233402830871123282789212507712629463229563989898935821167450
6270102183564622013496715188190973038119800497340723961036854066430
19395097901906996395524530054505806855019567302292191393391856803 4
49039820595510022635353619204199474553859381023439554495977837790 2
```

37421617271117236434354394782218185286240851400666044332588569867
05431547069657474585503323233421073015459405165537906866273379958
51156257843229882737231989875714159578111963583300594087306812160 2

37421617271117236434354394782218185286240851400666044332588569867
05431547069657474585503323233421073015459405165537906866273379958
51156257843229882737231989875714159578111963583300594087306812160 2
87649628674460477464915995054973742562690104903778198683593814657 4
12680492564879855614537234786733039046883834636465537949864192705 6
38729317487233208376011230299113679386270894387993620162951541337 1
42489283072201269014754668476535761647737946752004907571555278196 5
36213239264061601363581559074220202031872776052772190055614842555 1
87925303435139844253223415762336106425063904975008656271095359194 6
58975141310348227693062474353632569160781547818115284366795706110 8
61533150445212747392454494542368288606134084148637767009612071512 4
91404302725386076482363414334623518975766452164137679690314950191 0
85759844239198629164219399490723623464684411739403265918404437805 1
33389452574239950829659122850855582157250310712570126683024029295 2
52201187267675622041542051618416348475651699981161410100299607838 6
90929160302884002691041407928862150784245167090870006992821206604 1
83718065355672525325675328612910424877618258297651579598470356222 6
29348600341587229805349896502262917487882073420922224533985626476
69149055628425039127577102840279980663658254889264880254566101729 6
70266407655904290994568150652653053718294127033693137851786090407 0
86671149655834343476933857817113864558736781230145876871266034891 3
90956200993936103102916161528813843790990423174733639480457593149 3
14052976374811935670911013775172100803155902485309066920376719 2
20332290943346768514221447739393751703443661991040337511173547191
85504644902636551281622884462575916333039107225383742182140883508
65739177150968288747826565995995744906617583441375223970968340800 53
55984917541738188399944697486762655165827658483588453142775687900 2
90951702835297163445621296404352311760066510124120065975585127617 8
58382920419748442360800719304576189323492292796501987518721272675 0
79812554709589045563579122103334669749923563025494780249011419521
23828153091140790738602515227429958180724716259166854513331239480 4
94707911915326734302844186041426363954800044800267049624820179289
64766975831832713142517029692348896276684403232609275249603579964 6
92565049368183609003238092934595889706953653494060340216654437558 9
00456328822505452556405644824651518754711962184439658253375438856 9
09411303150952617937800297412076651479394259029896959469955657612 1
86561967337862362561252163208628692221032748892186543648022967807 0
57656151446320469279068212073883778142335628236089632080682224680 1
22482611771858963814091839036736722088832151375560037279839400415
29700287830766709444745601345564172543709069793961225714298946715 4
35784687886144458123145935719849225284716050492124247014121478057
34551050080190869960330276347870810817545011930714122339086639383 3
95294257869050764310063835198343893415961318543475464955697810382 9
30971646514384070070736041123735998434522516105070270562352660127 6
48483084076118301305279320542747628654036036745328651057065874882 25
69815793678976697422057505968344086973502014102067235850200724522 5
63265134105592401902742162484391403599895353945909440704691209140 9
38700126456001623742880210927645793106579229552498872758461012648 3
69999225695968815920560010165525637567856672279661988578279484885
58343975187445455129656344348039664205579829368043522027709842942 3
25330225763418070394769941597915945300697521482933665556615678736 4
00536665641654732170439035213295435291694145990416087532018683793 7
02348886894791510716378529023452924407736594956305100742108714261 3
49745956151384987137570471011787957310422969066670214498637464595 28
08243694457897723300487647652413390759204340196340391147320233807 1
50952220106825634274716460243354400515212669324934196739770415956 8
37535551667302739007497297363549645332888698440611964961627734495 1
82736955882207573551766515898551909866653935494810688732068599075 4
07923424023009259007017319603622547564789406475483466477604114632 3
39056513433068449539790709030234604614709616968868550140834704054 6

```
0742958699138296682468185710318879065287036650832431974404771 85567
8934823089431068287027228097362480939962706074726455399253994 42808
1137369433887294063079261595995462624629707062594845569034711 97299
6409089418059534393251236235508134949004364278527138315912568 98929
5196427287573946914272534366941532361004537304881985517065941 21735
2462589548730167600298865925786628561249665523533829428785425 34048
3083307016537228563559152534784459818313411290019992059813522 05117
3365856407826484942764411376393866924803118364453698589175442 64739
9882284621844900877769776312795722672655562596282542765318300 13407
0922334365779160128093179401718598599933849235495640057099558 56113
4980252499066984233017350358044081168552653117099570899427328 70925
8487894436460050410892266917835258707859129834417295351953788 5534
5737426085902908176515578039059464087350612322611200937310804 85485
2635722825768203416050484662775045003126200800799804925485346 94146
9775164932709504934639382432227188515974054702148289711177792 37612
2578873477188196825462981268685817050740272550263329044976277 89442
3621674119186269439650671515779586756482399391760426017633870 45499
0176143641204692182370764887834196896861181558158736062938603 81017
1215855272668300823834046564758804051380801633638874216371406 43549
5561868964112282140753302655100424104896783528588290243670904 88711
8190909494533144218287661810310073547705498159680772009474696 13436
0928614849417850171807793068108546900094458995279424398139213 50558
6422196483491512639012803832001097738680662877923971801461343 24457
2640097374257007359210031541508936793008169980536520276007277 49674
5840028362405346037263416554259027601834840306811381855105979 70566
4007509426087885735796037324514146786703688098806097164258497 59513
8069309449401515422221943291302173912538355915031003330325111 74915
6969174502714943315155885403922164097229101129035521815762823 28318
2342548326111912800928252561902052630163911477247331485739107 77587
4425387611746578671169414776421441111263583553871361011023267 98775
6410246824032264834641766369806637857681349204530224081972785 64719
8396308781543221166912246415911776732253264335686146186545222 68126
8872684459684424161078540167681420808850280054143613146230821 02594
1737562389994207571362751674573189189456283525704413354375857 534269
8699472547031656613991999682682824727064133622178923903176085 42894
3733935618891651250424440008952719837873864805847268954624388 23437
5178852014395600571048119498842390606136957342315590796703461 49143
4478863604103182350736502778590897578272731305048893989009923 91350
3373250855982655867089242612429473670193907727130706869170926 46254
8423240748550366080136046689511840093668609546325002145852930 95000
0907151058236267293264537382104938724996699339424685516483261 13414
6110680267446637334375340764294026682973865220935701626384648 52851
4903629320199199688285171839536691345222444708045923966028171 56551
5656661113598231122506289058549145097157553900243931535190902 10711
9457300243880176615035270862602537881797519478061013715004489 91721
0022201335013106016391541589578037117792775225978742891917915 52241
7189585361680594741234193398420218745649256443462392531953135 10331
1476394911995072858430658361935369329699289837914941939406085 72486
3968836903265564364216644257607914710869984315733749648835292 76932
8220762947282381537409961545598798259891093717126218283025848 11238
9011968221429457667580718653806506487026133892822994972574530 33283
8963818439447707794022843598834100358385423897354243956475556 84095
2248445541393941000162076936368467764130178196593799715574685 4194
6334893748439129742391433659360410035234377706588867781139498 61647
8747140793263858738624732889645643598774667638479466504074111 82565
8378878454858148962961273998413442726086061872455452360643153 71011
2746809778704464094758280348769758948328241239292960582948619 19667
0918958089833201210318430340128495116203534280144127617285830 24355
9830032042024512072872535581195840149180969253395075778400067 46552
6031446167050827682772223534191102634163157147406123850425845 98841
```

```
99076112872580591139356896014316682831763235673254170734208173322 3
04629879928049085140947903688786878949305469557030726190095020764 3
34933591060245450864536289354568629585313153371838682656178622736 3
71697577418302398600659148161640494496501173213138957470620884748 0
23653710311508984279927544268532779743113951435741722197597993596 8
52522857452637962896126915723579866205734083757668738842664059909 9
35050008133754324546359675048442352848747014435454195762584735642 1
61981340734685411176688311865448937769795665172796623267148103386 4
39137518659467300244345005449953997423723287124948347060440634716 0
63258306498297955101095418362350303094530973358344628394763047756 4
50150085075789495489313939448992161255255977014368589435858775263 7
96255970816776438001254365023714127834679261019955852247172201777 2
37004178084194239487254068015560359983905489857235467456423905858 5
02167190313952629445543913166313453089390620467843877850542393905 2
47313620129476918749751910114723152893267725339181466073000890277 6
89631148109022097245207591672970078505807171863810549679731001678 7
08506942070922329080703832634534520380278609905569001341371823683 7
09919495164896007550493412678764367463849020639640197666855923356 5
46391383631857456981471962108410809618846054560390384553437291414 4
65134749407848844237721751543342603060669883176833100113310869042193
90310801437843341513709243530136776310849135161564226984750743032 9
71674696406665315270353254671126675224605511995818319637637076179 9
19192035795820075956053023462677579439363074630569010801149427141 0
09391369138107258137813578940055995001835425118417213605572752210 3
52680373572652792241737360575112788721819084490061780138897107708 2
29310027976659358387589093956881485602632243937265624727760378908 1
44588378550197028437793624078250527048758164703245812908783952324 5
32378960298416692254896497156069811921865849267704039564812781021 7
99132174163058105545988013004845629976511212415363745150056350701 2
78159267142413421033015661653560247338078430286552572227530499988 3
70153487930080626018096238151613669033411113865385109193673938352 2
93458883225508870645075394739520439680790670868064450969865488016 8
28743437861264538158342807530618454859037982179945996811544197425 3
63443996029025100158882721647450068207041937615845471231834600726 2
93395505482395571372568402322682130124767945226448209102356477527 2
30820810635188991526928891084555711266039650343978962782500161101 5
32351605196559042118449499077899920073294769058685777877872098290135
29566139788848605097860859570177312981553149516814671769597609942 1
00361835591387778176984587581044662839988060061622984861693533738 6
57877359833616133841338536842119789389001852956919678045544828584 8
37011709672125353337586215823101331038776682721157269495181795897 5
46939926421979155233857662316762754757035469941489290413018638611 9
43919628388705436777432242768091323654494853667680000010652624854 7
30558615989991401707698385483188750142938909950685453076511680333 3
73222651756622075269517914422528081651716677667279303548515420402 3
81746089232839170327542575086765511785939500279338959205766827896 7
76445318404041855401043513483895312013263783692835808271937831265 4
96174599705674507183320650345566440344904536275600112501843356073 6
12227659492783937064784264567633881880756561216896050416113903906 3
96016202215368494109260538768871483798955999112099164646441191856
82770045742434340216722764455893301277815868695250694993646101756 8
50601671453543158148010545886056455013320375864548584032402987170 9
34809105562116715468484778039447569798042631809917564228098739987 6
69732376957370158080682290459921236616890259627304306793165311494 0
17647376938731540933618332161428021497633991898354848795957952424 2
38730775595555954651963944018218409984124898262367377146722606163 3
64329640633572810708875816404381485018841143188598827694490119321
29682715888413386943468285900666408063140777577257056307294004929 4
03024204984165654797367054855804458657202276378404668233798528271 0
57843197535417950113472736257740802134768260450228515797957976474 6
```

702284099956160156910890384582450267926594205550395879229818526480
07068376504183656209455543461351341257006597488191634135955671964
965403218727160264859304903978748958906612725079482827693895352175
36218507962977851461884327192232238101587444505286652380225328438 9
1375273845892384422535472653098171578447834215822327020690287232 33
00538621634798850946954720047952311201504329322662827276321779088 4
00878614802214753765781058197022263097174950721272484794781695729 6
14236585957820908307332335603484653187302930266596450137183754288 9
755797144992465403868179921389346924474198509733462679332107268687
0768062639919361965044099542167627840914669856925715074315740793 80
53239252394775574415918458215625181921552337096074833292349210345 1
46264374498055961033079941453477845746999921285999993996122816152 1
93148887693880222810830019860165494165426169685867883726095877456 7
61825072759929508931805218729246108676399589161458550583972742098 0
90978172932393010676638682404011130402470073508578287246271349463 6
85318154696904669686939254725194139929146524238577625500474852954 7
68147954670070503479995888676950161249722820403039954632788306959 7
62493615101024365553522306906129493885990157346610237122354789112 9
25476961760050479749280607212680392269110277722610254414922157650 4
50812067717357120271802429681062037765788371669091094180744878140 4
90755178203856539099104775941413215432844062503018027571696508209 6
42734841469572639788425600845312140659358090412711359200419759851 3
62547961606322887361813673732445060792441176399759746193835845749 1
59880976674470930065463424234606342374746660804317012600520559284 9
36959414340814685298150539471789004518357551541252235905906872648 7
86357525419112888773717663748602766063496035367947026923229718683 2
77173932361920077745221262475186983349515101986426988784717193966 4
97690708252174233656627259284406204302141137199227852699846988477 0
23238238400556555178890876613601304770984386116870523105531491625 1
72837327286760072481729876375698163354150746088386636406934704372 0
66886512756882661497307886570156850169186474885416791545965072342 8
77306998537139043002665307839877638503238182155355973235306860430 1
06757608389086270498418885951380910304235957824951439885901131858 3
58406674723702971497850841458530857813391562707603563907639473114 5
54958322669457024941398316343323789759556808568362972538679132750 5
55425244919435891284050452269538121791319145135009938463117740179 7
15122837854601160359554028644059024964669307077690554810288502080 8
58008781157738171917417760173307385475800605601433774329901272867
72530431825197579167929699650414607066457125888346979796429316229 6
55201687973000356463045793088403274807718115553309988702550520768
04630346086581653948769519600440848206596737947316808641564565053 0
04988161649057883115434548505266006982309315777650037807046612647 0
60214575505793270962047825615247145918965223608396645624105195510 52
23572397395128818164059785914279148165426328920042816091369377737 2
22999833270820829699557377273756676155271139225880552018988762011 4
16800546873655806334716037342917039079863965229613128017826797172 8
98229360702880690877686605932527463784053976918480820410219447197 1
38692560841624511239806201131845412447820501107987607171556831540 7
886543904121087303240201068534194730476667217498698685470767812 0
51247367924791931508564447753798537997322344561227858432968466475 1
33365736923872014647236794278700425032555899268843495928761240075 5
87569464137056251400117971331662071537154360068764773186755871487 8
39890810742953094106059694431584775397009439883949144323536685392 0
99468796450665339857388878661476294431401049888993160051207678103
58861166020296119363968213496075011164983278563531614516845769568 7
10900299976984126326650234771672865737857908574664607722834154031 1
44152941880478254387617707904300015669867767957609099669360755949 6
51527363498118964130433116627747123388174060373174397054067031096 7
67657486953587896700319258662594105105335843846560233917967492678 4
47637084749783336555790073841914731988627135259546251816043422537 2

```
996286326749682405806029642114638643686422472488728343417044157348
248183330164056695966886676956349141632842641497453334999948000266
998758881593507357815195889900539512085351035726137364034367534714
104836017546488300407846416745216737190483109676711344349481926268
111073994825060739495073503169019731852119552635632584339099822498
624067031076831844660729124874754031617969941139738776589986855417
031884778867592902607004321266617919223520938227878880988633599116
081923535557046463491132085918979613279131975649097600013996234445
535014346426860464495862476909434704829329414041114654092398834443
515913320107739441118407410768498106634724104823935827401944935665
161088463125678529776973468430306146241803585293315973458303845541
033701091676776374276210213701354854450926307190114731848574923318
167207213727935567952844392548156091372812840633039373562420016 04
566455741458816605216660873874804724339121295587776390696903707882
852775389405246075849623157436917113176134783882719416860662572103
685132156647800147675231039357860689611125996028183930954870905907
386135191459181951029732787557104972901148717189718004696169777001
791391961379141716270701895846921434369676292745910994006008498356
842520191559370370101104974733949387788598941743303178534870760322
198297057975119144051099423588303454635349234982688362404332726741
554030161950568065418093940998202060999414021689090070821330723089
662119775530665918814119157783627292746156185710372172471009521423
696483086410259288745799932237495519122195190342445230753513380685
680735446499512720317448719549761073080602699062580760202927 3145
525207807991418429063884437349968145827337207266391767020118300464
819000241308350884658415214899127610651374153943565721139032857491
876909441370209051703148777346165287984823533829726013611098451484
182380812054099612527458088109948697221612852489742555551607637167
505489617301680961380381191436114399210638005083214098760459930932
485102516829446726066613815174571255975495358023998314698220361338
082849935670557552471290274539776214049318201465800802156653606776
550878380430413431059180460680083459113664083488740800574127258670
479225831912741573908091438313845642415094084913391809684025116399
193685322555733896695374902662092326131885589158083245557194845387
562878612885900410600607374650140262782402734696252821717494158233
174923968353013617865367376064216677813773995100658952887742766263
684183068019080460984980946976366733566228291513235278880615776827
815958866918023894033307644191240341202231636857786035727694154177
882643523813190502808701857504704631293335375728538660588890458311
145077394293520199432197117164223500564404297989208159430716701985
746927384865383343614579463417592257389858800169801475742054299580
124295810545651083104629728293758416116253256251657249807849209989
799062003593650993472158296517413579849104711166079158743698654122
234834188772292944633517865385673196255985202607294767407261676714
557364981210567771689348491766077170527718760119990814411305864557
791052568430481144026193840232247093924980293355073184589035539713
308844617410795916251171486487446861124760542867343670904667846867
027409188101424971114965781772427934707021668829561087779440504843
752844337510882826477197854000650970403302186255614733211777117441
335028160884035178145254196432030957601869464908868154528562134698
835544456024955666843660292219512483091060537720198021831010327041
783866544718126039719068846237085751808003532704718565949947612424
811099928867915896904956394762460842406593094862150769031498702067
353384834955083636601784877106080980426924713241000946401437360326
564518456679245666955100150229833079849607994988249706172367449361
226222961790814311414660941234159359309585407913908720832273354957
208075716517187659944985693795623875551617575438091780528029464200
447215396280746360211329425591600257073562812638733106005891065245
708024474937543184149401482119996276453106800663118382376163966318
093144467129861552759820145141027560068929750246304017351489194576
```

360789352855505317331416457050499644389093630843874484783961684051
845273288403234520247056851646571647713932377551729479512613239822
960239454857975458651745878771331813875295980941217422730035229650
808917770506825924882232215493804837145478164721397682096332050830
564792048205920475499857320388876391601995240918938945576768740973
085695595801065952650303626615975066222508406742889826590751063756
356996821151094966974458054728869363102036782325018232370845979011
154847208761821247781326633041207621658731297081123075815982124863
980721240786887811450165582513617890307086087019897588980745664395
515741536319319198107057533663373803827215279884935039748001589051
942087971130805123393322190346624991716915094854140187106035460379
464337900589095772118080446574396280618671786101715674096766208029
576657705129120990794430463289294730615951043090222143937184956063
405618934251305726829146578329334052463502892917547087256484260034
962961165413823007731332729830500160256724014185152041890701154288
579920812198449315699905918201181973350012618772803681248199587707
020753240636125931343859554254778196114293516356122349666152261473
539967405158499860355295332924575238881013620234762466905581643896
786309762736550472434864307121849437348530060638764456627218666170
123812771562137974614986132874411771455244470899714452288566294244
023018479120547849857452163469644897389206240194351831008828348024
924908540307786387516591130287395878709810077271827187452901397283
661484214287170553179654307650453432460053636147261818096997693348
626407743519992866632335088756683595097265574815431940195576850432
724800102041374983187225967738715495839971844490727914196584593008
394263702087563539821696205532480321226749891140267852859967340524
203109179789990571882194939132075343170798002373659098537552023891
164346718558290685371189795262623449248339249634244971465684659124
891855662958932990903523923333647435203707701010843880032907598 34
217018554228386161721041760301164591878053936744747205998502358289
183369292223373239994804371084196594731626548257480994825099918 3300
697656936715968936449334886474421350084070066088359723503953234017
958255703601693699088671132109798897070517280755855191269930673 09
925070407024556850778679069476126298082251633136399521170984528 09
263037592242674257559989289278370474445218936320348941552104459726
188380030067761793138139916205806270165102445886924764924689192461
212531027573139084047000714356136231699237169484813255420091453041
037135453296620639210547982439212517254013231490274058589206321758
949434548906846399313757091034633271415316223280552297297953801880
162859073572955416278867649827418616421878988574107164906919185116
281528548679417363890665388576422915834250067361245384916067413734
017357277995634104332688356950781493137800736235418007061918026732
855119194267609122103598746924117283749312616339500123959924050845
437569850795704622266461900010350049018303415345584283376437811198
855631877779253720116671853954183598443830520376281944076159410682
071697030228515225057312609304689842343315273213136121658280807521
263154773060442377475350595228717440266638914881717308643611138906
942027908814311944879941715404210341219084709408025402393294294549
387864023051292711909751353600092197110541209668311151632870542302
847007312065803262641711616595761327235156666253667271899853419989
523688483099930275741991646384142707798870887422927705389122717248
632202889842512528721782603050099451082478357290569198855546788607
946280537122704246654319214528176074148240382783582971930101788834
567416781139895475044833931468963076339665722672704339321674542182
455706252479721997866854279897799233957905758189062252547358220523
642485078340711014498047872669199018643882293230538231855973286978
092225352959101734140733488476100556401824239219269506208318381454
698392366461363989101210217709597670490830508185470419466437131229
969235889538493013635657618610606222870559942337163102127845744646
398973818856674626087948201864748767272722206267646533809980196688

```
36809941590757768526398651462533363124505364026105696055 1318381317
42611844201890888531963569896279503673842431301133175330532980201
66888174813429886815855778103432317530647849832106297184 2518438553
44276201282345707169885305183261796411785796088881503296 0229070561
44762209150947390359466469162353968092013945781758910889 3199211226
00739281491694816152738427362642980982340632002440244958 9445612916
70495082358124873917996486411334803247577752197089327722 6234948601
50466526814398770516153170266969297049283162855042128981 4670619533
19702695072143782304768752802873541261663917082459251700 1071418085
48006369232594620190022780874098597719218051585321473926 5325155903
54102092846659252999143537918253145452905984158176370589 2790690989
69111643811878094353715213322614436253144901274547726957 3939348154
69163116249288735747188240715039950094467319543161938554 8520766573
88251396391635767231510055560372633948672082078086537349 4244011579
96675073607111593513319591971209489647175530245313647709 4209463569
69822266737752099451684506436238242118535348879893956731 8780660610
78854400055082765703055874485418057788917192078814233511 3866292966
71796434687600770479995378833878703487180218424373421122 7394025571
76908196030920182401884270570460926225641783752652633824 4066126125
33115294234579655695025068100183109004112453790153329661 5697052237
92103257069370510908307894799990049993953221536227484766 0361367769
79785673865846709366795885837887956259464648913766521995 8828693380
18360119323685785585819555604215625088365020332202451376 215820461
81067051953306530606501548871672453779428313388716313955 9690583
20834168984760656071183471362181232462272588419902861420 8728495687
96393254642853430753011052857138296437099903569488852851 9040295604
73461311382638788975517885604249987483163828040468486189 3818959054
20398898726506976202019955484126500053944282039301274816 3815853039
64399254702016727593285743666616441109625663373054092195 1967514832
87348089574777752783442210910731113518280460363471981856 5557295714
47476825528578633493428584231187494400032296906977583159 0385803935
35213588600796003420975473922967333106493956018122378128 5458431760
55617338611267347807458506760630482294096530411183066710 8189303110
88717281675195796753471885372293096161432040063813224658 4111115775
83585811350185690478153689381377184728147519983505047812 9771859908
47076219746058874232569958288925335041937958260616211842 36876851141
83160683158679946016520577405294230536017803133572632670 5479033840
12573059123396018801378254219270947673371919872873852480 5742124892
11834708766296672072723256505651293331260595057777275424 7124164831
28329820723617505746738701282095755443059683955556868611 8839713552
20844528526400812520276655576774959696266126045652456840 8613923826
57685833846984997787267065551918544686984694784957346226 0629421962
45570853712727765230989554501930377321666491825781546772 9200521266
71434632096378918523232150189761260343736840671941930377 4688099929
68775824410478781232662531818459604538535438391144967753 1286426092
52115376732588667226040425234910870269580996475958057946 6397341906
40100363619040420331135793365424263035614570090112448008 9002080147
80566037101541223288914657223931450760716706435568274377 4396578906
79726874384730763464516775621030986040927170905128086309 029738504
45271828927496892121066700816485833955377359191369501531 6201890888
74842107987068991148046692706509407620465027725286507289 0532854856
14331608126930056937854178610969692025388650345771831766 8688592368
14884752764984668219497397297077371871884004143231276365 0481453112
28509900207424092558592529261030210673681543470152523487 8635164397
62358604191941296976904052648323470099111542601273438022 08933109
66863678986949779940012601642276092608234930411806438291 3834735467
97253992623387915829984864592717340592256207491053085315 3718291168
16372193951887009577881815868504645076993439409874335144 3162633031
72477474868979182092394808331439708406730840795893581089 6656477585
99055637695252326536144247802308268118310377358870892406 1303133647
```

```
7371011628214614661679404090518615260360009252194721889091810733587
1964142144478654899528582343947050079830388538860831035719306002 77
1194558021911942899922722353458707566246926177663178855144350218 28
7026685610665003531050216318206017609217984684936863161293727951 87
3078972637353717150256378733579771801848784588665043358243770041 4
7710414934927438457587107159731559439426412570270965125108115548 24
7939403597681188117284721582501094960966253933953809221955919181 8
8552678062149923172763163218339896938075616855911752998450132067 12
9392404144593862398809381240521914848316462101473891825101090967 7
3869066404158973610476436500068077105656718486281496371118832192 44
5663945814491486165500495676982690308911185687986929470513524816 09
1743243015383684707292899982846022237301452655679898627767968091 46
9798378268764311598832109043715611299766521539635464420869197567 37
0005738764978437686287681792497469438427465256316323005551304174 22
7341646455127812784577772457520386543754282825671412885834544435 13
2562054446242101103795546419058116862305964476958705407214198521 210
6734332410756767575818456990693046047522770167005684543969234041 71
1089888993416350585157887353430815520811772071880379104046983069 57
8685473937656433631979786803671873079693924236321448450354776315 67
0255390065423117920153464977929066241508328858395290542637687668 96
8805033317227800185885069736232440987004718976193473443084374437 5
9925034178807972235859134245813144049847701732361694717965715353 19
7754997162785663119046912609182591249890367654176979903623755286 52
6375733763526969344354400473067198868901968147428767790866979688 52
2501636949856730217523132529265375896415171479559537842784998664 5
6302877883196209983049451987439636907068276265748581043911223261 879
4059941554063270131989895703761105323606298674803779153767511583 04
3208498720920280929752649812569163425000522908872646925284666104 66
5392171482080130502298052637836426959733707053922789153510568883 93
8113249757071331029504430346715989448786847116438328050692507766 27
4500122003526203709466023416468998390252588830148678162196775194 58
3167718762757200505439794412459900771152051546199305098386982542 84
6407255540927403132571632640792934183342147090412542533523248021 93
2277075355546795871638358750181593387174236061551171013123525633 48
5820365146141870049205704372018261733194715700867578539336078622 73
9558185797587258744102542077105475361294047460100094095444959662 88
1486915903899071865980563617137692227290764197755177720104276496 94
9611056220592502420217704269622154958726453989227697660310524980 85
5759471631075870133208861463266412591148633881220284440694169488 26
1529577625325019870359870674380469821942056381255833436421949232 27
5937221289056420943082352544084110864545369404969271494003319782 86
1318186188811118408257865928757426384450059944229568586460481033 01
5388911499486935436030221810943466764000022362550573631294626296 09
6198760564259963946138692330837196265954739234624134597795748524 64
7837980795693198650815977675350553918991151335252298736112779182 74
8542008689539658359421963331502869561192012298889887006079992795 41
1188269023078913107603617634779489432032102773359416908650071932 80
4017163840644987871753756781185321328408216571107549528294974936 21
4608215583205687232185574065161096274874375098092230211609982633 03
3915469494644491004515280925089745074896760324090769883652940657 92
0198315265410658136823791984090645712468948470209357761193139980 24
6813405200394781949866202624008902150166163813538381515037735022 96
6074627952910384068685569070157516624192987244482719429331004854 82
4454580718897633003232525821581280327467962002814762431828622171 05
4352898348208273451680186131719593324711074662228508710666117703 46
5352839577625997744672185715816126411143271794347885990892808486 69
4914139097716736900277758502686646540565950394867841110790116104 00
8572744562938425494167594605487117235946429105850909950214958793 11
2196135908315882620682332156153086833730838173279328196983875087 08
3483880463884784418840031847126974543709373298362402875197920802 32
```

```
187874488287284372737801782700805878241074935751488997891173974612
932035108143270325140903048746226294234432757126008664250833318768
865075642927160552528954492153765175149219636718104943531785838345
386525565664065725136357506435323650893670943170259787817719031486
796384082881020946149007971513771709906195496964007086766710233004
867263147551053723175711432231741141168062286420638890621019235522
354671166213749969326932173704310598722503945657492461697826097025
335947502091383667377289443869640002811034402608471289900074680776
484408871134135250336787731679770937277868216611786534423173226463
784769787514433209534000165069213054647689098505020301504488083426
184520873053097318949291642532293361243151430657826407028389840984
160295030924189712097160164926561341343342229882790992178604267981
245728534580133826099587717811310216734025656274400729683406619848
067661580502169183372368039902793160642043681207990031626444914619
021945822969099212278855394878353830564686488165556229431567312827
439082645061162894280350166133669782405177015521962652272545585073
864058529983037918035043287670380925216790757120406123759632768567
484507915114731344000183257034492090971243580944790046249431345502
890068064870429353403743603262582053790118395640989354345103134296
961754524957396021490288728932792520696535383639644322538832752249
960598697475988232991626354597332444516375533437749292899058117578
635555562693742691094711700216541171821975051983178713710605106379
555858890556885288798908475091576463907469361988150781468526213325
247383765119299015610918977792200870579339646382749068069876916819
749236564222608715417610043060890437797667851966189140414492527048
088197149880154205778700652159400928977760133075684796699295543365
613984773806039436889588764605498387147896848280538470173087111776
115966350503997934386933911978988710915654170913308260764740630571
141109883938809548143782847452888383680794188843426662207043872288
741394780101772139228191199236540551639589347426395382482960903690
028835932774585506080131798840716244656399794827578365019551422155
133928197822698427863839167971509126241054872570092407004548848569
295044811073808799654748156891393538094347455697212891982717702076
661360248958146811913361412125878389557735719498631721084439890142
394849665925173138817160266326193106536653504147307080441493916936
326237376777709585031325599009576273195730864804246770121232702053
374266705314244820816813030639737873664248367253983748769098060218
278578621651273856351329014890350988327061725893257536399397905572
917516009761545904477169226580631511102803843601737474215247608515
209901615858231257159073342173657626714239047827958728150509563309
280266845893764964977023297364131906098274063353108979246424213458
374090116939196425045912881340349881063540088759682005440836438651
661788055760895689672753153380194207733259791727843762566118431989
102500749182908647514979400316070384554946538594602745244746681231
468794344161099333890899263841184742525704457251745932573898956518
571657596148126602031079762825416559050604247911401695790033835657
486925280074302562341949828646791447632277400552946090394017753633
565547193100017543004750471914489984104001586794617924161001645471
655133707407395026044276953855383439755054887109978520540117516974
758134492607943368954378322117245068734423198987884412854206474280
973562580706698310697993526069339213568588139121480735472846322778
490808700246777630360555123238665629517885371967303463470122293958
160679250915321748903084088651606111901149844341235012464692802880
599613428351188471544977127847336176628506216977871774382436256571
177945006447718370221999106695021656576440449979407650379999 5484
500271066598781360380231412683690578319046079276529727769404361302
305178708054651154246939526512710105292707030667302444712597393995
051462840476743136373997825918454117641332790646063658415292701903
027601733947486696034869497654175242930604072700505903950314852292
139257559484507886797792525393176515641619716844352436979444735596
```

```
4260633391055126826061595726217036698506473281266724521989060549880
2807828814297963366967441248059821921463395657457221022986775997467
3812606936706913408155941201611596019023775352555630060624798326
1249881288192937343476862689219239777833910733106588256813777172328
3153290825250927330478507249771394483338925520811756084529665905539
4096556854170600117985729381399825831929367910039184409928657560599
3598910002969864460974714718470101531283762631146774209145574041815
9088000649432378558393085308283054760767995243573916312218860575496
7383224319565065546085288120190236364471270374863442172725787950342
8486312944916318475347531435041392096108796057730987201352484075057
6371992536504709085825139368634638633680428917671076021111598288755
3994012007601394703366179371539630613986365549221374159790511908358
8290097656647300733879314678913181465109316761575821351424860442292
44530411316065270097433008849903467540551864067734260358340960860553
3474736276093565885310976099423834738222208729246449768456057956251
6765574088410321713134562773585605235823638953203853402484227337163
9123973215995440828421666636023296545694703577184873442034227706653
8373875061692127680157661810954200977083636043611105924091178895403
38021426523948929686439808926114635414575153519434285072135345301831
5756282757338982688985235577992957276452293915674775666760510878876
84845349363606827805056462281359888587925994094644604170520447004631
51379754317371877560398159626475014109066588661621800382669899619655
80587208639721176995219466789857011798332440601811575658074284182910
6151939176300591943144346051540477105700543390001824531177337189558
5760360718286050635647997900413976180895536366960316219311325022385
1791672055180659263518036251214575926238369348222665895576994660491
93811248660909979812857182349400661555219611220720309227764620099931
524427358948871057662389469388944649509396033045434084210246240104872
33287500817491798755438793873814398942380117627008371960530943839400
637561164585609431295175977139353960743227924892212670458018183313764
1658182695621058728924477400359470092686626596514220506300785920024882
918608397437323538490839643261470005324235406470420894992102504047267
8105908364400746638002087012666420945718170294675227854007450855237772
0890581683918446592829417018288233014971554235235911774818628592967660
504820386434310877956289292540563894662194826871104282816389397571175
778691543016505860296521745958198887868040811032843273986719862130620
5559855266036405046282152306154594474489908839081999738747452969810776
20148713400012253552224669540931521311533791579802697955571050850747387
4750758068765376445782524432638046143042889235934852961058269382103498
000405248407084403561167817170512813378805705643450616119330424440798260
37795119854869455915205196009304127100727784930155503889536033826192934
37970818743209499141595933963681106275572952780042548630600545238391510
6899891357882001941178653568214911852820785213012551851849371150342215
95422445119002073935396274002081104655302079328672547405436527175958935
00716336076321614725815407642053020045340183572338292661915308354095120
22632916505442612361919705161383935732669376015691442994494374485680977
569630312958871916112929468188493633864739274760122696415884890096571708
616059814720446742866420876533479958222090619802173211614230419477754990
7387385679411898246609130916917722742072333676350326783405863019301932429
963972044451792881228544782119535308989101253429755247276357302262813820
91807439748671453590778633530160821559911314144205091447293535022232081
7193663509346865856563148555758624478186201087118897606529698992693281787
05576435143382060141077329261063431525337182243385263520217735440715281
89813769875515757454693972715048846979361950047772097056179391382898984
5327426227288647108883270173723258818244658436249580592560338105215606206
1557132991560848920643403303395262263451454283678698288074251422567451806
18414956468611163540497189768215422772247947403357152743681940989205011365
3400123846714296551867344155
```

```
37416150425632567134302476551252192180357801692403266995417460 8759
24092070046693403965101781348578356944407604702325407555577647 2845
07518268904182939661133101601311190773986324627782190236506603 7404
16067249624901374332172464540974129955705291424382080760983648 2346
59738866913499197840131080155813439791948528304367390124820824 4481
41280954437738983200598649091595053228579145768849625786658859 9917
98675205545580990045564611787552493701245532171701942828846174 0273
66499784755082942280202329012216301023097721515694464279098021 9082
66898688342630716092079140851976952355534886577434252775311972 4743
08730436195113961190800302558783876442060850447306312992778889 4272
91897271699057592524467966018970748296094919064876469370275077 386
64323919190422542902353189233772931667360869962280325571853089 1928
44038050710300647768478632431910002239297852553723755662136447 4009
67605394398382357646069924652600890906241059042154539279044115 2958
03453345002562441010063595300395988644661695956263518780606885 1372
34627079973272331346939714562855426154676506324656766202792452 0858
13477176085216913409465203076733918411475014016892412131982688 156
86645614853802875393311602322925556189410429953356400957864953 4093
51152664540244187754931693056044868642086275720117231952640502 309
97745676478384889734643172159806267876718380052476968840849891 8508
61490034324034767426862459523958903585821350064509981782446360 8731
77543788596776729195261112138591947254514003011805034378752776 6440
27626189410175768726804281766238606804778852428874302591452477 7395
05465251353394595987896197789110418902929438185672050709646062 6354
17329446495766126519534957018600154126239622864138977967333290 7056
73769621564981845068422636903678495559700260798679962610190393 3126
37685569687670292953711625280055431007864087289392257145124811 3577
86276649024251619902774710903359333093049483805978566288447874 4146
98414990671237647895822632949046798120899848571635710878311918 4863
02545016209298058292083348136384054217200561219893536693713367 3339
24644161252231969434712064173754912163570085736943973059797097 1972
66666422674311177621764030686813103518991122713397240368870009 9686
29225464650063852886203938005047782769128356033725482557939129 8525
15068299691077542576474883253414121328006267170940090982235296 5795
79978030182824284902214707481111240186076134151503875698309186 5278
06588966823625239378452726345304204188025084423631903833183845 5052
23679923577529291069250432614469501098610888999146585518818735 8252
81643025209392852580779697376208456374821144339881627100317031 5133
44023095263519295886806908213558536801610002137408511544849126 8584
12686958991741491338205784928006982551957402018181056412972508 3607
03568510553317878408290000415525118657794539633175385320921497 2052
66078312602819611648580986845875251299974040927976831766399146 5538
61089375879522149717317281315179329044311218158710235187407572 2210
01237687219447472093493123241070650806185623725267325407333248 7575
44829675734500193219021991199607979893733836732425761039389853 4927
87774739805080800155447640610535222032540944356771879456543040 673
58964910176107759483645408234861302547184764851895758366743997 9150
85128580206078205544629917232020282229148869593997299742974711 5537
18589242384938558585954074381048826246487880533042714630119415 8989
63287926783273224561038521970111304665871005000832851773117764 8973
52309266612345888731028835156264460236719966445547276083101187 8838
91511493409393447500730258558147561908813987523578123313422798 6650
35227253671712307568610450045489703600795698276263923441071465 8489
57802414081584052295369374997106655948445924628661996355635065 262
34053394391421112718106910522900246574236041300936918892558657 8466
84612156795542566054160050712766417660568742742003295771606434 4860
62012398216982717231978268166282499387149954491373020518436690 7672
35774000539326626227603236597517189259018011042903842741855078 9488
74388327030632832799630072006980122443651163940869222074532024 462
41211558043545420642151211585056896157356414313068883443185280 85397
```

59277344336553841883403035178229462537020157821573732655231857 6355
409895403323638231921989217117744946940367829618592080340386757583
411151882417743914507736638407188048935825686854201164503135763335
550944031923672034865101056104987272647213198654343545040913185951
314518127643731043897250700498198705217627249406521461995923214231
443977654670835171474936798618655279171582408065106379950018429593
879915835017158075988378496225739851212981032637937621832245659423
668537679911314010804313973233544909082491049914332584329882103398
469814171557560108297065830652113470768036806953229719905999 0445120
908727577622535104090239288779424630483280319132710495478599 18019
696783532146444118926063152661816744319355081708187547705080 265402
529410921826458213857526688155584113198560022135158887210365 69608
751506318753300294211868222189377554602722729129050429225978771066
787384000061677215463844129237119352182849982435092089180168557279
815642185819119749098573057033266764646072875743056537260276898237
325974508447964954564803077159815395582777913937360171742299602735
310276871944944491793978514463159731443535185049141394155732938204
854212350817391254974981930871439661513294204591938010623142177419
918406018034794988769105155790555480695387854006645337598186284641
990522045280330626369562649091082762711590385699505124652999606285
544383833032763859980079292284665950355121124528408751622906026201
185777531374749362055496401073001348853150735487353905602908 93352
640071327473262196031177343394367338575912450814933573691166454128
178817145402305475066713651825828489809951213919399563324133655677
709800308191027204099714868741813466700609405102146269028044915964
654533010775469541308871416531254481306119240782118869005602778182
423502269618934435254763357353648561936325441775661398170393063287
216690572225974520919291726219984440964615826945638023950283712168
644656178523556516412771282691868861557271620147493405227694659571
219831494338162211400693630743044417328478610177774383797703723179
525543410722344551255558999864618387676490397246116795901810003509
892864120419516355110876320426761297982652942588295114127584126273
279079880755975185157684126474220947972184330935297266521001566251
455299474512763155091763673025946213293019040283795424632325855030
109670692272022707486341900543802650681214142135057154175057 50863
990767394633514620908288893493837643939925690060406731142209331219
593620298297235116325938677224147791162957278075239505625158160313
335938231150051862689053065836812998810866326327198061127154885879
809348791291370749823057592909186293919501472119758606727009254771
802575033773079939713453953264619526999659638565491759045833358579
910201271320458390320085338788816336376851820837278851311752 2776960
978796214237216254521459128183179821604411131167140691482717098101
545778193920231156387195080502467972579249760577262591332855972637
121120190572077140914864507409492671803581515757151405039761096384
675556929897038354731410022380258346876735012977541327953206097115
450648421218593649099791776687477448188287063231551586503289816422
828823274686610659273219790716238464215348985247621678905026099804
526648392954235728734397768049577409144953839157556548545905897649
519851380100795801078375994577529919670054760225255203445398871253
878017196071816407812484784725791240782454436168234523957068951427
226975043187363326301110305342333582160933319121880660826834142891
041517324721605335584999322454873077882290525232423486153152097693
846104258284971496347534183756200301491570327968530186863157248840
152663983568956363465743532178349319982554211730846774529708583950
761645822963032442432823773745051702856069806788952176819815671078
163340526675953942492628075696832610749532339053622309080708145591
983735537774874202903901814293731152933464468151212945097596 53430
628421531944572711861490001765055817709530246887526325011970520947
615941676872778447200019278913725184162285778379228443908430118112
149636642465903363419454065718354477191244662125939265662030688852

```
0055599121235363718226922531781458792593750441448933981608657900087
6165024635197045828895481793756681046474614105142498870252139936 87
0509372305447734112641354892806841059107716677821238332810262188558
7751312721179344482014402574508306394473836379390628300897330624
1380614589414227694747931665717623182472168350678076487573420491 55
7628217583972975134478990696589532548940335615613167403276472469 21
2505759116251529654568544633498114317670257295661844775487469378 46
4233737239898192066204851189437886822480727935202250179654534375727
4163910791972952950812942922205347717304184477915673991738418311 71
0362524395716152714669005814700002633010452643547865903290733205 46
8338872078735444762647925297690170912007874183736735087713376977 68
3496344252419949951388315074877537433849458259765560996555954318 04
0920178497184685497370696212088524377013853757681416632722412634 42
3982152941645378000492507262765150789085071265997036708726927643 0
8377229685985169122305037462744310852934305273078865283977335246 01
7463527703205938179125396915621063637625882937571373840754406468 96
4783100704580613446731271591194608435935825987782835266531151065 04
1623295329047772174083559349723758552138048305090009646676088301 54
0612824308740645594431853413755220166305812111033453120745086824 33
9432159043594430312431227471358442030390106070940315235556172767 99
4160020393975099897629335325855575624808996691829864222677502360 19
3257974726742578211119734709402357457222271212526852384295874273 50
1563660093188045493333898974157149054418255973808087156528143010 267
0460284316819230392535297795765862414392701549740879273131051636 11
9137577008929564823323648298263024607975875767745377160102490804 62
4301856652416175665560016085912153455626760219268998285537787258 314
5144082654583484409478463178777374794653580169960779405568701192 32
8608041130904629350871827125934668712766694873899824598527786499 56
9165464029458935064964335809824765965165142090986755203808309203 23
0487342703468288751604071546653834619611223013759451579252696743 64
2531927390036038608236450762698827497618723575476762889950752114 80
4852527950845033958570838130476937881321123674281319487950228066 32
0170022460331989671970649163741175854851878484012054844672588851 40
1562725019821719066960812627785485964818369621410721714214986361 91
8774754509650308957099470934337856981674465828267911940611956037 84
5397855839240761276344105766751024307559814552786167815949657062 55
9755074306521085301597908073343736079432866757890533483669555486 80
3913433720156498834220893399971641479746938696905480089193067138 05
7171505857307148815649920714086758259602876056459782423770242469 80
5328056632787041926768467116266879463486950464507420219373945259 26
2668613552940624781361206202636498199999498401438682852589563422 6
4328707663299304891723400725471764188685351372332667877921738347 54
1480022803392997357936152412755829569276837231234789899446274330 45
4566790062032420516396282588443085438307201495672106460533238537 20
3143242112607424485845094580494081820927639140008540422023556260 21
8564348994145439950410980591817948882628052066441086319001688568 15
5169229486203010738897181007709290590480749092427141018933542818 42
9995988169660993836961644381528877214085268088757488293258735809 90
5670755817017949161906114001908553744882726200936685604475596557 47
6485674008177381703307380305476973609786543859382187220583902344 44
3508867499866506040645874346005331827436296177862518081893144363 25
1205107094690813586440519229512932450078833398788429339342435126 34
3365204385812912834345297308652909783300671261798130316794385535 72
6296998740359570458452230856390098913179475948752126397078375944 86
1139451946026867512105616389760088800927461158608002078033415914 5179
7073036835196977766076373785330120241201120469886092093390853657 7
3222392412449051532780950955866459477634482269986074813297302630 97
5028812103517723124465095349653693090018637764094094349837313251 32
1862080214809922685502948454661814715557444709669530177690434272 03
1892770604717784527939160472281534379803539679861424370956683221 49
```

```
1465438014593829277393396032754048009552231816667380357183932757 07
7142046723838624617803976292377131209580789363841447929802588065 52
2129262093623930637313496640186619510811583471173312025805866727 63
9992763579078063818813069156366274125431259589936119647626101405 56
3503399523140323113819656236327198961837254845333702062563464223 95
2766943568376761368711962921818754576081617053031590728828700712 31
3666308722754918661395773730546065997437810987649802414011242142 77
3668082751390959313404155826266789510846776118665957660165998178 08
9414985754976284387856100263796543178313634025135814161151902096 49
9133548733131115022700681930135929595971640197196053625033558479 98
0963488718039111612813595968565478868325856437896173159762002419 62
1552896297904819822199462269487137462444729093456470028537694958 85
9591606789282491054412515996300781368367490209374915732896270028 65
6829344431342347351239298259166739503425995868970697267332582735 90
3121288746660451461487850346142827765991608090398652575717263081 83
3494441820193533385071292345774375579344062178711330063106003324 05
3991693682603746176638565758877580201229366353270267100681261825 17
2914608202541892885935244491070138206211553827793565296914576502 04
8643282865557934707209634807372692141186895467322767751335690190 15
3723669036865389161291688887876407525493494249733427181178892759 93
1596719354758988097924552262363569036320070854440784543479734829 180
2082044926670634420437555325050527522833778887040804033531923407 68
5630109347772125639088640413101073817853338316038135280828119040 83
2564401842053746792992622037698718018061122624490909242641985820 86
1751177113789051609140381575003366424156095216328197122335023167 42
2600567941281406217219641842705784328959802882335059828208196666 24
9035857789940333152274817776952843681630088531769694783690580671 06
4828083598046698841098135158654906933319522394363287923990534810 98
7830274500172065433690661177845543646877236318444647680691428280 0
4551074686645392805399409108754939166095731619715033166968309929 46
6349142798780842257220697148875580637480308862995118473187124777 29
1910070227588893486939456289515802965372150409603107761289831263 58
9964893410247036036645058687287589051406841238124247386385427908 28
2733827973326885504935874303160274749063129572349742611221517417 15
3133618622410913869500688835898962349276317316478340077460886655 59
8733382113829928776911495492184192087771606068472874673681886167 50
7221017261103830671787856694812948785048943063086169948798703160 51
5884108282351274153538513365895332948629494495061868514779105804 69
6039069372662670386512905201137810586161888869479576074135855345 8
5151768051973334433495230120395770739623771316030242887200537320 99
8253008977618973129817881944671731160647231476248457551928732782 82
5127182446807824215216469567819294098238926284943760248852279003 62
0219386696482215628093605373178040863727268426696421929946819214 90
8701707533361094791381804063287387593848269535583077395761447997 27
0003472880182785281389503217986345216111066608839314053226944905 45
5527867894417579202440021450780192099804461382547805858048442416 40
4775031536054906591430078158372430123137511562284015838644270890 71
8284816757527123846782459534334449622010096071051370608461801187 54
3120725491334994247617115633321408934609156561550600317384218701 57
0226103101916603887064661438897736318780940711527528174689576401 58
1047016965247557740891644568677717158500583269943401677202156767 72
4068128366565264122982439465133197359199709403275938502669557470 23
1813203243716420586141033606524536939160050644953060161267822648 94
2437397166717661231048975031885732165554988342121802846912529086 10
1485527815277625623750456375769497734336846015607727035509629049 39
2487088406281067943622418704747008368842671022558302403599841645 95
1122485272633632645114017395248086194635840783753556885622317115 52
0947223065437092606797351000565549381224575483728545711797393615 75
6167641692895805252729752233855861138832217110736226581621884244 317
8857488798109026653793426664216990914056536432249301334867988154 88
```

```
6628665052346997235574738424830590423677143278792316422403877 76433
0192600192284778313837632536121025336935812624086866699738275 97736
5682227907215832478888642369346396164363308730139814211430306 00873
0666164803678984091335926293402304324974926887831643602681011 30957
0716141912830686577323532639653677390317661361315965553584999 39860
0565155921936759977717933019744688148371103206503693192894521 40265
0915465184309936553493371834252984336799159394174662239003895 2767
3813330617747629574943868716978453767219493506590875711917720 87547
7107189937960894774512654757501871194870738736785890200617373 32107
5693302216320628432065671192096950585761173961632362177089454 2621
4609858410237813215817727602222738133495410481003073275107799 94899
1977963883530734443457532975914263768405442264784216063122769 64696
7156473999043715903323906560726644116438605404838847161912109 00870
1019130726071044114143241976796828547885524779476481802959736 04943
9700479596040292746299203572099761950140348315380947714601056 33344
6998820822120587281510729182971211917876424880354672316916541 85225
6729234429187128163232596965413548589577133208339911288775917 22611
5273379010341362085614577992398778325083550730199818459025958 35598
9260553299673770491722454935329683300002230181517226575787524 05883
2249085821280089747909326100762578770428566006996176212176845 47899
6440705066241710213327486796237430229155358200780141165348065 64748
8230615003392068983794766255036549822805329662862117930628430 17049
2402301985719978948836897183043805182174419147660429752437251 68343
5411217038631379411422095295885798060152938752753799030938871 68357
2095760715221900279379292786303637268765822681241993384808166 02160
3722154710143007377537792699069587121289288019052031601285861 82549
4413353820784883465311632650407642428390870121015194231961652 26842
2003711230464300673442064747718021353070124098860353399152667 92387
1101706221865883573781210935179775604425634694999787251125440 85452
2274810914874307259869602040275941178942581281882159952359658 97918
1144077653354321757595255536158128001163846720319346507296807 99079
3963714961774312119402021297573125165253768017359101557338153 77200
1952444543620071848475663415407442328621060997613243487548847 43453
9665981338717466093020535070271952983943271425371155766600025 78442
3031073429551533945060486222764966687624079324353192992639253 73107
6892135352572321080889819339168668278948281170472624501948409 70097
5760920983724090074717973340788141825195842598096241747610138 25264
3955135259311885045636264188300338539652435997416931322894719 87830
8427600401368074703904097238473945834896186539790594118599310 35616
8436869219485382055780395773881360679549900085123259442529724 48666
6766834641140218991594456530942344065066785194841776677947047 204195
8822043295380326310537494883122180391279678446100139726753892 19511
9117836587662528083690053249004597410947068772912328214304635 33728
3519953648274325833119144590178096077828835837301118575436599 5898
2724531925310588115026307542571493943024453931870179923608166 61130
5426253995833897942971602070338767815033010280120095997252222 28080
1423571094760351925544434929986767817891045559063015953809761 87592
0358937341978962358931125983902598310267193304189215109689156 22506
9659119828323455503059081730735195503721665870288053992138576 03703
5377105178021280129566841984140362872725623214428754302210909 47272
1073474134975514190737043318276626177275996888826027225247133 68335
3452816692779591328861381766349857728936900965749562287103024 36259
0772412221909430087175569262575806570991201665962243608024287 002454
7362036394841255954881727272473653467783647201918303998717627 03751
5724649922289467932322693619177641614618795613956699567783068 29031
6589699430767333508234990790624100202506134057344300695745474 68217
5690441651540636584680463692621274211075399042188716127617787 01425
8864825775223889184599523376292377915585744549477361295525952 22657
8636462118377598473700347971408206994145580719080213590732269 23310
0831759510659019121294795408603640757358750205890208704579670 00705
```

```
52625058114206639074592152733094068236494415908910092202 9668052332
52661989113118420162916310768940847235643668081821686572 1968826835
84027855007828040434537101836510969517823357430305048526 5373807353
10741859177056103973950626403554422751561011072617793706 3472380499
06669221619711942591204450846417463835899382399465173955 0900085947
99901360266742614942900664671150671754221770387745076735 6374215478
29059110126191575558702389570014051178226469899449179083 0179547587
67601680941001358376135785913569244556477644641786671153 9195135769
61048649224900834467154863830544779143300976804868783481 8467273375
84368927243104474068076852786255851650920882638132336231 4873333671
47645204508766276149503899495048095604609896043291233583 4885999029
45264002849942808786240398118148847673012167541611066299 9555366819
31232874257020637383520200868636913117334697317412191536 3324674532
56308713473027921749562270146873258678917345583799643513 5880095935
08775563562488104938529990076751355135277924124292774885 6588856651
32473025147102105753525165118148509027504768455182520963 3189906852
76144351382136621523688905787866994322888160283774820355 0601602989
40091197138501798716836337441392759736440170070147637066 5570350433
81211135764150184518214136198234951596010647527125759351 8530433287
55377830575095674254426847122196187091785607839361445113 8333564910
32564057338398667178123972237519631463061701385953947436 784339267098
67124522111896908402363274114966012434830989299417380305 8841716661
30730400675883804321115553794406054977217059428215148861 6567277124
09033877277456290971101348851843741186956554497457368452 1806698291
10450580042998879538990278043835962824094218605562877884 2880212755
38848037286400194416142574999042720095952046541705981049 8996750451
19364711727722204361026140797508096869751766002371877483 4801612031
02346805671126447661234762785219024120256994353471622666 089367521
98331118135111465038548950251206557726361454736044268594 9807439693
23312971273771573470997139522911826534851555871373366291 2024271430
25037632695013509116129529937858646813072264860082708813 3353819370
36825988678933212383270532976258573827900978264605455985 5513183668
88446282651337984916678394097613537662517982582496634587 7195012438
40403591408492097337546424744881761840700235695801774101 7769692507
78148933866725578985645898510568919609243988415692806969 8335224022
56345704973122452693541938370048431833571965166267215755 2419340193
30990183193091965829209696562476676836596470195957547393 4551433741
37087615173236772042273856742791706982045499530959188724 3493952409
44416789988463198455048523936629720797774528143994182567 8945779571
25524268260899408633173715388962628896294021121088442737 656862452
76121303710173007851357154045330415079594477761435974378 0374243664
69732471384104921243141389035790924160364063140381498314 8190525172
09371039640268089948325722979545640427017577229041732347 9607361878
78899133183058430693948259613187138164234672187308451338 7721908697
51049428437693250249816566738162606159417682525099937416 7288395174
40669325496534031014522253161890092353764863784828813442 0987004809
62271712264074895719390029185733074601043607291909457679 9461492929
04279816877294264877299528584346477538690695014898413392 454039414
46802636254021186143170312511175776428299164453340892097 696169909
83726523617687456058947049681701369749095230720826828878 9073019001
82534258053434217059287139317379931424108526473909482845 9641809361
41384758311361305761084623668372376959134926158245162215 5213487924
41450417568480641206365201703863301295327776990231186480 2006755690
56822950163549319923059142463962170253297475311409422018 0193906803
50264956369558664290676268568737211033915679383989576556 6519317788
30002416135395624377778408017488193730950206990089089932 808839743
03677365955248913001566332940779071396154645340887915103 0065132193
44866732482759079468078798194250195826223203951312520141 0996053126
06965554042486705499867869230217469890095478507256729787 9476988883
10934874644264007181831603316555115342761556224054744733 7804924621
```

```
4952133258527698847336269182649174338987824789278468918828054 66998
2303689993783413747587025805716349413568433929396068192061773 33179
1738208562436433635359863494496890781064019674074436583667071 58692
4521182997893804077137501290858646578905771426833582768978554 71768
7184427772612050926648610205153564284063236848180728794071712 79668 2
0060727559555904040233178749447346454760628189541512139162918 44429
7651066947969354016866010055196077687335339651161493093757096 855455
9381513789569039251014953265628147011998326992200066392875374 71313
5236421589265126204072887716578358405219646054105435443642166 56224
4565042999010256586927279142752931172082793937751326106052881 23537
3451068372939893580871243869385934389175713376300720319760816 60446
4683937725806909237297523486702916910426369262090199605204121 02407
7648190316014085863558427609537086558164273995349346546314504 04019
9528537252004957805254656251154109252437991326262713609099402 90226
2062836752132305065183934057450112099341464918433323646569371 72591
4489324159006242020612885732926133596808726500045628284557574 59659
2120530341310111827501306961509835515632004310784601906565493 80654
2525229161991819959602752327702249855738824899882707465936355 76858
2560518068964285376850772012220347920993936179268206590142165 61592
5306737944568949070853263563819681386177226824991147261573203 580764
6298116244013316737892788689229032593334986179702199498192573 961767
3075834417098559222170171825712777534491508205278430904615940 83521
7402005838672849709411023266953921445461066215006410674740207 00918
9911951376466904481267253691537162290791385403937560077835153 37416
7747942100384002308951850994548779039346122220865060160500351 77626
4831611153325587705073541279249909859373473787081194253055121 43697
9749914951860535920403830235716352727630874693219622190064260 88618
3676103346002255477477813641012691906569686493012688376296907 23396
1276287223041141813610060264044030035999698891994582739762411 461374
4804059697062576764723766065541618574690527229238228275186799 15698
3390747671146103022776060200612468764777288190967916133540198 8140
2757992174167678799231603963569492851513633647219540611171767 38737
2555728522940054361785176502307544693869307873499110352182532 92972
6044553210797887711449898870911511237250604238753734841257086 06406
9052058452122754533848008205302450456517669518576913200042816 75805
4924811780519832646032445792829730129105318385636821206215531 28866
8564956512613892261367064093953334570526986959692350353094224 54386
5278677673027540402702246384483553239914751363441044050092330 36127
1496081355490531539021002299595756583705381261965683144286057 95669
6622154721695620870013727768536960840704833325132793112232507 14863
0206951245395003735723346807094656483089209801534878705633491 09236
6057554050864111521441481434630437273271045027768661953107858 32333
4857840297160925215326092558932655600672124359464255065996771 77038
8445396181632879614460817789272171836908880126778207430106422 52463
4807454300476492885553409062185153654355474125476152769772667 76977
2777058315801412185688011705028365275543214803488004442979998 06215
7904564161957212784508928489806426497427090579129069217807298 76947
7975112447305991406050629946894280931034216416629935614828130 99887
0745292716048433630818401264696379258430941854422163590845761 4607
8558562473814931427078266215185541603870206876980461747400808 32434
3665382354555109449498431093494759944672673665352517662706772 19418
3191977196378015702169933675083760057163454643671776723387588 64340
5644871566964321041282595645349841388412890420682047007615596 91684
3038999348366793542549210328113363184722592305554383058206941 67562
9992013373175489122037230349072681068534454035993561823576312 83776
7640631013125335212141994611869350833176587852047112364331226 76512
9964171325217513553261867681942338790365468908001827135283584 88844
4111761234101179918709236507184857856221021104009776994453121 79502
2479578069506532965940383987369907240797679040826794007618729 54783
5963492793904576973661643405359792219285870574957481696694062 33427
```

```
2619733518136626063735982575552496509807260123668283605928341855 84
8026958413772558970883789942910549800331113884603401939166122186 69
6058491571485733568286149500019097591125218800396419762163559375 74
3718011480559442298730418196808085647265713547612831629200449880 31
5402105530597076666362749328308916880932359290081787411985738317 19
2616728834918402429721290434965526942726402559641463525914348400 67
5867690350382320572934132981593533044464968294413673234421583807 6
1694831219333119819061096142952201536170298575105594326461468505 45
2684975764807808009221335811378197749271768545075538328768874474 59
1593731162470601091244609829424841287502244625944776387494919978 4
0446829257360968534549843266536862844489365704111817793806441616 53
1223600214918768769467398407517176307516849856359201486892943105 94
0202457969622924566644881967576294349535326382171613395757790766 37
0764569570259738800438415805894336137106551859987600754924187211 71
4889295221737721146081154344982665479872580056674724051122007383 45
9271575727715218589946948117940644466399432370044291140747218180 22
4825837736017346685300744985564715420036123593397312914458591522 88
7408719508708632218837288262822884631843717261903305777147651564 14
3822306791847386039147683108141358275755853643597721650028277803 71
3422869668878734979509603110889919614338666406845069742078770028 050
9367203387232629637856038653216432348815557557018469089074647879 12
2436375556668678067610544955017260791142930831285761254481944494 7
3244819093795369008206384631678225064809531810406570254327604385 70
3505922818919878065865412184299217273720955103242251079718077833 04
2609086794273428955735559252723805511440438001239041687716445180 22
6491681641927401106451622431101700056691121733189423400547959684 66
9804298017362570406733282129962153684881401021944634246462207455 7
5643960452985313071409084608499653767803793201899140865814662175 31
9337665970114330608625009829566917638846056762972931464911493704 62
4469351984039534449135141193667933019366176636525551491749823079 8
7072280860859626112660504289296966535652516688855721122768027727 4
3708917389639772257564890533401038855931125679991516589025016486 96
1427207005916056166159702451989051832969278935550303934681219761 58
2183980483960562523091462638447386296039848924386187298507775928 79
2722068554807210497817653286210187476766897248841139560349480376 72
7036316921007350834073865261684507482496448597428134936480372426 11
6704266870831925040997615319076855770327421785010006441984124207 39
6400139603601583810565928413684574119102736420274163723488214524 10
1347716529603128408658419787951116511529827814620379139855006399 96
0326591248525308493690313130100799971913622308660110999291428712 4
9388541612038020411340188887219693477904497527454288072803509305 82
8754420755134816660927879353566521255620139988249628478726214432 36
2853676502591450468377635282587652139156480972141929675549384375 58
2600253168536356731379262475878049445944183429172756988376226261 84
6365452743497662411138451305481449836311789784489732076719508784 15
8618879692955819733250699951402601511675529750575437810242238957 92
5786562128432731202200716730574069286869363930186765958251326499 14
5950260917069347519408975357464016830811798846452473618956056479 42
6358070562563281189269663026479535951097127659136233180866692153 578
8607812759910537171402204506186075374866306350591483916467656723 20
5714516886170790984695932236724946737583099607042589220481550799 13
2752088583781117685214269334786921895240622657921043620348852926 26
7984013953216458791151579050460579710838983371864038024417511347 22
6472547010794793996953554669619726763255229914654933499663234185 95
1450360980344092212206712567698723427940708857070474293173329188 52
3896721971353924492426178641188637790962814486917869468177591717 15
0669111480020759432012061969637795103227089029566085562225452602 61
0460736131368869000928172106819861855378098201847115416363032626 569
9283424155023600978046417108525537612728905333504550613568414377 585
4429677977014660294387687225115363801191758154028120818255606485 41
```

```
0787933598921064427244898618961629413418001295130686363860929410008
3136673372153008352696235737175330738653338204842190308186449184 09
3723944033405244909554558016406460761581010301767488475017661 90869
2946098769201691202181688291040870709560951470416921147027413 39005
2253340834812870355303102391969978597413908593605433599697075 60446
0134242453682496098772581311024732798562072126572499003468293 88687
2304895562253204463602639854225258416464324271611419817802482 59556
3544907219226583863662663750835944314877635156145710745528016 15967
7048442714194435183275698407552677926411261765250615965235457 18795
6673170913319358761628255920783080185206890151504713340386100 31005
5914817852110384754542933389188444120517943969970194112695119 52656
4919594189975418393234647424290702718875223534393673633663200 30723
2747037407123982562024662651974090199762452056198557625760008 70817
3083288344381831070054514493545885422678578551915372292379555 49433
3410174420169600090696415612732297770221217951868376359082255 12881
6470021992348864043959153018464004714321186360622527011541122 28380
2778538911098490201342741014121559769965438877197485376431158 22983
8533123071751132961904559007938064276695819014842627991221792 94798
7348901868471676503827328552059082984529806259250352128451925 92798
6593506132961946796252373972565584157835744567558990830204549 218696
2888490332560851455344391660226257775512916200772796852629387 93753
0454181080729285891989715381797343496187232927614747850192611 45041
3274873242970583408471112333746274617274626582415324271059322 50625
5302314738759251724787322881491455915605036334575424233779160 37495
2502493022351481961381162563911415610326844958072508273431765 94405
4098269765269344579863479709743124498271933113863873159636361 21862
3497261409556079920628316999420072054811525353394607685001990 988
6553861433495781650089961649079678142901148387645682174914075 62376
7618453775144031475411206760160726460556859257799322070337333 39891
6369504346690694828436629980037414527627716547623825546170883 18981
0868806847853705536480469350958818025360529740793538676511195 07937
3282083146268960071075175520614433784114549950136432446328193 34638
9050936545714506900864483440180428363390513578152739733345372 8426
3372174065775771079830517555721036795976901889958494130195999 57301
7901240193908681356585539661941371794487632079868800371607303 22054
7423572266896801882123424391885984168972277652194032493227314 79366
9234004848976059037958094696041754279613782553781223947646147 83292
6976545162290281701100437846038756544151739433960048915318817 57665
0500951697402415644771293656614253949368884230517400129920556 85428
9853897942669956777027089146513736892206104415481662156804219 83847
6730871787590279209175900695273456682026513373111518000181434 12096
2601658629982107666352336177400783778342370915264406305407180 784335
8061072961105550020415131696373046849213356837265400307509829 08936
4612047891114753037049893952833457824082817386441322710002968 31194
0203323456420826473276233830294639378998375836554559919340866 23509
0967961134004867027123176526666371077872511186035403755448741 869351
9733656621772359229396776463251562023487570113795712096237723 43137
0212031004965152111976013176419408203437348512852602913334915 12508
3119802850177855710725373149139215709105130965059885999931560 86365
5477403551898166733535880048214665099741433761182777723351910 74121
7572841592580872591315074606025634903777263373914461377038021 31834
7447301113032670296917335047701632106616227830027269283365584 01179
1419447808748253360714403296252285775009808599609040936312635 62132
8162071453406104224112083010008587264252112262480142647519426 18432
5853386753874434491072710049754281159466017136122590440158991 60
0229827801796035194080046513534752698777609527839998436808690 898919
7839693532179980139135442552717910225397010810632143048511378 29149
8511381969143043497500189980681644412123273328307192824362406 73319
6554692677851193152775113446468905550424811336143498460484905 125834
5683266441528489713972376040328212660253516693914082049947320 48602
```

1627759791771234751097502403078935759937715095021751693555582707253
39118923340702238320775858021371747783787783910152341320948942345
961369234049799827930414446316270721479611745697571968123929191374
098292580556195520743424329598289898052923336641541925636738068949
420147124134052507220406179435525255522500874879008656831454283516
775054229480327478304405643858159195266675828292970522612762871104
013480178722480178968405240792436058274246744307672164527031345135
416764966890127478680101029513386269864974821211862904033769156857
624069929637249309720162870720018983542369036414927023696193854737
248032985504511208919287982987446786412915941753167560253343531062
674525450711418148323988060729714023472552071349079839898235526872
395090936566787899238371257897624875599044322889538837731734894112
275707141095979004791930104674075041143538178246463079598955563899
188477378134134707024674736211204898622699188851745625173251934135
203811586335012391305444191007362844756751416105041097350585276204
44891909789019843154852805339857778443139388399431044446566924455
088594631408175122033139068159659251054685801313383815217641821043
342978882611963044311138879625874609022613090084997543039577124323
061690626291940392143974027089477766370248815549932245882597902063
1257436910946393252806241642476848949545532493801763937161563684785
982371590238542126584061536722860713170267474013114526106376538339
0315921943469817605358380301061288785205154693363924108846763200956
708971836749057816308515813816196688222204757043759061433804072585
386208356517699842677452319582418268369827016023741493836349662935
157685406139734274647089968561817016055110488097155485911861718966
802597354170542398513556001872033507906094642127114399319604652742
405088222535977348151913543857125325854049394601086579379805862014
336607882521971780902581737087091646045272797715350991034073642502
038638671822052287969445838765294795104866071739022932745542678566
977686593992341683412227466301506215532050265534146099524935605085
492175654913483095890653617569381763747364418337897422970070354520
666317092960759198962773242309025239744386101426309868773391388251
868431650102796491149773758288891345034114886594867021549210108432
808078342808941729800898329753694064496990312539986391958160146899
522088066228540841486427478628197554662927881462160717138188018084
057208471586890683691939338186427845453795671927239797236465166759
201105799566396259853551276355876814021340982901629687342985079247
184605687482833138125916196247615690287590107273310329914062386460
833337863825792630239159000355760903247728133888733917809696660146
961503175422675112599331552967421333630022296490648093458200818106
180210022766458040027821333675857301901137175467276305904435313131
903609248909724642792845554991349000518029570708291905255678188991
389962513866231938005361134622429461024895407240485712325662888893
172211643294781619055486805494344103409068071608802822795968695013
364381426825217047287086301013730115523686141690837567574763723976
3185755703810944339056456446852418302814810799837691851212720193504
404180460472162693944578837709010597469321972055811407877598977207
200968938224930323683051586265728111463799698313751793763221511125
234973430524062210524423435373290565516340666950616589287821870775
679417608071297378133518711793165003315552382248773065344417945341
539520242444970341012087407218810938826816751204229940494817944947
273289477011157413944122845552182842492224065875268917227278060711
675404697300803703961878779669488255561467438439257011582954666135
867867189766129731126720007297155361302750355616781776544228744211
472988161480270524380681765357327557860250584708401320883793281600
876908130049249147368251703538221961903901499952349538710599735114
347829233949918793660869230137559636853237380670359114424326856151
210940425982639301678017128669239283231057658851714020211119695706
479981403150563304514156441462316376380990440281625691757648914256
971416359843931743327023781233693804301289262637538266779503416933

```
4323607500248175741808750388475094939454896209740485442635637 16499
5949920908842947903636662975260032438563529458447289445471 6620929
7495496616877414120882130477022816116456044007236351581149 72973921
8966737382647204722642221242016560150284971306332795814302 51601369
4825567014780935790889657134926158161346901806965089556310 12121849
1805847922720691871696316330044858020102860657858591269974 63766174
1463934159569539554203314628026518951167938074573315759846 08617370
2687867602943677780500244673391332431669880354073232388281 84750105
1641331189537036488422690270478052742490603492082954755054 00345716
0184072574536938145531175354210726557835615499874447480427 32345788
0061873149341566046352979779455075359304795687209316724536 54720838
1685855606043801977030764246083489876101345709394877002946 17579206
1952549255757109038525171488525265671045349813419803390641 52987634
3695420256080277614421914318921393908834543131769685101840 10384447
2348948869520981943531906506555354617335814045544837884752 52625394
9665869992058417652780125341033896469818642430034146791380 61902805
9607854888010789705516946215228773090104467462497979992627 12095168
4779568482583341402266477210843362437593741610536734041954 73896419
7895425335036301861400951534766961476255651873823292468453 93580
2896011536791873035531593783630822486151777705415775765617 5935851
2016692943111138863582159667618830326104164651714846979385 42262168
7161400122378213779774131268977266712992025922017408770076 95628347
3932201088159356286281928563571893384958850603853158179760 67947984
0878360975960149733420572704603521790605647603285569276273 49518220
3236144112584182426247712012035776388895974318232827871314 60805353
3574494297621796789034568169889553518504478325616380709476 95169908
6247100019748809205009521943632378719764870339223811540363 47548862
6845956159755193765410115014067001226927474393888589943859 73024541
4801061235908036274585288493563251585384383242493252666087 58890831
8700709100237377106576985056433928854337658342596750653715 00533351
4489908293887737352051459333049626531415141386124437935885 07094468
8045486975358170212908490787347806814366323322819415827345 67135644
3171537967818058195852464840084032909981943781718177302317 00398973
3050495387356116261023999433259780126893432605584710278764 90107092
3443884634011735556865903585244919370181041626208504299258 69743581
7098133894045934471937493877624232409852832762266604942385 12970945
3245586252103600829286649724174919141988966129558076770979 59479530
6013119159011773943104209049079424448668513086844493705909 02600612
0649425744710535347657859242708130410618546219881830090634 58818703
8755856274911587375421064667951346487586771543838018521348 28191581
2462599335160198935559516796893285220582479942103451271587 716334522
2995418839680448835529753361286837225935390079201666941339 09116875
8803988828869216002373257361588207163516271332810518187602 10485218
0675526648673908900907195138058626735124312215691637902277 32870541
0842037841525683288718046987952513073266340278519059417338 92035854
0395677035611329354482585628287610610698229721420961993509 33131217
1187891078766872044548876089410174798647137882462153955933 33327556
2009439580434537919782280590395959927436913793778664940964 04877784
1748336432684026282932406260081908081804390914556351936856 06304508
9142289645219987798849347477729132797266027658401667890136 49050874
1142126861969862044126965282981087045479861559545338021201 15564697
9976785738920186243599326777689454060508218838227909833627 16712449
0026761178498264377033002081844590009717235204331994708242 09877151
4449751017055643029542821879670009200251558441742059336585 14813490
2693111517093872260026458630561325605792560973322655793462 8080568
3443921373688405650434307396574061017779370141424615493070 74136080
5442100295600095663588977899267630517718781943706761498217 56418659
0116160865408653391513039201316805769034172596453692350806 41744656
2351523929050409479953184074862151210561833854566176652606 39371365
8802521666223576132201941701372664966073252010771947931265 28276330
```

241380516490717456596485374835466919452358031530196916048099460681
490403781982973236093008713576079862142542209641900436790547904993
007837242158195453541837112936865843055384271762803527912882112930
835157565659994474178843838156514843422985870424559243469329523282
180350833372628379183021659183618155421715744846577842013432998259
456688455826617197901218084948033244878725818377480552226815101137
174536841787028027445244290547451823467491956418855124442133778352
142386597992598820328708510933838682990657199461490629025742768603
885051103263854454041918495886653854504057132362968106914681484786
965916686184275679846004186876229805556296304595322792305161672159
196867584952363529893578850774608153732145464298479231051167635774
949462295256949766035947396243099534331040499420967788382700271447
849406903707324910644415169605325656058677875741747211082743577431
519406075798356362914332639781221894628744779811980722564671466405
485013100965678631488009030374933887536418316513498254669467331611
812336485439764932502617954935720430540218297487125110740401161140
589991109306249231281311634054926257135672181862893278613883371802
853505650359195274140086951092616754147679266803210923746708721360
627833292238641361959412133927803611827632410600474097111104814000
362334271451448333464167546635469973149475664342365949349684588455
152415075637660508663282742479413606287604129064491382851945640264
315322585862404314183866959063324506300039221319264762596269151090
445769530144405461803785750303668621246227863975274666787012100339
298487337501447560032210062235802934377495503203701273846816306102
657030087227546296679688089058712767636106622572235222973920644309
352432722810085997309513252863060110549791564479184500461804676240
892892568091293059296064235702106152464620502324896659398732493396
737695202399176089847457184353193664652912584806448019652016283879
518949933675924148562613699594530728725453246329152911012876377060
557060953137752775186792329213495524513308986796916512907384130216
757323863757582008036357572800275449032795307990079944254110872569
318801466793559583467643286887696661009739574996783659339784634695
994895061049038364740950469522606385804675807306991229047408987916
687211714752764471160440195271816950828973353714853092893704638442
089329977112585684084660833993404568902678751600877546126798801546
585652206121095349079670736553970257619943137663996060606110640695
933082817187642604357342536175694378484849525010826648839515970049
059838081210522111109194332395113605144645983421079905808209371646
452312770402316007213854372346126726099787038565709199850759563461
324846018840985019428768790226873455650051912154654406382925385127
631766392205093834520430077301702994036261543400132276391091298832
786392041230044555168405488980908077917463609243933491264116424009
388074635660726233669584276458369826873481588196105857183576746200
965052606592926354829149904576830721089324585707370166071739819448
502884260396366074603118478622583105658087087030556759586134170074
540296568763477417643105175103673286924555858208237203860178173940
517513043799486882232004437804310317092103426167499800007301609481
458637448877852227307633049538394434538277060876076354209844500830
624763025357278103278346176697054428715531534001649707665719598504
174819908720149087568603778359199471934335277294728553792578768483
230110185936580071729118696761765505377503029303383070644891281141
202550615089641100762382457448865518258105814034532012475472326908
754750707857765973254284445935304499207001453874894822655644222369
636554419422544133821222547749735349642482768053333698328415613869
236344335855386847111143049824839899180316545863828935379913053522
283343013795337295401625762322808113849949187614414132293376710656
349252881452823950620902235787668465011666009738275366040544694165
342223905210831458584703552935221992827276057482126606529138553034
554974455147034493948686342945965843102419078592368022456076393678
416627051855517870290407355730462063969245330779578224594971042018

```
80430001838814290081730394505073427870131244668600927785818110409
15117293748736278878749074652855654347488868310641100510230208751
77689187815256227352515503795324448577872776170019648537035551676
52091193393437628662846198440262952521836785223674751088097815070
89784130862458815226609635514018744958369269177990471207264949057
72642860052114035812310760066995185361248627467563758962252991164
60668765082617341784847893372950567390078786179253514406210453662
06404637288156982323175005962610809219552111508593029556549675388
26129723399146283584760486276270273097392020014322487075823373549
52460856082103288829741839064788699232736913600488374366152235170
84377055452108155133612621429118156153017588825735948925071088792
21286413924433093837973338678061317952373152667738208580247014335
70092438032669517421195076708843263464427491275589077468635821621
60427413151702124585860562336314931646469139465624974717419583542
86077487110573384584336899396459137406033821593522435947516262391
86853078228217639832373061802042465604775279431047961897242995330
97924974816840528937910449470045908649918727273454135081019838818
46736093925719305119686456018557824502182310658894379865224320506
73799661969554724405859224179530068204517953700434724517628935667
05084902131077366257516973355274623029430312035962609534235743972
96592110106578178261087453188748031874308235736991951563409571627
09924449297491054898515196586647401482251063353679497371425102293
18825851173719944991150975837461301055050641977215319293548753711
16302620303285886585284801935092258757755974252765840117213423236
80840271433563675420463751825525249443296570438613878659019657388
28684018940876728167141370336617326501205786539157807030888714261
90750014925761129276751930967284539711602136063030905422439663206
43235827978893323244057791992784846333397777376559018705748068286
83479656241461028995084873996929707504327530299728722973279344429
86464127253481606037797072982991730292963086958019963124133049393
04933254123550710544611825911411164545347103298810478440677801380
71314654000993863064812666143308582068113958383191695455582594268
57698414288937343467084107946318932539106963955780706021245974898
35646135607889834724199794785643620420946134123876131988653523583
29968622689486084084566556068769545012744866314050547353517468730
98063227804689122468214608067276277084024022661554850240089528916
71176174390203375848778429112896324705919187469104200584832614067
73337510271956539946971625172483122306339193287079838007484857265
61234349332733566644733585564302352808839243482787608861649432893
91663992104883078477770480457284914563033532650700295889062659154
85094079727675671297950100982294762289618915914415200322838787734
51309790810191292672271037788980539641563623641691549857684083984
88616843754070651210390625061281076637990479088796747780697384731
04752534421563903872012388063236880370179493089549007763315230635
83742568166533616066419800301882871237674818983302468363714883092
92833759022789425880600872860388591688497306939480205112217663591
82515242786700944069423551202015683777788518246700256517085092496
37477268136942843500629388144299879053010562173754591826799732177
50293689280652100253962688074980926434580116557158867004435039765
53234782873273688408635400027406767838219635222265392909398073673
13640828987220177767471681181958561337215831190546829360832369761
34502817578302029348459829250008956826302712632958662921476531422
33517930933879513570953463771836840924442209631933129562030557551
73400679737406141621079236334238056468500920371671526425563718538
95714164197723874226105966673969971731681694154350952831935564177
56686222152179911513556397071433128936575538446483262012064243380
69558626985610224460646069330793847588143674070005997697036490192
33288261353293631124036506986521606389872502672380874033967443978
02582968942568967418643361349794752455262914265228424192430833881
35800537870239995421721136865502753413622116931406946695131869281
```

```
2574795985605145005021715913317751609957865551981886193211282110709
9442287240442481153406055895958355815232012184605820563592699303478
8511320686266275887714460359966561084307256965005630644891875994665
9677284717153957361210818084154727314266174893313417463266235422207
2600146012701206934639520564445543291662986607830890681187900908152
9506362678207561438881578135113469536630387841209234694286873083932
0432333872775496805210302821544324723388845215343727250128589747691
4608083144012586818154004918777228786980185345453700652665564917091
5429522756709222174741120627206566229898060328916720687436549482461
0869736722554704812889242471854323605753411672850757552057131156697
9545884887398742228135887985840783135060548290551482785294891121905
3831956242287194847594078593980479010941940706717644390327307121358
8738504999363883820550168340277749607027684488028191222063688863681
1043569529300652195528261526991271637277388418993287130563464688227
3982887631986457098363089177864870866761854856800476725526754147428
5102814580740315299219781455775684368111018531749816701642664788409
0262682824448258027532094549915104518517716546311804904567985713257
5281179136562781581112888165622858760308759749638494352756766121689
5926148503078536204527450775295063101248034180458405943292607985443
5620093708091821523920371790678121992280496069738238743312626730306
7959439609549571895772179155973005886936468455766760924509060882022
1223571925453671519183487258742391941089044411595993276004450655620
6461164655665487594247369252336955993030355095817626176231849561906
4948396730020377638743693439998294302091470736189479326927624451865
6023955905370512897816345542332011497599489627842432748378803270141
8676952621180975006405149755889650293004867605208010491537885413909
4245316917199876289412772211294645682948602814931815602496778879498
1377721622935943781100444806079767242927624951078415344642915084276
4520002042769470698041775832209097020291657347251582904630910359037
8429775726517208772447409522671663060054697163879431711968734846887
3818665675127929857501636341131462753049901913564682380432997069577
0150789337728658035712790913767420805655493624646412600243796845437
7733902647251281941632007684873625176406596754069362175887930785591
6478777274739272002910342949562447661308200729250734529170764226621
0476730378631699542374551174565220227833240968035246676631908610112
0674585628731741351116229207886513294124481547162818207987716834634
1322362234117788231027659825109358892359162055108763298087993165172
5289380012378174348968321515905624933473702068322321001186373957705
6747386710217321237522432524162635803437625360680866916357159455152
7817803921774322823436633772811186390511893075901666650742952758384
0085446354193171905313636597249051584091065822018147347990223590671
3814690511605192230126948231611341743994471483304086248426913950233
6713412425123864026657258130943967621939655407386524229897879782198
6379182997095579247473203032391164104459069079778623155183495930353
0592378981751589145765040802510947912342175848284188195013854616568
0301755035580054944894884871351605375593402345748979516602442338321
4060300959371055884570525157042662846003544028236787685509826781617
6552037579565548167789603892749835560879154117774942357340076416109
3294003899982199267257086957326068774974224802023307525187650255968
4207606932299885875798988964607443817881700815488952265167228340452
7721910699141576463948523112679473086580319507645519767562895742888
1796812090026387145257858315277615109088631740243695680567873015235
4278047934142664952238337071175112653755039423720987846680491394734
4465307140796225972871305030772587148755705025825734668666138023514
2605611619740554343654869800544487929597028759035225840978268359868
6045694241390729095266249932902973440568160683805726626057277088407
0734714960600645614540707344327825140874742755067223048453570060922
1439000299298160821171704791761450519100813267037521493074056785331
1106058352912781007391749949197845112915913681107394055175208019630
```

```
539350740248509553772500367054665162330430425087442324262404632115
078997336929985407041656261041976700202415094892411856092409637604
429612000236459070644977062720791901923596480704892363697986019828
087284228564752353162882791324295524814447505521909672046080689545
181712204930321853740627247421519740305769043602686360780792004776
232429551829473522027244376339027721392087767065716241639751785859
254426923428535274328856336850789651962072519416556061870370550218
462845434257850383000095374518292958440464918838685793483961151297
160581665745096703677495836666693121881763679644943617130416037243
050658485131749264055855194018005180908475211868224616976149243238
319486434415908558011073070311201502243416073157929528752936835820
397003389112114170685219366589789459503154389589015303827143001929
589074149943592894083097077083628759144840370450386189669758112011
852319231868659968038583812370329156207578835948780941688205531605
128190152647592807574958154564221341459378167056992868299895611982
353837157880480478704584175394665497690173220310890070303362911767
308448450372145669644401469545173857434157831015861878389278552609
399130570255575559060947051498093487773320072797573038245989466809
680822213484858738229992817940908256652095816554724752445666743697
594474686376332428904269776106791933910983300422310293728298798903
209391092682836306173610173878123679898645149311702437128285882630
486298884492207415640607147059137405524665756971870217355287245439
427714809179364437650637861861324348635797411258520863459927803688
792498354363298457687650165065115345008695721239507544785683173631
557153527046524235259737513408825461609661440746675514226836031959
801072152463551069171871335731685485631280857834435623670959650949
946968820661185118086034202821331801249410991502601435450017432730
793625113070298250499417994284451146479329154599555909587807621636
668591791065435966065253525320273650725989121255686842802077246487
722010996631829559552903393312284364864475973560859840760947298389
542433932623153239918981852264180831296333546356874828863465618504
810632288805596737844562000941465603499280879405115310057587129552
571964111506850340773710604380371259575596985949362058477512026354
947347534748189262254190352671644292848998575367406921652716300086
060654373736823556588626486343689153218095572204456777137368310458
075584529612832832606319629728527966674362974800821318627921869044
284342630735760703999669430789508147269730253817375694922751795354
326156912040594832860949992366412287881226419148504856328072066418
557059520375030322916894489427578306090910852410601400683274205583
969773823150734996108758763704255564964086855071942256344966732430
656259250474581762733281816017019698166542426378763601453035946538
450325476674999737340835665138186025156520283637389171016545414882
674448000910570418616262683797112088614135727961109908829297022969
128180978798951391504270936786444983196420134566833908775943006442
485623012124614511697921939634409508083229281294270436599146482749
984375942113020418297308417178813090379558545603247170819195302771
465794555475544754284434408139388908609776017857389307518661906505
018077165001840744325854024184360501118242990702323417243674525365
349594799063334540754371812699399833719218485418735979845348934592
268515068182662490078029335012658824974226241885352526636702827662
499349829488748331061764208429016923052899608978604130065109028179
805040587107671179041130217482796682353001960220253185576789843317
586806378359968791601538922202365757655815866114091993948615992209
159917553341783033347643131635012705390697079326567812415906434284
721360235218236741214733124499944334155915274315931687477882533155
092770336202901222597794809855392200064527162280855398278906584233
447552821276517650572663267691141075034845871896996434875775138479
148183635100621466818585096348887081456976722020167991199462417776
688907917136865945960726468538810778783002161368276697026223459418
737476733535799888440342704680304255169412715873932039844437460454
```

```
816113056625176412759821181939661101850562880555942566060032312116
180994622129301002470913347150682268430458680300904242861682025562
140946087900065191099495570815816505828983340739466084457565780636
690272843462018587328252924796505286681408503538519837523637451925
622795490290557907030283950104854835929834542814487304358047053315
081510503001521428117175393649133166172621235405527863308002083177
055630294963594201654333094094177196326234119387105161570101798053
551679370860291366756986097124120368583812957695307798141365700174
761356966986146068491439699573837631695824602513342108072621713601
943018087209888551415024163818325975259593165531865833117126857941
527206612218422661411825154657484878312610347834546749258308729985
447421206445095233245050877431496166555251797168020991720026409374
921907569936896330281391647208963581771735555848592706524504862516
419540550801343510323389813378302497701822754906381499964723334079
613041469739476372650869273347108415685608430921316240434629863920
841660055904598506491243505264766067600344441618186403670083774114
101094320588955598658670077863671896944089622321374034113597199133
135946553685446692367652589012108413777432482191812747847892287264
892970032371873456157981599834839100412601050746964599430331978810
634913923812490503061433407918328004063907098672596197098311265960
147473725330526853717742146554005873924623727617364905198713368067
723952570781360686683261395014329509474851594724667527201684316586
608807512768584755541184381169011622005552113484488960668259227431
319007963011587084670117654935393046563356225311244727796669005831
190616101972663073970542531439818457379449486780134618217875939076
999602029083965677287846905736401564015047696448993947541474608339
918696889271156942345492651246645507792554028105037622035967530558
601856492056062879090769453339208808849477828894851122154743230191
383245562993881020614490266876010207753210915684977830740859649857
967152617010039475494539917698791323546550106407355816999409756248
149967443278429202762644189793918158394562708173301582160225519659
898769376164019861207466755048861110855726764507052622446130222335
852072273620485057289238815884938754535229186399714380884061757286
220950122506515863104258884134355431973729856217753072022629475552
483044445340434888878581170341345342522354319407877972846760181583
227097745180929342193189815812482832658950040704855206099893783900
341914163044639163880549658786501375046341695655156618298878630705
842306967660254053024811471007899784211830489010464056896539702885
595530925558636052158957375114089564905844156774937105859648014315
874614491250549253191164653821585197370093280194530320572628452658
046046337816631429933076646646530760590548962888724189716060225882
617577539922055131509377200624863085562820493575752724995567089221
634233983602565328731029194007041176919220850015116735670101958971
001797019578120892910969417754369904368202563024054822625401905696
507710581574240721496339560365270283334407305750073674562260584649
886115101689612181119058471714461068719761017456587373796740697137
423238753839030317200200207205928488785123911746471673743737923283
881966201687622191346233893762599527025672138622112458980212130501
407288904300322535504095866818724139369938193069148744717186646183
111942603161664070377316487001864799600243044003242241809402278533
309011509880870678268835317200767522553138008818780431690190072804
831799287414125476123089606833095828377667688287578688683092976001
011974533898331952588619630132917094385816615374171794496319177154
312506959853481285684619377669894277459170918802520012749905559407
289696594793331672243621567896776966708035229039018485730806275670
867658627104769409203565593025352743418965927002270492331868299 91
560936413757004988537304596396152734629396974951748062696451793018
719986788537581415975799314806608557232568374305282764175670050288
040489429899580948103534833934144927885925262192415547231997143385
086637320926632728243514933640704589683852345624744361175256766987
```

```
7675972234392063575074715529181027626140129924804228839902978799 25
4185174991296302839907296355885798905933177959087690739056460256 23
5335672221552225946888382984528829229662751371624221729546786707 15840
9241840841475575825393852409633020513497047406953995678979817278 60
9204622868397357798151118681526598846069497589654813146511503926 26
3777495137615572481951161198772503445647107385134359273555387124 62
3755981938132142384415819290700463897716838872079163617414324970 79
1096581627464297170728717251427458983568970955346268201690853561 08
9448984071005819203021769451207717745887955195104733841847399807 96
3067678858451675757299043069715426423834980098708699336709121083 94
4535062459224323123482785496603746571880148929379451478705406079 24
5759006012196221239287200172155886663457349714095337211516559857 57
9417244198890261670161016115578343150254603287811984240274846085 10
7224066767787608552476177738330895026100643883505502054563243461 67
8594519417956698749685152448838475136181806671083161655642093692 70
5206118985172926171417144346555087063060635510129494003097591677 99
1584260491971209543227026784326542965724032720887143219996453132 02
5871096771651285496699625526986073117637182074988273997706019913 62
0930832307368382064557325637659829125781314922242204279712414416 29
9512659456397927593803380478262316042432539913285112303224703756 1
9423217330478540785762440132917179929792407833907157579814268168 64
6553829468473992058886316559349198678969628404473449680240770928 31
3764081033522552427174041076735654244410044833474401017264410529 54
7872963458986405012036080244511903509949744939736171815752770937 80
2092366681358416362683192634067141827974213425462207054156000509 59
6740456168404517717479527903532549325891204833857465900967817304 16
0005210889346107687540042419778030828851812001733695591271377141 95
0113613044097532791905048915832463991434835316486815485791786329 35
1239255525102111827885736960602769313014696614334496423021143824 83
7056335327938588952676720766889712744358156320881066501495681435 58
7965769098577659027687074536592763649755534496173080781609871032 48
0137951361703677634575949756862080139963745517624251477806287222 65
9714554829067692957136435721526744689878894188207512922257565091 43
5528288746141950978624275278815715664007637210378031940430958442 72
5492699871692343318900221415031139987652606887615667402101972017 19
6023908610829749276395695411530322754601738707956259935797853024 43
4767163995914623179312399899869284379757024923695515872976838540 05
2276514956144471059719628898881571094151717015181147435136438540 05
1162462021311748007919837497001004713634325232815789113554504533 71
9052750682291561850033284695679262262081904424733403625038927920 71
5859600393631533688427243753667996986479347411331983286194414606 53
9227840999031438403545650470567895520248271760118743356436902435 03
0856313095590552503904927316133117349225846446090245350791901844 11
2993216997704518328535864804285568222087372136164905863032563689 13
0841037602156799270200053223554398046531193397754590440450785680 21
3984650096934295473102692499475864660580916699841606846460872939 43
8082743082858174796941728729903110131926755738979840913642534796 94
9434803777033646349584768629825901034707278612186230019866079877 82
6842459338356389195702068535216032116352300649887446002001704130 56
9853651546687520238593751832803728511432748116996836928492204473 80
5706334966187112409478359158696268586435891413598542535776887749 32
7436345147544886408688180303696524317556883002058607732569597160 86
4854158344684324899630770113713446751569302448854820771241335577 32
3069494580672678452359436315078727281579015730700331787968544362 79
5257190236232746142628687327380094977411228562376632149046532940 72
0261975390717404222595392428881645597965700309571413891069368450 36
2682310539867437532400527015347458933256795149418545378088270634 57
2959621690853835353703814181155738163782090325615198697453576464 12
1254980760051561417072980469948135934831505681166427932193352798 22
7147157673401860887215187996693502527007575560997198882863064285 448
```

128275139280694702750148163289727314347348528529504604883271673978
981563678804780443602109007320727369749344630499731442571560433133
690387618100948873120713482710815889857483265854207510077953118326
861708037070935927614936782530858340482351003632166378957426202550
350116861543407379504516482896755698358935522020173679548075781909
502697981271148703431190363112246128295303820512870430929471974594
690821025634788995431771524379696211281224503426066399268852133079
196370277780448857920573046990800923440186638113252097123096476059
989947925759851008173039606822219975327301606582628527582576695078
547260349382981335825281786706085126560022688717811253597829337347
791412736284188656175920832879447410969703879854736984025458063294
835022359393543587480223989760916296250110473931169449100666907230
634693130169711820632535269244043840093724284428209709364856909468
920087371753252557030543539828727812301139808093867015474885803445
631871319602678548793893316205007675264112044390237583342724298699
654786368534102848857370254725502365663418680919038388670787907208
403619402164670121534837978151832826472578628815207101081499558980
338118961569441756761340717046538512170902123777884333649651872119
905407581877394397528364143953044245913903178813004188791887114553
148267469987055587931040240388884083850687341625071657274185134952
084963670955542450439483940845979156228282483787934152720362263369
561805556371076814888893619275742659935823559431530887933052767558
7475123650656843969475604297192002319868024351719937868100361102312
568364256079597410574153628297180046497748573718378639037039015397
374911654685499716453941611216417610717145401765190565052520662277
883129045719693205990241375395983861982603205495839501675552509644
137118222561496014003023035407899209698677507867200038074267970530
307167932296015648622808518403352350170608589512912223246117830253
163628943946073652771336511631646446199099021224922412315168992767
85586377363155260025034884878132330019110189399616702731416999626511
945742636761965002434737172729028462209798394871065982270009954918
877696188505432653211802219444282228425152556141187434018041946141
394514712872527592391255964437356833972896331267678234910356332961
294719101515714311579549093390326141191865475237624721531102079369
115848742205822747343201735585077122437969857965491580627950274097
716886114807616315161855306856692457171769220443668433127398933794
111629722451699985468562215702417594711769952916550211685500108985
761934639455908826270775311465775223884634351937653973498480245497
607602440308084489010683878697261237097835782451668011714859836794
055290461982621656691720274262854823933960018254599409254308169691
032978411234022885600190549342750223185294712829609693976813734197
704278121300147328677605719405969979275512461718434956985641712872
481183465420642318714551824152867630567513116267717735061751124546
338799426529127010578995671805721436557918350691777930704075732904
397494995822410623810514917650238504182730096620171750940590805408
957283755406355152219965820757351315707592361539863945921115586400
098809755261053838256899272158478504174606516151133788336097601211
484870055601658124924706825684427204547289630942030665044529864622
359422600855499158914995360649842803457949275700949795945060237877
501947062463239495495782308228306684081880252107663907423097372091
628533717680621644693543231791785530583317142084798863034084657264
269395570026857605753934788858709460058272323051910811751423491268
733658596079989173292891589600181509181633740080603547520005151175
102901229924870961545928026206076169827218102916731554892942374085
196743307916607849905578210193571366243599088361385980851615641747
694605478026408195353067080308969763045294466823321053287823743894
4115685176271711163630940147990964945635459295013073900362682100732
63700823561506912696431833517162543903046989931426154426359511363
466057378654951244574752621678954703628904830484996804037722513431
937373441236618586944588064018584073147633792940386340435919419872

```
3552630156546080518686760680431608451284591604244132698791253856 02
9915999672787661951950531764883134693257366894644382558139108486209
6637426745798313012223438725831244220330945714575414704792938 75858
2389977385152135237238955966431223564326262860114748908681 71592810
6687270840080203377186921535235269263472268090825989889840026208152
1782826112293131182086600709968603654098183268075582477670 69504109
9758614362435521619453530292002546673679964850437313349520 8210751
19925892663899564756985870790185612379157886437446903787 1509500112
55021003884531192365296559946190047484662064234794232967006 0529003
7091755781887081935221468714272352776325598980869487211138 45980014
1238421638278244127365424467488333816797162011288619141540 19367129
0947899026466644315609837296150196862422825067230616672094 35465714
2514930864248877859868275958874906507726025095182953676518 11823686
1694472436078376429476246922631949892196464406831692876616 15060508
1384631941511620257790786307180123115945860389656252655422 33462344
5450739478869026815949751311688514369452102168831904461686 29763325
2298638518188500492869357276476682385556463655449640063176 48285575
7858666102285515648599088209586894443625469867952382268611 59699100
5636608292679153375381606611224786953132615853187176388598 93779291
8890299879387981000369730784895927062541048485931585432335 56831042
3902990702634437978756918554340897644076013084448197862650 79476440
8301349424358342818859152592934714363175337495897010728735 01270788
9804816350456766676932075530518404324461007403216764718360 83708475
0651269307076608498252990003178503058536821395127503863824 6056425
10337775580986464339801718620814266307417259222600051109134 2681074
6701290143016541010649332122837908275150010035300156545975 08323772
9654396973820477416265710657408216499606262274961879533479 07065988
9748717795643340648417456457479069251701494998100953534135 48908754
8363275795224072069862910246717035792514417667038866090698 5726260
5812408253362252189920004189757457653151230000644457159317 01771688
6354833330519215820559461173577163211322339319653203861990 05116178
1713340010705766526899197081692022194647043237953564118660 63920558
6090344570641517977821450547222788529872101978588460700474 20028468
8737958442289499743336562718779917211379161644925413297156 52879529
5326397595385359209501386333805075613695308995475848830242 61962758
9859415137805158050257675404017857958524488311721050892770 89227273
4319738238846873071682302487886885510108073522781405371406 520758
1072708481672639770987314551626469114232861030369329843303 00323676
1627142640675878067318839715150027981633747790787750383079 86759404
5910739210345874042196170349258081899072059612915864202028 85734009
1149552388651079113714953346397639881839488045300750747403 72280936
8205354304949519483328334700751619790086872854399629815756 05891637
6247230691628711111376760864803237524596649304117539461364 64337804
6711650555046706718362212857950480671656304276267114299991 13487698
4470503706379001810968886297217579517324338027806174704963 02042492
9166191718862433555992820932439194457118863215563201616542 47055375
9386966246565633412154101403228699093015913288580883124124 2882876373
8727428380385907102927486333515030904453280525977965892055 4562434
2979827941348917563824007716121733247364285401606100443376 41457220
7859217155914010378320201321338330963807789040957238105588 29392796
3743816606868351950592770195153616017221589042878567848206 82919441
6987181928627308270444163039625471305328438833791334768735 8261221
1625836027289616245590418967702474538275839665229937123516 30489833
0124214174557885915942560597924277218199085562798486056174 53684478
9237969079755945551546468531630244623256740348958454622567 44858202
0424573919942530942642245040202689038150152683602412559807 597523648
1628093048912746151196231546114008220563967806585354076686 88227542
6503812259991620760170895567474465242344520176616503259456 65912966
7863246213799192229614586714224824928806476803210864779941 00410060
0339067927523736254602774296007347880383566875220034824576 94908456
```

```
8626960577157019191748922606352081297387974438354832861369395624500
3929768057832234021716765559177668403757234844094617629312884926890
9368713898388222710602790379900190455833600797392774109266557392330
1470259092338906543884223513241153880185592349561399302239196450500
4503693529270115663051533519186418648234424999192720272953459599060
3048723608041595760029668121116831723660381105428035914457202482560
4561057140554624208213435209481084171582895724450720635468160023050
1201408480543587425261710176818538835575587174154247754497722214190
2613155252691091755633319323222432185254221827291491598105836897020
5035228130021411924860142480680797536996477719394906804683552808340
7327610306049409733091690316783097934636611832784531868716462680730
8833656704566010423768505801395074436479639222841126979451347730040
9249878649656367949099291327125289776519181754279628060849323755200
8153611132403397131655043918879601983821385850007732424617788491870
5814596426423378897933308194881600401131262525635693244659398400636
8903152547229239914144743770696338935761926039189247936317800831020
6114195485436051577871600495578865657970665885510428824663630572070
7789022667770425126815719795332251076389036819762844028610258805390
2339329474672024088541276492386447602161162620824212991660362299180
4923782236300983478119522913821847326342285759120979805478285250590
1837983368017874112426447460022562419806910074097972102327853957
5615128345806165411117926710427990579394497134946328950456512868840
7841871758020504583283874853137369113510255062010277534580943910500
0102183397324565047288947687929892594501987507671223637918758647200
1214966061151280487096488630562284408393694438721692120849200851550
8381251070741955187208093746942459731172811721051928903896370394230
5776862127668210931827636664984042124938144097959863114225436483965
4999834790843070217643855543512574368282281530322223808347679511130
5570148063182004532207237948918635721491062425269939946710153668460
2341051533381426847706275852035240992079720869914537301095516415030
3176282001969164115460268207236692552751418429969920539853433073060
8057372380504167197221127374050789272663406388506867344585607732660
6483845780277189114758013231055198784133652185190714606813898688670
1031475982646112937954395266728672759948335902597445878687684964620
6834844343414135917714587766088077845357183932937193739323640835633
7576688468211117993505541020855618849010201600505639541687451082200
6035554108176664605241249662244228045452432160320360194641356097920
0019590240497929236732989245539901019801121402908686999205758917770
1880741461222050247285857153675307478143897305717872683663601576130
6100772286319638852646235125538077319459563567965382362499926551800
4330796359621106745528521429026294982656755335273100468788657310470
2466493326567927331345122955059186232937393326086077451350775309010
5744438294873397796053228493583013618379586264803212973684748175160
4769136621103603695091066665051717115082782009327883587225983940460
3068376318118089044236262199881236826807857952621972166872017455170
4726278180326830585488039709770479348310354398559078435527766760330
1398846052715031388563324676889271045958519328951391678238577357720
6581004798256393551935200552040800287059678249739374788605283564930
5914978380377964960005212445834779001756042465866651998077028839430
8516380955043049219603244360903400851746604296274309768387151945980
2644735940234248211044757291117779587731341553609527595708986125860
7714562523994500759380206093550248920084767332293085742222550206450
5690239126543663578524724290560532057540308210145123820902174669700
5797653475172501465834788480805377351504222240429576036137543248600
1996558919392205046999821062931609675651790751322960777857553310260
5858425760866867645355209277482755675451771699508789411805936305240
9944967012375980065534998739666395394417017059698101512719333118400
7679232718539539809764048527846743872316432910029065495308612833300
2664007580129618499207022002555972156957588376168784363434679275586
3573972253564884133060119289574642809357858081132331433115287482170
```

```
97660397125795289003640719892332813161164041693773662801325973822
237426818917648959642270338039059295964969648213311447316676504197
678110849096646942571706945700787126401448652242846948897617256746
535220506162107300101926248314682120355169950152200731638400413203
033324231216708268546893175843663043078435078592810447849266395265
239871864417338008568169232134742975458326940216125333283790096064
862778549412667951367404587741694559614076265662502990069226726787
603658713793279604184883939339346926354341548095183623323317522937
035210291464133127520371171667548720634738923293785107290295144629
274154676194794274716691603049782928896147458702649979707920638724
082502300642554499590401197410853516784440901880646293748354439614
400353523310304041178457228902958180581032123743825898702747370401
068377771592512645357065083009214792583498924751274536220061058545
759973693135297078143742841340551954446721489415057452839171603715
453082525558343202512542416624457524562964457910769717152147095185
055003550543906316882581057850746356562047914667680556984384552027
709969719889807233714869563567031776877637897432734928293439051455
670607446079047693164627812141713818274378561462197088087021 06421
105737785147135883737388240765280451914271374881105597447 18310093
937519765980210024101251123081368260338474491087716132285766026393
884928495989823656572720426357202637482564949491262914191713064628
059566982549360326132019252804346170439028926027993140436137026582
012131285148815857311178210413103357288871817295262711200081475064
026830464189887697478791731737038139991888242416994212152776045185
956711909418073734793310997092831554681656395271010461137625406644
958618385463898220899677832955011143149959368039822230371363295742
321735744647342109741491743641994731958840052638726959231836423254
918455955045343778467094704509594201202114220864191279049359945213
739248711074323149511380429379365543637217263481907571135312709307
952729522112479531498969908089446574769556512436056114200866399056
099000380302506124236077503293413472890501316772809713162683495963
409292243031195084878867103533520023712730202916592975252657039210
421496349523857085605723434621576956985134068304548331545907536471
146996824209102321431171769227738534770417794076441001301048596092
707211320523185382227444870243327103987811479127546080836115687792
151311310450083663631007517511025900280864277150209627136623974010
752884454683316182115027892643072976355761055112462033248005310599
511150543148482955343295983057427245173788652719300073232173623758
732731489091094553740270481185557199051683938745352067970859211896
407854895041094056996598871598863362077955045219321563361246853031
747054439402941829263552401554523160986825531389701880153970459625
016917966481250155593231148267300563383579726032860177847414960045
697257834956205873287301245145557634523029864814954410090788352980
120701265410952518460666201767420452573679946907719084537874820608
029048251670176619820730618331239219353569004070521549893903446593
880904750772416954365185807506649045944318886297872357160302248135
220460109063521450828063974927551284769434996203399164488791 97437
902095718886320024750207910237907307296374632633667459427556378453
569136734552401489712590948036856628232100500394007310663207525728
314711519263328928520696723934717509829526021254947643301953574383
509258283111339115390633766173730772363027988986998579945016592376
906754883798892940060516282614004815046948281403308391643424865093
963545890913280595111633455036563482451915058317949808318272813479
505077271733594966337188214919283787116463903566925779942457394355
473044935559396848032790240761496815082606481092468854338332986639
074547805263629161562798803187828270745163032786390756653362197506
322424864576945975359667320060389826293000076125149479800895671245
256955982758548576901246368659494224227727177151849641751071598416
357207241224371968067203927064789427894217128426413342711831847944
133460647243141150155098551171241466824331235206284065722692606904
```

74791964472975283227495698196327787281625954012020538073295825 0049
74459308097824095299129654233184987988007716816319860865120883 1586
72565065944140618446837496318929137459934216034848228831582897 3094
21614736892558516992715531155888876007217034102445874402084434 2827
30046730979555566681150130033888958380231464313829002600763228 5034
75830780878895180313981020762788985174353478225120846759497430 0244
37895842895680752663203627696299460180834941994912706559130840 0058
62656399639110406851041282007153246256426371456355757694528492 7112
63557719632506589654553648212545926335525729259528149934158787 7651
56922311915102337344071699165647639820008969846298439977593853 9811
21332181032819896994579261764935829748373387752352859464035138 2382
30626945363458100319367250206982807384333411752831573143426398 9641
63471270530347756991558003118159180911378802688385475769729233 9888
28603230299770430666288695530121027270576339598976894102499684 7949
81684201199256134807564404065594623837087236888125489491487948 7348
08614168105521140018455170084444842948475507327366428272220633 6582
40174549880829130188391401568090500008495465737300032747797209 9175
07461785951579953202237285235920400742515225638616675620318839 8117
61861196022162847431907970250367459282804678178536647393560035 4038
27828184576694782337457113822121932612193261672950104270694095 2206205 2
28985909350023944908745626205345221731194095778301953605185038 5496
14062182530618203651827337062111989390244889753863581809944918 1578
48783365288654365422483020278924170496896511041727594750178122 6785
81439174864942435730090917126487716059592097445811462955422310 0220
08512052258976477811482703942677666427827462593951174380719861 8722
26558650403002846914692786468003183603463817264057027074226203 4297
18755580993868712404656223338914646583055430131550952851097263 0050
80518826527268533537293733856918269371716773031611864749481042 4215
12791591014606569795333133774095936749326441463702427524539335 0301
30992833648540706984034399121245249275580299798824092066446404 2585
96620088874191649877302754037292042158109378147131362262886666 9454
74212449552849091492193371936234029433712557556998865296623645 0353
51920267776379424820828605689362315215231788501452131321491469 8685
48359447068658501098131420589267641611516210940535678073681008 9734
24587293270521085357267638056422884092966588447779527954671073 5193
29547471301507922084032823220442894467821839654711090211734072 5139
72475735700855531274321999675125958256806323588088388436620326 2266
19141493474043649800024739833209241183866742960926946070141838 8178
11071428243965779638843986478231371542498947258304114514952687 2423
61899676305881682084632743744121039055276521871073556452571336 0114
55804558568455865043285991767651961932711434986654077745145004 7307
27117147957122275720181288644644077751746032824231733853376529 8981
04423224046772463204795179809715760258008857689751340594805482 6877
28847762938464549604027037050853941909276993706680455171941604 0376
35118018551365754510952470346022600207417428238494817822549063 6599
20847490375832057446779591067556606407750093471298170058187694 0802
79926904605949872117634151914882251867043955731001793710004665 7292
18037284879797156922788883970419825456570642890898582795862565 9901
37596875007856985342094439959715236676735599115570900614130188 5395
60069330508261157883159790188291287776539696406753920808485822 9047
55619051863754905941764720809048523929966365377746870985680142 361
37076370467423618029218675992476977765292629290417983927505343 2943
38447653339850122828362798515026374542796671771484197573390657 2871
54305432157523544932053465375423820484485088463459085338667729 2538
52044498441313686375189411768486261360368193736351339325408068 5226
92147430732913446762529322640845330844938647151561813941363435 0364
81779475509763392559882786903696323843013425794452922923775203 2874
48902004053266813935475285501746453171721459950814556136469252 6650
22711533738181759785579504198807548581133628915490090390806077 5415
75736137375598801875730753624873700129122382611343810392343723 1353

```
68988915337494937863249849417642814170452840829693991724323286725
64150483765773114493352155385230017811082761636303709020525950377 9
09253411047057004656525197792567933141088663264059262317889312603 1
52857587164242119033379872577587429012903759362697272343148935725 7
24188379418627686456677586869202760143980501638714352047767388090 0
57892836338177973884573441001499664332358222579253517110594856078 9
18240152199828522694650958763149247127952016446764740270468954543 5
10306982617999140223407285489154680684209574320750662115448762664 4
67579863644388023258636088691875944227152142965066416138496381502 7
97217307126592057826600278471814003420926569307030904457024596467 5
76490185278139314813150920364104984596906022531447482294570702527 0
43630406111445514222766936650125425237207439401827752508941432915 2
15170599745459312594682121435106227633033185043394889512767206372 9
15124936819357031910469357290527628876878250048505480059732307532 6
52277925524199131596179115220694196854791873415669978109670256299 3
99320816450717417349056433986521998663905570935211985243906798615 0
21448623928438739820187602285471230394459661572587509650320071247
66575938137212480113415355061675472036957910559746106711254171174 5
36954301471914199373197227971690211613572625243116472289366644142 6
21243854981362369496357128211603685441607108231775107801298304253 8
14190892249208595364610821395648113205316073707772076055993498150 3
42406407751233151215899924629749784547438578559522708926710247919 9
19964504304016600562176296234014928218161152050464381405120101763 2
79790269327122270125927081630457940869593885030885857777676988057 7
12027746185837281858599701772111603710982739324147197937663864843 1
60008415792725306116408501515001652030020014274337639041878862263 5
27470225898484946907769474761327639105259940566038238237163694355 5
47065817482730718247418272636272404623994402844447364245864447510 4
69029976526749734435698570853905781915995859960967506128309101947 4
88656507512613971363292764158349130420830095085110041407455744378 4
92789857607261057697418196336967907551883832201734437643980536829 6
26873285189395308159721384099875365774663549325311393625597895430 0
09119142674075385925496901579734191837104016999179009456783596285 7
32244714790732045696471978631549086284123332517481278482880984876 1
02210097427834751646279055393851966889569651087606287295745908892 0
17023867207401060245389415195473932814246622312689236265027205640 2
64302177690318955552061127114631467170389157733900654528692327208 0
81115787573749910353244466936165351752212468866080593973805468948 6
75560258870687103081189892202421749529345821953530099156135536073 1
59095673469906992487426800195382175246210534986270106132159075726 0
24080430082786835629319838427105219835472751176423302799589268727 3
05311835580568752761240919742444763356809568748444104546702835236 5
14152765627008043630974774537678098208734980384982599248810670297 7
54949535228299516546559850687428317628520857196139379782850577901 4
99623213922046234152416823803889446624267373001896543376476503634 1
25182850951208886485629471439877956655928074916489625621859267154 1
46921767683960545008216421626056106423144435798230691965780470574 7
14846007296818237228797756049608915817868672936323790241579204728 3
64697021031397518009784159855000705536493875321257496167487587258 3
25992595761507433918622843798830134604454088081780968549119454119 3
47026896505991986041099765321119658106296655005116183651706202928 8
08776091498461673164426864197089230648463056754573887202476016525 7
76085293772109335844538710740272925919152462676235381797869306421 5
34013163370113573563511109814182112966221073672626961567267483077 5
24887444841676657370240048508393702558385910122669483580683915454 7
91660164569148630523935977932446725588671741604855038711490317607 5
53732194472830582219155807880752453696932744601747360524205864696 8
69757706121867761972058749104516514271549542385392023252697512349 5
46546309061329460056650728309872803387373515537522356318357025370 0
64940926380803173746348540361146600048468762423108947237916500745 1
```

```
7970524862846727663375517303687368385644037049806617909200831710788
8210498183315526148505373540750351082239392474456301096920422788443
7371696889509111857369268903366597185225377703296220167081065518124
6758009408525150684775792191389321380928696119531220905038018107656
8748836831788278142527862618796676068219770390932600672961512755712
52786437069898354440961391737903545485180403973331374805235879104
9555830404815348045391878540382432369073043102740626417777626573015
0347033840211296690848180461624964873947345844121553025815222149945
5822249941941954725641031750211442280865230280221342409319393272763
7819599060811259862396733945898961907167977780259511631477576264005
2858826251481582164399441350619608117589046195115853908261335496035
8803237135222451696811805975121895900285917973908665244952804078275
1302700453774372678555325048503974637573946460984085658930184822342
1614986583150346608218622360580194811455490351547426626606129502685
7840975477981407268239569314724876098280345081189383404096153431487
6301124867646531547875845494652222753187735608908350438370811208822
44175993856466309397048117253004020305813409044745051115637705410335
5014166861912485252694933482978510181114723987404539612754022221905
0958440508723066232688884970422345670001194975185979649409914897137
8536227945887407609904328542281277305818304024945108706336986946864
7400894810975397100908494768304107115295506388876524905456599942607
7388634739455251144897203610479375725447239660235477481274941606984
3510131476402364194914610598055637570446515566712365256828270157448
5284760220781753972337164096986264920557668761564457744644664925475
7734672972555705388285907892317597067686398249662945556019387315271
0362720124293120176425224644803181954468333763994613138361445704160
8888342225371558783580701611560271775414247233315278135669400989800
0445823899842006407489589238923892752289147329455312404247755208380
5237951012393843585877545499900127206828665999857909842930384600732
9623842629079721823337274766946401526920488143042273943883838698807
2365034008809524512726001361525704157749789546427459286696216415427
5190720789657656762047087629102592988877128340580613171820688795096
2735523080228036658853093027046194006144644918627856642449420816210
2038327611169622442138639731157130118991853169915158165025834281284
8741492753605073550149275164965568949868814457828072415400901161769
3658986281137459279032257848909339768816086708570029953457215794209
8099722053214575142715411220939886987456280116533207925455196985191
0384281572683512010923679952429068679945456830838859301366721852113
5364172442283704920603648154449717799886187390619701265066843706404
2512445995190900622608217984541513987408615618924659308440274701471
0167254716016686017397691997662011111998930155354062817781328238679
8739883185480936514175269040502739923269532293931036045698425205947
1087760223210167746792793562530768337722069298099521332754934107640
6829369625653809798299221502007619065671332333071917531109537696743
1445827047452191856565617305618532166042594645538561688375993453276
7382788781222315372811134173554517073553208276044077452544230785453
7481125966546355745960432703685421573869622444796092593675008309891
4000685383635881778748642710688257878740799283418251977140842230489
4979155179876782746847540849289938647634983917539244593293129138080
7387650050522006666627273438445404989680118343255349997625011921767
8755809806723324167826178257089116301798088195583791075401180509621
6010930804225701805429764678411538769143070882475312172313794037236
5928771043455446962665999926233933298641137100126804081160276969402
2871365072981064452520165517338604686504062129245789271472274267638
6142682367640851641194766265143710139385568064270077829659680486077
5179492212156291738671635464988985383575153249743158354139913221365
0515513841090309027554332364412022530077042821114714191814757096183
3137822943420725434103155582818669328386683660726916383696779320102
1420290468133704915343805924654711497083540122724100650394974216418
8669227447368995062528945027771892
```

89469132963467585879264235211633546474686426054856131577840361143 1
49026954427505648038478887943295655604844339184060202704514682782 4
23151406507022104851959207231200493371767383523709308856526434484 1
94677345382413296885430630247782554350281959571754332687358317282 7
93377410102634717252580005510899808792042744778385364274972065430 9
22479605721400330661597939815697061366098396405520287669991722547 2
40206396060964299454270591546000735367315498807739083001581335160 3
57301111141092801541228066667058785550927033385009831156762851616 4
92425509292830390877098893494607234902865856020542206703715680463 5
00382605276371082398659793184830936764165636079070660523343411137 7
93121612020588095146143773947683538839504721294528349865480864837 8
85019467676945623267019987133184554534837360845127671800567875423 5
88719510589565279780453783448465046814695167753813695184510308323 9
03749657162143307963860154481614495523935111212189443023826954057 8
60116467373664795652065872508159275305713134383569920048999618043 2
54950205219555020617927799305642458366587216753519281750334499239 1
83325623616265020814903557861244051834404038159913582717384337340 4
52974499964059918656664153561242430800162617933750921429658088283 2
21957057843171697946284551330968382460003698996180592987995060376 0
71243272559753650882038636095880904003800176047507866974432587723
21543832599839986439501144954150770097282265369583943808509128411 0
41629096637012742498817616344101667423400506836167648232710388942 2
39482025308696722292524340750602651298857635878137500851005688687 4
32827471873232428984773354258150416258955023854489068496767648928 2
97072811584351167607761726048913558510981478950842984983605593659 3
71053202059979044369735340166287645320637188693821897801573219076 2
99810361256838764838726985360129448160731761865806680596837338941 1
98265008732624266960024090883207622611783999157440210584278984506 3
03601419933928362455402768350998972042185962090201621015651922358 4
21194882020912378392755718560554165620545534719697866123505834896 2
82128608208403497311998810772590454586337661085050958238503075128 4
25964285974947159675425924034955860979643401966466721757237237070 7
85184646638370671702995416983298869124728187680273812549629389876 0
72234084657095098943201654876047933946794685134373263039223093317 9
06873031699418007404800068725136597857958599478019949652342728688 9
88717813516171550577839158713864040578956591823213708140058713808 8
36523047167127182200601860881125726033986240354206752127690892108 1
55226032930044410189063723659195711953030288248586847825648830052 5
18126081035421351812247158400462751059244487058370954083531897521 5
23610342040845076413767423473005882203432316047463304350628142321 0
82948724090259476441189103223374049794740857827762204826182195142 8
21798112437267662584689519510699867374022732300260261505970642152 7
46023269994970061582359282822297832868401997290365378168160028841 1
73067332449662838403243536504139753620550910521974909579986059572 6
94138402426755596748637742930858314066480318445315329081532154943 4
58288044293735568005276670180009478873358860913649494583852689279 1
36559434288174186455594102961792995812608097064547465090234261840 3
45010812403353900061073469412097838671627721613708361451511050077 2
01170421405751029551149137025545335020681411652447691784586943540 3
41187913507194728683338966247610118301700497261895611839898160539 0
92008911727724528273299586808380107378131400187606725012692645464 5
09767337470023676782013523567324262478880482343629009963301097657
30571074508621321877968280743439896483552427144875730583032180249 4
52109231991204178629832110645618982345049505439716180303956851265 3
80149225169487847955472418638278627582327821299397820742867554710 9
24982182446861479580814083550046687559626157906171759021927186972 3
78454724112985575731793747953518295584299133692814058848042157153 8
07468531130233549462721418440056323974458753772751807146601657065 0
35375000078000547610036786369911132398586213221822462464343501036 3
22398596701728992842523411315434326293039073595342914413933874282 1

```
87214841861312790716268582668472059546640356511332792729283670421
533337815648978787243472316577108118905881159220534134477675212977
635506551109801811454708921701244106349239492424226738349439407865
465836386685970026019915416838558615578967012722002322003168619541
702892475742166676680152480824022111156190982909528829342278406490
395339672008649956965447075211846134340977857777364263165869169876
274954188683133247514531590023354409517149140813592731911461920067
757921585633107612547070933961164415088007272939456368492532718589
155168814720960114154056640038921028118648545950411900558007928394
716199676000301877000729916613487810389918979927793308260333338334
579193386012599266354350647100912606346252385743463526847492979065
780017287665968256219468541077987421844550471048251138993654279944
593202443898985134425672669327861329504851702042670416810423988787
766282835019312545495101087037669638120603127617996218893187778305
204501948120474270520457321254873390393028668085392898551453951830
701677372533915679276903907336248590343351476117870517797664710107
502450768161655725395482009480911058631732989175311841603640219503
463573219594755860083208292675123788495516672506492207206097412031
293135743537452185545498302580415651798622780164689374817239713381
123695363735811057393910536917973929343197751880325243525860808275
537409997210154000469799279434223454476897075803131490654997645?
271996996280332692090891558381760321398926448802376910082742090668
080043739925045412236849719409774670467316737887852049416564473707
132543728313954096231813376473848894121827756876058275472115348406
411192866091980614228229552490758852587114072134140163523811998912
747789131397574682809342472823110218984300702443999642906444508447
880276686539463578359786330143574307385522480118057855163003059480
351702305291761937668044897455190062298141740225468793859809142285
837449414294668405678447862996873037366863397510139100798455883197
189398404205851783126255609907516425666609144857660683679374480652
972403709933396292834348332661041368713447259629441715366168325692
987460751934900436754871245012517388228959426432206171837705951665
664903889623415903428365924676238921543162109473965009869257089507
504114157819718945799485168292399767685260590940847692555560320947
301798892618229473834688688478774214747821124629005048761624209757
229517860733959886964186053995691274261105379964864827288214729865
447937270511431036415399504302492489038987190473804812173705725663
713465147154131222056319569952971074484542325785409319607037480624
328873057403741431323821583556267142756875575513618201917633010862
837972585511567417230504719060873616277083262964429580482797563630
823764361615455540616980045819644670667810243347845988069248477274
895298262045169437003711201912953531129197138017595577974532179706
899810786979967116140647258355731385280378144794618645821634745203
985589751231713640797468385145592041450052177212291446699278647652
010036539788997094195677954229000414384548714348852855651763080299
251676444247682186490621512191723425686851600605859780896623668832
012839653122703074654818211999482253881430040168114450362116720244
462048282967776160165637897576349795548725510809105781339420347277
448474876989841921828085630416492602991762303626322504418296296521
543856287607037421868140047386309450159109132542103032561351107575
582873478656260809325645074346337233422408558581633853715306945878
269202052395067272475369001398011496431659458297164868632204841795
219642449832794880631346462010891393287053134556150378876921145927
268505146771355995890632238650764778282690168036013061708569828863
363533982166411661335548040370382100344583808150558303401797120822
493909503856609585571395374634762832404217519342656686392559177433
783255482070386105633012623762876981734728224250946153189070215082
050421810369778940767214990832478258459510024679597393084110627²
522541569649389236827358143460772759803346264312598278889441818491
738026870449603886707186477083156478758911780354308201318656582034
```

```
3540734229283474557696514986839150397614126133607894809975591648240
9062551685536794824740509846496085681889172036998737579643980011652
9527027723722601935755572023263101476869284762636285189304849269092
6409854724936481814128316893832831257956621359883554452066740895840
9231486257559110519622000503080204257370028996601241363556488028033
9995694656095885763219926030004685397559802876555831710706399750666
0476148677736356322611612715224267109673618402529108255244615388577
6660277960808983028370687781398492381254517178987577906769165132460
3108755181479600121676201685543613887535111146464459659489862868500
3842938167759796191272999045913439604283622782145743849108066267372
0398159683311458313277557371939647621394703694871344837965333672088
6507609494431067489386281016686080935487620406295314268367901622324
3442162500961919886528250184780750093029896168789351440485278448521
0194972931491229336642838361095835911792669732105032865863719619130
6498573320866152431989177517561330725336906062894401403624673579168
6124190767973072153896099260914778003921829096605678051574245394812
7051582786560861766280887675485282643534579297510910374324314804950
9972013400938712099679922667327456972199757397498352955663444532434
5570326026027829313689388962967691490051117916415739641516223459624
1438799849972397210625910452426655628960145967901286176415352478643
3047855814962571113956032515036318374506194258790732974799065403378
1293234354964770599415970216918103681473383333064151387713221517339
8409381746568333237512452120426351494801795737064857482558812962411
1414646926617747817386015615569677680806354280813339262222680573586
0439573916273877143508484770186626531697488864738682430941960189287
5891202138727709615384880950656532073442058984978568214481099344327
1437941292340729754793264761829620403614436411274652404369175428358
5661405959433261009132314486416420497649479552017171086517069812241
6084821707217101649482479807749180166663180760457163952518386095827
1832720865705298255892664923127405067312348772034977998295609410636
0305165816819038480111470304239018204575837273165208592253994751093
8900121122194266544590867792691371154950789666576676546096288277775
1995705545072979236662085235078168943400320475437404007621799091881
3510949939669431342798599215806292704213826756214353405924672023502
0642585410968595551282959888016794748534882762322608988214260279669
4948833997353809115310261572752606151664675747231126731130456302101
6442756282782191487924669897532097832652921682584330479085478336542
6975843307795571952000101207872401988134949844384367638270411742100
3695116901118016832699946612010086053209415790192889761397840351651
1159934642044414827682054550634184830616197994602704896489524389702
5843417177319031533093214798054202089619512507592936490162781474077
3224772573220191350456805599978569277543054657879842859468408586784
1341145382412407206567559826482625761903033834174251848538540384703
7100690876508085350864021762101015672829143567367711035116439783634
4042830234780735456691438177047450894587211787839154166530924726979
5195268639282330037168506787620787754817839108197321829047879932913
9607887417683308186531819994065979267822132271345963247140952946307
6197396749984634936360975806725366155180785981453495358216014802602
3317625201506366399391351428775115353212411225150570657231152085376
5028432210158406189825700470439171864907241208917145612024917300437
9934999420658663798578734606048061922811946433156292568671087969712
3496236406193738811218020737195981801097590801132722578430025011137
8803495792043918992883005162429217600337641079371968133192067582998
1826078848247571177524201683493481941400539164639352182737104891500
3658047925976158343651355349438431915092146293081995018359167094253
0265403298032496761584396347114353247143703922148617843828261138668
8552159846134450580330263691439417435599175378716668814004529689343
5198765272300845846550156565989521130110485288169394156867063517831
9221855955305000298648325444774777199550165082658896713964088988056
795806
```

```
69160658060940485139280102227697615613826083190760332454846528614
64942948396677330080707320067510426251414296244714536875097068785
66005939402651877861032765470280632572990619689759188738667230511
12379493292597649574826255195927394471764009255618521185772443088
94589313045709752725867071455651423603418198903151954572188621149
71034530596578450826186807436497735831757700864758799643227445489
00780966711961621513676950853089233612386662834811029398046074355
42727244281049032807567670033772711209491284344874508135688221560
30504388351754108148303753443420841220816836058132623457677542793
61986045430504448510555800411679433767132055814705872720882536047
10649679318479637352788447885205873182866006563349325602359088898
53777250797020050541440210559461072076492440913633722789739946639
51234117883663125090061416232276570285410485067944981271814676430
84141030023752565373049527672754845459997871633253310506190240215
81468100146512628510397598394128823698621131831524776496795777441
13323947985528716530231998698023983984731981788171333103443398908
79580000513196534523383390109097044471434794265026285740315181520
54650728231183851986580293621352243797543193801983432914312502757
66754316869886028656770135003725896964458686834176473878390665444
21819235857731078700231917445428714160030268283724049464360347876
03573326188114310108132188552798589730345053440330372276915140453
82361878321719988989055082908966241976585598057834142873730648098
29078214594112649499219651136125677307699460580206407239180866900
20175695641759552721135933758979116047598231558725356445682571437
65856668898203737054970452907158469737635558706092801201769780532
57967838079502279220010520167689887325410838931925090717428881081
70862320755101848004176969682629039239983938116236638478713081932
18555926786589807098502295373949421754246962535470439547324133924
64852103761177731123138500161871304710647783932487585006361991196
78775326807139246898440388265936051085465236922261927240349912103
31622629724114408355686804998074604837135925207539017014469373916
09286486391905375739329455653677543563294895308547919735618116894
46944344364303087144425491060982948288158115956356299337794739220
78511040672166448032053106709130375948843457873439847370765374740
79308090343824433970583053269585629984793830480817797508901932397
81964474728134854864856399736790769039302521285919509594533031379
51852981866262011761260953213926339182718256327583059118937210691
77643838872278422852900912261251408052315081202726247737066716153
29796236517171183091817152280526537593373755812823486429693226678
71338695988769158095081150499363373569059008428920070548252546176
95416471077801175860714328662404483055236425937757985524486960807
67305907650248851408147618917999896292907954060691650986275070330
10088661199318365347811068950055323212323104099431566975712843211
58927290756266529830683461268817435027634457348731308127878539668
59480450244508994538506262281565720665625908071060090719474158064
34289617313151570605581139989607656842772395481206246549279224664
10867393017052678406522475041053604323508688152543821884057815229
19878956064995606982745328922732703853758452092709242946673468959
37778965806769512859044905739913079487625397989989468534486708427
32847644098046534885512094360642889373837105351559587950751036819
95860092479405220515488077774998306131379026412827371575710612817
62497836474502072277561952126743273581685496119698882583112616695
52224021881146693062574938470869958657459988789278684738719864383
79040846374622281612687127634511309478316617599707595085332574602
49374001043645034556580449442950345318338129078508883338583786977
08498206651020627957076698334451779345271803769114102075574774315
29329032629532114978826203515987412546422884395277795499289564754
47105898585159005508490056969036939946380541274407827207958812061
95018266675052829100428644011596909156026024587211745604551094076
46979736827481459790404552190484180115456634783353434380881534140
```

3981788190775763064723383684807661718788752544407318658305011186475
6320301713983390078987542441102627774925945578726315160874870250480
0620381626062841567542997110084572360794368388317756971160711774760
1977362998608470922561241903344303868060751607783650278916666283609
3176759695530149368127979354666523938986549220821261327763789820290
4679958162439870593623917051175070504939244293712287520720100479003
6952035330541747026881003131427531174456246407354520013033515441611
6128453063638220620318271412034710573330570609561041999774412943780
9723336195293680711629464974174674601619442841957715064212449115400
0670731221384206414126967154566438915947177796949351958346843367830
2214130374310734291743734376354415907377380776833554545220416075580
3245001412712899741014947054886472434158991296092282986240745516050
8914963102100059587134719209797239836831280110175264318686111835170
0173586754064926579151374058216297242018837510297720276922807801730
2353658524866103735524636051974175871823490878319774519960413516040
6880860827255906104828222575767463581916629043907054759703480904400
0043043333174134614234541274567798725892324090915108730592024279000
1496737015134772151425714802387818972789099319232118851804003049760
2893873119886876339770569031907414517629750558295079055157128977260
0343546722251875194722777503478062988815802764088305858873211408990
3562565445263256262930428543993328255032950289369907770549029470790
6220083902932214441126573820895685434478522535584373126933754793760
5994306991005699082156031450819886494389488679597736520237763805260
9495558714542706585174744459646823526941056851933737004914486237600
6597957437429493137628495423747696298423620404069903223286254828220
3354201652282912884434215751270602021538317845218564841150669394360
4364463390329462869215001200331737223159459937024404665464401070950
4637786273667690456425997758603414233762759258536312643708973075790
5526996850313206909183067913265420306400314824559862392657597573170
7591286253089465412516622840716337014979026738432530161901013729780
8646954034256945572630522038762942326480649962381630855003126516800
5447885568199731089679575544268392204851309190268824033771201778630
9860463980025603720606929534601536735130093516649047599690415348440
2284064946435783962739597969701199959968970550071398026714315391230
9146116135818340680876053466725530504223979280965662210911118477890
6503351900312819308140470647874036715555211403407030398907223233910
5942351265297171121449159128746969645445570922804347338410138588740
2805072514932018367654986544261906876750303979569390242134374752590
2028444937070321982409508528743929412781595864754303669533654646500
4381229553856960187081463036000681022319353567758842217066271778750
2289539374973944984606881958992605790426632428181883297682570878300
8901643540546417536779752140149169816134993044910420427417299073180
3796985131245595860639919965966899610800504940072963970989595175740
6349501131523954054363842477157673057968997809351123101270006068310
5601347056168842081862105906584385468535226530994080955068645181960
4310455005698528640369722726449640722091072805065651759005363319420
5718826190168520911094446230493872762260130096650980181502161161890
3149917554486648451019396408924245351858629668535880723702520862900
3963751354424084167679610625407743534397187202203898292588150488170
4626321440193245912638467764533878214900321870266383416550511058169340
0972434249669596797455129521524754130038382417596775542251548689030
4984675846106631594198812117971334525092753070140856142635030152710
4737087979022966356830017879902880841938939224918844891176700803800
3875888780169770111345334911534802106585087570025517363256882009750
9552748712253571825516987531509556908689854648379484303518706149200
3135734029631365279127615262306104314092395653522974932610180235740
1449400201075752924889589293245803518893483362322662110704722279510
7896431135332221513311128130269965705654236666071242736067583376780
3519101251099443703046290763466149644955996730321258522840068128860
3206013843915352393209115790604734139362973234927591808942336565260

```
093948313364810290643586311830825965878597847150234490787476787995
667424852051040103999757103940220630691734742020896991756005288898
736759396629367401720982195418337128233932862477317196438625665314
551269922236776677708198643496799841526045194640459016395789604927
913929104349027568381726840705229814089067131491526250441754527 10
112357868012989368284933913963833660781422917945543449168097066491
318845378120257962155232128839888294830960254154515830155645623132
845031741857697979910789556567996082529165537586122338380 70069219
579639419837426117676769100507357501471041273917783596347944115924
160740964918923864162314431509843379999957412386084556879065017966
046590401190093106491459764550874416917096159780546717465899 30170
413753904682544419849306977396303361433004032263704413884245648531
960009102403591486043419567188919858561565546577508901443177712861
645686219001284594607421607429571045831400462012463901102101932368
874623187463906390518460908247466122225868317169890636064025404893
508750600193538323584777977777718415669271122400445516770541931 0730
388369438797889046242175900466660910401636227006450671672563298135
619169577585613333903982775996522509904038709327898622159549437997
063064807096494177080058122705593309162118440046358937856324358641
910615400682047879016214044578717398102952607173000991217971 13754
243334882266618671805934535003597940626101694558948798528738239461
925927383005865786236901271929638265926393781959687776344919278138
391527346851031712835011677541289696340176336880334761324250065479
448355160024231256646080107867025860376099390800451756260090655554
130984042735743005006687743313528206170729903389370532225467004205
889640465239361428307918540416966678324070955958770942320094156109
555343344349138543884086108248624289859619741256571704240067876712
368593537227109156704060621943472602040994139547201317552449158345
944274919192913502355834404187206973458860538337018589765720622 54
668638991474061713844091114054244489241812528058737844437599033702
714432320785204641931475594758314291941697190629769790449882130801
925875904858757010280498900927646674318174193127387987919086670564
601741410451836547363921120183127264213529907507531674186041139085
079174041172658009288966400350856182993724721368434131495692957040
198130016060875412795746641903179733259392402107416767024235351742
211828571516183297681422260730902963694871330880778555666323972833
422527065650730725189030903950229751455450814134444281654143644104
921750622706436286101757171120483665814970582463578007550456264537
446280525932841567885798506901058045279562628572208304783543668 13
133031723323813526470752577952330152891663952865431899957317457801
678267281460222640381899566937994842421098248974200882331114001341
044095160930831309054655031595551547397748022146240676110527161375
799862835439696657835524567007936049751876795850043478594444834874
734552599963239258820104452878957672333911085208137994842347153189
526128187510890512135465496924606655767345185717740511398090050749
322800709405692065544287992897680913853288239231274264963790719799
785249090304609585020328130118819189798753861277050983112679686721
178100609428860334160740802044853244141445794547210546989291664998
194159975081170839975855253125347930707237719482373833676065541850
211333737573571160498408863069626499015115562982779223043334984 49
367839151985626850432520084479855462969126299788313029363064633704
503315526375204047392241570728577799880296353289006984007678189697
563540217661942944247537256498457226550678735909340572389793781914
608031982711392480479411004922981431731759491993103280897954725337
681460617454331326448924803701346264266926317342443574270517747565
067556341333600591783137637375920389020426517169186542244841360946
598636267754333221729097280677121812294501776642327167331091 92752
337724245059080858927565564344115484438889532132702856054060064352
403401177439426383149269420366767731249233446046152792228711747373
206820737950407753807024875139736974872208079418362724579267158605
```

```
87568437382569660152884501593636057997648795546668979631727641445 8
26714098393026058444373118321952735782429923805304609792532175952 9
43764669671785995655479752601048111609001925598770316036928905354 6
42196936179009854720785512572597532576878034184282394193011676471 2
78020013244905417068719406087486425099249004124377799025672362387 5
21344875468680180570026771659045717416750935853746632784661471702 2
29127753816489358140375420413163179662046260168300583584027808425 0
84706102856321467634921644155965653995124411152722520988557631807 8
80862837444395373363866289139439904591869356297993169132074310849 1
23878269670817379838027600732835237130570383538812019217807455705 3
92131250482197669340639428023453350969805452191964164969664205192 2
32229332522498099068094382986082393386867739544526736321944401598 6
59040665286702065100494097867130245089605063631147497897543186327 3
76379320227953001087717684402618218003859090607702934597864093296 9
51123385326149456558596771175442461946208674178988143477802702378 9
18386547507367250701231645954210423036825301549927292304970650068 8
74455290889366465514819384805637455447031971718642272096587063004 9
83436657183030945852528562998254613260790172374623360138208947640 4
72176710210783635306328391852894263097083524184268066639724543519
49874594952723688235110647593837053136149452332629900606135442020 7
90080078443591851423810954062463592880074917472326014282915066473 5
64694914907531304041194874612758425172542299337656191322834413615 9
68845123050979229080934778061000120243079336754606956718867847589 0
29167162815104791098481996879505375747610343839289298183475591353 3
72834288849228539396595016459422968490216357698460365666770688497 9
06149378958662389785139503019552520711594791624303805713391044123 5
12797717425894997181320899397240945763050438176542023774937292923 6
66640858263563047018894284713662179628077947581410647203968690057 3
35883783238393851564367692910953212630953023723418877637759513255 8
57198868415635114346544492134618362582001773911196356597362091748 0
28951071191193121616150493566140019891540677191474060450200848900 7
85210448984071558724913181424123745314739095859285491926195512752 8
15404555548948605304395183055163865296351143585542678957884332247 0
30322398462969403700363866705975518962282166849472155167994010237 2
60527619206175045604966371707626384595300533444387899443285436630 1
46414207515026765299871484148385924204684351505285892648354129599 9
64190638362225500616202985179080799955171614289274332216280696351 2
16290296505034545598002429203806611312249987574877781454333495781 3
65580083004587905455655237596430899472829415658468980629431127259 7
55469302188791273103530021686422763366103189051108633596398607097 4
73741955529341785078013653378687767911514738332525130023719102358 75
88679803938552970499832183038998533373533151034580443402573042275 8
68260972398342231501764080332731762263196756598977297183942297165 2
27761967340857344413747591477931793339892435994058139603228134659 2
47855875655057515942861161317673955283481508085185207154795143926 6
72875105744138676971890208777611195924593592908638369696200576865099
62930381814549128073418097204032036336676649944391993626414522714 5
07350370590760938575244000094748229713623772159263083602213915885 5
90946140740697630129708656969066762442186183635520472790353317530 9
36077977879847080239021859587448789607452374905628374741893102680 6
28048174338130019822127770609218470081525232714598672343785431049 7
83904364930586076453575602598382816254098496399831811297188143863 9
54265440828008619305729179956888798818257244092308607770862635131 3
60946309767740997028472766829666854290845405202291900303432247189 8
20499382480607516387279456689408497366651622813369488285833953135 0
50217053611181750210101696093737288217468389261806871887211712203 2
06733649813281254572692763105648258790106857520808063392875136481 7
58375810969559699338484199106269224113656117112954796777812386239 3
49341400854705378458378285151232798730884093735721100458603654544 9
45301868107329376110867978282803436613333978053861486359437163500 8
```

```
77119311955598480021828992677797694091393084926892397161087516259813
64642795191116303391796129190017609532216557349110374712094579004 18
60289922155117591568303624947160865051863227974295613651983035189 7
14287602237507160599904685227028482420257009629938279147818015406 6
41691792596965023061674967724784194741420092429772971388832511665 5
22273033896444730527049024147727564715409237680664165282261122166 0
55190351049532169538299957017411465102998489825164390569909394598 6
82049855258312876445683898434210936589431051140755583849278936997 4
09501389198821247991620988839243558736555452375362389064107266313 6
57338688715014376676574392829832073461314039495261709530844896580 0
56558463095232963187124518366166304277498527362023490678591557693 6
22053472426111253263891430252893766737392628606460991664258399987 4
64743414163952677732246933313408989228213523671609562825134923485 9
26804073551815360719656739502706913535763434376744311724908455377 6
70326669884144911480888480132493025843817701187856663572935398781 1
40646588369417283873657084337575104479912359736597243445574271838 4
73362051640986039310219592121122572034365100139638906494529671420 5
60890861769828831638828352297076581896118954572982581073394540 17
27749783454068776411077800440742929663980795802669031294689089150 0
61861841892185304164332216949278213392118277190216752020805967262 7
49463002805388777945962185683074384298925646302408906336676064738 9
70496873626773471431934643782695278376028614658389278933623236160 3
68696588859944071709014385765008562370357074728812300427764747470 3
77946320005543727473658472402618390250818502039941310950397081248 1
22107761283245956399564073037842282949417904179913536533706092953 5
80412844901956771743632655873343028440148149907546510328181387821 0
90721433983745415095721808723321639314118488540488247613315649935 4
03031131319714388566683380217666836082950323604059513677592715516 5
67968029585973380361344069307813757301161300265797024265591786343 1
94362646623018687258796305755636607828996953634981452238866007301 4
77187919864160661439080577725519244870708291097673554991120061231 7
53618478131765439557295038545292365366941334856217878926154740456 1
50452308853118438978335074806994480208158304780292913950274218678 8
69198017655546818144544307419110229272193186444074979031725993977 1
36218099711176146890001377240700923484996330832030429732196758278 9
40008466523507115511183481032014483529474488518863241330396067639 5
85766239272743538647655332592611391601058972069491216041943843627 6
92250204083601834811827158553439255537458236282552372625331435969 9
64636667825593382100917598744440271852251290642515745359479613052 7
18959948884782435317225627541310599850442774753526388871189264977
07170550220105682325307115438956475830312255116287639688351432627 2
86298152407558879959620980439465968893295190449010574191419981498 5
87900005334896120691631117546825348582900768395376626414520527393 6
07865138057224150689718558277653895215135856589764073014881111337 3
86924588890982276022973395124413507510038725894820664785445392905 5
11604925465568301792236352637755462684090494780037268471610264950 8
82620693574846316439689789627008337630374301756194573890788481042 4
30928552363102983551745174544660652976708199474320599516529159600 8
71565211546129673541395732775167844348486459833913758485625055460 1
75079220988358771933860139489675148337638021390341529042836264537 6
37458087828153790470854457596761421037723612329619640229202289514 6
96881144705828930980357001504103694841705472869227519704469469729 2
03495196976621766414362032109874971299081440003715739281891528408
31974229437336774778258709218717225298406930555693522583678625387 7
69903710832987797950516916962995760702662487725611153210245228717 9
70309373800563354059293108901874004957513305647554648658819253443
72271704841107604583450525724291768442356100139456682456604288000 4
74072926191657544095336500054458333133334866581972749276001242323 8
22517184689306940857232461554239281388742202766169379793566344104 5
03711559823675771431249127962314115016452888044094239005173464563 7
```

```
803629395327778780163604410427591864202516771182359108124947844895 4
880725855125745496079956918012971317205403842490960873636213513109
752862098622426241874243578376772912641791880137675200320563326189
241018616513034810244006856808606110481129427409009375274857858586
840922973157793668860861996442907361574905330345107467921392139357
341469378267840533131992354433034607195155205700661001169301061146
455648916805009145005561378494045436931348591061841933018954548638
521986008082004028633222685779286594749900693607510578023474201503
531773730083649498916728935090935421209752074727250436661880061334
959093061140711046459924475971754240199654073065408416973523925041
563550039026440029227515519108629413672360002694120712781130876365
316152244335162266919012310171362950133169807700976703122592334099
542352764898442089109243902756481617004072173927256602429583715571
067168541418713003571310230544725937706454206437302838147841910218
688218466567138326128263780697530988608290663303966984683962467476
885114506491315186155246294792481115987311090797711529805880920928
581622770652775677719539311203573194334593447337295189941572147227
619036780043087959047999266424281962016300988837148845043980122446
245560266040861613319972328497876159317126814004045056189668690984
708239413708551813261996376889702124152313781873313001560112199565
703541410653535638452439655642672721743450531708970862034765475867
412814640719792280574469540684927959945904582090187317658661625178
733129693572624876301827480530656002946241810151431318690240874938
411242158215083730741283373100322266839576907350698817682754848177
304995391310318465327838386562671747600180627887580492540088784039
279856464964515527892734502001541003131905096271080962889523768982
872651391408194511671959166631818853373127982279478096384186330812
324934368273270884716848408230651068049840198996614184868219292371
243226293284424830236101798391004269904077447991908376102111123960
672507192997931365177067316450479862322551979702992566531510159660
459669015088706888298252728640598951425047655646438613971390930202
571945855825271392719811327758886955446292060520268767522136796682
746877587452876077863449138269956348008254414413182534720494801421
265432982967846686054377906133891020607653897467837990904198226428
291713569800434724666969930157511495371520437403191810795486894324
062290945862326245220966757449528566016465787368842465402656045769
732900129583787420171151005742659749253328682586625702458378115218
220127757607872278753625441767851681849197994947649100036934900955
081945020556381122496479676624965078580232712368944622866979631971
539024990109911767205329659201024327415836646285103519400541457190
714863888246944690382245688838500782441039250163597153748490569452 4
560531254037917603310165347750019986495805835536614207169974117331
055254042055211077318581045894610462735580709471466835287835222442
439519510959648019339972822544123729119753352333978820050032094830
778066283364606324667100180087066628897715761318039445308517785997
967916175623642457991318747995295187367560206724336078627831644655
047133342557745622032970583706520846148146180327956572311289137 91
506107878236724170631574279086027582680483280482530595944865355 30
533557360894366837877887790883577331658156656404633363117896557755
386745135965474379288244327761776652997753788443212262675878961266
383306843849005800577613730946043245733141597876165553722630161642
335345100274635368298942478242558064807664336180523774156314037 89
337126999008115460840814240586928446408742389124577519356646699463 7
359158441193177950085848065280520451386178972329910964611770976297
169880547414864040358883927950040568096688268252678332587535835160
050579458531484837770296761832636064913660564711850804916359111816
805735686256767574836279625954231444084268694441780846545900109830
083247012732767325186296528101198756674251237185471917419644610996
381436922527648768652429643328488026710488044888015591064476982918
336443256383798347892249924247347347492558557293151861103453413733
```

567227462578276718755128522961571935018632517217599994227794412512
769491665964117645331130767839435875570151126833978807782308932767
292196739065650167909884959899971836201837724669791646815888400401
508326413390170244028639070088310664906834976762880088097131577264
334164705251536471773066139272240563257100139729989909559374773055
963634856006159849612535183107450428280599101135615276461371873230
740548644387095103762391293174413926799644747323618213633118585804
069936583777606558414953328326602877854696894300229268531019343019
873705871735821809800669389125076625708474659506289918468346949911
962050562881006235243400502407512125659762183568345522576684049165
251570758414614413289520970093068729022716370563859061059216969457
351312296992925835675318834452109537570173563261816644245918307191
732592805373518481830987229456262172540444189864039750384513606111
006210718088689290538855653803212319776645007978808922913907197183
215533766071468815888614665937080218118486409491244157801586964737
239095958580311735493963934232398121883858322269062273043691547964
7732903620310231584622821218660828589608169094090006189644213641734
46825214338630608641076491303863086061561226947756727050661641983
2266128295594054185267009938944181452669998151219653967190513843135
365503213138068242451734889475925031241924841752557403818235113902
616355370936864688471015259866820062966604332671588470284672528273
67513636915893498572151495769695739379312933387868587015586438472
121908813119471337087338232750005623992374477172103479216899958700
150469805895623651885426829398566671272305833174739467989387917984
475726396699725651509335049449623932989411838095115220273859361991
620893155937352131938012702984818829682456924664015891024522408334
073529472376766018719083566257343946835470483622445461993712921994
552160770522653798347510666769463255511566494911680705230528173086
908826823801294125418146730584593435812734334074634710981016973378
451137000361466614777973756676762211878253942360370654923722566475
192700250824888860406223409811545113334223901773684113599153372373
184676634050715689668193810358548079907399613453888826857567243504
591899740069104470411162878652679201061613247199984482371523349978
363752301431351328269553952901086494205818604396159053058259754001
573475299749827230953870577210005396418869704874528973591568792707
994416581049442687939022278200261738842463895922113926387495411419
594330027084671423706812813778229848743892258019606732295576646222
560726500832043734636892069742573101488777832814597005506211252970
943955134820697067809204578900900556359931930300746710425701791847
467995201645098538151015396961735455277804306267757948771097991362
593662234937064837059816841914409008692838417581369607702626526373
984217927518655855340018024947388424795076359369625165815980054901
107970726953244886137434993884408366146859209020138746292972909384
539568930915524703254564948483425584353927500268398089195124385714
727889228818004727979105941649371664175676509443374654097289014406
328130189143863392806334434942400260228810471699972553393957076410
70678950590524163290221291761570702813379630649859882322426710298
264264548227932715480458764992124132126818276723090347559579303115
848248948301417317193431046635619982934226608452419772743000894757
51906443642507040115738131779480599533926915579884005478289536523
956367416572964880463463057367371172158099902098944537332554066492
445556570479772079145812304506188806693477316115492135285980811109
640356420103206503138783298144430856387206579389407056232795868744
60852840698062839012831994040317536981729119302742164874446018619
632159446845380755709872212964758426105804371014414489107488133766
721383545414247871366665387182071284847617070028023077139862001523
285284674980517160094177008483060781630740674129158570458579809143
541609290613494597096889257105679100556752900747504379946338211192
119990091221539655631726332987359358386665001897021037681056553912
581127425650365892142910191935677400796661271382307140818828418649

```
3254567005047890235799834629665205390345267229736797112229647576384
4279533707030794156328931174663489962869105186047227268887787587979
9536548113309718525774883625499507808962383116823946505116854708626
6136402178204452762262185094687714584666765889994793710284570278585
2886494557819210247088409805488404942892027586325135120327683691655
5093337575687742311036161066838321580802564333464542717220249562185
0605935860577836839825461822364498335419919081817549239621687105288
0495142246375891201136159799843803455389874368637941643003051303788
8958312792484549868399065860064078993352812785194098401671972972705
6993221339071842095517824752068026846361653977165123457434030443244
6614781771199610855372824309171126351950119153810332261700960781977
9229460355260187876692362124863624885129035442839737923251389555066
4014239130766546753811452440247068376528064142487208913451379638595
9944935160867710746014327477238510284749466636334619417230160773622
9762889772512830025808468772653015168202925087300134621992315653875
1990410605507419303633901844423978744233849982606967605702053536844
5646427272703489439236648459002459794947394860416671133571702812095
2268052781568833531326433175902994653857485218471097204771824805675
2156192313199662763782820670627977864382255808727403553887557637222
5829990506735915414714947437264983978705766331150533421161217453405
8965415215549774624788862911830352604036873282202507089353084352344
5808150719569588924126052875718396496305507662860091116726175300722
8173888458812373598537269299262642666002172976904093229166457800805
2861573105013834059960521518020233746749329410957691399996766385211
7537464885072146422768364860918319733236392159249039000069678881210
1129746358373405258687854457022214620873685872796614530176263354155
5588794059073212225394670737826546756081074649604180433957953872111
3306464679928612294857139338563297616178508911558276611979023379999
8663577047496379682239935095795450820550511189303477935702443035288
3044283470241059046122468081137539970742874343512072417987100082955
3319137141928877140989863705462711361421706031603887715873410756266
6034626034693205757463632653061205961474109678643663281284892462177
2769906044003564831372701718432611076286907062962876782483372521811
6784952087018738888352668188068856155382102917938468812597592238711
7575687377663652172791829359888912481290484999654764459655545951533
1923019867342143962690524533746344986037179272054279681688929555877
9457553413146588128331024557479280502008666957169395778015341439066
7707468844437199722947314209624309846450531853965219060267110060566
6217145056523961676291582141003930733389291862567033371447241709244
0794482208195793496981155249255732540880883164819519948492518859799
7181791650718864975353694319576366026242617229424254800560595721748
1535593409253828324333447779423450894659468295480156164008840235505
3732349654987866217107668010625102744723405477738722823370632442233
4657130998335356361790451296645359207727938793927009546601461050915
8027326975551357136549094051709869143338343735386223956625316705088
1322123467368781442761854788305850058107851555678807693973242122088
7306618262009083050415060798786720780086387483147104679622180439477
5755630990862442443828090707516360392136097396719349408198200518935
0846341841851377586942138597002519235721035235978147565628370064988
9358061942774783767367156686040012425353942546083747342622249608298
2724724021875373415104438842714089303290396631705985272743575722495
1980439640689369083307046069033634037611356692720080172060165258705
1662092465653183217835903483184668496336231773544630393379348923795
5838233801483524662070768884177564682572717136191483552894403611575
9624682534709995778541481648466735735611338031920658221354967829625
9458379489925909065715085858992403687772470956022520603041059454722
2357343076199202003870342440222349094967180951194798118123176621615
3281265741888792671780402385780055985292325615688246765163590483405
5880044838458230241998417624203975028214420332378136469561291816095
0880705226927447850235794371561428549610330999701394772146061745000
```

```
78824754170067917818813373073553878679601012421924341739873289 7632
28098676229374534372899811725930082223246243759854001837266087 3832
64712072554491306433644995100194782544525542561198544468963386 1923
34108861190236636252006167177340726844487670870786339928851878 5748
86890695595205756080655359723625548665768065997300269614499791 3863
94913764334395117818656169724575011955527139876663310241993649 6159
36734233367659351899510821050854558659024045243950149586570975 1688
01772980081992225972528916152832643287133019120720262250559930 2105
52005936427206720674365808195919838946862415075380275165662282 6042
55844872369634231527370496473601247293747058235189463777287608 5862
71395235999069223258703599107092753607717873127548150940351270 1381
70794870400279463643368842771692401282640444753830021680605559 7399
11153275674304250791689664936534610664903033926454798262450752 7529
70355117029389549392605026116732805080636191135041503872255354 8052
49503072592208321299167699393857896052191904022659329689320152 8053
85584883267673657568583799428685543148848459878043199371078484 0893
37419779080033863696659632700048007534107331302869582860135928 7661
35088569413072689527062211944465709013500028507817008173296936 0699
44780801165089977469838327533544622311789004142445612565923619 0671
37782218830990126205038713863746110754713824333342606611191124 9960
43119748730035578467538558093194053656414387240871593070280022 3362
02403420926692484103654139246032528151391060258069008679246947 8464
15137742530490811333748592565903252108437870583690180305933853 2970
01096960000874250448141845892598569653455698082723712762554004 83792
70764101702087000675852444325775264579036182680360526238789966 8756
26868457587113494826170278726420774053277917839660593024680537 6125
28783622421631814764204764333456586924291561946174147929303267 2745
33198796275905105825564390641279605996051629410558357700353656 3242
85671397243309359986178485440971818172554477791409320959184050 1649
98438612807378871881675478875650566319631976730470586489462404 5949
26976645328510919874433735121566448881451325097829979985682830 1830
29271812658757997491525942142606638449347618236694361301000778 3474
50454438394059463825316417469621679637540394915211600835534045 8730
07034167447688538635372417591191912573029628757699866983060284 5055
12542557781304919657353708109753889805144982819585172096328879 2497
59668785855762687283638577142823352346656795892694854891954487 4241
95222854027581013272572588484604654951851622252721485896972726 3289
51526610074191959717832883659455976857057726284785595448837240 7579
16288363148490647791455348726575585011194226486996243910900959 4842
19505011828545702189874103457183898179048636464908296777315083 6776
99733551507417000812202580538852451953639834531876177812318292 33845
16149201894678720217480245281591901242255865169874725902155076 2497
49122673765945633076166021194348403239799144070248817343433029 2725
71092865738989424064956181090979765498511842477113390072880929 9016
30186941142126117034372249667476682598881833774891530013580023 146
02426047205527579931989940964316114429852831611486989731748642 3082
62649341631684527801622286945217652487890699556099151096015879 4169
10388459563596685293612599124572928376935749499600063745405102 9331
25235337194211565013315475373628090714281577318511859276331001 44847
81157730515727741163632176299555971064374278716404082983071046 3054
19155993714815391612554781126437438903974521207357576777750742 1150
50829810085737523835183835753993320297598915782488050412070590 4644
07322768848308743534512264547062694097544451369757525709915050 230232
42573567272108516847067390111372101828058046032247916600738326 9145
41593198292432543374648604963396534224817293832547511140375938 4377
80558100267902359338479895865486078741941416884073043417349690 4240
69174289582911338815739432277101561962477635519024021712746862 7824
72197996762662900919176955643810538569264018591476166954319407 7693
48965559060311303415790944551975602966248754548790911175326993 70937
12638067225675146306074023344598314820578077855253816934364805 3568
```

```
07945204538688872214580520228137165269820116250616572973797480750
29723392190975012204947494170065939296729602873876719522255063086
38503602286418437662400917471903283390839953674746861310109327545
85370103248816456357548955860367991893611297876190835673731227482
78182701853106426309613472487143605493189037702613329120207411857
20396549233685908632729003478722237659894186318952339757526448262
22846781474167839417587877928413411223019880554837191966208599311
96978303388651675854462279134053844760839423555344903316330001247
79965276168526319453293095962731314672619266181983219456648004891
72404216573041363833042226648978515562645655321971144729732605821
21486152801009727680151040298965202063860686004598161428523749991
08520934729230797735030153390597764783428907474877815173481573626
82872884730960864188664530329476007533093585380277049260073288432
41195208648297113175937525344388958814255548385173295283601137791
32901133575981174759080829559047506576584568604989519869930506625
60170970783298760630468160095210972977875136018632054589557818005
58757171911723235091578713751539912551505260695947605933157635090
17977332083361368071945515640749533035718842256369317118343973251
05736503774732145350056359563826247493638224705836847521426072791
95525107455130424433833640549397003333713488002997859465754494276
18303412111970210299873361991177647930047649326491521909917772362
58052712725779928418622127220259472957836424156951838904261862931
49850239808827901822770867087071935398018357638280472176270261490
49184634025236129564512600179754496131220872848373883319385740201
90828176785029850526215633527508339394101455547212563763685464079
94647653816550805001796737374314099089474841691430065081182103990
94191714290554428743486917780828412716328334933373876018980519238
36373021976500702991998409539536408192939354484433786725257077729
95961387100715792147218370758041500544134986004929074996989379034
81020827925069300574236017467712639825044479879477551383688753888
07757212063531958650030083910654471490754927971155721846090155394
73325186389812858246877695980082741765554992556526378718474988706
29149439080307417260367589680254871837399996196829326612241217067
13397137880925201702623014717820800639162135982052973855055582095
40333264708915619555223566380626412574791346382537492599128801431
61443620117181006104722585841850028634156211568844185662028272766
06553624341653186172705470460182952332953648960573307453064730077
39458174055622180102965869545542962321362680851935845002587357305
66651956174463718111344775636102931642292999771284847399247914997
24697574616765240133398871189935029199507259403541776788784275863
73386202123143312232454999521022646419170590206372156364870441042
98336333313821695884831981209369368359190411493162347872763662759
15456841070241740529792569429819149817406395271447869051184234337
95592612319193757590621178580909320588479483630579561215601056518
75216489529364750499783642596878804760925999701865361111313604844
10434313726732714932517640677959128270418092840993021480957457866
49377922712137553712549498364613219105479011950805481637782317553
88054048344745682348295528213063830359546479755313386037131657640
83340885935945737671967408625251809781817880369860116613883471299
15377112383415452874048995646902826030068854276345189623573554618
58222214071967866843102682655738115194937131618234925304365477918
72773039577291667603598906829849792753264457930205625004198215817
33679758324582016703344016375194361307936066877060596155074581873
07405885541857077712937653954611123552017737452675365027712360102
26371140850249375451997238811849720048529540760537575504863349851
60393434036589529608607344805531229553356882145671180576047588419
20583496338454216537702022628873203281426271924191134698071535062
64060488010610176139643065506646671459774792751275013133465967646
39606994405703118605608781228063289678165765372750629672835762639
48283846472950189179856048249198500799160923239976671964767833012
```

```
384650808804283111098502554661296861855650350012361068529743566446
561984920921101266375831195462401126619489300838284386599999928333
379487659821355883933309759653943516874770254203805203373382317893
878282543047736859273772357478886566858736092568691056377446851131
559478673651648492178603892046920573921373965976293426617993875988
610557138473901586953800144003377394259635248692636896090870539526
251096127290887376798222410747678488299026259214172065135443271991
645998333033382050970236703791891297771139000217964645568170138089
418258462959876893635924393798037012604370001954537532094758565668
626186913776932365553855337366401811426040117126345320537251244688
083925045538064254766280934506039108615119488314246477393594536113
462632539790305310615515404757043183580698889116850882783575406260
470081334894277564198811046150339108196697436038560732670871560877
665885891060896072087471582697016905626687199268158483351741024109
506049761333221030468320093162948196664178664108925963354038629241
301524764041519532761824707235278977276957745431491457204054179953
185788374981085050571576711105815852167055220110024031214717157984
645854332489073410987610992956496761565447188062442849337194222747
404498379859647558413348941074260833361521207750192980151294656720
842115507638816459889661176464369760328924324510530298250512242680 7
037312128083935122022554084151320294799980575137686493365567616784
994713349269562577390784837182428315567929819728778686290363105 60
685800990722240215387661471364480196561481124538862716542334288756
197979204855730192999750041758818622035508435269374224183477542357
560534672554956154189883817856029267690850613136595288039173555602
456879717723106032174576049759502322562941963790630937955810449095
876213591677865829539303065765309230704398675706257606714270638526
055475959525321304780063261071076808321621001457946409776926800691
390719372725319228526274289573895041376854774592960335922726252666
683521707031894962827245652845824142546063037280407774797988541294
635397999246474691335524337231830453538489080808931525181357684852
728589173285917464503656120068829470503204716904153768678001929305
063669577855088550542369890122298087791267061052356297358060222018
294315807355521909375865774736264736992888127978293339349986977 35
232413759931554636311929820706537274786072589973120693062721040157
239438426087560393263870639290221903085890987772201985593853726881
479322882922369825904643093397881652299859711143887919168112556374
983131611093190611563255289261205865159851493976127055624087676714
060590627593678972863204655894075319271591295117018443755758535236
978206034603081114085616222042904289052870934871938753668199421196
787160344751165632170440416053513413901731366894638873855531386368
243369975985970616457062670413045912643728498914835689045560909348
101158092318073018459984087990904615749310986143133159197840606356
831884195057075962103268508407539511046071367743150631865568117504
568429109859360948634686959367227758077306072883798814246810034268
587441953320342225922259113156871855129884383997718184817757527652
868727478679975609559814433269798023224692517480084804373540267386
844464825094568371986966198330889858783525793232810047849800001659
240729031466028150564724110345203157652765771714505108046030512975
963903369048782270839013310400538514937353749729516134897226397902
119889634448662018819029576929504346472305784526520058067990645390
049554274873960333111513343423239392815392857552418925427533689936
707673603270769534071539778317693299858002902473809122227024700301
497321483099349332418808211182569586232946518575636897541635746895
986602665172871063731782115440732830840958229371768628036856451591
525703290275690368571298831278118747345960741731009788473156283864
948619310435016618122663037695937267645885383809430494530230302680
142109755025038907214842460093398754399153838421377545972464098687
379266027941662047086632843876627366087827215003598927765170744547
706538396196028343102852384091338723785639795368257883705830489472
```

663481348213171908888339633672412315363972952037995614054202652 3557
331822605360301516107672701613667753472021089952406019019073107 167
115721315313139910873460499485588793055573290748667569249917791 477
776275257215331530591915437576402085562431149445372545956809702 564
757642444230904740701449387200931485566126738641899425494931363 104
759618933034909499307284324090098660429647764160636212894769517 265
674169221041267919762026291755853059616058835981509438139888155 464
739539002210859787185924059647802767889239242804773232416801150 880
994290751300672861497273785041600155380972786910116538163760299 560
019987567710528743417964863494875902284345081024845232428506194 564
649282883380246745314360076653939325316906934715341110259091559 509
809996077710819240434008174019090499522416945936708415512633504 468
374235408291264653803549416953846871915947864482169071971882790 453
741758978656539635436417496421138332391272660853829567746264220 437
486137508696560381441154467817463182415780125489762580240567221 816
519025525646655104178403139931552734970128274640783796773431039 575
001167643501232392187217369395615725612096294658612581792259971 229
360156048325293246605900074675382891135887696605023043275464415 772
720413553534310692302099040958828028424925456609225504736786633 535
977670114754779378951221639503917488370060692083214313105651140 321
659149716054503315260875624430397512016270444756654974450829108 449
142753286512578843201433719161950742434584526712768110260079969 773
271091087404071388839859302056854770568128370032410609948089120 3
723375156916771294476770105736285175269226738673324904110576188 363
433437399317405736193536907770580699187001103875506825865123396 341
929847330966787573203290483700569033536216837286915868224849316 458
641309955612807613543158394797965036457984422529399803252134609 728
622695362672470762889971779632763346141120704154148305304401967 5458
162359860634665727330574033424675682539988557003842039565097719 954
100268376282975119707156928778058823190261710147580089737378346 499
210043057076158595322507336108729570271507431229792031372110315 120
578694581824201741832056515117533812845799817329613000972285911 308
282090905331476011967818503836753034704700057874836099759090912 963
034418276550511984294261174212501745310883761527721032091623308 833
571020857721625950992529864364182068943965690856477512431829030 183
533951091146751371853424630585177074434321613131691304544562072 95577
914988904854785029494251869923015642048236729967820854327708171 399
372971364728551162369102809439490498095711147987353263361086154 4909
213621071957862718265898464545958700906924924882052343511286873 862
691252933569556562440153334475671624094781182657115595475669936 842
356249997922772333285678478624526949813038295761588368253903484 61
671496801413859919405559791791785828197578481237247802296273427 132
738070171213159345402254416861464162064185495562201758027171741 932
960403072428557591403748752412558364868478265305790211293015046 009
300979113289391102092842221262887439723987929998722171268024426 957
043640826917512394728858097663173521903477402078301082500823068 674
816599291621420437855969070083963431749157040070491113309702304 687
661585748313508014447599285202072786040624690986245818371056631 825
492066663392868941642231681397853741745589835502398141347627568 661
622118636756113454018506123014505064146476620025479372737016911 509
105700588058385528775155356834613555088814313744985636377736943 347
307792236920232819512601988334853193084139129692103451156646155 817
184516091865304897119538011024852574989315864723399926745372521 914
878779978880756267375063872378056446976435268613067747611615640 3088
981072299006136202913855386468368424583544342072490652694313192 636
306455791910328174622465230508681145392237903469993576181922838 411
783111273426609317171605472302748587000104786605983536876204234 909
356314679354437007086760444160809343038896416912293846293502166 110
021076164054661453282613302509899295539192759629946278263263211 656
587431955173359427872479954828722781079314977711035334255438166 3505

```
02182004755984571947076429678271587726848362361118065924451595282
15230181808971672271763496522837506807313174144533509330105586215
19733675910516720488567454157281632172593979270182677659278790726
75958652444479862784876695394914610177605776036071107508660345575
57129623454066377584487731406580502181444145701216138894429425430
27261439960397515488096841753887787099771053156896057795536359670
78069985650119553616995819109185333740366199906186774586536593782
89515861921683583853720551718196699002906225244297196477607657921
08349979814831084253380066460564654628441059597587010538378376695
34144117115765801529197239328318237419072418270556211429248125950
86219348254518565539701258406477459094161077898448667987879836035
94306705082646985065096507142428798416650133033647595971329458356
05875969705836598402375264559514284152743093476002848059737445115
82304008577453819441423549187838092922978318441402238443611232216
85056243354185884325115447206432849620845632811941082705883189354
88454365054845356330088426685693563642890202766923084866336118299
42987263879880682998086123949763295104635913382691252518794669450
94153964933273454972994489836299473991754744164719717317798726839
36024010521661014981526554162540385451779521584002495879879741049
24800475355816454411607964967437476718422118358157376737048968165
61864668447399574573863895284956651895744786659777819507522588829
70247890096406531852047423769523893355012184785996600740896503838
95147018040723457768783856075809561645339216884897542598305991753
61013232063543253442404886000030908226190037306341848686861438763
64941788740120482609505127598633905097702424725298017588263922938
07936732522111670579264414090854374014853045902503716963747745860
19140542569438156117014437888441888309159229271920358412987162286
85053246038943565002307341670837518645953680252758240520923744676
73351270601601170349080682223272341214084695966733251615657580665
02431013032064115375116874077567874060359258788617197363493677111
26543048470811333032318663398550949431439748048407876477678327705
48801596714101698443566978008454878051823199575640739788317702711
64392420445203330076097643679699004095854955620131358480587537494
72569340330909172832394183692193249151868723547739392127561179466
01851180013807501027772171306420425326555361143239078820350945377
75084348892301020693648517284976129383325793163280402402366224770
35848850555861960214818950756889614649864710858464453732949655233
26418838326212711782724069322657157078641755728961453382916448918
52049552729526330028104982310985733943081602256698171115056421803
74943611078136138968220487736518566702091978710942722765034706338
08550084211709404050825699245756282826278137513327080529455232216
84540576543785400717990812768836695374975228640671461534564901126
38742671140362151382047758754942856572278533665848729086917495101
23758749766072301695185736509057949181869154204951481895063313672
23360017919244397594016416771983594510693427217293483713315270825
28587814764495406616826606632817385906468170848098019563095401910
23030383772107483227813901168208258238927793613956120621621339157
64079040962777743062394588711681359324124433710944830874229948965
27049696689190976787295678568374918266228075947073087639094291791
46467289893503816657160323834130048221490735573101147560439107642
07049971417171792722498893625118537718445653611243536680334158347
99978127504593107294920164004043873689108489000022065896894950988
55454330344806346906836264269262252604805038222965665856445463817
57872024223930603167450160539775516554246030743256914538414066770
09334817262533785783695496880181971420758304790250454493294344080
54706966709208196687180957451822379033311686660106588546461622251
68075580728178399049938203254035222214791278737533792405058170479
43611160465752035096499203009430633851515570103965436156004250209
75408368025107569627240540070613073914839978215497526962000677717
12537517744080770421469498072465669210313803655901391446319337785
```

49560765128958847039568360052405603773226648488976759864722236870
457260025131465330278949073668317542852793043641684491309014822977
944414539776700050476454539441997442534009022064970795065778667625
625790416787951719322821604842790422281457455555258501105051118532
051282481704493408500651110585967966113480543157990100271163704146
255884514695315016137653098634679351398306442172125391421048484018
069955555893386469844709722072920441600174464574485789885219133254
971330254820980219920946867055130885041123215989403060607764070886
215302252839630610614984492974704512812064392509526839331630165354
068929280565187157265787411940217478091727995418741181137373534823
204924028544437285424144786673531720397284099921075338521376852189
920275476375155088032382034514104490336878610551139745556445344133
528058933149507241545365042536863587651146455776385286184222500373
544338608419457202578083624670516135441219360521249265478557979011
265815919933225542147336102522035640035827908575507305278835431594
674179374264974074094794894477957316609623021732397288402601621550
899074510246296718368591603789059816357439266727829502991817957028
068636510124544515441318142965418452451978873052020028802043389552
095212624250682073625164648296888315050959701000226437213534878582
60253357898428499264259849382698665559157455227722304478346700451292
620325907284470070718264639429939710579650492402721513090902016322
578929364662069079114189091709554858581709996939845824188862304346
386468537094692019086644250014237049070605479440163636224484204946
141454073340772056136753779947174346418696144163556429471591970959
124572988939233815001041229439585288124290316381893911829364047567
480132005483777642241308322733790168055134561187865263787390846029
832484496777676526714460909842724092219442087290507772474227128491
998627528840954536122442608122367302636241666463676956582340509347
865011435452230172110431829674611812712477267475584183473918296468
924243908358983041077861222164667413927458084410934467091407688908
115480426990464476617903706913186431644872934811624753142709479512
183711895430801606136867423308652068568392614804784456647494574832
329837112783484945756818482357381296729860250944563100213870768049
043011088410435606595632913551363659537905774508634658418379378550
213855073066062032361892026534379655424091388667805176486602355686
801024443819982174081868308063265793445013660695883116352765901963
710912216830217994317817811597562569334811817590163704539548800254
3869195029394842963338788002324540268683115920771472660964081472974
256413523770713265586567292609352131356326973863345139232379491272
741604407165332837276663600992078289885158189007406817883560033839
550249105442191369494384025928975768041647987388754419071010073882
502600250529371571205988217997519052515481351289265070350312953887
973951968071463129797393988552240677107478132966112514244409425462
058656056386484117697376509322232005813738988859893022336308095219
342652281506753067731168349920030749784495333173923562877249889011
049829135380994323467387064792939183829847365091741599344224180136
090702185376839482371972551488138816352825082378087561773037185933
102376901551814895668026451066955667635627033163755042821846935526
079312867717163008152297052501399440411109952375878216898707228324
155404378594936488165971060194170111775308197796006102061075809541
843822637717441589308934402454807763589859838646004481913063291821
212522007280634089056273136156282514259729116909696211674082471631
451891747360069596699142308087833837868659015986702232142869157014
142480704589721910542004790420726183894565916757662433748165233431
013197777875062648144789623796854491833392544522632823898399955214
350864723998824618234678333412034969696346523102970980070312729811
300298748758845155628443101315609908946158784058400383614543062750
283843451683679399431155194067233688033261838130190651593168620191
839636438811828697041164945876942211365769814951731860439447681922
394006701455127928254056530324642352419083789115209165207534501147

```
751337617613160303463500158304324119830345045973111548023529147267
556528539615498251732218702811891475582192510975188147499627018320
123866466554470962703221196735206682568834873759645072512079691451
687396399872950892928615057450939183524898641711515633710772070437
194298978525854106512202087219851152011968200668515495090775699216
193168057612255084107995644735723621151384426059118785236111157667
462461676058949088473218825118818916537294130184756365083622904096
877270759063075951737344653812358167205699861544933744135511580828
599979725070000542569584482904215703296329695418372061125327781807
824353239187267379753901060421898213335680014917629276358973974915
103361029448548755412659458830826273087297415813599878505897081564
293241595652057224388601584207810475042628112904425526350548296613
431983475578851932222671869303645667271026495994005116630866373172
740445456949737487485211033177549364625380611334474310806832630846
622039370773105244279995137450193526614235225514186805510400502143
876778592990110859251867499131314500087258371166936982497699408416
160624284063083328979971618705057651962404924316599951518966497547
503900114739890318968783264557847453725180452235972687766876242850
753816616792488000823409032034807146522890222308061496574270447722
125026619237142356260929122601825058373181197103907517533857713780
776213177245287947915831714843227314735068371778815798520230352800
599998697766693700822670880420433042717610360443602119574053183239
775082537624353359925874480669523131409508267297420082719591871616
960153406545781475710124329470340498901172403145627070070858913555
130659474830501092675331050476766851006872795324432368964938724349
140188685802176697065515885025617415207031509272651458735885771669
074118956676294168134057842406773388665298433582820992092796000256
053731611957486517297171140435836830233310269244755634963018267857
351110563974947335708175806329870766803421309668272612847950604361
526544217036355406583290195474112632161794143686238782446810885100
608798206571969473153168872765582925484100600262887084707264146369
814546760230690648480001950891529208834752002948330118357071474860
460032318036646630113783461481020801040824162464398628580275352540
541481178772578449824401215358088326311157679388344399416742552671
812706870485790500170018827661154025989664563822695284086125700000
312015134146214627435881881137521596235509096186934825303819680850
849675713080265221001754452150438824469635391354522294838227521939
781610063081571394734757164331002885720115617471919226677195436928
312826604396069925463721960291425377797398316744381208097218818831
236226603387075326789425385591691829772833273126155084174849512359
891579860193104630204088365812328283393282877527485978705364732951
561411429853246103430255531301949643011670379286563766956985479637
443740469514404752486274767380255896740849630272538858173832095777
727044265967645023462419588725735933861552680120477513640278605 96
714899368123712011862123490548171292454815430238041036501487535674
543111800604500426130787682215885144267302962084048226136949742620
817609999350033446197688418790304159595153926411196546477482084960
353618894576122048571862646143232749719188058841721650249255612284
867044079452809182539144469876181366331943960646378224508161381 77
872928278397648591104634556227172221781769229741153867862146057242
015889821754945547494863631767227436470898021546200732501302370572
121626662522005303961351678831013008568016798771386008087441449608
596103041041197485369831113671070824797474197170808243016916661770
771312763331363815453158913375254168398408478641377506675039488466
367772146792112185361223631672188803806610698593702379096318692240
259119146345846149741712192550199254747960048460063345981864608011
593744703731663195351890879205648107281187772402039744024602129739
110134992696648989782233646553651294973293415434068946943373818266
377860503474934332702908375618011054934690179339428739905663796976
347810695528961987646189850722086345874757753558684468723357249179
```

```
047654807751039237363961854667533349597089174705010313969438090236
340457990307072485296328514308887866880742498163585636339314194762
523066152520565896307037142091574467866737683351558224442263717555
290549395328823666896153326331493583928128224584932540555941071950
713799703563742340097316130986462139379530870947165361256508033157
850445730000941413946001474525441403816920993360411596583800506303
682545663080628250094880200341800214558417554634801876535677644115
164771043843669008537061169050325303146835437135581809292400768050
958188880313192299660498665119235533344271599513076908208526629967
740310259473022591776820132591077731585784477312075886450933987756
187266253938362357576251588056203092312138665780721626116181270037
560534462263494983862525666524229234436513969720823782599576261080
998493754227356751224109232447930724282802917623537533863708763873
518155274821112448002459124640511151114996644626198433900579254635
394962288892436232521864025248104905959554083650286893574890542000
912533867434313407342265195998144887626448318552732774941228785613
062258218781200116285735213380860436525201235079083015059632454682
818922475989132871694359851422675732581509249821248990518465907278
237639649232119042056438491725564318734416229620060447190161161278
608069159705072338317990240010621164747758439023757467891316957011
822646217702894571191364126858718686358249327174656270672807513674
315975075657747583764063380449448206683521783321333278967763836574
467462017288395723672110981540162132700681687402313661948332501044
648564646036412531741333323796075672937330521229745793335256616855
892004375962513420306383429430609715847409538019741154953001028216
505595925945919485334822732715544873521365344729423949559645530478
805317945586293418901077793490276022180849918514125716531651374508
750314014667742519764762046166931133260453878964516572908438615194
431140161514230702247163939901004379068641034162367907418506463768
256603895503347734896731133431362942854314887603124731335419670980
008452642740142097631369587622585910093111299737936001355335292074
829853672042761269847640066766986610534552072872187381806791058162
907487010767369652166873444878743827719973271864925542480668423830
274106960918550071153548924174440794337042318254560683867024205233
933058031730647788593322929965546621687057128180663158107596988037
954190286710515896821839986172264565237272159212726998561668843085
968396028717153852669414793173289354584495315021859300866891179713
664949241053953017401360785889154713408500397680364538111157208612
956394709645574270823873126874988730970590053373183461689693417093
000008616802780058956741522844366300229652650701385626568435888629
758589271228973122504501939753988019599295859466744488527923464103
724733413533839025948077395517640674147646580145330375512587839152
060027305459805828008341586750878201829802912417977315235385577064
067711668452133686650109064439918466472914384152284355957780524178
692213439026209703590303502527032839798676548711129716415065768915
393509094042163002921262342347128521083954216649117518876848901601
635079499087251459442840907695196996180377128279292330631394632150
965793664885286718536589854282324046387338281784815302092030883156
972673439255833643216320660898884580711362776399966495706481333243
008044307069228179629683286131639498341581788714262196654990514044
999490513227583290203973389028542575136640742837719838951375846035
685933196763654229787959796756828399831018152542366659857278588886
806485189459707162034673703516804567897410832102068776915310505668
766877329334920023893505744369544516023429794578060306718931576795
190895080112827048686785651794494253179898985455846351101662924154
067016117622197572925575732222995795702695142731341258703602132593
476429476772338553939496080349432963081459079933815943114610237436
482609052748926091149978175992425233969728695252416687315009238204
121285426136163532491366251378662874417287369277732668533899905091
442880593169617682577285592777855488912248808866962902222009071053
```

198672733203501256083276186546860690046121765511410345328312712044
352295100167947903133505342535567838691922343124905213327943612569
046803304540642593143348598935298788225495318574248810376413754148
449982952274890279695089814986469076164438957523435665064979825941
525032426325529441165969405598958665076121533992974864105280830988
791971237287616972907302953015863380954319401820266910469313930352
663628358321962934195022055821562811510082783702191422318615775289
443074012512069822362570413511621279344747937375070858534490402518
946776914742064913902473152404739223757035683312553974447363697759
131016724855642522704985587132991847584382118515249153210866087093
894774655589097681500909155245318437110167970439422720060659347278
649237655946958471716429025786327183436043870606152679931992517807
196060181997889618914413296815327355365655317827878987704548492565
683154048433686635893482791153784996014629433017853591892226871356
021156380668887360245242861517707711106712851439717394625668407770
725858919518657200283026878274880646248625804514333344541330861637
868233257296257953800673509106053396523255759682415048279519619749
459051008217962365670147705645902747898018100630951888962137903769
365337298726812820884788701063082554158504213341014958285427718069
494633813881682451903444805049224355100033141429208942257683134801
951041953956483428383168994699706893612395299336344773605967373563
6178031842261826199208163486761966027586644711808760325300708
74535
085357549089483316670801325348249711806765228158023607082333904142
811702294135253600330633026112455168649227533897653332750883730873
546591411189798341977081211090804713744235632419974361958142327674
056004446749156949455787149355479222541764298223075736651596039395
678729520830762129957290564633327979056087360196683806841521600534
098228717682054303049482964071437795896778917852651344209014796569
969586033217610283983223252420909187497569528250236244494235687350
103470187419905300293809698609087614945672871126806871959924240064
653277115700461234695506725963015667229090544556889669490363819793
746846586653406795597194462977563164582434386240379348980473005757
098395158216139214440188942268166553489541432820615539268199333381
323414313987908720655644117610051979103079211594464124822986954039
586697896296360224807663263111856093817090755322596581714925458095
004864281930723758653310934741026846088351017655232979279258864296
905772257139082911909071964170853845945443359918962961825813795766
195253377709395930937558695979150585469590600816003435570792205728
418485855996164771561906337685043293655454747429793082284034010421
477940049481806545729224483426104801520489332597893682357594775848
939079653986132009777388783890023066496506731865265056828395821962
580338070209708988714146215856544262375254313938425321275734074533
191162955171187913699270353917235081499866237794428418843345714929
271033322663099327159181177798427378975014789433268497205154307237
560639987729616687253234709907174640540240739876530764999282725555
733397102244685228197440635674154423398952240402548339769555371473
159903911519958160949598512103745365994424396455866218951207314020
177355678185319574500159138619106408997869328313648390096137571062
723478005228242118426427552831612858697601566046431833533610397233
746019991538893157302858826916092049488454130092262588377714048796
551601554359374511078984718088470096060778907622069368407378496336
096342509584708257256336812670064291029822279991576193941230501066
561932438529131227088307156747196820218672019484744691477509958873
774866029631262112393626268432315339171935691378989196606671277097
343228082519847506195406203449333070378426798379941771882384778573
049239862355661163352846152795713435314524810391638351705507787722
297623979208407088711586623991923319336495574109949375410066796880
142650207310666332190372968824698040807054186317885193804782714122
565417999942520847288328203476858489725525747181941141110041741566
799999641975328403240933119063192104713467023378515181682298661343

```
8461795592228922727247929512697119023249639138044043995740500927120
8186132542943749468080349527402878663862439341710885765745650985947
6694892184500640546563007857601863379039611427130965704638609176346
0387568111696167424770017570120962241599529760603853488570014814031
3700112802969454316372351125088021191385854262210568994899518301809
1417190615926369347364953071541759066788072282014882919882051557077
6358329567219112203577042495168506188295308898913377428009260557482
3119088319103131939299334559231342822908244952580052392312035468409
5918118037670041104124295206004167497605558227538402785572289944290
9070792203734798808673500170223540288707487241568779150621465248917
3325524770184486333604237917427498553433628195137659386276403281742
6362481472009657057617273393219713701624994376072232561327874249377
7785892693303359640162133441364984027113913384274707577695437786011
7566491086194270718291744124265444598136378594344020432286589754638
6434827291483675790906124620843234390391923443343496772773556111421
3200143944432273203813690857297957363267447789438657748903859180992
5988629697792589137470528577954613032054330367752203355085505264185
2468351949293468352432860294168994575328382103070059714264453901409
0180299182333664744077884707202162306238560559758221344837729629959
8832119434133694583446147835969370283268271410484814528829052616640
3281494081840243768279808314945204634330131479318752237377806414495
6575621060530337373631466749971428199074239705585981535036662090465
0584483582903706278821795170109549763960329104655406069264586302126
8740270333376287090086360775717231275916195076539133776329195822156
0239574342934468712980846121802689710424341709083309910985888883525
4085942276917768288120756179439690119075663452417006163200810141847
5332908113003093109758677073036318425452933453097666152917523663236
5647421690422806169751560533305992507917682500223646459995703377476
1084147501885998830265520406832253239105872448941321492042015076366
1972890004060592720424962760719992999765156898504788208519098035733
1157415446555005241314901243989950767377911479714212766615553657000
2998064352235855946334029151965574477737257774525517368467724114822
8763726800196358448624260379864986575821308051254867753671804496187
0015910447387934243041878546178704578543664944284385030411648192666
7184975252670736583993025400618865946300442593498642188736746677914
0102899219351903419847325760225853194848393382061146480703648997867
0865314053173481514324651853400564085301928990763601600914076707687
4864987866144724164384262549228598167910812920521882291519447434704
1036192619822496886501832878812286552614944872433559864067055348866
7642160769960153550823282418270715618196314343109296280405256938017
2100643874560935856366533754096152099368441090064234555949678992586
5271737498298037176386441554083339932473281309549009091169442676470
9960605136670340174411830366225048991020282241044980053063939224651
7643281963200444786431071064518182924901554707466301366585027750507
9676669447092311169507428457926919864654796897698574424712025026199
3627690491868938537969774824130205607630433892247367574753831471341
7546782974962447706654093819818294053395278667728983884828299114239
2773632457160143733752630480263249421654556576719767519347205464994
4251600989150852653750800251075605432655377272342230719696794527224
6615973866021741689039122722547133825915532284525152266946972817303
1755253671085191135887654254435790412982410354317442327643432713706
5420996321570636406096871384524624566335269130122078920780385412037
6020634119553945346946694930916207958199116593075741982692987786665
0365908258531021017170150184413675291384847390819223564708665621950
3198651985590903747671094714087613531548718159302781888382078139400
0868999967045174005890292947204951246680739095172243055169301048038
2781475446419377026942493272433681252024601571534861044060759056332
0374178837147535214395727778827463861841608721343254982369004837382
1826384009251021559976282492414832391100246927892536253848077699875
241682775157
```

```
98144534559218091235201623092356187262035618063713743705012462568l
24886351162269475668968136190873913861168278104224664184881377491G
3775823535307175109336365159207832028507487817732945679572288027029Z
53303930356296096550908111234599045006409831462600113397660037298l
33881316144986246073840041038738952334677015604765647677437530913S
30360277306494854818181579855584587136278315376804648221524841805O
02436048592042481953288367840363878995631933216318317783975299193Z
552421965960896506553739404460898228965083088605090890249651264721
19109692294038660590913782666359794484078326763625443829738263161Z
38512713588318951107258099419857239426389659059498278241780923504Z
5995807282228798338367066100204159537645690875936082090530464645605
498351090377847790876519746000574937826856962268923656473689664002
37614213914040885302285301422924022934239184746072891824401584031G
196570370051165037483283612130517927679202949584496107578731219312
36279249070877470494027720766863951289959581037918255527573701990Z
56398551282402947935134304701498533163414882724147087051137221073Z
637816770795704244352542402658784910323099442185047657104762926221
526379911773502945540147197973618939164136467958250810525362210O9
56730870705995351102328225540688081842424613290550341124636820625Y
56442929177540192009705746751783787094973834620003515202350965822O
51323495188128809741701382800727749270607384295786765456512322806Y
6018735927938422502982394526545661537689095003761204162565183010Z3
53700390702915020475371427789436880591732030271185778991766663425Z
164269537166959331831417686469920393292873147806545499610556358587
858035598893825325627842777952774869590582901784353170386419677914
0765048129809438387688116335995347497834963258404256655648835230Z3
0971526389610852632841399355173700557015792433145571339263506491Z6
91032874574336801684708832101983180572589963564174994799914117646Y
0878309858738876012622439291525135127431631142409165957985442311Y4
0742639141995737008193686324395428889189215907335571177725165886Y5
449446490515695732422360494291061139881878797814569230082568163508
9337688536087849150976140767272201765263270063040429882985323604lO
0024040182990715058209534866786585491475231039176530439244445196G5
1342514858865935725306187893317329084163403552216474104154352613Z5
82181818791279065282108056644581700818846212095327641882361937393Z
15845416545004613763475572691672524761025578021119822121916167692A
79946814851022110835468697760470650797023269791794466405825458784l
23513783915987868576580174717357584005545002169915662489343277570S
3162343985746512112556697615957941655004309278395806436785620176lO
9369534322744203237277829126410727927331538805426571871952314614Z
60851241207116214537070523460987352852535263985551737598862152283Z
52706233171771057646834420711218489697162632921249061416662418876O
41786839653352081340399319997458485163686764908868591045268078730G
2160502149585919378227149265333228609685365050398614037995783932Z5
926809107789054855586108859242822422592774477365117818270019813885
3160730568033657967627178457774291699979193696296290729972681030A9
709697061750361784872804915714553234024897008651825057184139097089
98144321086327430762953464830106029176031739831629885580769714433Y
56772901529479249489257305310362880929885710977420343390389424177A
96084967853115875752446072106263522179995794483282496498179688087Z
70356049069740609755815112095162050132770910780391346114751004969Z
67719578046728236822175885085551218737882384355023971353564767531Z
84887511145584394413075616690802194047054025092561638873057995935Z
100709542152424023897386614498430269643615697593835035800086525206
6344823250934289128159468246881311076706480727153921338085490889Z2
1744630597885811274425344881319621755074539046922922607786828636S8
75156680944750478626722735707695371489726486013628080150844226326S
9722114711872171544581877426158697079388695592310355534774484427l02
77279181265419391255476048443180934367966463340428283327337418506Z
98654994600120905668609109495035208441838991634030696334351997137Z
```

```
2340451018393656283949057157411991738814206864491885648968163335519
5066000928843332524806735584171337496171505509342637189402325303545
9938439418771874208814554354356164304891031481520576588694447827064
4910995335212843251910491246905432173805106794185988054401289425123
2589909962312324053877398210144640584965597415865952320581449885251
0376930654974893135060329360744818149989820111827492778152011324046
4303834000930223108054725959755121674670665922944438571075829356865
1598011790199480453582471723450301763989149022144948902160198684151
7587379191682661098385738453765280418900933755023487675887576583508
1680848980488994613463846758358275894500466480260224707959607311234
7087019012293963842199250887685371119985433129372429484757883611517
4083358437533109066594270132580329543981526920681054804215521024796
5114545433197115305740995493783836932001706564102393939685203415131
7330925138608298396103448375643485470945637411060456166683280263697
6055594107860053014854032125282532232725173232493557882265939595083
7334009505984530084486154937608307729323697805390206949898436522867
9285807815810808580649532633173056468160917851471254000880722579371
3598591960203211769851661813820572666448797145605056476417427368418
9145067342456756416048290309818979175957447199704418481543956047023
3784356812676177157987374873165244588210016410619287671529519773096
1257950401327995125123044601737653304434889758377502200674146778016
9732280054567344994253724138458236775963995722855459307838519140395
0474413617589100741462268192976969498861286529855178802499331966356
3826438294192474319235584267635073198580303015343074861824378325227
9335799383568537811327556538647300247674306723758444555706643322396
7058378975019401109845845303120397416081495286336512248395115142651
3952136199492804776145672284844312856596154497313827859533076736960
1494158637070362175658670104303586961145791714834458205482295971166
5470211362772824935407946290706014037201690357789239932630327260725
4506004036460502838092961007600067621093582161548809682798180459087
6990755827971111496748587103659798177900559920461992108621883339386
4367675453578236336989088161935642182109559511009398375374775546586
0778655943306224849127897875450813558000955361863224778945578216728
5821565583485741692055782234361503253551913069451960052894986940468
6558645288393239196124043995947790575543519058225812702468257321602
6993531237621731625638973247571162859606999708293949598146454681242
9119289449321675789363587752365870831262612976895221403712133337137
3636570097496111467954738940216254866841463524981486568437129932566
1036903209843245244363745789283274532540101378735460870857849153391
3301848796502158881092990371435011496211919724372703633189011799293
1009198972066058919499183852698678005809392309173781954298508516846
6812992334259466707617776755886208012614126146408861560637038675646
1288814378861816884069210573731007147127556028255238461049428731994
9838014192749437510069479060959762757040742560527920403735132256437
2053200969027126178788419582439234331652524668209425466272979348242
0950273277702953598156498247338180616393871547749197535049321791743
2066843409206201758084778305188754961244239520118964907047660186063
5733321398793734673914908088123513455137740715586822235455884575446
8634333775403138713026260714622401171706024010652254911986468430964
1572194492446028281732525366703537230042424986606480531127501954356
5232256873826351560617978177490363147504957320325827228208790158003
7039472207847114408535302126274050660650125616695005739908327325068
9952126975261606027252472836652446769954693569475947257566855811894
2585377725768098397685880649644185753871729087162366584295460006457
2836053138758138636294410431346299537418277627185306159193426121771
3201031002114525657669028709745553310907385811128955140392716687522
4799849874991785025892689021482459578259051864454825308670960541524
6391648674819969569196375971963039809610580335461327894359818435086
9745259200054859003037296168307195762268543536417311817450957993316
4776907 74
```

```
6402740259052553880918629368604586739521133104685547484403817107725
0663691014557314738282505357057566139391755260695186896492503446866
6474914652615608550503791394202981994222199473543823178322303684711
3733024748559429826380406512984891971277312697939924468368139797119
3089451531301022820717602411322963912280618157095376184520228786336
1784261035310734175920397829165437023953430922591085010805655918772
5277755480027001929461414415376722756825533214137372014074713478844
3436316759161438722559433049497719612338422266160489643962420532677
9704143080241164011968089101092063429038027925515696795324416192834
8664108382860544153699643659319691377778700593603048202291302651459
2296134558029718272438419687672437084492636755070563340502683719944
9354732652656320662743808369958263351676070823549529856158343311952
4392297003987910675268314944224875870597119750135716880807708801638
5784327781815130277868311685891946114301089589218392897133594139288
8564885450916372593983597420767157074607149752460598639896695746231
5777686048797201480357679564845989219702887616123194701320955924214
4883555057627232344348424626011753223061822303565508047011011899193
2525717205499629266412977350428504370262289723585281626756378963020
3898474355948061217387390668535438453039293129881938833041183423778
3614780597575058406622541336293357809319478196639297423503908480593
2006978991767883396869131974825886474708627997131325613717273081653
3406139462568550590727545864506864656527768255534297214088338372788
2010289029324031324210200261063566424436966120830417686932201048993
4515597321174663009086712008355724205292251062850302940669270580504
4006818192273514256346584354811095932073401274969490002544720797360
3791646697031950338328483551676760583103654527085765549800282394782
2313718870396521642078414038632005016875592892442489164321079620031
3711074626069359189558182399883659153109700423581742946007359612474
3290572109290976292410410656620923503792443139268903030622034078705
8475213684434981400664399682817772883283068082967474851072684228563
9503119239679399702278280832904039187942701256403173198670548090381
7290109382677032761818733382332992873542517912146741696844438416099
5792173492547541151695503632929460672187983817798488683627829099798
4302172041753625222996727432571630803326267942700883466799312372277
8928049072690634359386334482737349468718088069450888240689972616587
1343751874071244353589993574950576391055026023488483193010977628751
8455556142797284284876039387213049090254184884269775140116269376139
5504585689904730039876222569569528522702700700223631278275647209189
0723661453383150645086601571667250304425313457307614248252993473550
8200948111074026427032879613545589972387692438810975970444457279722
5595582148318579221168381920223766601470535503329905663899611395020
0355900395314314853199973395611006459629555821496162158045516324961
5249846254913386661556613057471073066064947612592513473986724042947
0527139458700571144617743592489199997798539858915545801175707545841
9857074644417157352870883181556649067116137205248421240675688333346
3263093946744059153928124346865274150763671083329467993079601213226
2362971922889061129439568658906746885822588883989165018835533075233
1981579035535868551557820654682183321590742910347469567566339248541
5223645371500388621789026343137853026622744881799998738533234152500
5050759944529160103849242964737923144851996764003120426193110183900
1074559769300924599651968221115701722500007801852007690927995274819
5722352249009245510210083294350604709038217623401235278483873772731
4319812353312167350741624784195463253446152082891223780469229085093
8628075267737336489167527510886718690748573151179871911275897371721
2122000697902686270153977033376235391685730235327780805150085259817
5329555080787788667281565096669161583911272169869938875911268864848
5453452898384500172007531788096127347744030045241675032393038367061
7071013055043805871730675668335337453783036855999377590869513062184
6552857923593339174191711205417969987256132453266577397569709321705
6219380004614
```

8285749989375231643513474707365882098106057788654165147324898817870
0946301385079255922260729715226203881943748439143105940959925884334
4656576817396893261104598701003727543525116377441161227299994101861
9566051421596941206355131448597195452860809748682548745244590366260
4731380648393797344681866249700721554710601935002386483893437562270
6350127925849417326436623720232785535941949304500115249370114763463
6341575426409557473943069445635423620812122411763735769708677763593
0193563836444028893630507833322803667474394324865707989508525087274
1832683527199515779265271987637499790762084389463472126203607830817
3814280478785549782897862274724417700301632550133970537241768281532
3516176906921997025569996205464243726535775472510240312994355386459
4831470194940156026684943031837836936554661866566254708258607489483
9728251558916038553495064513847442211882756298620633135692134350535
4175325462294273857018514221604797918123913581857023363813544535711
2771171943216604661431015474198215549290475621090189572080606234908
8029040678545667463724177248681190074206557848221929501065966835352
0867908758534490092713251073537813112328600410529188355048282568212
4393180978579666144164197438465035975431670418385214590779433577314
9648457421486085488674529131457458931518483420505854272116027520701
0532088121820442571850407917177351938264441514303400038965083547606
9521126143515144940969915151783325851724798947405242061004598407363
8435113829829335370285516415328184689878043592175819760111037188260
1157152121989928035754608388740947375220406391233628982806618731953
2355292040142200095154808807061007453865639725897080303279855124057
0967529948775250348381191484476396069023998008588751011612900600807
6911943810302609494806598476196904805932178521399828659013613972947
3334245297578429975902328892122887617453643431583753143784957460887
4737342587958758219901935389814229423917941515613153979302514641379
8608959887675413694323040487028555419780922958044698990192904558906
8465978383379944925127160494133779070648657858949675759940506175576
3293475680828922029111549186488201592146177654499211827254988675668
9622517063614832195140603084486884294749081714122766989529766528467
1870107291933779292824435324313828520635706158076925928260322211940
2768779042924083653232321510235407534232109476053210171678047889604
1685107197396939918618794634618967971354678672244029051644439647829
3266946358491866150401165503213795823884640354533706750014682450893
9635084079633883393164400215576294876554514962298494573570455639845
8286539010312031199558632978985996427424165456402215526931176182193
4040528049770013958185699504506269083218442209858065603603966505204
0509265294491631122474122439854552334593973602158488959564576035601
1239472260029091102323581832707760318192895789319120042282972271927
6801057856446673340203186065797599897673630045155344121222746492117
8419210429930233047545934081486957338855853118789257243599624701958
1049408342713006597163643751657463710249870536291692900609979797982
0814714713112899508518492003986404614653025099491414340358369556884
2161518200066725398585320356707875344741018213449970395917873975349
6211472367771510750644341932067097848101390611946814299656594694998
0301501505043949916581936434061754712006023253305100568566199539885
2109699179681030651566276114001239394412740504065600221709854777964
4246858748631969461895551035133391641195903971893876105442642302464
4127859663201484795527322743409286346200984059824533857638615193364
4320983391819574962950525271704159411032941605520070797004452742655
0329106801682918215054886572979083065733200566711040393166428946073
9742761327206991377358887764684076726016450379690906737624912318156
9461325842146511243018088628385018727320829304932053488349080225799
9620893153820434587462062523629681224077557166761470833253074351802
8015646615241233557266654596895015351209640740987993352511242368393
2555080407795389065135984869314857268748994901408530010625403698440
2433985738212677629454919277281927072710075950541945450379091805163
61580836288

```
87001538672439450070274989843218556764740324714392366484341116062
93101960182503178068353985725839133571334493036144917086659797233
88145309217403181174775203258167433894582649675275252036112627367
10976454313402380658720112513451461172380163835947268752281763835
65589618861321672998939401494125103564658336368877609065883769674
82919192031194564697809424983860904160330963764529279423419300230
74005434322585462509474354551709683543697560356501992385147371849
67059723327757979117381524743531633424117298458941291075045550428
58777627373406633041603918082687417260659615989336077863307019922
31846664888930452715240551174612022301603661921939366157937867369
15816259730058212811282557646795949402814667457604557747067390220
19769831825970029381954149275908113373323605885877871610067258359
62326049600160589914889342204736161327100754523004843943109899916
72218862326257224723071197918230494443514033574476639708361069860
14457006927639663973492029218346297644381860189376688053451277703
48156908540614032803615028038609490335348932303579251173935304158
11332654712905673988844359308222803303022211659298541919655979718
88542388715808914036930161717257001557061483690681274229550279346
52264500686934307748207466663687476147620022750181551179697826673
45950438705887238733896329121395730399466305434028913277468168754
69502161412465503700912659179830290388734841761397234339455693566
08380160943556137855374689207145442337764671963138464652631570101
13235839748746654423630277928541904501566645788185997947897125148
14050237769026172897930130806565716312121207914290705421508889837
54536591643551233417459879480927694175114903117460552245578545813
58670215309007703195565589959974680574161333836164169114009923341
56438683622586644280790336267010522666936192467472371364090542898
52051883510036926818799746564705254506826839362640699442231179129
73336410667817359159716289832741772887230205260980424875777100698
19624037291271628455835847840340492436487818337243203716187881493
83663213242424242014718798660129082954490209873995954287213906677
98275630891679421740168823587653975042030244898641889636909631627
12055768196992915499277514254378812946766508325035126716846644844
54724041012452806421783273222776043691610288078358871843710051808
01795801410835281635163603805346307638919476150186986736706050147
56545191255634854744061620273938350356278561529588946817016999401
33231109528721244827047206054602585006670407579111413682790697868
58711779204356114892996871988803259034954625868507864515607372171
39953391070545742084470048998112828994216021222092624494727454056
03582092642512678039819054526594437375194281321713703361259105755
69899284729469534242980723256290258883626842678447029836313294966
54416253861474882834798167322881097848769413234367188334829751327
55520981118356612998485687021734497159455814205167601363168104474
87091636494315666700163412473152631466469447022286028071181399281
88875163721426683212141509231720573189111732882598052520156090041
54777595240408913500940365197084870074967833274323358869463126879
09850231317206614113210860760486195706356624523048720492970167945
81458200903619280678213945893743377769312698768681171248164084910
25388423933369089463540923580231081725576349979969436459754448948
66477328044988676235789173021502698796454984277123360252396013678
90263912763167334869009946588810286310223749553599501716187794059
42720325680750991723040604059244759347558781923115070860386436400
66976935884441077368702845770379409283494140282212958640752706393
39930444723850843968852757779835520831758107094826865455149234677
16451188567223807600629987818448782700527203129388479982097194320
27571363520038800750097935496850722217381909642757366466440784384
97623595416437898607166734860499536429215769092696151709528254210
60266888128762132282887012394111213560849984856022616743503488305
11519952221309472231188245473926080854412153442104345431104283533
10723224461095047549030823849762337877239798576467071485072701155
```

```
33507917688942855325655578568914111053937681230076417273323355555
69581979516167876516112715880238173705812584337644549639320903630
88842383134647413254157583408532870162147846752736603532981421989 9
90010399651663985781627083589624813758112852050274683143462186542 1
00287357984530641972173311190325200734619298128722951789824511177 0
32832347598640395627061908545507358079165897100777640229035197705 5
16514631569542884142437557975709689422328873125015446591323568223 4
85632308818621486917525444204250311551711252093266720935244538532 8
57593078572051963112677159656335359564066381215699176134271050357
96893469256097759229113557550044954680939594198807691937528886502 4
89711246859161951191180573662336507492183673283957490669396689948 6
38812546588558883303308642792235459716140863913280169686706096747
79349702513696709492118518268068371039329768182793490904880992685 2
97949785573337154568122911908288999964961736727582967722542718264 2
23286640013272432730924295092305662213469775602749713113774964021 6
04518693358599433451701314743167166992535535262519182296068551102
55210661769391305899304704401305553947858663168437691828646723453 2
48593887797337000237434440522305783385042336974867005016002866371 6
35480721425727423634716598259200059952735028634294139066792669723 7
98730437353937957758746704387095073567124554496603097896118194554 1
70245592193009640593805522942769217350988195033854243901962235565 6
65095981189508495583475832679441371943347770644174306876072873238 6
03190937646745291892183927340565244912505869565176115620698125003 9
31538845818440649081930551382206808102393363085653595383285081518 5
28602490738088819397197419266456341614484265115413169562835251959 1
12442838262881010308475545489736902540358823648314244059506043336 3
72172311369797376625377898329148146768547541189710236465877932945 2
45536608462987170976671452153935936295650841686793887474517768464 7
01970560120629111965939271694287820010473842269120842037473633883 8
62747926634381707460086181651770124738002689102832486145467289464 3
77033943420464842419670256187916489725183867462223041651600018564 3
12996541175982085005633239524163204667553500133537296849174676463 1
94134992237442472246330220218595474064637882118823459394089968995 8
66776637011429528531270793556632378325619667821366570922060283102 5
65391354011906621429293938164112080696172160438099387993003279135 19
39616054590672596572424438866730988394948040500199586995408776106 6
91389068427993564695024599087865610481526261948802916220377285440 4
31076191523309676134565789866492760231034670807839099262754764500 0
23111598815152501667563739574019057703412613420416359044808390765 3
74858277752596662854316298833142074778261209504077604333883663580 2
43089244840348835410287061473396328346465783579669745925874011346 3
45762321608104239762225168959734768174285127377213488843126429868 9
16706963162387342001469489852142302083551071071050255718846277856 4
40376053415487371340570353047160477106775293200799083008579633505 8
91364869774715093761225628448351427933875263674570722002567691274
83422379436606131986267609440621051523719848597473792974061772433 3
07773538025430221894395766769509566727981248500848626425884845796 7
71935614664646260149649514634714900618867260130216748107466054111 9
26689184063788353110563044170808357801999223295643474303295979135 8
89437938009727044258215069279799888314467253297689672092433109678 7
78704372547040496937826853533277996781762915186712775413465726683 69
34910872925660656228159152633504466949756792294976458396040312478 2
60968080763245729179631357063805530181795061558934619200552502042 1
27689204726523519590844163705976227580527335399057273772924589843 1
13466208946935684628077087959342361434261835739728412166526019543 8
48177450244296873787044781845808456698591816757459363007125099299 4
55902157979712679792868141836179452938114743834591130494949062545 7
77573965744825041893661050156722391140633790442693276717835728234 7
84024292290403767470039713468343855464064270710261175300913084761 2
73575638893444957801436719780138982653424377606720487305659206933 2
```

```
816973770772050673214000573675534498089554053868887867159112407602
402876493610914648563243513922828961692053847422089604660805903823
099659189334258907900622370408006699792029798194409277173502701273
368468208673831027079479355302208227752154460927356207151719553874
896681908468028606268052662617307395592893243276656082055896264922
811457207893258778236808279305050030741774353514258764320918185432
669406906760079190821342039636895309452563340221307302098645862976
896554724865262428461104736657509041771732052323741407565848993239
270868216794264326875694735191217476911115775407999719992668288850
793903934061031042132964682504077064770521769095572432685966471769
863829141153779769760002581927239446920104966004285085470014809180
810817266504567967186688064620584788093007116714190784971339391499
399525524545209494650784349719810361428778184033220570694639515476
946972767747706424864607939235195654366350830702520798246537427425
699694577564626119873862943453280541508276209906622774358444862703
767092488431396731265635680597853428581984460900825022815051063672
691418876039788319773186265729314218073290550935385624444888087051
585120556194413737032854054757221463407137369326552108693222709423
907542994089944254445906867574114322524261672343521912782585438845
595167978299328323642737457452544546052939896806263513733587214850
808820205518659958034081488329701253781235056793050818818568505731
233257555542419605427358319447764324992288226604355585233496606680
905502905216337784746351934749713022329493965510415987839740167516
618593605179338950392466205245511268837311120785257244245799623294
450168341713595140252095179264681156829820313618827396426623321676
441524695487558164084358212585044247670699693803758573003905790110
515414779557179169312729095998221364115981595201458613678920666663
532183944579112942949372746246482392154779756157336708957618405575
322098504748583570891766352727809495354274482525113739382912378335
184147182784881809377625946725543342069023837559765846744498857297
100153365702593838609837888370559661656612261881245463878074036437
755829259340136451738584462455407649029616220229244791778901424327
249245624610572832994427679678314481934670551757083502942567326335
264906514141210237861093296718863103717170461762893116167259029067
712239858836596414924553081207285708410066076168543516663530341382
801133819677912289974126655244951348338934636181282256499053411503
179141167093830767768774232569803429140799802919107611396530776180
407622194451519402604063470356799353883274378588152011080406490885
175270082056238020512864218424823002632432055997998346926232665644
701956357300679539057244150398164239082136235132717714586191210328
112357269933087662553440894151205179902731473868182626644475280406
727464085723801550389418912595893739926501687752743769741533748172
422037707128664490771162603154417119414108348606899529507444772203
362744266818471196563615713772424615456070479650878312900133434911
136292975583609060175949453796861506817908507607566212738100117918
293076118629911635574502602021275654360951138569094815424476722607
340061037334261273608044855312147578890237559057711317455009411859
748652962705885639173897159515988987014175869648654185324863779433
780506989345553880505233124949841887573046444733144459850552473986
539970734623381939800857730435695476169828265893810030602411218665
685980207253371656135335099218859560107881521955992984830737114161
764839950330037898824790345410532502054955693588016154598918936886
572124748963613671862818854644786179243581710112551851317871774504
307353645029761507292301108330802551534951869294849716900991730394
769733378956502295614877878048366582834827540230192303690385819788
534303828558273006721561304247679650997367389863963084595330994467
366005278953510077510623540518095062072959121477879266263385428792
589775958630580646504484526239133538342627050430867009467036220406
339767252991365187842306583966702262580562122210733541161850293635
641616655779237766395860494693244550805903617986442755741294983021
```

0469698616449313701037027750848601539616658645128535453048155982 96
3829859815455625924865918632881763011014997372069201538698774186 21
6557820878850289708567829701926958276952394082579589346666668839 18
3588155490694368307035327632079349451093653994509720428367306703 51
4419631552887532148221893259671737078127140513347473860809636945 63
5120190184391605573384080516638291488624793513794037131979668758 56
2594829420746324161481962682888498009688756413177902657691055508 02
5432280312585899845828720832573588947631349260624962718322007318 13
5424395364377056481929539957001445543839108784491441936804710651 63
4740311703744824585051857881806866288441707935660426980031632363 49
1203029197537009960106661938962173187622670718263148522844172794 33
4068181031018384175349973496979013526046083898649384170852934692 79
1583455942477874147581862606722466248117722498568622989744043843 92
1840245603609191236989597824880644631955555593083281673460231204 06
6700724877475998063268452732025570156216876628405832688949305051 93
9005049504958701540034854277602462485884666734238597445456716114 1
9843038357063974266667038555609646253390357020107365232853276920 6772
2136663585746080761599482575890261556442866496737256920804685117 46
2670246787668603228796511978576164426500255366220799720399986561 46
9155119965918926099875691957219827550950647597861562647423557864 50
1138970419935099764066765571208502958421155914947290752355349927 41
0085129491938559625940326382025249882249214447558827002900367951 8
7052357627644235584183330712046012462993991548419581355125514677 09
3447144330924763732150118612798381856025571631417442644210392318 41
2486156130470981480247338812569605196772694383214901046524099815 01
1833941450600842229131941609950099644961963307661716802799661459 64
9084857174082378057131294396610368772726979043490318967493232166 57
2331903721541461036471884246356801971257097712420455992771894016 30
8075557915318038863852263293491228689445871244071873985131098072 99
6000054029691390863266714179236497562971925021288390970848468043 9
0717631982983862589760312738181027549342610128244583510397246172 60
0271247264410283930603677754398403846237465571177660427479404471 10
2532275260708819152596238810359449121002592156755099903598490287 36
6394653336222785601987852448078120000922672556304311870218783254 73
8688044091883310482551503395062370353459115756948715844081222535 46
6146121336832914177138712079113256329969610586306388145503829307 06
5076425004095978377200913542843287311066940704199932530568316953 31
8544062180960834613197799338171659170654879552114439934636910391 32
5853497773805380142494093450362761658136895003095126105708412344 56
2960132807039487146758901016641151703939321469890302667266058467 35
0596475274805617807867953935510326849129867665654263127329885291 92
7008247087740022137431156586969076065899085477980877564865594130 89
0270456897729741955965501092219356932384978162258751764655242092 55
7409257176954688605190100031608012897289870528610854229739093968 15
0775009659717371460086115220926226085270829883643736243877981277 45
1170822368080610770774136633479557435335472506634409792898991840 82
1815020006262900581367815452848577592733595359748408724500538827 41
0399987019521262331698628280343884972691416958629503620272297488 68
9849003974147161674575114133460273449742355058780721866552587350 64
1253083245738803560851576626591008479072047704536889750719974356 65
0630663167587611347516441890509949530441171998514991673976622942 69
4451662140808774913553673453065182999775820164575308157940167503 5
7256313082689752768694913175166031419627412271620957829974512595 07
3689499764786513098304455391676187931636640409697787311715800412 26
5552886370914062581788469239036439876794389944195963322773315106 24
1711111175895820421382268247158558623159366153128943219165489282 11
9597622766581435967431904693189707095462549848023495501869231129 36
6402929099667008638784004289044208624836617790643020633059339203 22
4343651607943257024658684668977153432807721709879801181485515792 81
6444921354300152529961377236010772921085951314599524616594227164 15

```
74763236570257188061170634876292627323600831252569965434321893745Ø
77967445291542789471272289470446481314744124221166590081ØØ57217233
Ø443870Ø873736Ø53316468302928700555720019069943199870645446550624Z
8217271117124592Ø681242948105505Ø40470592410528835740Ø6564845472456
Ø748756247634725962Ø19554163Ø8Ø869913Ø8656786967875539700812791176
8669194968381351Ø988Ø852Ø958276792948785481815843390389576480289B
5Ø92572460862530Ø6148886286503065719865793656157955982572991894328
9477161896205693546728054418563501846263442674857155608884433767776
7751811195879631684185363912337497661237712587Ø557536771425535452B
Ø1Ø236191288246608468567360849341333119579933540423335773588963780
5318390934442804922703521622308714944360730042311797968286390517I
95157505209765590273099670998Ø920Ø513ØØ2263326473184520239976911Z
95246061557293366996541826787561464474369388729088789425992271475G
326206666732908094698629295343111076243281643273608630864133864864
668368334034117417243361379Ø860478Ø0568Ø045975432893327214Ø608Ø344
475Ø3284344114611719Ø967Ø1762539842822668646838817Ø610Ø25364990074
3173847ØØ0Ø86148176164319642146Ø91997378188776548270699793984153938
9749Ø9461Ø30806Ø8952105623723373339552990648545654777111323515Ø583
5187239748697Ø7635229334354297256100301121589126783284926464529Z657
11611514653ØØ3449614413Ø407Ø78693714179233116662476964087635487399
Ø17477537102Ø18211428142144824621320489Ø13665523144244134042877529
81183566734855659369179625585315367510798Ø67145279663745899421Ø311
88154745480752465185317Ø21824996705820Ø9281703471433Ø5649061103029
66ØØ778862186439586203Ø91262195374593191550111691331559547339411ZZ
Ø86135358840520458592736Ø4632198270224Ø71542Ø61403310961486299Ø759
Ø81Ø3313306591475749539436538701843Ø65303834279Ø401430598298810968
662879396068421340105866813687700862550410669655362243076097486920
666740Ø68427555947Ø8259403759454393281264615197860109409221003946
623938100024885780821530539641236263Ø356804450233Ø247943343213441B
8Ø8431469281618392368201869189398393307825793915187659886158526SB
8Ø313Ø54820647419923861166216919045975656253336318446768950752992
5867773Ø8978113220554526893234119637741580704297917296184933765166
937562151464881384172662171532362271Ø8Ø27841813774596Ø978655724521
653492678760880Ø09188Ø7Ø7514451795591893207464840761990517355858488
91330328Ø6350787970523131676769315773731879594907212372637992597IS
34942241650491860959163929805153754153Ø56010835414124426635Ø884117
Ø88954264409770274228232128737818584813773935509749335551140624466
43689420453552379Ø229556990256889247247648285698792777177Ø439584
3692472400622209413255549432923268Ø26510Ø656Ø671124877997880399BB
2214586345295917166624816532287411553275264112489665623653627179Ø5
17Ø8201531002673539588247Ø2235281639972401534641220320257977808273
13551205Ø1936842815520185549975149151101699141271160844540Ø907620
83ØØ51416461882552963462Ø36Ø873167901905825189468389540468266297I
748668ØØ8393Ø29512607766929924Ø6943522577743863181275967950694370Ø
15606250562785591434151241339403Ø32771295325310711861748Ø257722349
48929252198Ø974308952122314619576662Ø75923556359726690767986661233
291059527961Ø183431069Ø7702Ø3222871625208361195649481175299713274S
730597835528521285785478442861816852571Ø73997916448Ø7379463Ø1947S
486Ø109379383640540030350892499489138Ø1089313227Ø30643660409213615
22517503364759125529933623450874620625221161521345334640590731527B
24Ø79559395600327487909738694260663614314509347957936425282076Ø576
73668224556127797885798509Ø5Ø74655759995233257680197851647322235ZB
444661294477999Ø642933510320292417Ø618147695710507728Ø191727166542
2720280245480655682965624445710748443809247355832405595727928137
ØØ931794958428020067816670302348301Ø740547421926860540197880276706
17733116985490100532526580700391933221832551762219500495602329543I
88072487Ø98922493307375Ø4553488785189577342825125096765197185679B
65291Ø1719951Ø1746478143Ø27813335716956422319340757137678346086967
1224381217307989693831217Ø420491124145158622120573819892602813253B
6165Ø633270961268112735445765Ø34386271837391993894379695856116712
```

66838339375985582646154279781331179120578291237899892276277256159511
25842754000144632044579106546866732414053365861918428042262582168
27371032153821229001605389555745804814970795142882874275665707581
82605482420221061203768834107343704461695313565847315846499523328
97408613892603743654557103135730987030515797674186488333083334683
06177619964953323434059168678388645247041275531439579402788421613
75968491828232860066928911605076118159809805722967611642356090547
27553099902283601182556875723878812585829342112120643535136234233
54548000376373539228441337466447546489972715324870623432473939494
74367849041727254265742675895182796020334362260618434065482929109
94732775810631500580250568949213398370571061955381036992510061604
00623195895685277633841453387092156878758032127460311284924887146
75923896612165410078451665187599926607299020458345627963420439715
52445650039332697584161527418689052810339622772868014570270031896
78770775137289513749285389160134511814790912124554283511450747662
61450207877405527198310649131950843193937940513935608624487120632
33097256310656806715935871203992140966633225119104450832165354362
99377758584328122723097176497270028253352023603346945160822872847
75228184687773750722988339131876836902638244934888564346061472014
01593355370837592611935438143753258368050686926516021319638590042
49450260777932898292974931025747485191547582123684275563739778101
15027771884673967343974182564271586530092136733880079123112661604
89172284689063826787172246977341470030337709486294246783622917217
12573978588957230493800358591236399689631216138583104648370796376
26799297615668211984659341559339167444688620035568965184061896502
99578794947503421345106468294189135762409949557718833764748449361
89033733873640844876651285799060056918035580217574328223720982964
54139849176861425411357801923284322356622012533756997103821037145
53611352158087544325887517731498123415979007748415485246874718698
84371642775679661218822589836358646123372708731616395878299381552
34158028806222896032274479197315134195894883841952929056752913582
47028899729046824217811588125445002757734897566106936993830600284
24883040855689756491161569382878286204590171592066183555970557350
18309269119605068711363792198916388264700303239855998258529737206
59685021223259479609213701331543690047347580052669731636628087675
68684315441200544518109639633177996327073327007842426159432871983
71001853052211000499358589809347272782613245222554744663365234690
60799520188298486579293564334105861920635765802134949712381542333
63308182496330203863618060743007893628480494572747655596897690479
30772584358960972355626885277176950957548546741563189365444345268
52226873316585833671741045351860168973900370511403872160749256572
66941446343428193422010787994447931528908070441678372085914038078
19202046871489540429657782742327726300675482683925720474289569191
76005205232153821140887324067972558836997229770397817477865544513
93695280467309791987546440540501535598421490176493970899336823681
97861826371377477618992421396475468152180235657008465062462125800
33823937589398535255324737030726876131869326125773333729027491969
01508404817998772837366525506402719361477732598808908149463942273
75462113797425254478573065620616232758456633687160410545655582196
22844425800161309229256116952170585617429297116993729879855268657
67981622307685949173321863761507735171533780533639947253173790467
38575527223738278135885645323766083898120229497517958499014168966
45218786083583841189313847283257686487347462195353899780087542415
58674978015601593113654055207095080352550048121231237718152107298
03231017591837862540565962539948544710762023852340834150142189018
89630276690864606288997315830500060541661052112618332456308874942
76132111738323599102671544333398090301076751921560686091509929757
49884709134048477603725331648663327399774574170787058858498903647
25050060756527667766673018142798346299786311547247190463813082702
95027155243458377713288884011332285612327642475805491414533400430

351368200167103048967407913220417329365588638081990240250424758979
906199739449424061393859002043745081712616036278391241147268209085
690526837422506891099193767722077768737126770152907129682261584375
714966534629615403528980698498199023815881324900728284203166454586
451867787181771772779283212526968322976641245496739715278796804347
658957612653385245739151343813784500518738591532963414053689484439
722550801196079269028116229367043437115837195386577860034194671309
665344253552356135039263743335590248778009316758556650202614245175
520231051803797924160186816532721349074474187926304637935701957254
656870769649025628311394908306598139258771657534329051829883074422
093153945626718913650932778527585614188691505843112818062116453383
461456499861027990887831599923320834970349900964482897361997260841
303050161383437573503350269679199100394576485031398899804053476207
979951035562800942711980771413862537468942006711292903794021105099
312881767863557121288220584525902329882784488972855767643376551320
983720845365197273566294540752078683774825993769508547458537785440
151866870321270325108378857553525327422467456165530175294697049286
034935237663193775815312691121571250545649366284046131575493234361
611438689415519179552116040327941387040597365968287723555493695367
249260335274499288822044886844362751589546895588589071831729289 1
292345774428441927250527684755038702706328297997585385259938790678
996367663472636799709113700050045191515070502085744705320311342837
530396450683734947465152543161640695883965696047762481007698125762
324027656324714558678116653563357384133203756328577111457947736117
758910978449597487134549945405008974943123702669160022779621516016
443144632155674657986969134302091737537932953736310293482594184851
531345770064943739097642085895731774231457672882967906750299223152
573286983302634123352631634902064904297082100632648815676763242544
468703921333767894896001251362652354725651702225595569986284251088
668968471078726001673342215625124292721308055932622130721409368 64
354996898787430352676884922123183449241907637471574744625215974576
466357242752795222891504064277678656611519193319181783056716465304
813810106667342459156864174457688390624192018654102252669706153890
990725499842854841956681924545197470930614227531512984453091827 57
715136118167303580932146032258472352811825504706062154262243245514
468964572693823166555250959895041093425374308599979713700425885834
030449726710962996976323360777674373479878835673010286471384545928
791637490145406647519394899352212362474366131747830486884631516036
592243576762762344666539589796468790552923902702010757218919138214
831626852490495848675432931241826413466272282093653277283976675572
672897319381293419430572396207232920071863867466703063646013311111
642546802512289430533112509853860120123607044969978521095859875329
303277162267982305510767692680002207418849030165005038534475971018
301673782681943612416569639252294741035743185176583656034123276433
900956511863260791733899126277207213516175222255241829612433962825
182328696862544411862381233064034533155601640695747232038365145663
557498734411685994161655182496042597983926781613148318090253450716
466644267026276118597649132476829527278057032238343515063672177066
376374024903046590962859602719797255378001418201998101813981259504
234866248344043921136487236662920206393962884531448374890102608403
614840731200674156229159669636694083603264334149637120985454752501
773669601971461784645155559941672637397085864959877953242158328218
410939164052835679070686421078034660757197989148155400542005107300
962796234727249970112217781656798449194332226334150338567530824467
734104550327428561157455387421400071928430177447314230098365760751
551277926810147220530668174203305967941050940466563136377 82517247
091409925552471036812670513824675211720052849429521974886284898527
787835621060048781271144063499088164592445189801044293570832904722
016072696604619842607722478310717143909349289737950750564710538029
161874918869946353013572935018732066873115017315310912967948625497

```
9581512168220757123189190913833835344710236597944808047123388827444
0350534679995291335460941392728446513911908360762265798398156442463
8291599904416284527681893532791356747403227351506890987754721811557
4998488346694622271194343513957275609331877672157428578303301830420
2251704963297161229683675274898329472315069749788741400219267006720
0656772921310849357294076359289561828129001109784724328303846519740
3758573685912309817836030314052823008130266313304139925339921794150
7647985347081786361137720014085708386394377035291834974037418351160
2237004017318826939326308750548756645290932656650302439445362272790
1708003815785132529023651056809625891794240016387149612121694699250
4423986747262060057131153878838833883078016537883877521159311944935
9569491793940578848860623959444184972892872308495579260721132977120
1372388696986360236829162225464710880621094479123399015406678160280
9346942821550627212605417982917817382489199733829530168266790617780
0135336504718863397842735335856232791853579779226627038024456968290
6862549118748685305497857965989184862186237485563953215630489928300
4865561541540649512210466103765481806025067654913403327386294169110
7762638138347851183641056999660949202044895026294461684668551060660
2420883143574012687794781398595777699039877073994170325653193556130
0005281435994560612616083223589903248956595675275769853245744035600
7612886079681857619771788765561985237527447223599272020602389167180
7908147088670683027939897683780233375796837484716792042056118846140
4350842383697378594825884978259521414316768984959213193894128750690
5961491932711470358745336608149437546971429195290301019389435637183
5937491483074230449340295962811166523899581106000938622216226552520
9766106507452713589497334474072816739263486222629713471555329362440
4579946508231979087690744585253703457090077440815341678638701480990
6741240038378085234273977881746910805353305091194433138730408380430
0675060306862695321245229016675038563185858593174377694941574108100
5727494443840013991522952924016806674584246966055691076975969873100
9507845182518576898000939428637121910166980788517105711446695070310
2737069620047300356753682352058152491868239083974088092648527045810
6800639153401349373525471509235270441619265721100423458480853223980
0930819701215864173291305325898717158855168420606503405569968593710
5915621939545955585570093477116811798359958427981955643563653093890
0509419646418892434176612177117545737144294027293771776591831074430
0581515315960948263506336557238614139208130754146107405127413481380
8906875208965175472864434890201501872018366138417280798827295820180
9774861263383603711094140868044146381899755144190511520140241876280
9786882338665288749564740110724599055379921751556478198091849558760
7527782808038226298180439415639795617256940909295185774478836515940
4787206826785963694547637062382066962023966206659210812781832191270
4680814530314217798673533684893808266818969129998351994223212726380
7715975764285213215158837171464854288124231224684028390561577968190
9897855625102710706283793994319073579797536228737199478452103831680
6685214208220192667231558101173724423756091514893863436665265794260
0371682892815806931590571523794802566191268708876475069508501113700
2578802333818019030210029759755926818216359535070641885719005949740
4467974174202521309472461919502772132372470257029616316814647621840
6436446517995358777590480917246955673967945537349710322193694559620
7789377919383406972537884155020629583874830961954204615469902226840
3474617677113197374866000879354436073024336632808653684733506687070
4089001847030676982147531337315428622151551318140954149797246706760
3436976964583092867952120199414066540432666834408196869186229176540
4103649320807857294241388755061809836591222653797288411120130691018
5760304983295326942141884259424286621469527688063208257196486713422
4698526419419022236241186339130284171844724822755723379969707482002
4375803717921807342020805369357406187656641696077391209098134947020
1207251972136996423442093054784650692374464904208887326302261563570
9196063092369916027823649300034497471237794559512408582397099465700
```

275366759813304777505050536634574715516558372773100785781787153031
61327684892535760784621147886035180402976569605848671756763659308
74801609992795078717891310420384947894328608479705150428332652457
88642319839993285634226860788344374530927289314609254429906078711
73676669598496330621775148848993377878678597852652805705486612173
21355212470239532560819067885280383242296807554471743774895014302
15014696122549489533836275694486930467419802292255506508742977275
07609510687982710919383714229096826872859632194283672724247744390
06003680485278454385481995582874334418909552309926592958848289777
96750543920577166893855239773609258209069343057898674235729531205
48509038465249314006899617373173581622229445541614935787147750627
37619249803638440016091361171372955766180892638646794027936567038
30577991298857394478375763909267944333650549677074228596380872187
39958271475800044022240421400330359036096054800471884730467828680
74098983222526245316803203408443510937431949938029908124179211089
42392709654258219584858667992411578844781521955749832225833567422
79896009803200935486510854946767671340531034349986434975800021528
83583572136597820843573260466126057046440920052064374880868404199
58540869747731601750539025306490362044945847644088204005386057152
18221779351801941471166008653294828106002191594469278346037982926
81867778488378271314816066812848087479043023420037713089646478178
59946183751062068844135862845063034644191394289376235347427777586
01467822890700609268325225032463995337566726997660254246597951963
26090274261515748186527819297798368110133133965162579331841940702
96498895138692396126127536959206022969008742083472084083318841582
83801938335897322433513641224432117497940476682416780963520356641
43325415096450197791054146094374981599044579283802888013356248181
07261142327597289482414188702595745493425472274698997687716231609
32288504202807083810081409188735263331835842074074844657339783842
80534710600237421998721176268333490920907386533795907492808928303
10720550472450851183334676304759820661789998004462744803370196555
02132044139642367450695370878169737996937906163784820116979627072
27035848047948858065830896323128867340296384824112876595218536241
25696974919905747828032629986123172479305032363770584569878577453
61038667067555844068240891051181842902580329851409615733153875631
43854779215298366383821587135882408201277838409736232647584435263
28166475607999322148392715632124999083709893094632955985992872843
52125242743349437902382494944578516493612703264233909454480862002
35352626175298183552529788046502813539911284716128115341446038970
16546773952587653838444574611035156164180927334625414221790331071
72031059929495389595843688577348949522598210383159642062327307148
71669179896744454184189037251127283530059298273937473757109927765
35637036064734872478483968420374230975899874387876542841593565973
58834506093612992449258746769154280459813281582587299911030078063
59248172205221320601077149233660100318271006672726648894955094233
89793548105579642377154495413717740799517750146669546557410080155
93417959830131871546171383822033328726313699780809375628169857535
92539023656811435865539828428324170005164199005176438351200575693
43042180293152368541142405986680573897377172090328164862383954980
08436023535858255461885594244261292892143414789826709417676045222
13492987299743533382062762240633100488377452738118872258181998221
42829367666600004037991487001856867455441231957351871237930599514
21595486770105404782025853908333564061826222520802864866680976315
10713764189090236060395412455357038066753567652472668036751767384
56469669359602263425800155572089623840364771321429669219347242079
72962986167579674608295971274857067903467039157865858111273825743
51903978299544576743057529928302863418624254502249624197916398273
90435941139589840434895757833246482216524972533181193055585614050
10507654858991552554265288628752889554577367874202977037846847563
64249476708485430735413284036163491347107446832985898095111020124

54488464307122717488658696436722375125740766380757796859385 1823215
80379013885132456704225278538766101351956828652339460402003 5673386
02520551347530790074689452614361638124660209433968818299857 2534654
35528540463610413121499376921630261483151823469420962791154 9417194
66072066552844004435657532664143893427722090557518423691208 0347379
88670796922839869375088816146073838246420008153936740018862 5730736
95349973083672528101494304364563497521354531951950035076482 3703618
45384975636163397442943098863871989880818808674749583176022 2984672
50195918371787001546471943774402458796441934330527377861745 0245249
70714990700051872692928345871786309174843878550639754778139 7976147
10297480525893069221666222523537344901135398626602814192647 6293709
76801318720414066687625545954222924938494627117755017586202 1378876
76002980515741123780955192781815908206636365403568683324455 6620095
16046337522568825585458292001930638153387365651794574370258 8756264
73210773227646623152269937958253816250741193599257543470320 7518963
92792921623091299025904455121720931896617993469495415021868 3377015
22075911304088680923857991528263986782465460887462785262268 1424733
18858857241665126195900032922440472840896196026492377307279 3032869
83507199509173362220690426621137935737878963398219271111792 4375186
83817576213472922730484110905289312739756654644015991089205 6359539
55062268490348177834016388807477585910604735866456072994009 4200063
12043562308116498145514965551300585461173552405216715566604 1333475
87598792044559217567756328376722769011541649211224642236039 5403368
45501134265424744898954599679203644242966524827350687996495 0157404
62148251111674016381288237054926766797280057463290619456179 9730944
48723746706306283461937692637284371025062943023983874718041 1277944
51518210864000155847579128464012873995097762977082622634588 2505207
81834576050530815712768164616012674561513103910717697384557 8732241
33003000553471951166901258113520801563037304690809309792735 3658564
91357471135090441275907649029919388200826217393959286123336 5729706
64641027058783855131893465796268593304795026011545035967710 140057
99333688900402207538482513993086371634336600792371240645761 7650036
41061220543568868817740625305700602301898291109153407117751 7124423
70364363715890220116231710263565013024399121540427012730391 6604348
52892171767800544353796026814476987479405571599377835639966 2100669
27419271468108962040736111634720258986246474408196120403368 7520897
01088063354284436925218017425121196785699110583349449991683 0944946
98470780636754666776782538372304052848929117305480298931061 3282285
24301397442127840108229799225637499186161909539509229235240 3872656
33496244744690348057513565946504625030962501118599636302403 6541878
24457074024589488060507416839071505803242418375586267960448 9403118
42071561842663899300596835196088099155005408191160942615617 7996494
55573893623350956021693845302940741535422017008850593410802 1537744
16896976552390007001131094692800034443560636076613103027287 3892742
26652498990981590123765157043277319218502844881119332011035 7105719
44438712183523225548677264408667340454413536740399010464179 2881141
32773295705233233998780091602670028929046700345506321135518 2259645
45636558027046215314706032147678038734544203988775731536419 7294374
65867827633623111986467460831716249593805163179101602174316 0036372
13513550655568116276716483228796239003714331634809586892438 4711690
48307896510059110496501599283143831201893252166768955897310 518020
70915612821279478576823150309965487013780142034235086218894 11309
17415520121250377976572630511758844557918166124319147934998 7937188
97466767778272433292270248264548028499985675549452694687032 7503783
94003665144268568208130902094905789962210081407736696556627 9789587
59938160373929408189832602311979060514597803844941218550734 7234440
46413633317148297819766986669655140051818454197633105563504 48849713
42236033913005897971734678237347232923051738850500463602568 1998062
72825811245559158601501843909040986418097171007546188477393 4911273
57112710753309507903619794617087334466480524178880606773110 6455884

```
14287431205536864507541312378920501641824559852917028552982 3491756
81519817495356504045373588004097369310021016197409940885723 3681398
90685230580215225783079858444498849002672215492888861292502 8852813
52717378031820762808665819870213391861211336024618736264912 8598385
70424605478859944208240180919736271175154047465634118048628 8643987
51105260186007632086640320800588098124668287276915828885145 3555992
97214513431881771664556450266633627515714226121270282902358 7031467
86242730233599895133833106908036791228975922320900535339836 1052808
48797434705051051242979946969587732900812070797287965358392 3242657
67339214438047036170652959567299323441686930920186625715820 3504592
22746011334917847686783106363023672435537093256269498230726 1863131
09105016432061267424608679167037793094066960713544777204124 0171387
15254147871337456602291427453682810092920558890079508483723 2678718
65955621283765493043122746445977381115639667409274991990309 6783157
04437927396416667510978926409311746824187884653928794391428 0719137
22819450621119960494201416756751415522656932859639900541011 1164776
75292564944042879583571003684509070345801908749999309273423 3237906
64741074628981171010402778833821450983160613718505842790389 5394961
34598694553433217338838044229221868482471011714851583471060 9975786
97619681601243733023068446927105578932616600129599349859749 1718450
33446105624084001095249031129151310207353660669914250974416 7108918
04427926385025576622062566434705688881209134312965478161984 5396751
54821081024416062444931858735121428601085815587151941939765 5261062
47809254081424759646627019194378550718698349687692657517135 0176402
00359983530178302781767102202449288655654620105595674157711 590472
85830165422561420054826851371916276898252726600077033683592 6768927
11746614588644325629544170512168608737571659761027823884860 6701446
32963682136373033174648717632014278800674249348568445726886 7825525
55092500615469758288549210812222476822902775116822369502543 987324
56186120999673805014575214534677010802591529816041223116328 760264
57848920881444254178235178772946368491686378710335598802935 2879751
31660096503450213500878614816527569342549157582544785878977 9004210
15928011354809715815493253864902115138985775663927058200478 3308103
19358617209592850309837197795638466498733455490133656606295 8993312
66703542551795858953425568522216705720637316682093224155465 6528706
20820268533260086658005839660906950497030225453493694184347 9918148
54031752161531889360169898297123827273296188151354041870492 7348526
26566640813648637887168029974341992184045267003615580203875 0040963
72188655376610564625258596762311209145558061492374462248655 9052594
14678341230133648812086451317814505464179416456723857750904 5217705
49975833236091618246866373119959742563739243193683606633468 7888366
48939977087099239751769429327043157163405058351989947721259 8612465
95675803136402007793328797865113011947679012284933455937274 5446777
30699424562602023887549309022335739830396642856599234623943 4307543
55766148585186128446617314397997597768447092792773827647093 562794
94509375749758094022971955437014385922121605808100423974385 3304543
46711914387122662709140126153844627736610886518271556640204 8997387
18538427974087178039858785748721689263629340793705516018371 4050877
14962816078738336233555978837136080966631521893228751052274 0371018
41254829712856895416419492794385063945483861715452863298700 7434474
64614650341446025619364938925571934232096238572840936220720 5517646
98253040064322875603806977314699966010186101840908347452808 9280983
39129091429538303653173029967654739251518450277244849537684 7763886
40190634872967747990212485612731663984427361862308855173182 399678
81715818320630969964851472957372369464794425482501448372786 4303542
66996443153981527716867984468577777317672421499306359765181 3595392
76806871032304580251915603646418455272288614825145974092997 1994529
10599833474210418542027208513605430735748762273840792001676 3466151
09061471910813300876924398905054283828587174596002008845764 4825190
31375548086017940341094418988372652319407183137053799835234 4375954
```

```
898132153424084287482442809898880471971054529233998476551717751441
096350331443841574283608079013413016396157944559087366278909144275
984522976305439340866678264314016375717056188134506536372888736845
773001897543538641536393817376290182296333049441891940659730575385
121339862756462498470327918415111491211352501046851190089611707902
188891880624882538422836411906558748088381207312323141344233353144
433609656271921082476403927206088886262852588519928301333058905765
272829571426194979164995894363177324749580959841491639960872405594
058974095185184537010842391107823544795389772207975226175997379931
801766025841678345852154531357858420969913069952099187860988612444
010607411986374471530993510334286163756809485035927570474426589679
566193382876884746673876270357798755596549401466289989209986971648
540723033988393676110133037840451130783799704331160533262199544225
770307103968439752796919730812802511262236007775400051308597498304
645404951309704803426138354091344540564134101462193716056552804448
400880453039649492973826865022745282299484577467343378675502800997
560510091528866646587902625776895712418793158394872973887714835384
248129311916831606013543029978483686352773120290302971077830277473
895813465194275616066742843607020400238768610459207769656762678781
970656061203397304722965481373446191321988589232186743912322415257
741929078225709141401815695728457383362291885079486832949330533593
193572091676364595581367992386963556749298651132482713946073162855
012413231173726487739829651492342674132247288632846021041366966644
267728104149594302767238763428606644807904842677191598564512608618
704025727442774514307901736151561773151575005988399640141880497306
997550669101292407530374958155784627683114837351610082642105686878
635684085892011926825243703903525176669009238408264675261709260269
710407047148153102057397997681579182981289235304146491987593615632
212451682746172277968157330253255735223022968339827799416034826498
569382639736059056232139294855074276485329426710589699458926421441
196000845353331145040686537313195714843485415041517234706871596658
893468794776160506525205325518877942762000677929174286295148036393
715562492149219289945067840972054346001956298474409674862465363711
302087381417548333816616561518511191134684732365538248531987858181
814501053869413158042894105310850262582815712311114555123885490445
347986700257077621741380291892762345238939140280529309686455602087
074750296305685666872397749985911356208348594264702238540331396655
512294052067722982107716988749068312321865667889253484373928939824
303927063104601678559287530601787022213306811299142564872664971680
328549439089540115982149377017032767620929876361529476102296386400
390994665174286052716065117214013250959270559294839736129981798102
567138533177106675033131782787325121501327837748650207033135506227
558130481080029460517179886418646938301427222915794350397991778016
490528277130295624570910278494445900502500126475623251401612039820
325502752696951967074235168421191098209014734553452473851605450203
448865261194845794673910324946017546065949133473564878481268188018
707352591838083903679072721987136512691128737953771599527413426674
052986058267277760841997469706419659029959562956055600022176378828
180964658424294431160434101540324161837112411833413369086040738182
186785929660060152609792043026905143222568143657469655420071610492
607105516213629879300555912132665254334472375154831796125640786777
424307070087662202918140655021360191663843859998612327515290352982
703495321075289690611404016590218828037680534871492080830871917804
775313608584141065967519604324017985891535324443233629910033903677
261899140466810276148578721543032757524359320503117165170343024273
760823271009896214950638496910029025774167136585044898207551353446
944194185199121456681506843573075876541271316654235668122273722233
387587767393622874603410636815651866493228134230424204001730539139
580450340596804482575134055549046416335784381605886860227991791515
677699184838574581978981362012970538786726606889518850722007442610
```

```
29707371283569426697793382087809127052674022819034488781068280495
59107943088810046956183587209343232330440969761237719689629821199
68787098339611345262017695940034586738339782341473219138249974991
06589677344743402835803153747984899676192496998518224017681930521
02245510857860384690568766364128908975155436650656165061922181855
60639525635204347894591616798123236057496837482343890555964335042
27547726071932198308253807155388521773092429941314419026355802110
35798866536264151014646071198559829289549075514813694409360717649
26291034038171821614396041769852817328208821036906125977046831405
87658981426853170031066274257408280910233116815975958654856178161
60643447651930287173430092180010058739548345440376276460138242763
05329465580888477374466836256169083430927006997481782424574194262
07770979891422900350084332119239773590955945746815664694781101010
69635694686789030933757110276208660708782106555537792608816413375
93915596153910623815381314813176627603231988049792167796110491023
88322750639647100769652474414609822625944767297584481013880841014
21593298873538518073069810094601261678689308602437849860720828026
92445109815391659573601821328794407922306758412984849036563034369
87014258314198991054139852269307546695019990277201199343809980965
19482859198767241455917115959557500060243914734649999094962280732
90185317741662157073338928388639164413759397417797996190645277409
57976928253653487828864697225365575452522803168847103926942994401
74415056541083924818538097224626551468903000207821275494505279154
69817549666187513478319186574125583553974077373341601561144528150
71617511799963994061191100863047047957134095315827911496975506142
25966187901940474528757334388929908002976987789306987339902732472
29361876519329728094639215880105812091733035606960882552321797005
60004159044881793922984453580379746071294707608200651516833656451
41281129400207911460827424310952033600285057851031781296901119673
08609949003674260657883323675998903174678418827376211282261504373
78261282392358326023506215025388120503808761075779234110200663883
96461693181575042860662121240253081275797002578725384490578740240
67751761182828022057007680331731437332224972089532223176991483092
91852524674905187716587192833914512722243910768803814676477682560
19916242899466641586857003358971005817274611700131317272015264539
75067017238873314438527194969975372458504518511212453237600924304
23995439893327632584741996602126125298056618497682305041205726830
78895901298479037010123634777326720390810711639303289268969858980
76042853098125791957324080531453599950680281647637678616204990872
05057179263264470138021032744757850959815376927943735399559906920
10868457276158737474149781321992210097946361683688376980068019326
24635633139361980228446602908257497088761161261939179889891414720
60559936908838930580535936933911450316665837679068253381015494633
85052702160528658989694225709635345492408795324498345015230231036
33493083408235168291518964166715750476290195346765505045433189157
65705149877638414907912672838031790537940390655134324257931330413
49480760881046973124954534545785264329245753975443631106604365289
40344384293413102992185638619690395362293619010163993528535010572
93277183944687864902771924119694776679674321691661740183719065604
39000765211961148350720755592910178537877056954207460072534754632
87591800830202715029774978915283989453325540719516665753230926495
39421142554045115377864569662346800500105576656862225655975320006
48536438622303798485693682238749031954900491665783397436698609183
91998723719472588452887254012846450566305472362710992642785702458
92237304220010398925143760741811976799800496115848890313657440481
72776934979335196907912412686049505017744535836567404267328578975
26402516811291440172893889390600786220339806661965078580853482490
94371510593186923206404967386563531281304079107222213576654821878
51985853001988320719460263512142799370069407085655958724681365543
16712160070267748292362040145298505602122441854833782595541641910
```

```
110698441606111936134157284385573768224370273680210549049859651658
297294455519182415160406551183970720272020846402043930729863001390
554348608057272087118125877938449849043705292103749701001663998151
949476294999986428493736752536317521883313087108807978839241770462
788936077376914701380205788950494781158875639904502685755056174160
558994625034600921021093521309476759343508224228736527388837423211
347106010920493956173174885378022731466288416038867881534237539156
003774078668328693984834808067019236001585719202923111341735102221
745594119959835444561375619179631107040180474480380943839754826744
551977505936659329500786951398347929873388781017794560817544738135
591808299812498231500373506626543377645218316617295923566550503629
887119356012041679383725200771593141903519272458016944939389396886
129000119117055885151579807832197586364396223411559124784518708290
402202070552688856767767572084330196215790085294712798233970767046
678343101904313793909567418493179487559919905514096196893922557331
938718224016540438942429761659128259606455657678962695006754576610
574970349472098549641722192264151810279891105903306539154665967022
021495454292522568011997322331862993012889772600548883051801907365
617848724448961557321648257454753816143467084018257113637533942 00168
400511442960030308232427627244024934395610559393307378279093954401
080585108538114412665516154280952868117050960782891078997195299893
421677946200201699984965144055336949093144156637478982789278927807417
117097798317152252276910176290637536782986869272805898815004823069
790734921618995536707907033479375433604945307207964877016335038661
247716798894046172089012433709581716007094122493621549649575492391
338905213792848132560065407087219292520411745114657836210811062 4285
418078166194941845801094848226063578640095318038055317525908824674
419440837169751263837722218999035166081850378401036964191489110716
279202497884078503577014056163478742264000063558174689957745981617
176542473582133634390557463367004182631314361141816033296676296760
016799420553340364035181666054990897216378910193314935297881620939
541968206581906428364266241323705903925680464546366588202705763264
918291587136360468736384505449748883936255634469025847997339724378
286667920048942544022238694891720046655825732880233249943539810894
646629386210678261585278995737113648254919496669990046514833047867
362138961073979915734993372656791738205067948903357851703480156848
711905733150307323648157543719277078267888498830184864653982118322
884774599068233974621561258538266237228319698602520433786277355751
555072010160597871217465069736999774885058236861823974059628238990
617184581682396699394042340380271521493416458066506094255166330604
931071671973308360331180912226728261653649177815454713336139513693
578970790381291008172086749705669639627505283727439791628764864557
681076979043877788536898437300360143129486649262310772749037059562
142587514293266878284788078762847818624595678168662583026820364459
788509829508925259441721135355859411423995153512414886100581148133
714476205748937224169221906391313782811620178787608643888605065870
832408698639465194511688837952774635359778005996422511881275601601
791590224752139769106798632092833840600861021846713981186612051037
717967858647158891191978082065110498720927329367444664555227833315
561279846519883483619760801583131790674551241002086775238220655461
455939748978692163232155531192906025885276633670028108500403677602
024625577852652669770340069592157761564764259634743356471602185512
767526489222167599801547259118353017790110214847022673250795852 5275
484231626158929674912801498005754149289437240746443811161096891279
255334866504394777647016689704662497021733473368079477321086193443
422642160858010305024637111089416681026503673752140328243429336919
373726378916898338751375557910265452952313728785719567272503523272
501149088524011122123152239535668141756360827968894201993232452749
115000568066190671007305621131256401829504993342817836112004413870
830454117779908282985239103165217553221739083863377240702608516018
```

```
65097547228451197539120397627596019905383829494982268416069423707 4
68528511859666876879722986460275718450299124692064899469489774830 5
05013519745922277894280494588893626617557555850166849113803454065 53
384045092547795648368531413220672805295322177576799732975000077209
03025851044324639934067451094331243587323598628587936132286240082 7
81507656081553948158074626359271910622864529121954899127388993476 8
98406306935015305808395651394402432325066622429876592396826941031 1
30834151196755536137839854221179219411449561916538849185979570764 3
2673697459353938106687751104593905615875963496617956775816312907314
39520021171624160236387809632990133247037859386552914051894854020 2
1477434941180746937803653261313994620894555749060397697094955008 0
26496879083392220773063033152719944794899781981828956639787262359 9
6505384508402261607128870691917955348341272915563450783929095549 62
17637809144760392676202991209797852610126161587127075355867886070
13322937414800980534901978765117235013926030202883193813753046174 3
86185487073152287896043801626021519321727812501015366095539593948 2
66297850096472147696304142092856083675536971457674465825137792689 3
00349818767309536656154094018181213814515718934852114137632397475 9
12493597045511811135126263852182268414222905761672336221741638596 9
59428555845126603258173569687347871528253854686617083171567879986 9
20796685793852038673279363131109701750909153639715774785466923898 4
18800085984984931159137283608134143739359840877268138815763164529 9
04003317006143551587132104849086040863099554582932498512694150896 5
88966201964410303356985757879719137187474794198902398557644542753 1
75912782182067919400959794488980216551994749107670219496596100713 4
30683605884398062502933339291805043787495845783955975219184993991 5
66568420764440157702637349736079804389437323371035779462949595697 5
28642416907667162597431170280130433527213920989591016293150314406 1
67603304487131088893032925209532460424387158071374113333496752189 4
67842043520120051017155888101407279033709013906082962325736543490 2
25158571597343839643254968284253927771242235747636514746268630421
60036737390572809741518026332536477880629778365031696247887663049 4
65890413981453683496483767637972403013154653988084173969361425867 1
79381914048143126221184901047710700206513634019865582459549151893 6
08860207754337442587939235037833850250116772705272060991938026117 9
50159381871004394547864261178425146172560272380476328699796611311 6
14717459878855420378960304851193694719210877495085538628995850377 7
79904479879768191744941429000980359750244314457216387987325933347 4
84330457394081255124793772083382988604655248714452068120314432872 02
18249171333241238941303220359557278051440495605813651409861600790 5
10074644557432653939453916473024455409044935918995009300701806172 3
33716798202231732619548655260653765962406939391279640892608416114 8
80330646499405407464597314824039656863432159312994393707782160027 0
95587125926393806265309063722715903021445408278903536701670981523 8
98327042384001634810127498699659383318771950793697308356943672885 6
50611025094535204704190595424682019898279610699732262136628167363 1
22989056247377762923755761011654006559385237273915066906457679463 9
20589716522864977434502284140350888083093446181683666737157251416 3
82605626840092010884137838892076012300086402723310587403779236807 7
72363376099963345491422951402634074069500035719201635541039052403 5
29072732698238914645849806071219716833951774684572732705783001650
43438522673289066041888411382508341361379961981016970527367724719 7
95932611776223445398195320472440733945521293754849964621282877989 4
75926355647112480984478863548576844040079645408653431178446986669 9
63155071535534675331827894217490529540847002365155937191300707653 2
06101646242846057544591362740802494642630247312313681403503101 16
49167388033979628128823708626314777371095092521166966772840005696
52355331235727344712250584933421000654380467153351524918231784616 5
10258088180164460499940588489085235408615183894043607193406712923 6
72606944806459997807772492209029038624407445869701420590221988806 8
```

```
460965151709482306000964657014364407668066372796875694071351567827
990649079063277209044524503248575792807082252032623968335485158606
931459783852836169456336186314956895751252054275834084337654387735
755811332332244587416913044623332885304034168185327650796295332567
196803046626222693929242338176147406217694381301816446836250602887
868826388486228440768649870505438229258065848704040355625732567495
201114319375477540770919620795371814882506166306925483188887162368
525155484810807574535347566506910899890257900674711653610446354848
625845329601116605524812366581334844340230338387669473085311468229
529009285203397072972478459503263973047096928772755667410787921270
676969147191629646778484264375541857569851081658718271514749550361
565003713207380545212738607371349328329950679483810466721696131667
455649838641066553851957114779798978040531315313046953559560125012
230730135122823590308974131531872460657676506927312075405356228053
969566709404554331001699200934016030151096700708703308962865869548
111711644722242956459262470228438373631682761826381454527381901157
150895220166955589525546220679207427677769230811522647511068244339
134165002524040693302585989456339270364194407539781200821821358504
554735215748043870509653774461478113468716565558883519727921318504
550683553943076050369009362962387836408667012944398938544441878508
815883750876290001144469012881295585677523752165986849343242064
333126591574887295399533862251753806821534505112447440946911045116
323995851505755123125829401236747715157902678546634378329976843751
816713246639546430207887683845141331311200438362720947289667797439
488890340393339347714916556098784406261235812235129549256259585831
916362448449112395365765871050788073967088109766912105133672021088
490924983481410808514719793119832560149134071181692653771766948863
256773850811309929392427973112696774583490608959014679711219754532
868794910038496940607005645672377105349189064450652802955744757018
578593533302534373141442053035818947250256597419922390085503338479
296623707672334636290375995008754307502579639741502039884959037585
768291001734410030163901748485633064220117520177885798427457959125
026072781470357311880310825407223370561840398146430866701326413991
073500244188772556351318020125185808148975409736973081487305408871
737347444284091929164342440210244964263928735739824038105842003 7345
869531070327979850229309466268069017927241787098062523829754926742
717401093133908440060317715039883971756517156642506614086351975457
345974732854603525770816379080538731580692280533069866107176170472
318941722385413267567686410850693619772850880899912059322947870172
365995791125474049023042173561164395489353844038661966783227383630
991110052858370782496250614551882569385163576399303075590707409177
917689600909421662686399459309871665187527628061216776559917910290
609779887602911312938589553501801828282284251271767414232794377249
083446842157094679010491342939738156593513336070619125183966348987
890494708726441344580810241396525389714439089177752252411780220168
874982430162373290165423895880298757500628310445539487277012 49308
315249497974712676481104179236903256497908621475914072338569985684
899320722812683150370989919313076022276809177596019419663136065337
542651454170789726564216949912776720193565187129742389742007742270
600818331468689266029409808583955345298132643374294839713715782663
489388817585285996432152468492022170504236438629715317037861202578
285472396855010947264868652733936132705317091849608428679730630043
616542134626766101017003598757979069986223205488026418532486292510
961687965980769538976545361454574455400165223914248148929729381427
906255885970122387283489024057385524642344391199345027206577171521
049912790899211699242640970409416207231803949694168898542656153032
807224682554245811114270095732327190155988537895755711619245963123
390013892387272152786124203816814896467821416667587669182854585244
394137306771464037343309404136447692935783257567547224604923772545
306631226140550175638115999431970278836561469974535618662519921774
```

758789668022046667762597743833899566039040362829861482702138619053
6066366845791514514912966241491896900808153987865583853781157 03426
603443048225501319786604767627111519141329606396129679567514855605
359664271176487338775484216680732679344682737453566108015086 0574339
9198621529578787611185592447235271316900900727602292778572 04073949
2840810280038898566540215556333756222914589826405817184880 90352195
9232298455919169463929579675300915498710901410398738347924 9362893
1057971150462061769010546893013669125649607645519105336273 17915600
6459648274765480572318894713984109860130286486656162666295 76250098
1783944574352039379491631861623245084104361645553981702333 96828075
4081606767892350510276470520409956971481930783215993225562 25791336
9017793709375425041782576570705962239705424120671641874246 41557566
178175183211009184626487177650911903345723077873178804849 377654425
3945247149424091479333707351348787631457698510024967498296 725718389
5783784649478639854402312145464070231609321036055594619547 60831841
0781549758552449473221438932052337349758294772936978542447 33192165
8533831755522494658487593974612031368176924912879005517840 37075161
0615086328433445673849566589150349424052007897413832212149 24671798
0852846342868204470275783698828657304473701798754988339182 16443632
0438360275261130900446100374779902794907612459938112405161 91996059
6513900779096342935831190343056243567157340950561636287482 78205876
1548998813622840063195111952017808096749067049765894282031 93245913
2425596171141643166944161801552406618863311739950687964377 81553809
7222929745986867436434377244602250082170131493699181402454 20915767
6839550131681810740342830411268652549868032645793231845029 50977452
0138980553581941410191319848338679855548199401716615848836 11814850
4918646756391772863305837466512519099517627862182217783739 21604284
3812365855035987768316798876917667864037696003396728064045 73452597
5201932854039038432784751855614753102263673335938463979994 51197734
5685665446674283895819110350875024475420750117547265579343 040641644
8164000185489617235736987650020914631244006805066561821132 02933685
9567547226664660246868542008039260740566298299662282788667 33064506
5503288416293882956258875540969468070706581219805085789240 56678207
3019132006706036421683649165256313537762548308959484205360 98722955
5827524593150094334190090781546711225727107985212227375561 58326103
0239205316792788614118329822645975576534045423461049029572 23958753
3119579619502289460503083569740319848247937503897398279538 99206897
1891296270970268160179994882368515441024906345037933046385 05980500
6893688509215960924934546170186966470225326193881930168212 26484368
7779523961813687773501783987601428797208483664107732876428 86925358
7146978397261888103384503337118151711484715753572829111377 13631319
7782120245684609697774921963796847374969109456442146235274 67527261
2853018007895735430327535505890027607241710824277977227327 35900626
6638666960135223025608509729963153757824337925071621720744 06333137
9638751714439266238114553939004388678518424717587537903066 36660932
6888319312103232072351409070336054165750822090603372016681 13885031
4684644519169504365588661521259506938284344581528708712282 93140727
5559336996812109903515910164212560711075765634430635117056 73167435
2895819475495216114251931100258904134528900750775831818122 67074861
6937051137474054479454619795301747600610679345348377394055 2135929
9881834654586798258758604317340405546011823364935533063590 83224391
6668061210292859293099627572450312748943909642963320873077 46715007
7733008339343158859637012443376957769454826077160976708615 48166679
4238910350609046146044130396871368948867998350878040680643 81621772
4063479178119162006295777701399370934394442312497224972218 2 39521253794
1326027533674568558608841059085112302706065537968948611903 3343118
2933910876196185654145709689387436957061234280197733557389 62407681
6315844335848770733607207064012636724168412550983009513819 57688615
1246486601910441900004053873335671201528782626114531444001 949050115
6417180146235530033460802176758915614799503714673327458150 27281127

2118264669225554441318839859509334196239859455611849476747865322077
1492014140435873483891207105258163644906920398813879272899285398845
6067946999733862878432225100374328066659264199306084693616756774847
1799555382249785746556725055674894930960003881116502599000599374017
3866604706262123885284817010946710138768352200253700490944667104755
7900086274869986075801005598973977527485320741834661939937899976107
5399302511442615689204855197230784075822784838312358647816828634723
9705070337701551080372168639415071758912052352003093644538161000890
8813050203916934115910823275492996997841354483322967187542418224655
2003796227904310697702416765482939497616404950028309838939426022430
4616904843558047477224038717866934915392885786302298924314368417304
7030157010902306067503702447200332641348728560100321972365652015909
4929341482621229998231733207306487960120379727647315563630376092938
3734234682091833203420880375831996892409927493635290735649847239275
1796483564603811318074452718462234585979449722843180527406250005784
4200483005238238751084855426648661840587880464120681035919898396098
7271311506410818454904555799276094354218400671764535486151052824756
8296268598180602937728298792442529438708541207310252940498327891791
2774900315217552148825260347141601819538454176711806252183687581941
5407036768156157661817204779986923314640336138034465204018426158039
0264182536185722468448606128873686999272027416268063766621120692903
4619695458113643447415987140189211660466226582661590542069763943593
1236620455287560342165003473601194342256149140320157941711851715427
5639651725686453846709545248371305948985825597452775643783720939037
3760644875780538089666661399183963055434635153154818588677926291272
5363426288985256854464698144974618924149586366367198140065068588860
8602242673379881276879694064970299154524527213257542819532491731150
6620858665207749095296510075340404922735654828295702569062935888169
0414651069717772420955446130258543817863048508060589906373809054306
9502613842422270537535345985909932669673321651519481725345327473336
0274472585272453947857870490548475863311571836633235913234758825934
0641521039072871936326796375928473313161233978154985650774595742630
1925013613442181778657326845949803925741969699998764598249567094095
5954906451431929975329699029290181133468491893973167337404737610215
3497902801317223379127998639147101057364580882496403779366914426022
5224329182203596947965229632415046259303763664328408656160231216109
9027177979404824423743772421754532743690307492626172588806522332614
1060338165320932320266991087084758681985639904985750117619963690596
9925410436875329181907200415759826234546672701573697113335704140320
9379345126606070799065586879616157998493410954090321243654431087316
1586375727374817450178665573793984866922911759920434224760064859760
0549782806294187391474966456601976892636165982896565574458040991426
8909472497067352204701161915360094527363253066644020100232018732227
8197614868663489891327347014448203242931178410091528333303769111970
5125251189029708294297488398137149977805278164934370560432600535269
8106919886588689816108899269920434547815535740465293822554757923965
1257816984986734218218531240734311529608214112091999406160101582191
2737301650176958118619036689779275690467857101810593937314388119291
4749443565221896260286325866365190174536592121863876810777420915836
4690909165182739807531030664998062448492774756188452973294727139148
9972684077858977868656048723305752422857172473443666741818123270841
5917914786168197800328752421946480119315937935152394174090419098412
5780990903889407794204672704915345000248604274553073068364722075893
0821994452347214521842825620929143768143878021396936399786022126322
1098220773571441294126406537652642854348297069365511680672830614815
5350067799273428746717408366660205372922048484087025230125857179145
6966579523963596862706459037207268058794398134006676701411765812522
3348104838686777174058797368961559962178465497307393409546604314586
0154049561577645561673447212642746874614083020638793598042849662247
2232550466

```
09523176817245863626112848338740765075828895677458958873610951974270423212623335561519338247176021818683895300679750212076904388381283562581450125007119027156514434627064814950590196996139040560790673726072411292447199477028384835318633298176199947312833144915968771750429032797703476193806295512384013842291003576769296985959054439828926660878010344059670559052076683702101595219513945447731187410723527945608443549466760792882681935676466589161362140424785642792681562544850631668526832752465600274776524127942705341934828054626702815992453912487393755809401259197783465336557356259376680876997525746027021669649252998377538196938462547085188615104752264751364891883357381891697121958326810041957653770211921182725665088966824675048666996598850420411916153320898856723809260181428117623447955829428800581369886073727549749121306874374219430148667662596916951953688569117493823196975595579402179388737225151599714054472897083955103654866628196503684868466103927455684143635901777440387565120807714563648777284438331563572496836756314810394389680921192823374145076186305657777377941453330257820788793371355232819306677810347444878814533022767115982463014677391318064699017145323181957296401713829934458665281042390290204404205030108503722889707226673204164075838352116255472935420977067186526207629467204363364327350566320411252128722589414997628046891485550759736146505117641257930283697453203604650615692381197213251056180613452134381768173276284141810216441341702491755843656811454797775195828066284424975037917477236204204245057363060911154840242699564336003530143666597511828032803953421054049191030567314210754130235793487723423907395938930043689132814854688219705348268064061334476035746590906564609800971717699575204375563545216850442243908278083480721568003121380513744755738663358066128982569525355723266307395195406369794691392739195092970992913488014867607271497851682702690507107678965765304404633626268887226274293120287517384975542143150499890745646121569554253570152014746265873588291544869367168210972638770366929876270333269267640511235659178773632477046116118752837864088038280136349041450851318295587380336571592375540437403660094312662493744735018369408835012318057025510894184693666880308062360436168998681815046281454399370843946723795281953032886060996315478054110539798317391048191798793376309918240071636953592567835866999085256828346179992044849215828682554266066669480659055883754767477890063030763977320119162644193123137332822364181193438305058658554498299868991146681311711942189160179373602575963218532104868749920473470299426787127613334237668342822565756501574897202803431803206244849572309739005715093145389184344943828397373451579980515625916432262701418620623694475930214105085028120360491099390536847805602166270463685525727413290604228995635102522847519070308253273849955533044957803309025927531635221809889882629115980337112570172176766904545680649223051574746891557171017567240354189350611288873024043144319869586521866760733038549036027740963545019525296534070301597032409851150252930588656719011250832847149680648943813007837186239244681790216217356912288723948021648464737751768189421222071035655596507979484499008271935528147914340403713871720817609031988564587461081099105936917743794712879368950324774186485806481967995614643670824708993683951315072030565303007886859820360720669916737616414756654287719353591044521169167692816396364562978340737064788274061834054357077412161383202873787903785858932745536149564461255050554782668745445509088688946927185989894942344950748382185018434130323620046680700191750459262840838505364312676869803402681158070981034589860413084173550995694415179917543233480633073261339139979788000382109132766014549611157042858028160675116233813586305242956383309503201928781641324492300476117953582495605914530004246447880621302468978655969262925763574028799401356921167553904002699664556025682972369504959099602717097381666116867800483272929905942810296816157469630606061010622671702125396
```

```
674795138938137485389535175783294513642600693613777744000566993017
402011366773178770446945060129226074969110615762076378933450413733
651195600329078352359646532657474974352867211162980756758510838501
606998969358671522596463057009139087628741649254170816909684730954
886023329828880010165296280897698772319690742102700934888093445551
218818833651978431853559606747635072216117872873563946565543427614
068559412425912141707811630308010192587621993809895894305093968251
827713033033492664885329561879526644631906349389649279747796305818
237760658035402279669108180932267251426142876508550234036395970 56
214125151376204672444289799785545413190137205600294567063403 82429
917807512572448446357715258934722336845268000504905794076592611834
046276469983532198933127117327105112938774627200813172632086712472
478310369532505711668466933919993838341653013309247729429358470743
882634240070132171320972827494796116356678261507156628250212520627
638975156665851340604552901092611263816622423668992710649041886 2700
144211287359293939982500565800643250607509458935850072180729 3223082
461082581858746713340673344326805154756527611229009421546556183103
412687017228654162269075744666374025785058198390337266853912834251
138897761037015547059697842843812110416674964236193689840635613876
227959545215146892881328239439636612945013878167659092925089753247
166912368348275154607827280445182434537596550492568064853230999281
451475345509275552779627941424557440525521882532395562508572117996
353019567581177443676255097319751155651484513728542407490483808199
558809151611793921910426190928485781613905148231474455310151615917
841459994712239051659694410397272957411583397459390620500775807095
967658989249614373434878156377442083749991461834513411785721356576
510028821653437883890697229988629462268685195628832320570537894217
895936784489997283808225129585737429565314870434032195433016472 20
458139790574528802074728588103114085879847211863286489844734053 11
460440048001118964742165719993115889037205900314664181261792091194
088785006677801099918546190934892669185091189985328175801561496344
252727420213230832626253782975374780849648620574377298059504902 14
555010896934806451097433300599798555320331318269175191591950065584
884365516563352350794974414869955459346826667617498419319232391985
849314290703397249074104335315507161857712844527045561514872082178
790107580994599078190340768484559080348525612112446388323887760077
256405950585761450617292910176342106201632276313357086984161133384
335191595521993423910456556597310082316994799784563195983411430563
705888413585723243945999371608451544322473332574743269029321113405
536052609072416883753354361412870234237825270895382357658516596417
328110042367022479426589489542002462779779309893450760213624171370
310651327597596134899242700470471725333264227742623475663202251798
424952498212765595113945681412700766231548515825735963353826717922
669936333918066855094802896639701633580306357779206151292995868181
602332782682875613869534898338580784048677565029162328102232126286
237036471167259091116220744994447033715467171935579603406495721839
913243157175868905635782011935622777763421623672475667687617220610
152133894288442755463803914298293409706376846651169968454977492484
216234549879019005901223071102488058800499208202673415213345261 9482
271804045246592288442955419081544921458089045704939272983216883413
429953682586746410836728468331328743219812300745130314440076835740
244627809770130021421871235118844390781428645714867130316274381405
338857603885294690507769112439640284427539211601124684855885908711
120433136983355129831770447543952735118094562627365072134238675487
816235096398758989078105843337220397544204986189921453435700107
669930233340450706235582823219739121071633904478457406495968373 68
359996102705598109343275457182265819162737640832649194463392541 412
570472789300121814099502881776632184985453085666790070376265770583
827317495612091752324760127284885442229898679988266283950867894577
143881580967550580114816329510134178454949532484743502461668260490
```

```
8605434986260707695220684576930888101993638860205690810166450518 72
1815005743472746924004566280135244242904323796847683264995978599 54
1876796098882406497426652295844069729776191462648978315102874006 69
7923620332060404453547944198199894752531957170520855316177791641 07
7276461392157117740299135555015167097966196524062222914160997227 02
9865408714690791932911101746040120652081190334793350740933967335 43
8106677644251621091064097827740393472409226971399864193240183367 62
5787951661669211485708440347311098577186041438065703058114089652 27
9903370706792777717324019606366905990239660061747596602743647723 34
1713211256406957304300738718969760826253778407616890456503696412 10
1726055110506318058783071771045716789172093155510051312624885074 97
1257088277608184629735156660641381318577569232194221616981981833 86
1591091112129640683476454149874892596769391552088999743483482510 97
7171733477484904241570447657365745775288703137087391907218250577 29
9317720421259661778909462781073748939672753336694977597757614013 39
0964005994959912477424058226002276743479140436597750071174906872 762
6934563752876279153861033480986929574289849008704137552160375946 78
7643984362695913728997237720073145336673352699683662926085657058 39
0388235938311896147636133170436652976443607494016496971739566002 32
4847531278261351162745169349859149728425780115663540112574883834 49
5782054756513486752533393094929877855332473832247136341278156638
2459050230733983253608300387302483963995418402866298087668996005 43
6067463747817597385932001097038400943290848252148607855800720302 83
9262481484210735676894365084782917239431353773078338286204525607 93
7143479890247754480001573891165778949114366003679354363932067762 63
0211052152101359215469454499705888762836579334060613239110233812 34
7891165133960648232734302761158534325707822596745669263994450654 92
8199905402788150706299036213505045231732501367062439410618076676 13
7866141456378576604420749242292697703498450126514921671769633105 16
7672678488372954900567865723978442763113473249771989060076187591 40
8960730665821513844913456155571151084513215973829110011142873895 9
9461623938505836032323442082881450433915073780818631937207838031 13
6417583734875197650793352053542610648396468002283180323476626782 43
8970343828285676740993880122455841828250616588718419177397134842 49
5575353536154283510624483282114107566096796995104825227942158706 931
5186868228906599054454289767683407842846866351695073592900594465 25
1718651841204544327116374524591249405103177497432716433047861042 52
0357940327121038480844643633301371529014988427523779498345747998 75
2815119651159434402988721491706555591849396373620235346368882181 314
3720813493658980418852618146166856446389742839150595583703947123 832
1734527348213615696128326308516503821529565084208247108348556368 41
5289277977777563665982862156502212507461167590321165420965414701 22
9428385457567214173899297998005246418168473348180217325219882119 50
3518467058280842927115925999701537509747900795093033188056558010 13
9808122984565468161871538579928128610376600684408308498397279763 70
0416603065246148266042831177932893558742055934518813264760502991 79
8338271637395986023588785134609267323195158872972924667709763509 89
4677014028229224590936493192519317428596941523665646599511192546 85
8864800103777931630738794443787115163435808683855098036167341177 46
7955250541569632555175665930011098710343833359200752031771871321 169
4297373666504816162281397436919436021979331891137147757928460485 10
5745428328748179328722787109615896826041519103216035886779474792 59
2988509994990492164849713854412553391673798326983742448741274547 09
6206337139047404836079415752936336390448179541411173493620260485 12
0123053605543688879386291448078791005255598932825277335435924706 73
9997269227399277565339725669671524096773073517612992214202555065 31
4295490874261705335850333177746025891528937886543076661397186947 43
5020469696687505676637825001336654434120149780395334094843058804 08
0871386953158989175443230557614844599297128725620764700238088330 82
5578637544806735453859876380858476365069526736280986119900402679 81
```

130204610101944598035927435305744929624227377339552016915800533206
697551301973113370391256119133054329794169919294829390557267957952
817726968793291142577732050021476019969815220206152451794238984581
852682797897974405416564805621008330286054730103160503201457405188
876198453502969999264657956500190448278241738609540179103702546381
436244525088702922663923366403519678003566545443642503625079529644
892139065648414018273697145021452643164662100373809950418558874896
308246574073342630025309949781559142128751970527100115710171637749
883378795656865393442661195440774144399248742320604226615977147800
654896433496235839622113531257289820135598481565702045748210917373
786628025393070446554368897474906584779494095981224478743221866015
300973454802469617267129477879519441513440173011883236744872044780
623663700352422586176568380848573688569023709229088122272083417008
979129256543541940782689930557315191699011807050189588596474048139
046260970734195449422706775403353710296483606203275561731021591434
684415539095659097465499279153763329473599602008980264079468292536
127789832058536058561861189451406113222427128611166867250257033634
886315857173971160328821238663749181745626042953189852087917692798
532059687082732060772049087562497623985063918737880636107372115907
573362989705665746883773515985230620783485667267399450197245706160
417028656143126685079755716895080673861961335761307793385665294261
178995576128220396278616303669765729274631760052262488130026201593
446959933230130444390851414406961294909514351132404372818037803052
701614745966697318233961655755009100944772011231301699270821043728
483536465802279843531764876043952080736225958640787345819153105945
582524031075377215743214571344778184309844749991891988572348815392
190452015661719255542998753345400238110974852027005371147123897974
701015854753862680281323170286201290386585144236448649286552358171
372029388017529410102252028569118718607964501087652984253297163117
441865075201876929274642106131317620308506790665882560616162451232
983338560212251996132072858164070209062312718344848223007894040924
391632745240874566781367355700397551427807392003435331321282287328
689542061881883291418904239295829349293059481391941921015430324356
744769924306848954952023954564550306504709712589530864100115696873
272805753462888209289499803769427671523724690745276874941173761124
890701919879296423247494837186391329220403340476272852904805702005
887722635976788174715798214217641766434900548515322233513050200474
266084260275811143081158773578536814136568366713391740316070565037
908528432267821646435930151920709912343384447619748970136375189516
849863063347124393571993453325119243402486722685096712244422809548
620967064207146038923593401068440047536963864975135973583310937832
600190925157443192037612293770890557454362847738453351375649811641
233689229522888668519991591629961786720819183717347307006822812701
860650275302983390146699957479446107026716111602787170650023445485
265531804615279803013588943109664382247543977162304676463533180281
996449375662371151160519787587083429214674980001529714109167257057
969361548756157178235831117710135901253539556871274579972017592606
546190059379608978461902722181450723587954842714991331503962030512
411091650441966975582513218186178356942755406145597270535238267357
110231808197208539486018220548268986636028695668183486685245446144
084069521826332804876044469190082669676296454907545722369233274416
649131955686463994588993387758700988054331863998550493230677661591
828592874389605780464098420897405506832961139723922226979036469772
678755173039666447415747265846547806596395648953581955700357971668
912269469927151284486477227398117418148866331928994659470600892113
189894296771965704861852768613423688150000417238002829767005277922
765540848554333486168898497387186788618987323238004240096386406798
435171625112697259246586787211070538015319495771649485062981579894
694171428204216416558665990728619849384917548026958461964229477931
498122383641538557038089789007613901032349717969632547196564912274

```
5582635413234142436435745947492979278569607763591484728012121820570
1237229125443324556605340748495181446769058959806952003492300124980
6619376210850051236442547826435733821329660966973165353542562473080
0902881776113373972062983643050540861940622183850244985475668721260
0067633974373153257838354874824409780973933614873102023904533809470
4159776645603137681106298921409016612327003900505022947613518859120
4106470656031298014608889949278623547812337075637352432127180061050
3085517170340536033073763018711366935321769842826017611218600635840
8965341436067091419977924640972114274495469891463555482864340110400
1472230084740058971939425556775578440399365701263770092330401772010
5709714022618972549024996396256689084858977504157130429271592893380
0146276281780424512433461156729170872181169866958713126106655810970
1551555696334819844224937727899849001691334065013922558374525364450
8711315377496428451540053640421859769093297900720083629620246732230
9658837413175290586626269446735210442603791931521103560615613271770
9583324238941011378308624546295140958171894165381882609858136255070
0281472074410103228385697701212667932146472801159682437711016405880
2920381222982282550564885020009031599084096698014250159959742561020
2026318361725571114913921443611018533845568286070315766448605768250
0919462158506950828490853018066449912071428675989866884127906465300
9483571531979162968219162482876291256721694722877436722690746310850
4195440611336084871630083220781537154815435464583702594850361674700
7073027584996723132809601629361233574085051675867047032285987247390
8086473267940394913937913084973632414139029439284576638351984218670
6346643018086896069214338319604221009472098439766652282254436830420
2205470143256511942687039719929342480639118311471596792882765901600
6584811613722944199433263769016822243435592607990882034002343509900
5859139297715760494727077028309575842707091369770437135759020267220
7121355344973304305067410370544077345958430922769374840395638204880
5926470438636211199354225500002561144970850527050091628929604984730
9830597708931412041983770187000638580784426177361278758099551595030
8466620748481572501821235408254337982027525680745741779553025894680
1945776460653749932699328882053951518474085147443635682109242501710
0525863495345791590287152212995365959158076973734068649381356148340
6862593974252934937239229911260953527890147415209461916937523396070
9180058881837850668857882217408930223767078926490559017835733029040
9861047566240884046301744209164607927659240335005213697505366658030
3405013128071242798970006273729152590701666746437245667874325600190
5554242094453363343939195676804590871330983447962129663258116376540
6648089007112474028151564343463108144532733971543233454492686193070
4483735329034242902270632344509081553795123775716104927121798185350
3585099415538718219449427086114969262082228311054505260176469442140
9847969162493833508643899797943725725850349473321123642015645445950
8323210258673382120827201102361718132916281347693613362316300055510
8541699451237030874717693475306380949148828231811460148473591765010
9683057147047139716805417120760854152779061484081543527705471113860
6193551918255549673768753756559018915892076743526148852937632107870
3123875720648408237375303288464023488292875867457517411964259554730
2547129988784413376971744782895148060629750159810410965179248737250
4241586060709263434511221805151576805039523207983907038445590802480
9767512428111868311223535944953623328051564284509116382532846827690
0377989405609730496598216774794290605229064271154090759630490750040
5786694806442407914160424989736396223835534265688248924903094013530
2275982922676180213994468018996032067580342939794795005811235633980
6972790236701977628984073319861429708994553409037260576822344748860
9201027976846187586293421317093272777691651871002049899666586550
8381133567896174811392400806920441462566538294522339155160459482480
7027752402656603080241608406335831049915931308539474269073234720884
1191820248470757329115072124544689852685531159985111793938108020970
7347381749339998889738565369940387595253362174823947154783480058940
```

```
60393665918892899621752104716304660384444123734509103829324838945 6
00129836493417320422432165642758286269646298705494370864746342771 1
85293824804393582160198607006217119659183259180757449365566031905 7
42103306975370732230140442939136072997423148218620571279724084322 9
74222530647847022287728988917204454136416830186205926694781065001 5
77273034683998295511059964275198344209099429823941361558326538840 6
85298375019610026743279608322676608982437399230458381935994455203 6
47109590825189916629159319639863860998442524559194442374098076505 5
61175057896146435919925564267596311962778375128746537965238665256 8
16957003269642878507201847166057379227252095232109907611270241949 1
39628074816965149432043193064899696752352377801336017153557941527 2
26744043835477478346154171361080719710473088602374503121389008132 5
62431720497688680228292550243349395991782746769594115544309850361 6
43131639442573259674614175806634244925060402322028029469873751829 3
12706554137782988619584810935026636452075093196152508201502395128 1
06961883020837877917531424737800666136610712556138095687549097630 2
24818254733695777442501363334650527296241951503070016298234339909 1
00061555024946737128843219723533994529380672234196217016163432924 7
93757445914665771562668285110792098013823602779085249086140613238 2
04702960336142123967891694992342321715288832979939112946652538472 6
86405318731979322677027601787151571127131902216836416945329045195
20461503355347344697871415224470877070845614120831498011066671652 0
74655536718728737469049871426762468053085758352280419199560732766
59175695773002879207062873063562282907109317225412441028996562194 3
93033935979312729824901885059982075302805818268734536262076988428 8
38928963551772699775527089280711983832712641649813585056609297466 8
19414332203763601603170238645401038041933756887455935123839827605 6
52993796946311157362367658035157564368020797909806973589289503336 3
10275094784781357000647031676531798434748938593199284467970505014 65
84222778269606759197774314228489834622963809575224532923435922351 3
04412034590961012744858914050582747677591103619718748112625960272 4
58667655714727549394120555133622891690426382083573995206157239464 5
17444989912970211065709594498556475671053910136404655906165911779 0
62436459573934607185777117061118451700154545080998850040593155875 0
95120616554563146200738739443327439156540822226551667114981361350 7
37399548933917480863741966480932781710026395502591404777519347205 2
69361172155291928948911285123125631052770972349386770893098856247 9
73589327598084634232185162498530503627316455508600244801128794870 8
90218752873453929413161466208814826808614162015915549122041986025 9
84886099100100893552198600427434057310121427340294759435672697762 8
54277727675979540678321549998708026058381328690281838621000610033 7
64237919800194423704420633319989321465169743345769912822318261140 9
07089861441540819914737474336816449824325266081666966973361969533 2
12777691297726357984301509710815856277952410140312197253995009854 8
37006991572638174933423198417086784859633091293669773835628870784 0
80023922357823103612292313343138708713756072647955306878567678761 4
08679785388418397508504683509284144719683435669245391453969726703 8
65703172962418389792354536870706291053584095862528817292816924710 4
63959137654339775103303861869054162785406796718856452314625346834 6
43000203066362430077280418391505048399774639065235270047668220337 01
56915852377013990541263834764846663841179107634163945096265761345 24
83409138987537934888710844082251502479447198768883992003573792607 3
65768549301553430268438483889314027219668203872768490406507864149 8
39548386239914432710035484142857146636758141086857568497496424920 5
88569843745946865744801849342280279582356377564388268232624187762 2
16226070904519845932677347735018285436069393524165896011745073761 1
40640689598829299446453818686066474728889919098229601789297804735 7
91247963218691536870365595294443349954251605809083049273594088101 2
51280459106505047664962675822224133933158027094209234354824137545 73
05908715656756767010920950546711178377321047597669794363570249991 7
```

```
2477640990996184223422593896684699154418877209465300703443718311157
2870573206739875957821407940736334236084963832333591790227712682663
0327694877532004680184757705394343007951196667752439615916630827800
8395905383229511272338207550744153078897776286771662518810911187535
1973300986377174786188154764116022239030319559678981537333332582980
3600451889734131385796009297745880614240104591501478206797394363600
2919935582276023675103478275564866271218825552853178253586010351080
2258145026112047470924017186025646900684617317679905734901100727280
7689261945275883358758221947384320834578633052807557454938289523900
0598456827291413464323488171485846067830594826014535968762159670810
2495532305763781564934456525782552293824962657511707499886687654400
1038270533740899210403686773656045428584516950314022323633757026400
1796577852081754489246557099240813236655786985264535388801118891930
2862519259222135566768155760927630615575930662647392608983278347680
0214605557131593915751341973623814379449788885811963343728292321960
6320335780126113077010857215989820280124527014194405510821109126280
2616707080627427106208073756237473911790188063039151918982517186660
1375757275971038981146281320941182432120115782881787555919083128410
6589810129599397245828288503470905302829222517897243132948789737430
2150734138953199236450940330089444177994778551050611469561529485653
1222946235263060515601499246416469416535817179065975346477474751890
4490338863769454910133847537957012434353283214492982757320649460050
7035879741372847308556850024140578069949444209656454542067040671260
9177034205589354592147513994658656379532449893948072963453595989770
3250352242536697552026259661902239113744647015156377494681734403790
4532885953949267776387559086479247808868000681723558531314356329750
4317660439253838540575689974298509517127782488540660920326559828120
7019571356428139254066130983872519138828743230385070066019921570680
8871565313698645866717928365735525658627188144014431714367937481050
9691370932121680624247162372966171539343995336805414569867938971780
4889101598603095412935298746169109192523809742944551488558318499490
8594795902426366425548655563314934689356150341488374884631294653000
5659807467697736019455981528630627612626766355773597675811384216120
3733145970872986047138417401248888918797133273636262511311334676530
7629299840890377895200008539399763584744281979857678072104896345990
0778015426697174567542617238402203277336476397551754916653384472730
3685352496691562976924834362650474619882335945593854238873901364170
7046945395798118752712159776844251179958071694546686174982003891410
3675742529519923536302864099584773808066759416971558083354262399660
7913719181119745650950142157144502465594282308668548345475504175320
8090492439697577338340692003659626982380632105842116831153608063960
0003029834869862501418951961597709853098934159069182644746212429830
6075434644624346418375891269938235380143849573643323589088034003650
0356294509895717318211938753606040337502573311825257046693447027570
5665724602024343580517617980430500157661220685910711916447836787750
5287555765149553864629003147784335242018223228186288983604995567100
0947130736251175046568288749334511080043705700857207322750831967360
8410921087264603086269870121760440904028069794911183964366052184310
4923073516315889044454805679783225559628577325030639073862370333130
3937948649073559546851796504296661825531052645982451735375632502830
7394355101805927205309010514290924335273127869001515130558740539550
3595264903028131275892668785026838027753980878419695424447075982650
2771476368013445122704646965861601405000598135542660045553041256450
3856489931603128055964697097277176477513623793186953564285143044560
3012761042826494036797480293301901344399860928405868810026888322877
8606907005752229163788459542951127123641629041724492689207035518121
7724572063474441407104579870116834865389408608793464288581405323720
2052203333882782491606550751428498895026730473386894146657715191706
7007154628493341305459532617825762474557786052890705568120939213630
6020794840019045348227175019919985035172181982915553739405244748810
```

```
608401142868298542198154173994615194467566539911086257026617289157
211616708612807864422596878065405524084076980926229798908974388648
718812412152858621071441713146827394151245402315271846416021045875
096948375943180736202192937400119027475027176567343594247367066180
398677673056064018589905357512300230660837087116869147579133638408
623253843492671860661390466843378796516790070950960770044545355631
362405135816161738439970087207800572797374766973300019518157166514
482156340621818656955569523059973209613527960436084916464544009853
402960861674533438096899823943693824949550947169541670641283942451
714126019162473827086697693118069609710155725814785319462574614535
039762605546512543502145241434329824924138121771320340323718671520
627359281633744103154710463963111770834535015448259457608665977571
739145766095877536672498405172457008259582124548521961643789313109
882481700384223320632885004325420849215944237347069301246933339188
876395624142540683244296139656862403164128403058782564652342818336
566518985503699094325953094250608082468414255314370373906651 09896
765398087358749937703345895301949519517021752264520732036027546394
131137116116222899004570802847540361406381477089041361896398146793
609058294820541858067653745684521520111451358474004249171418349 79
108526755786923646084051029640568547162911479605166051298601164218
923584706774478369791634369220302198889638490152417264835108736731
345839534421502246261553366336148347864323356138053007496676208428
757530744847676122129520464026842561574021989849634090361092184760
431288829692663808182477416243214918051745760516527671485956723605
854481485440213290753231193378970542137669259894146244375806251615
321799734696371796455473353549249001405607436631064741766799857256
986302528399444346379930518242598412579835864959062789069536518549
591816028252311296488624546624741498780234896199049347281966658307
147577253201586835547077836728257562399243554639377454477973382960
292239539101363924842457990895204656398045121789111868368461117367
495659523732158831922247696642959496940073685050284037768906265808
500246717295897639915288552871279469207921220672013205280939645226
322708682212314758006603178586184106934504552579097773956618012334
187417941362215786605007833903459125252454048575436327708936373 4813
762506583880204845701532917287753658510284304303738094645827944631
703476961344868288054938747420783607209181966956077978078659557407
096044302978609309079720730749607010815568501594809753435305 27293
411617148317473396610051752170023014799010869034522977048775984057
286298941810215296900745556597243348361850377715055086033011150531
761641696187723661381272278710986517345203857378730216612722258062
394563423895118271063899938281939468089089171426867874887032369742
369825435588883246084582028402348362623588364349326648017559046034
282151721956396349530430084841662178271514494595409011794488525950
494726556911945792036793654037611386749376191352883897654886121318
115303047160619686704364428843498822552331296875029163545865426866
088946046929370596495128448970485678003585270403993562604898282 21
525557199699352579454526174074327085989113001429067140022594327469
021898299517955344274871811164211742934346618581259577501754135341
180155914001252399483939017661752161192300632039269350307440800556
485321736481168158330203170589764678232920238182476764490923997157
484669006626848707926979745436105026659791718725654581872259956718
471895396896356398273911694540082867722083973564852019605960672645
551934295232068186375946771657416398510375801026645313149058946532
011702593902980926721553261881121687059584164729322719691537323315
514987881303473988498962542717046310852002030893497607474809695231
438144859523362875963931570347642900052519090875253165740792449294
631761411281605006043323678149217024471810409000252357290745094008
754190944850132342773779028203768777598838891022428946586307188578
363258401140040295820151572777505522049767174180652296812814453596
307746839919743615077556084901483048815266226168875496803462833040
```

6849672488458314489610989841116418534724679049542984233687929502850
5356227380869303629064349610638902734239816444371298967524622113499
8071790983253853751824514318229817014980471474405208206771734 82930
7574244607177847252459461857489049305096509795390542253069212 36070
1703837910857146983022577248525173845914560791055885370470662 93052
6861151496257016777566050987152218931199319086080409589327271 46520
0315991180436374064955449852221163110792402530841208587432750 83025
7360467355905024287620096058217825407072535881942427482290612 61156
5067099069000096462286669193502613356980448499030606977087917 96420
3449470664734358313049859323970595890765212059389769761799954 60990
2557501292529505175646332819377848179827289216268839791503902 84154
8928484050101832934301693930859769188207609832728889211355169 82344
5644473332530729623985792356457676844465574078818475328003206 20409
1248503790790336969679985756985481175481183668849282624893373 1346
3656209623643601760475628848255746879835231668920327581208311 92672
7387077628308791944164060207462803182215764029456583397476087 98691
7525550317049629196191712150721245277331363754728630499003750 24593
4859600321151449928406621582574367422744755010639122242188903 91206
8857149902812503322293010196259879383127482079514574663690869 01110
2131053057387506102876258240472978297597037886652702174411246 0837
3700727640915037133336149717400905160213542870186590605553712 59092
9896988757268780006791586909108457407802739901018725834025027 06752
3492790845564584723383879369483932121937056631027358110963094 42346
2935733587439546101715097484176032594835362175167124900482878 78693
4431786340777895613431476530447271015873083591865442275335060 94500
4542709438295952345006179508154991222606770536954034708723167 03773
5800385888201853606077407859203091001307366861533205143094832 97128
6108366025245559269732660010329761411191743742767827897475103 02954
6503081040604842126629274922587131958043783255838142797282061 04671
6445453966782750663376119561547180811410663728904450860711216 50660
3398923855553767532053879934685050349218586536215611625607737 85078
3368139484509250569703460543116890143456562307724317804512844 14990
2118799309048288989666196447742952614868975745732046817013139 30905
1170561296813362465657670327529978842563672610468451395578761 74554
2614079499278851594193234557306458553637676662779045651946875 23590
5070702902642359376892174112583357143985547271796933471669904 52457
3857657346363234020958011223544764441723301996887594841115885 91938
8026520824126254157759239535571390099406192578857624383439670 82535
9850867717452030647712597168716292719811087226407167316203119 95057
4953533507855790580552280567687094003588621450841939451102129 66418
0301025071900414351802625839184169633428710839244701121728427 30327
7470134379841173301244691377597488172808378086328358480604109 24220
8657677287522099632400804299449293049868849898458249983713858 91669
1314115948053797704200159706893471118315733890104746479878081 56521
9264411241753662668216817707694323814663364194867908638258471 34143
9078678526625420255079875005983442086433532034033854071697004 85895
4238194164632023644992186969351976251487589536447516344494064 16198
9416711341044350148248437987463916000978580071488654135135723 46046
6234792972728314241559208002510346789545427521942413257040263 06976
9465401613548546879857144294868030391018441086389041448112375 44371
2853308239937328366819623130295691856958566274113770338858536 64622
7471931672500336110407331565700765207124240797569995015171682 190064
5117887028746352229298088187710072903397299225664211305601375 775977
1901399412363267280845389400319096154214993192613364112255536 01183
6627327838525267401987547818763539357339492847102958252871038 0997565
4397325671294875582247836268074523790349037453906581151941957 26455
8587882696188599474918395265496354475713650412260593117832770 43
1717021755542733811316446122057779146073657791463076230156987 77942
7994708000066693339080866312852037258042871394552756934418643 828321
6307542493576743406689842924817540762456348435859978947995073 58408

```
9721127260109801859131872698582043602154493537342282099832151279 96
75477151086725568882198976906794323199185003456465975468942090 8586
5186885415650053017704347774479438672703930952508071748114388 06676
9440408803370027622892294039495464568694673656276512157444272 75561
8547272970923160771100833032761204644001950108825543666118384 017506
4330798789601849572564092270264536383848782826443778467646788 94521
8613735355436563776064766781709894505435511469123142741416483 67976
4597496100751751595807391647993195111269366016485848293907331 87973
9169087881956186743588313735155390613140986275515212954448771 04580
8977219105827633989474849102783391699522543776814394074186682 37567
1244233235148234658676499645194524763308705364406871414568326 06639
7694548019309437100867957512398911906085980795618977028617046 71402
0263900407552116967903967972007171335597714677918457136111494 07966
7124629229993314776342165412277835748258627534990067921119780 60307
8857495469732841964644872481549238845041687488440326562774709 52960
6774811952785925148107028490709150186522875342941836314061123 70858
7326294024339098198386808979186012746208189395020988748831959 20209
2020419914311024328861840438672146984472180588247471618853143 3454
7759499157081121547243048811098267530850187927122360672654247 22554
9511677834995137607049303136759892216457674176156088948829950 93114
2765681879504457390726038660155812138169555771135842043549347 895364
2023389746495492766853536201317528657055058809440977166826187 78503
5656932488370061916868813257698988921537701642941547703528005 61194
8422472985187487774953546599864731283766810231684783864208035 71506
6104376080275900992417626841020731910411686475234925060364563 86777
2961804953661056181453874745364735629557600768283850026539033 82204
2359255398293284193944942050008998872489180621128704903913002 94855
6514749543445752448228715834065454230746784942749309634700151 43263
1241612982110976577978086462089636434720880591553642322648312 64515
0216051965026584720667061301204933869699220607212055074846983 13250
4456790361979375114510561099405972270610245531643418423159313 53905
3072773643156367264580132267637726686186334792960994124327001 77449
5398230432040025449854464125821814920560149218878884850042818 41829
5383774717036791912893763087010427207210527934076159095560569 02878
8415435937041294487067773764271263821528379114630861459968813 851549
5896934947775300910908956450628879874949987918977330055395549 96967
2231130329962237357438567780028847289642133583266974725834606 15280
3712627432217243252933925759249244741154505859760314253954019 02732
7179534824534471181832675337725688313193570020831617831857934 69555
0625098741480850738372620144835846400353369127055621195890629 89355
5627791783990885764956240379714308839097111026422589746293176 68967
2234040127892499944003014646792202038304216198807717346647351 64681
0982056584456771849874997429162956952777441709563128459610269 01454
2233395364432479089882752945116320992753074993793818983147567 94441
2459596372625788487798245921701280055758027161475792168773028 76772
4142783904590739127392942678843857719239680522994034053347073 57333
4518367251554265826396199993098367307950372448686461149373049 57612
9415707070662032891811072389155275383366638170804303305567072 75261
6774194630606087015556574452308746558396124050301480579106145 81630
9013148998618821079382747513047641248682780160190849678442189 01110
1839255967801588844050853939768387360141912309606008688484095 8759
0939798875457125098902772115401440192622172796546564989599214 37569
1142902020411115792487312650807559597284727869968278916268278 09491
1524767458519228110865267700981927943533791355350051468985793 82371
3882735357271717893830142216485717141029006997282353232884846 21928
1128940817079740244219054436930380174929970320843401108733211 14536
8423599993209089515669085964915227766722963969422424234188318 03521
0991164028064348473544379832000036280819097685584925611752392 97741
6582041844810908951268364708462474117396127148810193294558673 81943
2508612653588373685599202590781539608212879073060653335449059 88347
```

47010168086963731773732582913940201499232920969270678316759681476
9667520807748268071111678492935846198418626172110925322160685253 88
15918559880627768721643818351604955385279364210903131036078162438 9
14712543316537004929543573131191804284196503216157809042520133124 8
56053203608591448176717054976690739276489514055215206092541329165 7
02491817166443720366613685787673325110828590381921544766528622524 6
35921917501303428439331954912297279269763953174862232078789202684 4
50835204124961260947859764764050513446164577995797419209394138731 1
27672405794054104620755970157418271819156561183209665877740814676 9
16977483766418386081752547859685152469480775281790629399270652523 1
29308948664501479045471076151553997996389545735499561642096460474 7
45985377240519452042446951551105760149422144598507856289800520015 0
14421723603039442834244487088873811175695484586881015884730508202 9
36051430137010450699026815819894595150453748572348798071613236899 8
89286204993413477844596482623886893449564130688693968016240225696 0
97259058369035914478304640969184582654758153494500776516075819566 4
12400743361172866660578064097906850684383908655013660341715661217 7
41365352466292403852731631584929475107182073761997425700526636287
34248527697091241463260439116468257193844749765274127912883276475
34004587978756721972850802515877654905655892204714962052521040120 1
66987644538174938761539621762099818669564349377520407867045502757 4
95420828343826527279906640404630855560157935415801838870887714052 3
00577774791013360758346370816037414033581662171052377954778031082 8
78931138989447958611693922813772482097662231537416555187072430037 8
44683873444610185876496624830235355290685620889367050129145033747 1
29770829859205524051878310562165213224612288003475473255932571175 0
91617659416648239497291335237054388627240848370552817002962980905 8
65080479495462458224013571415849006733084457388181196744514291152 1
43427939269965562257198643919606775303837468667222170355689084250 3
48329476678415036783681989747562636076056173959495904537872887088 0
11965418789247653078202554123421527555465375278485116421930021040 0
69601544428550071743703540070335935650539865178570700658209980419 5
74495123587644781248610414755659045005537787454257327663137388250 2
01726489696161291010481279326374567313473871166387709984542067027 0
02960111722637627272674521018118655910525861453388197012899119638 4
73502901740007068063146230130805397545776028724740990975069178826 1
92831971647212849587379180354955908545006179881321198211429825837 5
30563509789912359405448601790248626076719483518442349058719075337 2
94433959240918535280295720103839420962334277562087477231701175275 6
87241012245302815387958450963485798391045192131863495690303912564 1
13905964125401943629294949192135307171534484096842071064228228981 1
86402676350716079693504702100231878109856135679106593066007897762 5
53197898250066315156298335443916444925805700780106162803210220195 7
04757986565811680933242300056066489673694876242617241011990759620 6
94346859404061641090571155345453768092327128723539990744359195398 3
97372110133494916569271429930280203147745605054466184575323059017 0
78615644303819701791495676539404594356060660507017393893132134625 8
50381073195038674483556019491822805167730576850268843254958908956 0
81419950752565189355402263661008481614620386544647710712187951630 6
98336202140746124327385607330074172908534137146764662082332653007 5
77845780127550787262783016182508700842818774533207879778942964858 5
97581928420499648296204273540733853100546993954125461947347217039 9
52702270357793858512968366440678898374656536135444708666838466970
51766149996185439896235023717671102740890919399583145146872361287 1
38497242069080950442236785510287628680425188163584026162985180721 1
52833223758097090574535691784019381600243965432578250454451969403 4
88409243408578999827719151230309473805540308231556081860716158343 3
95561728106373311060601526496414815684043194623560436301743175092 0
77130490886865604727385517309538084750144865176049756773607833154 47
22925343359638456302152171049873859253102039789581433366384155929 9

```
255089446027807017962274521055506711913163262652799366963598923830
060969816001670881344300203911771916307016377800383003711264182414
601498704171480566260338497751756038495491915791417929536849597062
863297174522149452643640004011685127587387943486668837572288996134
299386640236405894482452912428201658004781669418478063660478483817
618565155840174603728978215856590831489306511779198572317164764724
189304315319990881549971377420721011833196861968494405184713480510
376244887581817277233442721570874000852493919493398103083199952288
542626308518145514104967489642576817203145774197605540116651437193
376372188186506524854450399937660922677770747939980142258086621498
719124701387469895676580981634240795135703733486839946074001483818
809109122785049874225639471028589036178924869455199904917116231709
297408195172163625062371420825261190713179187638003738209989415516
736290310549402905372537989577370008817865887049043920910261127811
112935519422778192147007436373735190083294733687322396549476329928
275318351812624007118920345658554680950302630425192198797777374432
637260928911109005219868755372281053055764147614824639858637189772
797761937308767042649704411511412890062126113885306037367229595816
117021395030074141766112848332860016736716732035880470158024784864
639807999576764707923310644566260337307361589922617875267426013536
007295278511447312992791452450623340290963971759232197958011191466
992839606609054620079823745212245036016910411563221953297269544555
151828409453955078670409371853236603877962805143126766274036439982
398318817605978528134663946956055581184589398070501135751682068069
489438552913508828544734828151760971542385952213273086132204129233
077656558692790957004784303955681994015964223359594550228105654377
995470862448559080037069501560801930721464897267316393892553815995
861702205913973027090063858841495346162764260442837389125191847819
850025498263035851006341034437633407334699031270355830801124354815
866116467990470409954792381287897186780109815204978806050476668203
662967250936939607313669337472036724300318966620499750652520175471
357865734643836467637926850195846151069676536390244748995432199723
190611693296228778946122656683064351895616389957450772210945127991
885324449376487789040544224233470979587265217693777637079604073278
970245582953869616412632465754921044812238089336380764949967196348
615540609091415949767808774619122770828684460532572718019232463199
946676789260303597957811827900047139409217193998740760009997069581
634479233605106166460077875593945785813561911797348472427564395 44
469001853703038899472199830805883405836720473010593371645853777333
738261881997860740674509062922554889908344358447071868346283907929
470801169686394851185081164381346028123477126650093708643498081061
192511699839069112411278849225010740467001002498755498035240563673
715644048348352246102196750403342268090196091918367697539184488898
103076931360368464907518519208998079674849520642528150398821992945
016312244419290790582175500212464156438780114736353486032318176976
992568862342243651161413783584860345729184564597310145801442339103
436619091211751414322400433814714649570280368174781573399255278767
581363359753605595393840176867674304746201122791642138790162717829
363320257354064982943159500554714114406637280225906499077297215318
483539621059207509481870223099482546729701848378246112123226391943
500731777620066954059960374037654410628719241786662420882146482782
794381136197446758843595640054338403532921278595748814000737497083
250483278575562787738665283977888843093724219594555354368165 32937
198863634368179075180196127350934580410944655172588496802612101534
669727381161498560713593318421251782086976441366280313195926629980
080049993801799153449183914186001491765290955505742943903063235405
129132722852895331838612800900242018592068301245576885159986036670
882144036179949757693010158168404896369505707194161819229869985461
811066431624215434388574483433888071994766742309255414252204646132
633302192541233265542251790039623700118772248801218997398674540232
```

```
78310111558138887625327523466564979284560911758393972476956922958
64791705775346063017007527431401713140934708262075805563651383657
97778566866723143389971585405128381753951728867267924335193242794
64042748455722042713703833842824335856314255103756910181474583564
46789534508685629018486760916770619988006592305344363957172825088
42599663928971247757401309355439247332407918204555381766372353322
09351254013248159029890264297425927878945475006549946921212466620
62608214349320020805522405722398438304493632828192284548893289587
02257932082077749921263608591189029646609838958881002923882049246
29713322929703775199313610098035267052448685322637447804638432564
30100081448629121994571564479009944608429368284796527446127653332
48811033242025174738622234490697236755378803399596664030721437536
23310369657332315237722987442690566896177962832189871890962510009
66738160799485616991125616466451101755971637994994874517358658677
84047168447477084990976997944707107221646280139462754592336253361
58445760238686903734040234299795866218897141588045753756507850426
02120697436970969214409411346899426308743785693181269940438714594
95998350024823390435296021410434798710306835342977082983320775180
15284808828337014599515736692340895220746753110902000040877667345
08304107255415939005257603460912081402841774203771307008424371586
29360593480664925608906006214007352462203466943404377629737141729
65773844359400547535778336478717385883199572538063980996026454053
72056287315112297815716086295737468456654236008290043057653315412
16898974622851338510767066427511110612635113161609242434665697007
32995217809475711291051481146984681636209949121191573759093465466
17608592524996429649049953008495876078196360004710267394007407320
36244200346144947032423951767853242453480993775280280525924048657
28467141218672997407703083930742617401450032210497262071517016718
91281343898195596976652192019081370003672782082548084440770548894
77352900740939641152159281309852432760682475952253308028248314091
45503496480558833631436378808692685098402275435610953038777070121
00028980325179010492325077885025908326341435485168772200998294771
96023052438855804487383316035861722692030067101878742606941786040
06999025075004932336269299321409465809964653142858940295050759938
74246713892699043308896968931712215225093296152832231404015224720
69622519312187694832867420029173664435680663582105332804176726151
62302124288855432501934774716280438341939284793348612220573524012
77500894115331923097650828181118963550249584671068452926448455574
77121347428588612865531692904976784566259641824726692778344002660
27947414444083706645758512376709200048312194034837292085600229027
77308648541474618588111570240287314904233747102205122542105996607
35383950648233459260971244250184778080977172673924731940165503960
86701230473957653328065850834841252600889465846731191572917457422
17794933549798919007820621308610803865516223758124648355406507243
92929115450926671318592967693090324380500504705798029574716346546
86859666334816473756375825302952862923734367894946601088352913613
46663832807119837174914550006429820817274506175115331643178506860
59958041447050514513443466135434913237773369000477575850404699354
52865082123106885520961899712439343411168098795396248170852933855
60900270227949741241797404757178358915130101948311420886832494331
81780233765095332429955285944368343551972731851780494655835099194
09370225681931802468448831867708730934727803805915525023120406422
60947098853016075837054367783741464411605342176004593264890125101
94368883949375010807823551784950908235899540726474620437428881050
39645588426654869276504840328312182091922525491147266406362203079
45506603988385724860051085280789875092295415205368592926198779168
22159220522055198532014792614710859188431868657411596378993112160
98976110979633565444902734359098328947867883974966109030105796567
88481463377937809720633905840102515148001880401230886131297554207
15369649270580145527502161467808691366074981225162163435485100633
```

```
43491035342053393469452497476955086265693627621261091572689185127
730376383979571593669306794929864838663384454486312760855100518189
45811041464708454015362914582274572901534105798816935405528318673
603825088352304739202146070349331910672726512771799141383722670503
004288951549134802923632392882422079577308657735443007871499407960
6303257695899926239205966013855541803419669893243670285104942836217
90242444777381925654599726442141645880183324265738561878678959852363
4784235368090599271199955978540144835966062156329516389073004275682
540019235888320300191134975232861300651097876929455311396689555834
7643708070331569246477056683170873581839480453887530751714783371195
0768797640772884648664979182318450231538105517587340718962538798537
62143717243682071046881420524923936550870448913554165562666671315
419217636666644546134197065884404803958628401161360336854813455050
9359031416572525760552586987870305119319075536363454402515452339582
336587160381608528218500714103549936084662784075061236838764462145
89192177914259300649731241854636559956751295850203082278410326137151
135198390612415964633398239008789738799337167288720356789486961278
46918029884000770240461416843570964611623794845800243691534462319297
0276370458105466818648920064818578844704613762942820614210703480363
0844111678006148150239136901396657580309396590441591251209695297358
127309790325832927479399692824383149206259029330603323917403838342
7457113513984577478320244883860219680767163316534986730347454013999
215982211167111512544258537609167343276999040058449743475905564206307
694693472835650649910777679589265079832348108401822448911707496651
04061875918474857697210367432681514842019569722074734482208792869960
836293587631653890478390048742747935151528419727078614321965828417069
39049681577256828050122020751092363465517693151572323810501802258551
751824782234136431788165206850661394226265344697289359780575579260
78321667388980661251923880001695343252262005288995610861328799507595
7355474955247424308328701918030564770827367014344539375937631550175
09351851587985050694639052319582925230975140740525459563140074366313
653185988575773788784190261411868954456504216033706478625262724708
54341759779500692649026951120275026309543674058016472131592679453794
36949752610184466085800078312719131602123509138297042587023364160464
4846128470918634315198653654660902676182247471801225355996813235223
866795597369258068959753037126480244820458137018203432869086371659
8337757108583301036874346577411062181431765563396210063858316746748
091887170773765355898662202949987382744425547924116346546794060365
02474602456189525909349966735951227127320524011111391852302706761427
72309222947288101331929633399781855031829344326322064698010129517045
57043006325015625043150836576283267412300204950639717367841889100514
25253052496886256738738477796628662164973624028836930961735437337313
66775835835701794471457470812490698022977681568825722570894989089912
0660554025206080132245048251208137567437661986796426412986059431128
300054088818812331334729747312126744443118675943209106681841781026557
33532621387737473755345782790415115931321851828588777441772296620469
138660209349694256053645066213331732596198768258859429879426709380114
105415399391896083636192487418791693064635784480721565839931203794011
832448020155671414285986372785984697074047554361823481587960114136623
52454806720345614756939780122895658521622561696712983690085390043834
5103629959118876555485850103824200072825738319153990752707127241272
01395819955356637355128909069762510703048920279452591556500485530466
7823443741234171084511127271602210941931455401579997525759706235711965
090207796535145538496944612417262752026385688988807683516345882147443
822121862964661262708267422635057195047392386350754121166480326200971
276710048982671613245191035278362070128544446701113052325226930150870
306338451974189270634069245458809137680372957533468067793504686478745
87707376219253052874813619851138575784542929107665429283407134350225
08828188929152445277839874721900813143807204330
```

207245467931758778466626656846528861507688403122321218733296072442
684943391394823440048794731810015672345261770257670886790779488435
759761351817722330324699911665759663561548880404973201297560095265
988234960223329496042355117872785529240802858776678063370228800022
181033547073381937382622675719292593356370954061572778057244148311
164042802001173781045377356971226702822063493126905454981671849950
281156890107968802900112565891790555923454722921378528723282181212
503451820595480967722776607131017786034388295733182064235872369934
100981061723496382468683009133256534492346840680693901747353201504
440611383475519042887754060775819161781154130039925740378644359130
190784611315598122874333833098537839728020727286892320298943973394
819817757139247491694646667896123429109370338793251233773971388002
549835070664655016435659685314582650756107057247029983740904860172
437641981422704314803738452936874360053639126726507615680781314200
412241195949403929770163428124078720808521666306459230567032070981
617225290269602306308129260227978177435716138102919298062250972902
342140272119169380327132983200837285066796162815923582866865760999
044159915872039418368224730903669496907177457012177714467268351119
457992357643789469356535420860629730104673071982276607743930230946
886154828109515202159705255023615647835579419688175556091385778521
922259647769941023057003836674762355069788231896556982414650286786
318921131224060618093860488326451730840169501420821573260642922288
6911152502549936021800510419326096907384748832329140241558533260115
285070430660932244424825241441746074448844534185528241403762246430
11608492948664582998552054267151740545442020628070343294106933727
264297066891081535848401490945693824621684799297070687378774062892
832545134226040883718721990383555267472209412312676596338155725024
484611269592746975238144932164044468989516224006928370958627380688
833629163724004187595864552046374627569583050798453815347152306641
100725692362934927639367109131351270403054576969966845535847145591
819283771246258352141244581202749660784771810569945704336050816850
958945374630795183950034717251948443599494854468526812973590190690
653598903356956031006447968263120457319101154449655511226841732515
227738630308135975821722905976613762764176616347690912507016199955
3759643211557753439662168827108403675119299960008862463219998754180
943600530874133962692998207629668015488090523558718680761698556060
434175392524049679996465176000269269165516987526525067739508513040
805388445060926010964368810894202685615907389985099082501549463918
220970064845536636689968589228638215971107671797678975011542808723
039128878869961867893071982867549919743262709341000268510325929632
688185241489579124432764872180145298218574977142929436668937836438
222965859111417940518494207357064528325988459122593949274445571466
776515114569290313952537580463375857964158116362187227661518982412
205351322422488256167742459676541254033178449883841113760735007720
085697277626487365278338916361424964210630883493089033208487794286
440497222682861859946689343794851334855905828206964612394649757412
23628313977338190874558033167517272238664736033632942216531277635
847730631534297372774923149739427339168139875171650178103261317455
063776577097886959767574221493716352884568741975606953600393373320
206516493697081492295834331163103727409098662574705051470227230962
962287676893693773871239020465167295592539637570422968270137215978
496180362348043379063970358558242210882352987239496885357705045182
895099193763474732035193828111442092546739336782292584965322008001
526318029140864688824845131277306267980815595476482850417271139264
031553850405835488218720632498225683083781144749672788833320028717
670034369690112633377140681492485609922237095518547384457179054176
873927917178516593198682887564181867768768410191491807939961128907
075158845452469947650821767567721164663642768199852241009652130504
650834072757448496619761614608405906074102214449762236679944848377
775461200772349048346804799553637492002228711271851356066168229123

```
23921800558278141858159904406240526254636771092443831733984763851
47065350007978318491582401175956590053502706403840870712334125904
30058925526833691094710188568063097486389407660730095765914621565
50197607344889921706745959901008710843618344332778765368258772308
23344345432927526450350827510368852787696779247529054351634847177
30600434230680251041692709840429423261549283137612187925615980554
61799348822340432228376565318861257502640780451529541971941954779
74061554624267671433647051086815540321664452516231071226012308937
04755068250860324046390867144369077324413439849284146788284714793
29962152726567683401040035380272052527541843522537228344897065811
08571059933666774519856604722008416019086000078805952681826691313
41734181990559010582359290201354051461037292598408924440579962926
20982981963175121453533210390556518543575501550633023039398321742
16388765814182837549573824813579535376415648600199102097635339207
48493483886928161124090428605168897241562593757958318989500729245
60467988554419093112332985271844623356777359933348040747037205328
34706976370027157282023073057696141487196642042557275049195036632
00465139541814072510893070944397831211073327668759280377650717251
60875571937648563674485588882578876613391844930211918822927090195
01468423436369927531995461156713868570450744143216339040780299923
90581446565204496233515435720105541820604402629891318181183565214
01386554846503939174422768998320959947345326148515338090881844067
72693578429319408508180054111250120345744530333139738044694885277
98998056960005191411414227947762969039224152446159813681255751398
94030158908912839039690682371596762282654375590561603002045727456
52794596519182500713348715654510175277234485087001667162208813471
55957733125187680564852910540739280222112003286278105640243980038
70190569773965297877909880031620066898403721551962433429799281009
60861602014910881911509793792900369449912062176537748237195532458
63615013009808650442425293478356985149428846338401965086282619268
81813314535227102216178688563979618042557270940196904195278221897
37115760460016399090888725718251046884283461891318120296964133489
17600548046104950927989751763111474022642196757645198488724532400
25330251824830774912325256688475616954239348897784619157579442277
85582057854100616348798261398555091924933763441969386470241543432
23282768456841426994383723540254093973073804634343828207196553140
32671584701694148331391499674109081253099843163120731085050169063
93191018211053955855670398241962916952076571999272307176373081364
38940148232626547055090384196166395745836874762673525255811990719
83623735843687183430590922179954499692223300342870822693305654467
83677675588779608375718328106825559568543168045747689684479201244
97487470057375724574087492178275642473325859338271836011855063727
16823814246245890459076029692142808180577856018865526909992792215
71270895924017947650784451441464551717272454847694160766247832606
73541389446198858375674984767805369839295763266022647239920413652
62373636146664032315518541515481118581084433985515043673480709801
30625247510197150466954597491414101130866168163686042103388074565
99493245861160487111648627998380248125394189901363772731113383426
77853259232453334485375966471620833853741226355530893744390195154
57567994245323803340830721684199478996812426888461659706083339733
17714436498679876718797251261506319728855406319151261038649620313
40051544134572104490446705194515692273936673249768573916031054311
81689222515925766878095346204881819135120128416258147210278096597
99194416034438418232623144808167321891237994659746944737199473447
46144729069858854201016252306419680597237228423373245114065402837
52630397078426980459732101949345700252505959469814542210702836906
76511133800082719704304519247809251178562729103526279169742580684
62730758419021462844091789844256162986739091005370029788550698582
19092885544099345771750787849254791713785432263146556661535870211
91604317209842652323139660654889308538301968340192413686714206972
```

```
6336719758147787236143301726125552055830024756665571711155769559720
7311136616476492124100074325367211171181902698647349658130101367113
7322293076821469823309586260175527216725842477594432158344832561667
7179538137449644065673813832664575174490574800465056840211185898 2
7064600254984222932072749822069747698062260826601109618485569 35211
8066229299403801572610103842829608898746065630467985022929902 09291
9324617716061603848014225088691237342485864417312671847466345 12149
0808553212758118947482517859401758447229142593819966479033908 75103
6666615416468654700720220225459753480984235013648485749478855 47459
2133750963767821654279141354746700628127674422229911882799813 57269
0737854690911015568104297173057788424763853740267974152370946 24639
4346051216392451482105079760326859866094008732341564235356676 66375
3122763480101077054489051032405795659667413083115792797480966 95434
7260724741069201533920909334582777447339616500935752471124170 75063
5032088677174121934951466676387126373728461160408770630158376 00111
5336492121902033180685003246663792217379792680466363761955836 20471
9574558817255112000804199114613633955520113003942391597535667 41136
7022325519019341764557314694822022252295483332977455605137307 74251
7709774446598076075945466065931031273487155532643890833837027 73822
0743145689445864371754121066049337745424904700149039594657459 43771
2378972800584293962105526750395663214923767298140663500612023 60793
5950725002611882298817024409323060665400972298243353765243779 94159
1851493390417225014699742533537805043621410935772354900881863 07390
2695140166972148362616723323851117638972737557228116899199803 99572
9374603221728192845340933258441169630406238300354268874290211 82429
8564512457952073479846273461951045524256137362994330149839372 91110
8705299695191835336505348442428480463104765220834208593651730 96584
4961302858336548195435981867562202941613843211632576859825629 67201
8289067811241868687845973133871404187297007119198677012931062 93096
9498993548139218759288048398451387407586430276561571473351835 44073
5062553123436649600531091488130323844626520435136290262659333 06812
0511588851043585699456499388695707061119235727571102941969289 94187
6554368842569280638614351303106384443343133961969797335615232 42666
4170663902403623655935749442510383568249385430663695656283813 49757
8319090242770499094451411112412302060434223288925974914382315 75907
9844235177845411287242594935333309857109787553868398175482521 21751
8103082181765051555634524299484539045775626744657855175914891 62251
1780705328811704597405975986458300800561032233253843007509811 34310
1204508331904228654685877994401229656165638908159592239403439 22260
0101972217657362171163599025757529000338660227492594219355961 29475
5185136993932496927866350652388267689411676389089823146190959 68338
6123118586714957572705756863997454271130365918183847178081808 41752
0100655662130476326752494668205997463936880649907641342580893 0820
4090236323835178306322176172064336320110403440994091584051468 78326
2604775680407126154842603468338802680940447930891937342390363 86440
2549244811573907631680266467996790175567187064136324028870508 7457
1658713959164292536144025978402908713437744417589566558113073 76296
8893475271737111313779000310082729387122487986914124280084502 725122
5463527219920187624235080278447967843370236807361439928590481 11112
5419311013509593127276611248889546891945355636218793299748845 86783
4814486269804703990091628952883689113746167315617024100451577 57001
6037783703395725392613540532501146574192248012182431698530353 63945
9885750411326222400541097051949162925743792819168762049267568 47774
8603451383969467990943530558615004279444831120630905934432470 00937
5367100560449265560347274778079078363950451876244839269798713 5352
8434846388813323043979277480220152961923554860004734273095078 67806
2530767364333228241961324270565577945226606569501618926256269 48238
0056950336491504711624285796896829089690583637582782838928955 20363
2239309604204622878106376581117827427625323405055645853432873 93682
8810555823020155443402566605611991608331245276376749383219523 34956
```

```
3178625842213416657482628877444717933870329083625039959451591113255
0505060040551933106785402214013928930774710317833410559482918371307
6924569795220641402279584670586885775784687252894700750851850045306
8757078397466638450736019535373707378535670036258558206673724333862
3835066357323527255029874737157104957827619393563501675928367423085
3838573512761288261732009487808731297810994013720875321879621767650
7234310420409830054307545430893475609999670530062600893958753980300
4781681712719509393419106833179429451595438511210909172267321832118
1622795705954478225361268295095486221723123631665072572186345317410
7239765038264726120658627233900281950908857409600576878745913537314
6151589768102894467346086010997367803156129155718923796941378351231
6274075169456949086805441787597920036554692634446181773732271670034
4426677604609492481205879706465849735288079241531563932434412578917
7935725901786375825693806342504430545882795813741075602287584447810
9654276517670622237069724197918021522914548339562562284607838662926
6810605263766773584382487337825864288501212332924720709607596068275
6058028935698068000904247794144805224614080192982744535914261300673
1539974220398080445375011953972619448484495199114028190660032628026
9709544871657792318799155265031123235536396866845302430159619734922
6235227432305360422337560641777731623856071805040559182350894142161
2604389373200349753263396931768396397408340876148966053467650020180
1809051790152475738159051446684042332046251958596479602895315590775
4720418751680422104882739795248273749674258822122908418426732735405
0629747395625186097845807013227661151733251592801250066103078456552
2793390661195546769846706931144543416538587299991177255534075836267
3072059819231864158196833440775617358760115854106288590251485970663
0256627278188193432044354405942641747287444638497088753892436548269
5425677051955005030485739671925936918313224995238290395190787500747
7419288341283393151436054565549927400340005147528601176491368819754
0583518130106428191854277239798889115565442061329521483403974655953
7469317679712605932622735788936943952814037155498125622918360289709
8844835199959092724761492738476113427394270764659658609967512305032
4376092528374535444759855871927974513545604092844631238388919297638
7224509486946643316458586117087884072595663446488772838981448069759
3346348920920847479336641147691694830437595998302984485104669711676
1180315756704307486831913501510866268148110806626676444881876373411
9104630148643395133316943864867191253051197712222605129272066288828
3651460221944708196954631978248180623064295919343803191070756728911
3034166693906837665143733400982917691778335023511377237807008013449
3751248050500732197381238516250632081049666953651739286885813977490
7719078245297941956168869722316752104506671379192086538936749986314
8664101700444576299589453219559866395809179418510560008686137283520
5544642033275428459604284332904254398613235909889616104911040370538
1295507746816387557681316299190250815702719076490775784360216977227
9041728321524831115467377986753486330097098407188529177293638378968
6670454493802201715742430599092277663302429744170450074589944751500
7657427829025938963776349353159478320022542432672518423005068820208
2549721292140563372558158112710474157018538931782939878771279827488
6567150463224664385555348488786876644135561276104858242058918651972
3435333639572360994808168173974031190309304510004396180691234477085
5514924729667850895219861090165524898357700496192037386165583736313
2652345982453199510591605837900039799695177706979524695229836760743
1499008548564143327220034989033840428531242112340210049816242918589
2422243495753608082603067624015469578806472961926684527511160095905
3785483163671245484867788201725205463985586500358235002021508516423
6635007877607151985614252626495159105550747727853798154063271681951
1175410228892983782225453367566519025121682301691819839425989997594
1176958752150927946376619633608719250944468590221362185710407220499
6638635871299053055552702841046772620212744667454521545772370823644
45335706452251497
```

```
56787051719480050080256782460781818548758389225888164176204903611
29043128167483207669348522857760679348464586576690952066100878790640
30168167533916211520568108446789415912337414636821138833757732614.0
27462466645150989210440638180830560804013701008907417193766295844.4
21691227908932831982677233321279200760809166102683872384324544206.6
79756039482673658206734515504267630881815855803931916173275442955.7
64365162015166446855759372594097115187836921732999384157882766022
67092529147461823418663672193112269842360868545204188312801997803.3
48787565882710587023709613027479913234822581376961217046227422496.1
01673375478801063408551486622869956915271626335017898033982736448.7
74282315381482900134325678883228760716511011595871871450105783476.2
97528874339274581827686000452775717724788020989656438529423881738.7
99918747129758741165413323915565108908775257686286616807192109034.3
26503014635427492044749312465201473231975770361204501174793986282.1
52535497202671790895051950859097956215389121805648789967857306884.9
96390327781322940152073050520209607654688325251752641013550651450.2
98021343533658755591616836749428944121480486599822561119879720866.9
30212849950166479523817064956427351552584684628920014188138574351.0
67080680393400649398027820408450155974311129777968023582204399718.9
18274081952024523016175994797082805860032889288674106247132869094.6
94668439042012057741066994621572385110915692375927855886444939773.60
68800192293491471758016316525447272854041117825003154049416495321
14745075496654802310185518447420493368214986786738789249575147069.0
24662390473966302006615781093579204636277135039469784343591741426.4
37780311902195475226920895479688782548564570713556669850232754612.3
98823027868901317573219171678493016365013895529131590117422489607.3
74946020294851279855924507737935690813338697470374157396558258857.3
74134903582781434074625542355164396890460779583866499664944507475.6
57969935149351359732001330337208116628916765098694807294403299176.1
29072301114046589113824272726329685176094284187939802605239565406.6
45933007896574157669708671920929452539315527437352828004823457509.1
44853354240491820583021173669376049738422721591348355204042576169.9
28064285471401936855614110276582808570403423258758656946500920230.8
49830826784327277486927795504066111004359764768678653849550272255.8
85422498613657363173961480998936084740917164954715433406237073265.8
69752764592133742971412420705112256449499079144192444832839379138.0
42063623800297002820623931807561922648539739493308325197087313845.8
11985701710024913652522719868408318404784693642902511129275176699.3
98862034387891751726757222174421453857611002834874321905243332939.92
80948839061529406411018793753941134303171916852635531673529853639.8
67761635066119682247234864034096810385850460672960147613107402400.7
42653402436803792106844615341970808088122076807110643890588634215.7
85282582287743675470140831003113842985349352824935850403623459239.2
66883114480775467105910694065472373465877894192487323643702402024.0
17517597046829540255079677309844431798635413464595390227657432035.1
88431115597546352330452355055292850636311524081176784645471413279.8
13406592746732083545282276634305953054734309381750377872317646489.0
96491044255879694041170527766297023256952463671775845878822028460.5
30530546618172209655098183967544401193567027827210833556064466575.2
28098058628703330757873821082112921021038961652312284879203280376.6
53872019582051856182501442409628366098463322528411015741736148823.4
14602873774984914984590462988903284925608395739914059102412068455.7
62480345904723595368839274619006353006025286844345466005785745687.2
50028879740781269950143596964947641493185049625552169444528557452.9
48072324330277365557456104296608835697425307361113031082380003158.5
38736286884921091749180339054828505462786410001316947199894889420.9
53086446502679610071504843926206331171186086120818715732734551370.0
14186768692196704885901036242331516776017271742233050495306158524.7
91962889675944421346235651931221942844071430978955055985886244201.7
36282607350511638463571118784683471588349062334258834361427479382.9
```

```
548341263417416882602888735547816653238321540768359096812054884548
171892692062036709653605640898759284508157427478621941367169943229
458693304953537229679978004871910203478247394917971719767262538849
528173051360089227052430855648745041216033551514931039641863808926
595190343501979503662299371070610980328347286934541513596718150629
766374430994932369570495349591419352727151418737658694512236367107
938011524216624494119800446557212597535804639991023932797708387184
753479985436030661774685481674302535091141422536356338388354354468
600110863848021479276315847935107106227221232890003040085551034607
680665195521686567189181334850680693770039068701376254055246684976
710144599349618422468980417018602351019649901337786508323436869443
782163920218850859965813111265889482917734897361101747392459963978
823770846435932564640554466354564506278165078910000603578958471411
788114001470455657924684793389859044356095193955983048411907085968
390826969646301033129195405483566334707548255971622409572456078995
227513743172920432944214571757021196649273295045892435115422 49892
841829309680162790999014391000651606646547657233038464624395113830
677701241619910309399289403981160616742076033829175930656604400871
622422948641209276800548402635460460212864312968617604867685458733
245904904458154468976001291767593717828778157463447497443174722457
141782495933265895990123263165431809785578257753550495717798199024
612577728494463535225217033433931343645138304258981514773623679 1994
181688325991871572172287651994703142482487875964116310081911276660
288566473109611646667671189367634721290963008692396234207088629338
631255612873406534679097419932881663850602787328004850544918201 99
337871130829493390254440845445283110790671755781580093867536003860
355768063981064235751099733184028068507709966620139938302157057490
439491154383090561583001130141099139583290325869583767619707448919
113263121640981843472560087662111596951333890462589050402103971688
752976341156530163761401724174127541567757338515633409689244301406
179749753717442566473493454579246967993011026194337636448667537561
087691613043613748330479441225952612415148981699807681018481895780
038325763387804353118569719951740840404292157320717893877089593155
702274272826581614974080133206343384008689023889391833314200451596
140089861121562924364169472543135617018117920055959285439183334369
451919451431715413500742006390506071676581905824216202897696844090
552454470012818868581435495454205566898387862448320752121741094873
647410915786040991025855586394013091551756002979765865384075682 3639
735834723364825533520524772296088193054082105328131130488092625504
406239557590391944317141526527540809529865726307163407322439 50379
987148815126244606312813852410741435979408576657852516943899274655
621805886920662325044937029212885127459270213767483429277774127189
221554062683300828600901792187538294862915016245407247778866998890
070980505692506985818373901350763943654187232930311836581686333644
779329007078574510611399148091109971279294384939136701584241896910
938623802725764521667814022361322904680977248778268641881228779934
329767071638705695119901896323092458999902179757131345174259360325
136902088395860854675047773229290628464817203195072814911800959505
125813447571570554678484436237769148191799840529066771547929117426
693348858567088139473448486214381111595475449852804057422506951464
720084246244722993215792264672178814520648208302769361192173852367
856740962791085234229560906326667104802881922637139090737684448093
184449896999293106036870095308727241026213678870697269856973400228 0
363504755236880049558697359039020691931283070710617913556767421587
725759822191294318645745477205132894587827375775210307119425545175
288583633444593580055240089312099188257065548663923144808623744 1459
530559003065809529244042617675254206771033553684955246546435770101
789764516313036746754239610828903257724489918622996519842327 8274995
958934083103129326766102724108073795462818807634269861761703310093
468008306518347713287054254996232603250116192827302129934934139799
```

```
63426151264850634734832759136317868247289444932146606184796505730
06718748284151914741684169089722956160670072819776610831141061869
74357335535646272541437940981346383228624336413347897889091264153
87304060531724773810353708266941065440622661293766233632590613838
19763194013039889558209482095391860248199098966486271356649875701
97953400676447858682049107627096977570549150879619769194413901594
25683267942639579018278254556896996803223178158977822565761387167
01321480211552727673111734165311892203845147369902316477647593880
01607553748338232854582595062910239360016544735394298287668207371
19275299907369744081134237202013142340450525931697277559058565700
13202246547908665758345126654568263055461931475471873912792397211
46921778376200632624668145632249687765602801045500696828152865754
59823483400926471012832843064302569765264469413502706214583191104
17931941434930177034870263334601687102918360837412532758776315402
30395628877684472328030214298729496474939503146491804133514202393
88152487593737159283832660035406428953541698506199223530382921861
48691825526902557498893197784720619919805017972262247637181445979
41371384620798209083958821187048015563185208134305168523741584217
78145801156305831176787708977094256915360787809113628435482402282
39456580419522013031197722796595983884093635835590118574270448266
05634384216253604983408543890402854304926899306613530295624400202
26734367287192620794029735061796925410129175376266082539866221806
64181246217311896733474309422088767060630547616996314182155902924
51378436435063226209312068014316916384978101227107150216792472056
63468706739088756753944244827083825087882653565581974416635778492
17631881483621644122223236354993894299078409216509961123532512011
31423383550654938890927596110536939808302386103713047566762605558
09278494357851978563905347432674505604909407708591886510655453008
98264452528174087746547899161511634875393067419302334275836504964
56886353883449297026988302128385075011730722531947412188603060660
65654771142449026181091509558307427608294858110352011070330305870
57951235333892215724742478567167678835897376761772117513058693433
36764903674373881704440543698738593926649447153503815259632505530
20490676462445852260521393121962997057825503270457798044858956070
09902153446695370684284521782144523866710469408107506167317478569
18979427878871605283450429022122439834339069476764641314581807048
84216581860366937640989433649381426799191971798152335108415706476
50276045386329995224430338938448698694879649254150996947664654689
69216486142392356827531850965408813353323603150184543091811589795
00960882380182295483646650730834615875373909467531125542610804096
92752714562722552735012176578243220128221736845401883409112563696
58674173544188303029104229540931213916325166527162812140200393485
46292677025335567801321211000746875104927292150677332824634054330
14641101694580152392810648716511937484962847145205922860221643092
70732911314850551462608765491036968970857811251399477489383288426
98056121218316115303041915518697722069640705170655830745429556802
55860647919856113720832021397337158971801009341952992408631804186
29969441590014844534898620679645053077361183991361144007305930420
74967863953731729127783584821562914800308429891763640342582197758
90998861542291506488185489391946492442427073460653662824110438068
74634642445248921727008002698896840097704990687906189943490599879
23299393168654297787340536374108604116821223280321443018450796681
14202371152463948220177093142729884554336272986473983606761973552
64654411486060620658273116315057177240887655624872268292666020371
51121462441496499951520297356963468957934911848613873235673727236
86722956930702227282618936242091446834342646800266077199502216509
65191242991298909496734886916099755708415385632669799928723106696
12003873504357001390292512455612525900332219730742628557709051926
29142078160159206846851894960268032416450232179784549350036868531
20074399878675353188044734785139543177396060055361114406353642161
```

126021263865730946905932559063972194920380562876788287430919096154
068691521231893627892498701245388290743083816074862738967877453782
363709467889116034175404550891697540592273940492666239120406468558
191112089876130221444569725686254529501304112171998091066911541574
687485849599866199089838781712633106815336413320408361685895059251
501682768475240163473441553578291894992138591091122483181871721948
688386571304048294777424440601099690156383523782761290959674815107
225829181329982874270549873596774842208562067520671599421809118851
021464388153607962345415092134034300612997868682579602938497659187
127068051527071418619605739031888512824338726837664102076717571266
109274582233522905129948528281613592546990669160185027594016816244
982303860880138242498830699639176230939613485459945178006710782255
193242050873901267954978440156989887507912316527747212894791531731
284579690612883700197518951091669085067985676051658730747998414456
849249212797902881242410088408847783731591936132045482630356747492
775654138559987303215905407629514363788522298669818514967083486052
744652644981763753211029230625903686358567994891492488089604126511
073389096634435933844124958326982682427601020989659454604773652398
711801751865136733933944944267677542321191082309423728968680220347
439593248623769437410866602820174765563194951087225889202215249803
245839271724279586677378380658016613729297771184466502501152581240
730709630180406940749655684993087263042183001570412013792245678731
940258213109454610936997492226185837465197323220368127821679785482
540385357995868520967119563235803556744705872326862792820603648717
936660559441175390180898377902808434422479687088565952716127883634
043276080005804509481613762417573420339477986303223673828425719406
058354743783890446415406579099993185608124308463533967991722881263
788799160033833788588455471982316793889336283777320641146617025954
208508851805129008431630715043310753954554199079646509023164428834
474068719718935466735649456812354304961298884537609297708931994214
630482207660235398243215761625487612842541210616113313364882245413
244897545356626534914240822491340206617500721126943061249663413321
878554680294591249172174641038186713621514571649507321984896957276
872688364311053604427157154289136681571274428332133397633430005081
273956718748263504621039314324319975491958090961365625700243201665
807095188730589919787067936829524404853420238652758845077629278714
634221930150056380457251317594012285611355436854201081823715869013
394106131783292979204109913274541054713071745330047233839565461871
634457034018556047181381578089815947036849425786821926363634477428
221860596424745794721701500258173333022732047386573215346948938772
327005556946006475062041487331611568622852690741688093499017469127
606927198938505564840024337032655975293686023874269601591645095650
888549020898484988762500950696676359381231697790345117805540667349
228798064769733991389207356808640524705632218673824785071644611430
980954948809247373180071966058926964767438019702682241032886561113
658492748669631268073768413367434448354915694758172853359440100063
322752305783993875303255072167800795954106798161051287012353251890
481593561721703239862529923914117857155601316674495414313623225134
309093811713897244019512308210327892658362850240295904940492941532
776864235979783872458059395139056795560489022429600734317792826184
751933955564593715046875619975797431690153572144066875808686554524
850048273571308531731244135792320993581940084780355302666178999034
001645004709491013833401772294629926564233454788104605647714030170
786181444781116162479625532392440680096901179092285135273147950364
501613013003828067884533563391135173141024267843977071244855993926
430774456327190903208839351852366033052369976131317334834526825772
849605743916715539158529563330081941842265634997617320668390099307
221655802854054586971189012219660240669460829422781432154324365761
017502059129601843671261833291453458847496239270976581693940402863
874677684859859221382070348649830522504843916857753454819551137494

```
7189521246181415239902153336585113352535414111656440333991014817160
3055960643734286803239100314070941113262326323998396995376192227136
9735001483985838849714481681517149745907959017744927744511113062728
4201316358437641792093329243167440055461231142916162639760706635 60
3860065608371404383030041343474639895484594511269703337758329 05533
6412225359275249734553483337232586257096338433420359664089728 56443
1789587613518100942754520374008880107278848188959516723126211 89125
0019208737338613365013734348864042522520017704620726688200704 46561
8473896823556471471078268263004521490432410553635545255918421 35419
6865113739788666309750081425643198474037759145878959060984574 26078
8578632023144025764605246372483920243154704271190031890420403 3381
7000986422864341807477777798344255598930892290697457018720204 68182
9416752491348559960619800989484474891662876041980060259700127 36569
3936297540932085945466756234080461501345482155086320722660389 34013
7673057625340655516981527778559929988241946426651676877611917 36222
7020922783360525077040807075907180343633570756382836596813995 390760
7270681813656575919866837510546115218083781191964755409670958 24956
0178282456727368563121850209804703624641761986827177484782224 63490
3278108854631415173718143297928832562499371156297157373901158 36310
8704486025103004969469142583869370651203770466308242164894433 58000
5968687302148524928795382422861000736420364967914869424254773 06447
2810425508729193419606670525645064096087900244040624731141356 6099
0065146788809327913849384648065461017890562764563556445267879 73176
6008564598590457594504529363273229140340624093438516314025260 02102
0853250028031418098375233896395830762373673342548118934277189 26930
3398284120364951771760100346751920815833829363212820663131089 14560
2014822523045528829442917400514389131182798098198484322902983 86962
8251487394458203910940653280188754077209490747861179157700171 90387
9128063762366174401440452070229245232045405762806965793085020 39812
1837840206720250120266752955313083494353471936341772734063602 62579
6031365119785548566937284640420468489277157780434586776100852 89607
3693144133464873773525015924521197659754590876950206056175781 93591
0774036258357653600808937653281370843694390227229865322218288 43740
0138825811162971553457567403214986097554286886579874369009497 05097
9860937702783572233883314539804939892101714335826189674003122 52799
7303364571061607284968264026682347704558301545855748271713724 35847
0994861372658713025494024495738558899660535370903389251145405 55812
4569294137888271651990004376107967257280599874820479895678559 38858
4994834696519493089781499727763473305857071790270935682275763 06393
0497022966339552876337991307858593142078113351114320121026019 87304
2167062601435758411797707904580833080884980881666261853588355 9242006
3053024643462899230820307080649410730415675977100775239855868 67594
5731744767094556842689038531128494988018144774566505096148989 91517
6299241642878000474138508045203295305391840976899463199695591 27867
6949319592733662054309181205566924621527407866514323526592070 70867
8795586416860452775357502074876714333770601191294031585743107 67777
7952135902613080828983248839483209499884568307672417592994303 40209
4399322708275483573885074199171369400498798586194234462796084 14447
3566520379282953170163351181530293127230254356291055458639577 77802
2116588666112693357407294436145574905637200712825448113557834 02901
6048517605243296981355027471470526354293526481366238869584898 19516
7904761247474468008477258871394552736710887847508425688259839 63683
0667647664513308234299538406371493965512602596412691663955532 942221
6277976078749552917485688421824863746324747783244929832354402 57156
7607928674259528494338989676434365754823075754784033503696537 68736
5498022398780119203544049128826835941953971843647255409053142 10556
6632073204638848382768379261055003805739537940215136413662496 74935
3732410440434862382336249204953544285790530654527726507220346 59290
4432022017163242358313783512521095764152741244657762616754360 94709
7433564007690414362218068299355151091385565737341194890321845 62204
```

```
43877152700482110127612081407824526498863610383265084808525295149
5
22635542646067184454304265338266686100665577169517144295655590542
3
68193393871753203864115522428847408796387265599650354531601787284
2
99590624897569431465725329799565644275381025956667255876113030863
5
45950868484208170230903776010731371062342933780745475082378560549
4
79876902139056655858928600919904560260320637827290761553970383110
1
80084490112148119277796748391027288205755978205350883461500219034
8
37657646311056840142504210637833165097909347259499426617045207232
6
91017186806893159895008062399758694838970524161223017172894039046
6
99849427213392956812616100465090284562126757394143927950319586502
3
50481104716856357835404264857212754026388128719462092038132546481
1
61703135867671064365876605516551331133170227182321568773621958482
1
68564652846069706619054395401406510630973336513811963331659490303
9
21642708535422804979802671491189563642517489134412142636155478089
2
14528367082216940259871126321143885299391696304804817892962988201
1
23807490130529424929480161143533023900806706572137816797198568613
0
29030129939944512498469010019891936059827916973051475943464960288
3
32896966080150563450566093781292361334905857805509456421035309073
60
19584463712165073198201564242201326845668774183233102473192186851
5
64341203271703057306607851753850970691717079172528551174362787130
1
60095220890204240503057564021537273695926679974781070727937239123
5
57770934682847560107630127913119953917628186159430382077839824326
1
73196631333620637934967687508952402364246923190454167386235836048
2
83743927886654775948590289204020193959377065673211949099104335285
5
17987140350203076055782019148388288094649648208424176699245675831
2
26247807039055765314126326024292243620371953291855471809159644318
5
68520578823501030910761280604457044251479975896088802812599786238
7
74354965990492967322084497244345824350368978036518490995121422940
1
56691745341683830903528477964306760861159976367872049550579563651
6
69383452102120571246718902363583790833911908020689959689699018812
2
32185525286934857365188863016045294102817973608068954952403606648
8
94468348535737117060799430547192164875943131412697595251661025229
0
95753755095093371854490007290767612634676529166464558037153306020
5
53474162055566838087233101145670608219713601991166960117726535124
1
44051093620360100175840533446898756534900244758018499028511290560
3
62815437279676288312381657743751766245640457837049648569090428184
6
74143410766075498411465742153343796282523777393517587703994255213
1
81690173990186164214135439277973347087659736948171010331818637689
2
72837636602301920591979295917914822441639403180414779002828571251
7
76448410593156446753633092415797021262648130428083893377067239822
8
65434173173648142456296618079313695325091128754694980155031799451
6
69122841384446430874102798782095587734617666779332006361614129983
6
11238785269844967622494946016222419848188284417597250896504323883
8
82677621153869449072231408003864096674795565960336586550083450157
4
66810037154981215455917708285526905878274626801895484098548064776
7
32259308336464326667895198132304384780554257118933244880337102766
08066426197680004014576819261412342142109083788260348803987158967
4
69186812759503541904068967278139513219884211832561094874735276486
6
43671335593683737190716713615344289207252730570778056160659161544
23
58910784646554736956343970737221781859123010944369231395220301011
3
67407345705952613302936743793212040615997089068120350786235412780
5
41682658235374259385696643576271097354086523033339574924977199534
6
66256942812121192667488866525631516970660724002193962668428251544
7
56149635793336584523772409968735795322759190097974155172133484533
3
57868142287399385190209367827402155999142045644643838160009990650
5
37188148493816086550357227064177438662975167896666554999878895721
79
02623090845448064651856930925569645317224108945164542679676181972
8
83295841393513384459604167285457399141508049594466135343984501427
6
18054220965984867109944082508151323925213606951062673373679223322
1
42599523022293640904766459615450559484204881311441317204646926704
9
```

7597490599351169204390276051574466773968708032478040634377784167 25
0219888494354098282116000727729150507598693656847220169410461894 44
5826185511600415494510628158872485140345190055563466615244737496 07
6611357787483740038862938848861019502812807817927450349584057529 28
4529838909157649132473101056333147813464026504626291567537790921 37
2478289700319632596891251330215246561205435837622686092820307774 16
8700459043526358174946367245517897849317506753904640416033638472 40
5464980750039300245766107146606057194951091402482327352669122149 60
1607089722072205462881003873076229689062152629711142892734633921 43
7857583816799570965129751212882470762293756572134890623618601418 99
5950002939343301174633003329729078340263825278379605300004735592 75
4684871892997206561365337515374779219624955179692200855731479445 74
2882259242287677732128859806537046540246199387296499359435632302 13
1108482424950180067571893986118972621824307783178334458570361181 60
9413976344651627256582886168782130134255890738184057342227527909 44
0150796335069630683158584259597583441339316667997304805147104205 16
2135621754090487773302273969806564959009456956985365843208356206 15
9345292542418929161730522209793524657122706640054135392126209537 41
6070259881312679566674617093237174052362963196089365298444250743 02
2804976641640382829257137163603061762596724995717615369585248664 49
3172010960853457234236254503854414412716384767262833330818958559 3
6476006163524985906328874450325511377681813053346646699501547749 32
4209856865935049010621141299141773099804599788653998555997208865 27
2973882165087748001986686031630561230114449331935784076334183313 85
9772732345270212652657729626488462044050323775092702644091599212 65
2486267716599659132457154139254001538116996614014497922059852865 46
3119881458741918733755185509581187101969241766429242389375494516 31
5947724531101984145080087615562644078821720935112593426184468303 52
1073794000418382893605854407065172644916885787285452650728104911 72
2412941522346848448989734965331556939326855402116655944907515310 39
7083246234459570196856432675680385445193586873351496819597696008 20
1253799008400105463352336418912796054468763570371065141356837155 12
4483618491925094994141446246321784596766719116487767444895994644 31
5839584871818846627420278441899928803275124496669648679345894132 98
6023303482928876260637136445807371340101726992400314099962898759 32
8239973248787138226525474190348822177498195455707963780042780145 87
9194411890770714358011030266245429362515054346165151986079342385 62
3906645551545908689970098727578338564769103346863889942896361916 953
3138310635144431946929978952150427343027450548912822404656751683 73
8409173741484373181971188226411967029514001048449736868836048926 28
8540745371246015784688794778131708392027701850083959940135078751 06
4535614615484503534678749015340275140901834645675419760454833086 92
1693902489806750922992294071550692377787826669912301589909380813 37
2850555299059934716784235078673905803655389520181114771552751613 83
7266566870550325145683158295906535700608065726990227214337914923 75
2422195825551552739047664151524230841309327935561940500532444145 39
5061094916327038715303701528100887540809332947909865917839654089 74
1191987143734113651271643824052441584288769757149771141471427950 82
9588
7029927924683321337051526756439423113502687768903446466363218444 5
9217157587924113199632987541312018325222678696789964132934113176 36
6538896832051191636223996373640065062421869198223064419813515321 97
3198591015636256986218174854708888378220216171014912432492165323 86
5576908527472547859682981249480686066444493519183037483665508175 54
2257335268514038987865030070402899334381972301961473408648283476 12
6073019822268614417798984367558389159008469991314054138319391816 56
4308843497882991517174297486949667343065171217360275453753757 83
4311352172150182695929149322787473742572457213602566263841389526 26
2793021300099661963003232522013138218844822215385253127676763048 55
1870068314684039926818548765384056384831921002472231916610091343 95

0767855513837048214284915101698975333907897563233992177890388047633
6813748465168922635716230718406415663249241086692396760121601081447
5609232133742914578448806124786377388264102086180249513057338836944
1585087823197098151586711709517388028679580151067880449339024806894
0990529195328446696828825455292078708090501661485367533081336907004
4801338828585461654064133202506938355963174243658840647261575760099
9347841140840629982366482357485543533590503612627428200187848052994
5304476986322636627829632741637011531118234081786739876610728127324
5778513921138076815418944404176329463049006186478075989126428325724
9987352871612774183368051756379419524402321288854911774150653111684
1836226989531900459229250837626080500331743338563784867495822310544
8631889407398076144969201791751393353298858853433644997913001657124
8680999951557636883579690344998472342604194318599122046582749564444
3763677702161143127001434771612016464832132927118257132879105841355
7861931189374595323631023912708890139129091665271923774586864170366
4801203295328751612012917060959270907773561674019391174412447124604
1417849679792824936614589907255008243499708909680963641689156962089
8451925626719343047171456304432399815568869354337262302614980035288
3716651359121693178382309796485222062854188473489393594384325299877
7537651192492335099196668931068393430992917742911260879728304331666
3875840237022011217239456114473365412763340270584541778577485248633
1649999170485476948432053120929273998661075263131976433765380295222
1416374236023722185067791138872580576777554374253574423899796335814
9714032277935613974470711946114165176151512388236279056488635894722
6860573344797283092570943913779516563058538904168168987692580836504
6882500936119261078911242709881222693468531985170663717420468096377
6655728936417132493864433405288735279025508689950937615120464984504
9308482094646064177940775927273518750614934528181767517108450236522
0442367768151326743193251095192005876749184930277695596540981225399
6357711694671126060236069439457213648076464990166378437484109735733
0098749733872155726959760331137128831583803062490323833048619521144
9826235866733363594360815330962043523180699058672531667967198977577
3967198505633203916276929612784504325093027849365575704663665005044
2353807000210433790543654526769156321162307081538667932875280399188
1022287966754927414138146006565485087779489944785505088949148052888
2658768844456627293908196144006839830805240372569506411438993318114
6637701630751930445002156616091239778765007387433986121377676316377
9949916035800294253941509361182877925648901997063611511833437732288
7805137817000685461893977078002754504705746574409611518650168872167
8158080161854864108089863222334099124749225808111853269987957362033
0363601202486339705294671240192398688862699835431092004562279169988
4416988321201809559455053488532617542549536385150631189625309217666
5291658243159004583496939706876586542432819456476478537355251530688
9891097966688781002569839068711319214254198866419286668754537724433
1761446354156657628714055353642878518017662196471266899624319482733
1009397417104259055243749687333036596872146018899966928025823050000
2504947431957887361774398118194129480046029505427368669231007938333
5527797500383591562081647286299516181415118243048649558704764203877
1577064527587236770808180590408423523775775754008846877561116658133
9251193567319094020961428901109648995715039720715905042478578296411
9139818646456980690038836467983679810123769463228883609158544301044
9426148760350379903441776859995675993305022532347652546889955258066
2893178117218231637950877845934372878641514463873034437309824080499
2495540033223434378058884644265651671117254089024251656807434576022
9571481282240947846055854321075345638218480483756258915751706013711
4681964216897177605495301992469530239019961482626017062848187963577
9912396970015944414686775318564583127254717439445008216298283049377
5695975213397439120310652126169622928117872149914975372547212930688
7038508756506150275226420337304121616234963978809943527080416693322
2721835932242791116573630925466496712499296143990750000976357102055

```
09135217210267487838180045968331069999559077825546489128367433 9451
58247815280574610341511343563810566377035487980940326526654845 8248
68458290675564358632459180753460775801695839975806488137704343 4130
10596884392991793174174742867125143313255177595667391206113546 7364
83115197935420861547222832758560401773389173211141862365202764 4917
63082599430939167130160355550663966400637699177448238398404527 2776
41720112291229061185595127506650649835460296102965747543759069 5555
07510185935075883789469234080884424210404435178451018449469776 6022
43257275763372138266732831848510419137225727990030230195198814 5702
12171657227651891902737558032398085602854179108696330380502830 5825
41552079221546755099881660712637966690626696222880410521943755 5359
93478632239333080742944031636339297431845742947964530484812667 242
96055477893724165925475425727294818303585240798970601383390192 1881
64731155785052643281067107830425382786255073575144178094379451 5208
76964418039294505337106958002880600959261554240429538493922366 9282
51865457871541550543768172161949416243980236697017645851682241 8482
34949856122612205259406946868433558288000423604267164920519830 0304
00639082160494841822317937800187897147326541391659694146628544 6072
01166338527550831900032819349165007915757425415726422107319213 1424
03345326076600054088324224303953642851701019071959689962221685 7242
05827008044884586616008524685471176644033745417169725731664357 1299
34938871819929175946631813286486618479719449975673768896889421 87
41250518128652265436890284789523945318907597818378429338692711 233
24522402704855011368071301499127539063765677619504082472945779 5161
47251783340582936314389374727744967896513648114070023132746198 9829
24674668855898433555455760427757376276091205804848027199984955 3952
67234262697175122246216969012780081098444425535915175083609503 9154
28095603229402450125344800135907132943742644076571567194141395 791
92271365410090161702991031998657052584092579984341415907909404 7612
70738304781789551094730906625750499363514227862650746766596040 9187
27372254779472975212156735685726097885666465754101381930184782 1233
65156997722636151699971162308147353868744559534540138665999995 6253
62468346296316834097955045640501027726108378785182034937053327 921
38943408370417286053516274318097196418515813346386178640580852 8993
26162674792028229007798061487378774117335830276131207960256078 4881
89046862289627843902049983703685368810277112776491648078939944 4390
40925075904833289087283241424493352364630816798184071019847693 6630
55389540287367449033739847490758595035606072003587845043016881 1021
44264988472971774495941058452003823012531660787088599066303712 8041
21528907855153422131215471139478438631378025693727576221585767 9289
15212630006697169938472634430828463068278319532124797579764030 1436
81437346152646919895021034218176259365978453266760250667448846 7124
60966866173009706625245017692278852056906735900843160412459284 7480
56689469781827677947558847010378813457163188174944289989298716 7278
68572546655367373283112444617673040875235065054391728319619830 5056
38090014071189077122132920908376622049304967945786678841810035 8637
38342709135352809394255181980793497854644802496427368668433552 1670
80896583682049543336741086899344362297041444343961098861270196 2123
61682942389358044719702097389199208230232314642350567106499113 6035
77319563884719181976988071005806703870572501530190615358555901 4641
26696691923629059503854868733761219137217442714461555526745228 2574
00058034707483503081485510715399389168383731109275020581701951 2313
11776778518448777687268042139392860342132389958185132776669365 5981
80645571558540380121592971267768643842853718880917909957308068 0102
25411651642985479859780120053032532257524997410354310883801984 3220
02357567408273306083966425559365951758305161534971344382636799 0287
71794289082660425974949114770714229702525112586060390052960240 2545
82624832575575756121613127958128121568538408559162780570929372 4661
24367205888681576790769303505178957563934003111259297972535777 5442
00569966402202138347356603769169544131890619160614468251813160 1766
```

```
09861677232066349745604650972882659512753972733368694175508487217889386640618398460037168689685091852298344657755164156298149054346762684211445248399413123038525805184868019570889226188325223553643687364583479146903567872259825575975596021681452229949197379268978806572774996020618312361912598422999744591793191907004469955405843606932673167089261261701339842671888934212498755699024305950595367665402753307550309490689335933765557321753833566489041072878037317426730961814074515620721259831472457483012110660947978796294904381332427061165526973317981222046734271212266413819291473278943660918278788827641461469764222050291144484184413818492376352771491469069743360808145042927657615875421705249394092838637329473577842342407795488209531262353402755035057102890394313368148199515356610924477427046999116723789895516390463749839660324274199311394429039057605907415555332506554821517929225476425450871896221311351669933045431200007471829800650638738989262564890543973968667943212705493923274442799571733635910633384441851469534298128089686874083237540802626059432986205629181754412222900184021005925843557050011626334138911164722410329354306799246863155390027951392329972227662129951309940979505302073905595811915124333040407885249710925372417474301388303179701844108570451357681512915362442949250375261611011837321004651896146782697244426178043464984407081819464885701556647291249400183231574748921227215054856761733105517328675555513727525722807015844443069091168420794485271927516752388469452014058436541244190068829957459005435743080561559465242288193127203292340924903397654714651811131459251905725804935151124366891654022600627554580176117435281431489499916146718935238144336846404276729538716752608133950987596207785727789249855982834823289177208117777338346633424188492279198052968309263756731847097048722337076247583698147177421148043213630941487254781492630874667847895245556100534989078888984592118410223597827373165212801974854134198697705439538874973901457412211904805390085525475177691827060709796771265972488441968233810582599435298238267236317342426715578296460105068310046137927489065603076363259810279366112357062254609303845922309569944746489959435280359572812207359002148467487609628497018798980716170871860113170396984354371096843517664924795544202742247063771600035752294276137432881027737424376338465481823424545858652299370190888474776740026800100967319726684955864544676707987877175135398088398320732770178046249932786188807671330925433892842895473399804678267914598196746901983068398922634392903571857330959662853884503112265863257014951784436813918535839204296433758389492384812217565502103554067105827726887575137843597979044491452691790592703508814671877816814014900991554621690142569780350359587247391497616190334804564991698043894828487160573309708072050466548034875571233312222486247330163998671379512788679864381025542560425357927516241316245495529731023645919930113496142952218531698295710406851480382213988837696390758142551957119935917111875508775962547737751359233870322994013917636580370678440085956246876399514014714572246854340128075856430439394706997121975940645921442901071293191405742653347134164128664510758564588123951140117795508073216367810160373433760157315563492556593937367165619355004588107322335593024482569699655583880530413186676168998085666828277132356870681226254846298210313176077180123905872553472420474152001617666021805882461949664874606456387899631507124429153884042324507560321404776242580365260920519148291010271577459241426287104445972926999565011286066885462748757187665066969779602823041381108469308787168483579092546278034944264254586120459971996080031663034795899289456325531254253443173998536945980583602867451850810533130476475285376287457097777675413077142430023253474040930306942182911681643903916557470032165881100062420718524757974698052765170972745153025094618659937285040116814957781425963612401478096837868885112514712762231791533148704487120579377655030401664297015076738855047738328
```

888178731212460074527612354176665768817010114942899257349101235646
676396258065112713396498422824502730566937089237358164609535611643
437505650299631516797453409382353289997025627180216562436255117986
972162498323095658719682960254668065000046716222402396653824185505
730658144606359055955496419820113969652844393015739310520628308914
921806342871553537005900350470864609635410978841060965660343653544
490617000708995831805614533906504770527431566417609721517919489283
364812866046083530718819480534421773042360408411915761644613091367
593152863992339638705407205479884795798861699621806442015353531790
044765255822727670645936350572878042757348558987682966892335724288
086806246324897918958416944579002959286322888293828009160324606353
202382231247377367874061794090104138153305761028300884886494159225
575438094606302586267698917318461563936799577053825149341530483493
122434806333316884026997670244732749061897363345433278280820774402
667097781782078312085726344560947085548521426584891018495735031866
421748229856734063285256420887466425340533950450231027544934290191
600084415039849520215325600163927669366477809584126560429064525680
617095585204187128141347434451539376467549634422053892610995494442
891463675389578760558424841902583118172885021588583788068989305945
215392813746540887775361004235101493108460765432909460867969100188
403841622500908888374112448306461237752331765454201486843335315258
075266734685821776462554798771580037807371524124840869256907049289
006667811402797916365374333951451614111072264561762822599124788490
992848729888705298083065245993551737408241133677579727233568268033
781163575499834766699082383781455439162155128563855768188044803432
132102939421624081354802623088222419123119256612052550161349899775
372113033318398096362166247186330045413600338330530579386079021129
320328871749951452720450623958005426893173481835408084873470938873
886190102136217565025959113514421270210116480930930374941672915936
245687860034660224003395352251424491516060429976479424234983779611
349866591027178292993124652842563039824406078979869734206039517007
531875786306161264714500100320811594169604357882471847656444135133
850918620897857462180539472705749147588858463426651824146838798580
804824882080550201928877634902053551585624001893464332426863663411
740303122342371725194337451401469092871472905890150615238956228461
520314617026175667585862095154776828356254506431626437458076071417
857800275876080483325967588788531809595965814816000806521298179958
439859252951844584692724664770760915168517463856471876221491932156
230101271310528445074810700265024464178587243567799221303996521838
279141848265281625104614721163047907822420234842176235064391415298
230055436257014763699588784501440513057481801186730872375965246520
464350934313039666558562939251568103816946666203136394399173448967
139829815627411988262723510952512218217047506862533992675377978466
809995420421499113435407010220569268199940425166589339284985656673
473325794934373118520489614803989074911035031394683340777866936873
547549110776112694702987821125647656814915666919095529367320559577
279295129820907151577300917884779633743002145803603144778906200771
554904764805424270513167766893532669437359097224008315940237583883
147635421404408604212995770165367296599020483630577798545770670281
905871864830613825275278600758790702435874381211840974392908362239
891253893167318426595596595484958814557352731191074691798283457437
678588414439809369945323260657259969758824219293587914543693491043
904226378176755732249873147569570134160414988729796068385741483909
738944823408130109565830165946280719178447982633284555363597451218
726033253578179240687000168616506202782368106342928741450813730609
548908924744506622773308385268109020908132431315118495335969689890
391031708643714328426824906481266624069267042133671604705742655313
824243422085609793500650141268388679333024186546223074720253207178
938050317199178734911226776218997084782360811160079801956068213562
664092459514059419198886596052780459618987988978124604450752043911

```
9510874257625350337428534435996680254877211293856191012207429651 12
088842954685544392519090409345969976232251366844939593914310582200
549776165119323633557844773870072751670887701833608973105333061674
009407487608485728705025403965220624984387807914212329203806188310
481723210930017201914851255372112309151571901612713740653683546403
459090175169190773763122126257226586645964495912374961837193955 15
196650457314903486981404538174573697589822751137745630786723562169
766825239245298159046756218528584558914530148222658405359526390985
393717661971015878387327823837558472442882536372621081866574074402
013077213982940343245984550348898469160893504606046029720752430522
250508848409813445599990758681315475222046561457662331404526326965
352792923797929373929190374869671964630718060724784747396550517097
475096606260234290376468445058224722202132386388557145132347498 20
349966040662117777729786064434146736621110648053316143070546516482
946603376435620929127032409021043510275954039706547299792721089618
396731508470303622049840208056686992252465953583737496013314179003
537005246456058694776746889730944136910107442020272238575142052254
708190896349914219443174041123748517288954308018457409103199946112
805564334422622895793405173650295313360283143297024936562201188073
837965968669385630403655424493757197421024937405701936945138482569
860019532151265689714018351165254960060360110312028199534967046 1609
746208291773657299785645713069651650016227778852738340725983559673
970824046315259176738042297431785283156494449545036956401109369855
817985115027211915917638004829658130789859470397312065378020322760
344162973296980120590668246901430294939952501589890477105080253835
157158428051781526426400657458402791703655628341155199917788499516
885789808814050968676482560815758716892137852614348240198670085959
491834379968727493803924399001240892926764545234221922075784137853
342487883353547493246859780197430738916781429610504444966285797198
684931704497491550675521279111615838057069681965725948152986672133
352580867678999596495159606109888930622886966132631217557575864832
627968571141533502647214079502359859585276482031363986556281374476
129381484774020225044508591218250956247790738896549452650203707851
005311569656220298499374750861361904397629959903131190080431975245
809400009145582174545266258052740399813169325700182768421722318051
406820050230929661772701854460037043301432345251646866456105217206
929060367202733353961577082848882372881358894045344902269945387687
846572485781928755820170263348795417825355455575490682500699797395
059504613420534309269819057255312303387133029128503192281356963960
128385345521159435691409774601581987774123819889586672711142729583
108270898639204621803453794556243397185624971271409579259619230781
884045355529797774221068893673388554858810722367687848593822515403
544099482252905928348478013601350091515811453292144235396298755483
068015588531659665633944781862223936580697312612851200242204741143
375961776991063339146375805203581547030622952772170351482123853049
326570584461131965622545238528606444933091816747127236972720295002
626694938676067390723574413268607147813063279625225213583451461753
197073528090113543146777394534710240060895178155583075721182150799
500558837744547319261292538304998174304023070223890981607615311099
288865287256021794988663396420618209213160431768011778154296636735
078724191834058059780194136413801628579298183208684244469747609594
675465935139271920270860666700964469126425789697600503752819096615
375661855458062643522949216579083498437925743197158770646868200181
823204868998256456334050138496655764029708344806187866968931216351
339668783136235117749794199305482289866190400647154359595792275442
777794396672633729746627797753573196084347249181190210119294392590
380260264841748444782005168568430346614412500612254411855360366968
299480657213953513340788692453270591291498280174112107188413426878
788829800210711931841547690632321330356647042801998341625726105167
041311684938677002775094988441085136931695644486075931708354676736
```

90177738942973154551145922770111036084305577182412122340329282 2987
44398644640191956092300014394993453060442579969384917723978161 4945
11312042048686379167525306349006652395804402898435392555784845 8072
20033202925034659744813261401733733484152208726498583672364880 5643
31283046930530487353905968489776941066248996816465510182556276 9089
23306543747477325157482346420761826937202001112884908374084156 6637
87904917715791626174472533569211027963136363961933383031690960 5856
34786515836410409521854218925393845365190009456821882351219678 5349
12907472733457619087952770071453429642885777891979700517737331 8942
56474677870595141670950151254363254585850590927777223574413690 6107
05925417965794073644894013368462125974037769436292671078648069 1656
94144947649627554797526997506112392906590555602998061827757923 2119
86904515905942490767601449443302144753811078861683941736268247 3795
36204857866736619434018375399507887357076956973633489060966234 1520
33032736644168409155972675060681869195428972955496780074208880 8731
99984229331801642263918301140795970491267195672661938762353423 0677
83745037399215560497316196545379184136237601366609873437405615 6461
63459852384782852331973079137019825090585326929428640128896615 5623
66533668086796762690219338587009470620408502701789450516817868 2770
31934278430701645193131391148579096169684416066209283732083338 7867
64148839135298925848184530866997588412889658670242875568773123 5900
34961649957608292377522689365557076354134082655772488902435754 8539
75257909113420179830261153474517489394228238827710449742344359 2282
03662147297399136740367101215970943082487534476980106697699031 4194
07850208010006384516220354274895328569552580166987140127909455 4658
44685317297663885922327228023922957255162170439537798680918870 8511
95550148345006535420589588172819071594632777061363476090473165 1841
77320017762749668619298300484784222251662526812410603171436519 4567
28348892810958904469510765410361898853483266943402184793134763 8061
33555152023602176365618271131545325315248318501600255035300235 0998
11874568401397841324504129248995106356188398860593998518606626 6983
74306821560893536408037221056922170621065402903346895715239006 6799
69843981971994494884736379926562713791440855451262773768033692 4879
09647451106309430481047440825975290276493019099618286720668008 3812
47708280425348545154944826733517709915865139720744453559629062 0297
89651482279964382284624100494925380966317158494746496877324294 1714
86011775792546480922293925634847344849734476876789725518676844 5780
41930104358838478744984719157546612527742106519834036887682177 0985
64798974966417963758532760889483399378980386935905003885915004 1822
47692621391632221151170732974075729995059216141953417954539564 8258
06957558191410105474085836697638897485443567038088777622534237 2523
66858625286860701112073766444177034759239022054029211833635920 7682
87468191635734436212258468551849117378281498933173294328687866 7341
27709419506140678430955963466118300937723559315500840818820429 9011
12536254951586587987779332016060230253996395820888578524640683 8930
60314881551188185106339280138068829477553338685768700628738187 17550
96202301678908295772993703948123553225117730651413774797053438 9379
64519477623368044456610377282423774640653174719122855087525701 2485
55303495842547755111923104174126089604176453047384486184959876 8824
45549497422370796274252261378595615081527017355225140609247146 628
77076575923280000636236617818518201466129968973204506701938791 2233
90280196792848576421517536050324280495374126017027574030305342 2716
41863949578600006459952392766917288951034783250731781367442373 7276
43857425217753618604996157784516405621251200757112686925439127 0548
04174130629085265480196487981111437341575547549991708223661965 0715
27972205089698520513649053554727844829720710781457451456846086 1115
72956596315757938864748424633163765694448116161921604628737029 04040
97536728861306625138090935098491430915201368594034990362979313 6440
33125901186964880120878666141208928978105070175592631593289475 9333
53555853961535737486473277884692900514837562696456927138301087 1929

842282561144132628796930855435148219592948067080592226824590669598
704980565202263218860004581338482133838010714011937050319998655891
249460661314089799465045029166977232883060195184978556532435522347
947617679257654458205266051679944760722705502604025380693054988610
650921746555658888730178883841289599959659159322793045738084143789
235779781221663915400107412133609571689636670057484589520547926161
961736661796689247300318163307768429123981774002938069046482005059
305672109704707235857627655971528668574058099115356058690572447224
208349859427076514578043398793416795768137963620833903950832934495
580595363760485462231136251679236438135424774841948043589332145988
194213605792941674122615999836108550167244026493529026929476241342
582563872303197435078616064617695101218541063220308171661124148867
644033887297576584439522022196100737434541485089168713374426783595
270561315212526207386933218305935658930621030492920953553814549511
601214641984397939037189643986934878415890922090939070427578219059
357094307672370243890053453120967003508961922242988160876864329829
397148824960412446513280821124892241883314447492688036342391829666
716628224156781839675243796659674581169914928136901452227978013597
693138653945547206845777717459138536178479266953710369508963772279
061281236547915708886907667689081937493406103684106738600541100262
787008747059471065864514391969805597069505565050151233936665890571
733133644764213070656757319919039388118938253075210882859516147506
809468839245740011135470274786982168621274321497665188300319603334
562235534421417368117005957663493676223290691848803237345192434912
465665329718238417396919865871333134120710517073683417241234472371
867249415108427049615549503795501528738224860538460676720392875868
626261698438228056015875786683092512230401599897538489228360095980
752159490258074717157735374806690050015349853590369767229710437159
210984693912049054262463339608550824918232865843934026293826856371
259623897447178336999661802011547882499133236522159566534048570 11
232582770818862150130715779346002743951689275243551823962408391501
234739246686510022767351541533981744380629368188431870219539467 45
788068387330450266993482047409308509529400887069518186325483548249
662607066502499564681941064704071227311004215441855491231634073401
961809074987236703389974993439243991658806512836679056416957365216
050282244885217573611331742947356357748308478330984929574305730604
504128402971148973655233370252933328593415448831374005810726242464
775155356118977342742942596840194068133338141610749091640443078052
777297700938276873668269280836283467725910032841281289357876118865
330379943915710991731308768414829814731674389241507081233304663866
652688517152287734958086507090211027130801148807052510861641816152
556748171047862194001056128001346471000489600816181363398613143759
537835734463470097380223970667333178847121742166237978339505084945
840564804300591120184173005022419629811376432555086259936672979212
123968336262543307920197457555379857786033399361139731479735858804
674826631905550317147510740826575455384526005243911716394798545438
546404774452744423208201158058940110410945383309204755983130127803
405876733811345178470423962088493582933994762948927492630761519594
758086352305003906352697550897371963214320279758088695852977316219
835944256689466634986556641828527840530710394603837055319530705781
433206165483720876373054215104981963982316223946155540162448192274
889889915481816161014129111422332742480710512027849723849044026429
680769803440316010136998088564222960754069569557133508005356951888
414562653198365459981493547035333965788049476127320909048553113590 8
697471453536890157189698415775481177794107604190191456527288840405
188279508490082645360132429152288889379751999559985968288936089112
710910309973067570621865972967346398430619284295504292105466916091
541828035178323684155218186556796340711124306438551541562489751763
977188126209840873609829923836373030275059418770626263573784813688
683682933396988927744468696966294996896602769160036986059689047184

171600019718412362651997930127874191392722798698022724595229401524
322084048175398124008257637136067030334477654114042743699620541251
450482700210515174118908825492609774721462055366779007552008799892
323465359252612737727695456712154449995014845268543259740875744450
235595503175888094678670624279504968122317381953193469955615100 4209
215360832603215306918572722599298600395392547343180646477064441544
096308598332098942811738979506827495524870662827328053647924741072
354611945944265379787498697959643221449501435206166327360833877895
746269008896094162137344263820026765753391034189247610563598881700
835396449558521922407698130525217319501323741964534289761658135407
331302630302854780224851925520783232374548326796328907125627475246
122929296414094248502905947415575992751242508506996634735376429407
383918207419091625416097284459162561447272170590829385767671304543
843359908261608628446719632875160286080403534720853621937494 9413665
519915085368923735127485074294814451965416938229179315309180378204
728722389455877264858456583583688835417610564712553643864015185687
695779882751742224347111552623436972117076334504665327247663 34237
821195879117615783397228747084512798865992451832791641445982802144
372701894626680357923333751748064104993185218845506821183608568975
632511813875046094241955744326397198431078927752472356672288395527
355236066225987885985396328772844546836949236760648441227353682921
913245547040744216668206746126567079643012005535159904741708546163
733620270386595227380642312621874062689090399816710861502195826500
644977817357318505215771516084763131429710068248249139162492892556
126384767386218233345228302857013815543747650578465690588394825313
419981396295736250191985710580846679236491105929088055068338217718
370944062699938269197068244705320057945408351861003661161560945082
423986504199873162383835746664545218873590261219345316048583392126
663772506208519054623623733732811425816643842498897985966795417592
003691300453703719627536068718301376481212741056148244879598635108
500548734902984477529757534939665530715055154410390938653741666521
591833549973825668932645268620823596214023963409712242682687002533
955826932243805998324269084530478141991498931107101571694749555763
521945874576862963018389905824201278786755796934723185030744610603
483914598794977948711391354629025486282224974389447438682661643606
831812488598723268791076616230538008602921583381443284532240746235
541879988817472381285359683828950062022524646357316108266360364314
856355316050499154144130887215414433174525373210651396119733069487
813913096873318613666961939402572004993080999534821942765587811 32
352187781245718342397646806973069793406081383018907785379227621548
466408823126429816421239417456971356661539825555435294981722390145
222359192574194314642182664776888667725021712329415228978446162910
566285420071453883416781489134566744506929129063191356184691533158
558135076487541321859455745770156486652616746620858010700235568168
758105959676999801985427064175312884874941390708664208080627 69445
013196701970335518100417192425136442744852197815370357770961797803
655471501006418180502754073583631210075848690420360453063743034388
761523828983557372852602790109658113583990080202510641500684886 0377
851451703993626938322618882301899591271000879075416628748322394452
285023918486791381569205686354321704163358637035324353038603138245
178894425200804853014804232640065209962960096641776937613082080687
020130883472099991664558057470297265064248590310071846989531069017
432283784757153675098497043483482059931223224751985485354554519808
422814507464169325174171166032932667762278190834897227510030808975
252050302466493512646127848908741180385877998569663906345052 00221
239345266865799204423861484757242890105114328883814583700148678228
333016407276114036941362115737169985605841735445608033688890692524
353381053971593150452592094012886826761957851131323839763615662128
576482640972356689220650459488317958641010564381869889428992763 14
816131141197839485143896402016161447028222175648273420064615301617

```
015673045186184377052127062573422587150628959854886176205229616886
565215837784247149479866487707067324817990842497441413030772781221
727570939898531076626569482761976332874465960455935018021232313616
829469105165367996131496561881423079790028197020753072041377449667
453062511078456579246380038273856860224589540614393614994048484286
969806483262108464380743336558398688089988471514295701014512054966
842896674866101866876512973139628321441026834165860359911438931807
625644344609274750282537324722439635823144186618983533732369168086
950292204814362372048123472392174822684291066611784943531672592385
041053779311049081572958008218904109965374052294046201984820594719
565468430076822037328399061467920788031306210807428878267456522279
510397530185492450108066714356522034098520971712751588390486131129
466673396409924349264716231223460568160044054572146286566256168928
699746838216339043317628637080958285081909697417621207405508511001
815330208171813671768543487272089172606743181038687549909642874280
410652857444783139948749789244343537320188375097795346044005281197
852692754424896325741629879428825506076395165108387117664673766387
526975088379398903288357402112295635432087437414162494910515768227
117417711932232945391974092136590860000476202432818881161163644928
715559908299814543584037170956530525675679006103858220050257742429
569773732296609385467336929449681543260568582340850739091504592315
081322676781063632505958627455148922828565406945222105635580286224
167640557695260322183356239637398808014246118755054609555094122720
020016673290789780007096384828312446295596545022120743326436571869
713451446896888922951080200162568079951218413160983309702178276860
244871443361314459232060147349748148691320774245973643394920073088
574820672241184792682405330459869275458970721314584154047723222220
839208036324127217631162891881643394036869317135582680006351732097
450524378305263342982051585729293729065144082252093140038334428600
943717769650829294111897120873707840935527547594667607700739582996
325838861067374507926180433067251405352116133767896036538579850322
184508372345725893974482449203287338602799204201279950628458617692
934934748645046491968635338391449569329353499139922453664188100631
030710950568773445423096458954361418630876241944474198666983347713
405300957797872079291462389626390884639299690639310163833638321319
539379304280498487596279495977933648358480037841610186331741498133
643427387980302577970218308865036418106221571029282021587181445626
643551912892390746449491042735969276652311469566584458181144763773
752350128593126592576075055650198433567754320917506901135878671619
549365520291390943771733201558080722733319100177931651968154228088
370576507598837597021754117738087137985338962896830262981628055301
107557758978534823854812982810501496288588718232218048882601827461
644879029172841840002936746970665260086282843883088133563358024351
057763528593351544438010102449942174781896553188470873781552236440
714542829548321311895375408182160748659797776227910230823364843617
233660291719339926167882868980057891191156961286113730404222996244
445645228811797471536635791461504943812179699911719553392915467985
888569082819110314718381129967865651453059679813190800422182709005
693044807483008345642515023609363752556383193517427034362926840234
776413899039043362351851350263930095966444898776041743786038172342
060790714371194447539522843551677888570909340590984262800755500248
725830650555751125935389631517182606584600128932682974216179130816
878212721039217579698337007055600479265997432364952544755986234844
740409617147566288275325091737591460325080960114432704119873153969
680079689364075977501803740941714699818850466289826305034062681730
282319799125530918362807799251133065557772589580549721937547685450
346607218411557053096747424723286992072949541768648905189668750773
621842979151115758515906698154334699735695187655323006157281995408
798433268786548387703704838867969634471044881036662552958628343438
480462678122147642516601976422702036294508798790923068997762622023
```

```
3634117771182015399050173071493996115548403715228268577998385109384
0045282636757612605639843913529408739455742776484992414146858242 91
3857917756232954020168247866760021021513826664110130042178006234 43
2179195236861776961388050065925090702529001557499487526013723194 26
9628376917390123280026029927806831063027349010110031406707790045 79
2769827931368494516308950918290483029650019089283364988372143961 80
7932087423287680686490992044495073598605289572116995190404083389 84
0835633066438541288900714754386656707085018469537900325716436271 57
1357347225105929586511098406845689715658254557256333555945765777 47
6180201568378523640314978538098315662531858094257851058139046154 65
2480727198329095772958055300883576439354657145791359276746643254 48
3845455827309139861671777995943994550317477143659796683456454234 5
7823495302203379392308962273442866717466798655682537325145377430 09
2237212027531693856659776107823598018863075075604083677127418714 58
9669834570275384870360304258428012778831071351132772777499204648 3
0373404864279022583676007739008365615912219662842690363666029854 32
3536317994514703396394961386871671776305654609188565518443445168 90
3346245846682912141431753586574989124759556089604029215539397744 6428
8772795162230612464779308826542357480107178091527740165487104682 65
5357030989813108310430948667539415116316766582814037008668655476 43
8339770427571250447492212296908062278760854404088813995712747561
3019026375150738783118851441005371031418316347433675117492320531 76
8258391503423545058602263058687027792432296916175459534404574473 99
7117121192077899158121806247094415506947273514012345502046290677 83
3781762141918901469088070798181006734859396797266934876965238322 01
9108208731369657998137760621433456083913079919949161884261517662 01
1516330133652402686506039217254034345528675180825801046290582083 64
6811073518337297519614561225253713567711887842519940235439622424 77
5173733453533891507262882321321961008440631515479985995215888847 11
5997837510010625972439544429056478372428271127688613087297176674 50
3877844706050498179263263011217932857796301341729058450693842312 7
8574470982819903689333323225245658784864990917175032022167285214 998
8277546583065590159584351618555205489782673613579627957493305220 11
1916108420802369961389004399328350663451816407683899879224132306 41
5886725004798621914872760913836555345671757845474556760412913322 44
6095514831253536112871452107430436355478982136977200927930137261 70
4890828039390999835574082898005613032632804878407025880190853877 30
3188187127307461366420509108749612419017691344997077457528363397 83
2315611035648212470903595368161039384137568833771578279382941354 62
3916270576056022717798353211081825134419902677286104968703506073 37
2089355308640008142659916508722359726946248604836665891130395850 751
0474494726993926452646055226651892497645308072131093520962315760 84
8831138260364791668246800841422358877741046115569327078879326874 3
6128379575768538184074677820984677627367244691189165465543048479 7
1042152397792892067638966358963835664180589442147453962262317532 65
5797252681466311769780129937110982453405229270933003996295137144 38
3195135057317880566639610421225778725280132528384833082997288182 50
7498851831471768420564258524847512955453433867631293546440777340 50
0072199683801405226959470919911895518840537007723165819521053047 31
1491449137585879146562388719464798452652848026896471317271515010 40
1260230712122287922468881136328743346672378205581117942027216479 22
5653704224487763296970129276913150042520225981080099798855902356 8
9043290231478538738724020947448385394177836794323325613093817720 50
1734309796245324951033905554193731155678109600573604690408793506 21
2987488240528497439396469465846777436237028014143003044016617901 16
5797602697905113693090919413004043989290506649562426836020340508 948
0290002637622005786405521562274015538028003468955917543127621861 3
1476052556899895094989323834728790825399842346397579120047011707 65
6479780085662647461192149320181526856763348584378214733117677538 20
6424894580965820041347269571623703838720779356597620052278022518 225
```

296320032536927653198445965838103755079283425278582591745643500626
084344163112970195537547485185666610908213017688979176081118674529
452988157107661286021403190196538623956291513139154058784966307201
942185802070548054644775476955678720896015971790736172414061141977
276502529013859928135313797092560361206849838882151922518132179980
933359782131751070483806021942235771089945917470518247086038195757
880028161556161166585331628472637285890244233722087246293327028353
174928410044347263041799008694169287372227838080288266378013920532
928677292804236565912564514894549289320084006096841831783905934902
376205000224339124261918283291801084770695741558673641192801283496
458206833115754626233916641813906198852245734368306773983610104642
316464133135532352273752664453382030040955103219288976104028788257
165434018178388741015541294894921097507774609559771524786912881124
482928425719746882048856549095615768512861059352678026561439383358
592178867356600596530098536546206425434637910629888573898318354369
679219264775780379760991519977631569730191138816967770383136174316
445378545700731936052197001517354100766869601305437275881607049987
789365017422246617438193269192862429301061984254163460485330613122
444410053811904217052950210203949284993280229187520880003182408337
953636422378318266935454676378573036064039922133069977838159195259
555588878191552733115500131708794901667727284263034494974713565876
728143942654920526300619080005910944956218545217579084841829846693
841949558812074700106037683563441033205450016151657240720125298604
958894707972183425970164384759848658280980869054903677261462021539
863629416377179304762721831365968096850029180311410797043113811864
184914158697584986602245464927651310287275862938670400213000595178
1635864407778478117806522568506530713507342458944602683462083458031
339214535422338754448630386070872785027777775086776299202224027107
432459134004028928720902658654473562108425271922286631314180112202
868765811959272712835132421508816450191208996690219737367720181554
670989399273542199116273165262450694992002848523663471619210135317
944601819327396072124887398157503934618170208223027956393354316765
552788502935163273459472657951040114997344823774206587573034636025
051615613927268982066048321085542322084072024003091375158254174604
210574559615339198458900273971574375380224264155677787593079348042
453601445500804634412405440897265939966330079979725921292231094194
707838420418307596625539432445609635895414225661367379692854237137
647495263375569771626021992267349139427236091784676196587205759703
367639965915756363993425058788943766830142891641757385033888100786
002186250388008817542820476784272595671960484060571210079656164926
916996939208557744994249775621141413333243237951509364096641340808
447528614157971242508505925805081064620512457221688482019793441153
229915524820485989751301007559884796958676495248802794232312419807
388735906666496491511396292448871057045643419978174371093169216647
62069094056656347912208766735316201439579444576216638684660165500
533947931580877471076476445478396109992723489002851457979744344660
440511176045586177008433876053148008853673570211565036104548799284
037532175914820188299399708652690645538159173954184083082629694214
229603619265688038545999145315531953051939183455018588454934955788
237465098560821298424007951804176372673129537115995329871379480968
186645546885144362583503666244085255859306244147002018821220464219
259172345933989619257901631775292386555197656249237162846568538934
472706908824411028132584191077575505481596675431195699439784151633
240688940704392660811215618619025303220713906467697732683681506611
237692800248968355757137231128842582768928782310956781189966969774
094893487241466149739727949412661076369402958236283034824223717633
199718423399903981284939398586827244646054071699259408451818357188
910943512641768469147790922528378375323956019474534909055101642338
078115996634482620714158723813542032404931757575337079350969461348
285274651377146834205626236321971729619991708666383043815049988726

```
06717267657248389966739493478186405997311990052966003532994139326
852632809300822108367705019712870766990024781300851305272966844060
610164378230719136307049422049383419600953509993987135158792521973
942806151356564313408161568884901747824857836606800403926759962908
630937903111506727671941876882462830751887950689739054897988939998
836266317622380542165500973438436075892142420468068102248730738778
094787723527390164557430678984175586097805980115965586660818087835
319300271259737913358957897334008763443118861486976837881121510877
126677572310183325111391985166650796809644853255663841758311669493
885921614166745675555382378604424455712633396677214622446741586901
295620545652768104736368260978986496300568279037369198631560129161
425693064781006989197020226538674162603049633997127366767957428955
566314014881184615445820075931678835668267089919455698580240906776
542744450798568453549054758781082742772021979660038202099786595196
994492933543169491649170554412944820929676092514799032258890049539
549957229930180621792621124071101622095785527048886053819284236085
295701406576742213483133260263421770543730953570108907807302213549
826362852887826558691568563466259473132585195659138468924462445834
402277049670665349938723547520909770648817090001106391255718740682
470471367225709217122286721119172532204691459692215612297524374555
068820561736954940666273325260413704462908654461510442560076329179
486145106922588794437481577891250885911134172233031567497381920863
972206513520158280086982468765373753233446669783773281011145261959
958866650108216881597594956660290352758332149372864358745996764765
2582086055552447339121171297976729814037989097286506976492032209927
924040206629297956083333483709734371103831364074116484760050698520
156744722778358999608425578842724735306117051602021864568180148423
771285876616591199011868814095160940245806826199051129611212754574
119275346382293994753499107485956141079594010471612965889159165679
925544442250779692987057697058479143040118254545356111724273371399
999432672127719323193391300068902626785230042044775981367284743790
128671709651764782559460090760126770386665955450974046848589127133
239909729337983586535080972670948531616454530790871573529955075169
242502752012548206339883390344782848948625326384370394044505434363
120240495681948503862902856933719155477929628988453250576597682076
434462946898145244334205580449946585823750536595705362244038184299
359354415068135070920577444979990516676905380209621766365606835781
587320379231026760528625950776545290579527210420413852461568605765
6282187475533890252057850800740693372942987737463057925699377504026
856615866168040761542216193889794638536338311259582441879709719549
52240747959539194229768582513900769548365478993386356880618290567
934076519758024674217910250332216964377600441282077990490323308123
176112379972572146928331218471752129580119166422739351443766983751
998453064578736640777380699652918703123194595004164514120225826972
469814614881846289049872728361923812720419779161557131344799687575
703393540193254612893602565440312289217822034095434438836935460408
954458024790180847629703419796230216029451611247691650186005981164
172743826673072895297840924401656957765725555729576130242533547909
506761981919701424151665935744603959673618532551061007924434665329
441818070121476460301248629639975333472474598343390086851604672402
252161362633437520040663234254993084214185882609820943615743240845
6471082544310188309077262585702511211046551644620072039153746473932
152920633797970985170747730380605362838981511969546064420171139295
668853118832806264334317017170201570264852813184125163439247307171
33554950601586713611010580504697835880611507229261275769395214080
302982839704314172657091329508291125343176943080754686551329222427
649904174047481341076368194957397746437968651830444656683983184841
948244176059863821383782353137304522859498310101762249439405390186
494271323242724894320227208505266704016110654929802726886299503201
407835500681783266124429473379347087040369339474448836401463014307
```

```
66548886919995190654063116647678194049730100375198570541672527 6470
23085919922739984234149334998390978640343907692242729337668926 6049
34944169471569715547059904217421925882575342592999565986426768 4514
10612384687880654457917717504027762823606330079437584074366948 1319
01830157091267666207989331700172020539549068640945149774097741 0943
73452109428596847172702340645067100714287458635586867823699633 9079
94488074376088353368203121137324451571040418642925879449637775 1457
72351175866088174938782675387764130377951906050406476302680647 4269
06879414474482693519539380970178496731946452891438922238632801 0121
83431411809807504797024389919357272570527060547047281474647446 2082
22454074714169406520696951676001055917701364897132278420170033 5664
32055511462217933132322217119327373477715778865837696990791171 1317
28353740193571986318244704761544818457702523441248455096812811 666
49709060432274718336680981167836515700468018768170956889324184 4073
62310602566274757479697637472090635484029491734727487308120195 0527
09637583607462545479352954234171272681981339902641902576337361 1656
97385508744130241104699836432221001267728682180949890762368689 2633
84417518855626283212965994121375179698905209247519987894668451 20578
37358450431489084456881613840158803969872920098540862969471322 5986
32313171273219428914135494323359122937242309660154616499698557 9627
63275554577984454403223040904934659346663308857369596023285750 1802
68502120007127142076556577264079830207291948065129360217761136 093
91135939353081217736284318944173962135545360500246138787960676 0408
05316930025093441825713421613614440119152289530653007779053972 0033
96628941794659641777983559253422877746564000343935264773517835 159
33055719947159812125038017559547577745951520713908433610011537 9049
01507890705670881844574114508830512299700209969611309712189372 8533
08359428809904927007467960128096971829283941281989605213233610 7052
14431760149950199589535897183336907828313863423685795679656341 92930
49769815209974528878312145973684607567476636060039687917435421 3850
34895326295820544748769241330366118328689112778317546029127912 9556
76007418733225542908244759673043008045896634533781987536994863 3505
37722445159010541656658870698989013753888024327585151411858454 3536
52987491572718865356408268327225110147009089886271677224152877 6898
62267703698396995978281655794088825371837645374022181884118744 8133
82879471964454937570020723469625336015922182028081797260491282 9242
07267129800242376002246485008798898857231588422146946147491027 8915
54652123059424861027260471269813241493814990176735748960941182 6805
04771730131645894682345409075051861661015410701795541759759828 0422
93862715555107777996745912246616384747714601117896485867721918 61044
17530731906039973098127182191067244244194814711527834303920653 6812
21424655022693020656758812764754343855734742632815492770562660 0665
46711848765207267335654731669662177069833645835826830207766337 7786
47489587312552194785990526293246984363824685738723284277789839 9257
37597904038285297787397684663809624175477591483096429915528145 1658
03728244231957520927726582693230597524612450564355755914053401 4297
67508244334746624398583437614879389964144402514113002468869371 9521
57830448693443840734559086690946448138235353204219253479168899 8014
39178623237601755214594654274459179747606361665240186206188847 5586
48738058308937960029471475549016794959042815618428725158529398 2983
63206691979956738947880019958798034828312599253297599105020735 0736
26602542431051328629403495541763991094763294485429044481026891 5259
58952145732012266399103321680006863504862007357034858961061790 2776
60718167706817936631804538237919125956198438857609518028943215 7965
21205657611093989915496884031377549393540856953449908009012703 8401
72626180182044627369468295436971942325792206474709758952510700 20
37741719426389346496757154272504046938718835727756344487694459 5084
98638877616835505884970028685726928054212917958581319142283803 8713
72827552868306454333148688092151697237876013755279811045966988 2917
77962410970709137037883930450645012459886785895788637091048216 5298
```

11520583322780817799156082638433465541976031504888419198608484 0626
49003995878169329427061962297453127136532694441514636256973427 5241
60873440269797879002146362696262012037753388367754969157208241 5463
92424135057574943231795379554632385241993089406051134109851878 0558
84092735591167161670187118155350582366098569193922700064682288 3589
94486575226714800463165675219420196618307034521639282318251127 7834
28328954142472172600810147875803021229475153440371272332167086 5724
34181080477957841442651899778860114020271232948237623382689209 6411
11630110322175485080943353504340776283415930030005339134180446 4235
26240038073951095137011158509534732482237438035089352893521658 7780
97600325712128354195312255082041269876035418900771365110860471 8194
10808843111074253639171389881359753193233465157986477504684575 8698
93919631188241144154303570400082640126777953841106650964079049 875
22171722641564904349596267065632899045783760113685132624683460 2134
84557564626077735218836021662216832732675246600907786809348433 8791
98156466120824848678050644296958460210293045372463348760259962 2427
00993707358710745996846332376105029378740807906736268831432224 0026
34254183494649749433787642510786294049435597088950968013376240 2481
90955811349132979136137997670206146980435014907067331506378762 4020
66239070271832790480285148295606115474069599725619492966830210 2119
30502506226826388089654062984556197933891284197588113582007257 4356
16857677236659365775185363740768701008248672732582705594735875 9499
15271835476599156303913785716729854404027517173882658738499177 4630
98812776933411133364070227666786105071688504509241776817981250 7691
09509091441158337030312240506723054581245437271259392013793712 989
50497688964104658348507481945401185770235917246901296651148215 0074
34229928281222799787375669920071296284554728348592496576820307 8846
79506470219473098014949774430994977910414662850090667009042196 0298
66331103011001113278230180588984555896639346087537285190743600 2284
23038962151716195641806562700099995601348969285573932626572516 3640
02040799847141233603888674683408729576146976265971507573970514 5216
74038808385420153198494093562083494180844821651843907186454857 9354
11988652622403271917749385275782250382269359705400549454563248 6688
16693702136705498488652755267963759254295311527394338996216801 5529
06883513703290248458258150712763600548356859654294106517041963 0389
66990987130227585345904165117509748613302711360435317037171841 6809
87314181958503156487077214947885462800392627751845665043091260 3414
22184230421013314028569150289035417750909654228140833298247325 9563
28247018866813189069773412240098245720477810212442578679419621 79708
24549471516573880791213055942557982936591018592952145889198973 6410
57489089488774613063868425977564232526863463439677983839121192 8481
55904632572684429806903801848937387866267760146675569302143175 2909
92680576999578973176289166009235193383288594182243444483733745 8570
62267504976827361392921256590388559093917896293628679219569856 7220
77114516768711517036384009901803018928779566852973917705416096 1453
06993759159622783391711279810129843002774890935874894539811735 3381
57684613950841856380458329867284936286928780127547239866389241 3528
20450578035388536484709732754492568009427559651602910345775124 5135
94193215268950901454459524169611369806470811023153333882766622 9870
28410072488660528760375404302185784296422316353133503406804027 8444
14752008268900378635478415653636895673116883950433545631780101 6615
51036438448861498271395607957291390579008646612982441522813477 8644
22645334901586371744886261087774283733758627720819683069638318 0588
11078938957283767783011869997008943365606245718983815017674655 1248
08934944770008373453061948200224387252360495475711739466291361 8252
44605726009488669025658132931135067443779323202503802054350185 299
49807781052599853044887550724931255065100388571908248547838993 2660
28603373935687364455746756966011919160143880775298766439451357 9476
07144709888932776605307411631153013911049232821931105880973670 4743
23440589088285640026797594353464274210784149061540929624083387 9108

```
15657899094988157126902366200432802152895896157752220606214579882 8
40491823383657351254312693680379872686847552369200777721381179649 2
40036159023457700349411534068335573824873913135391914758158527625 4
13375899842036188795513807317346224477123585367279053008355143691 7
47085161009147544822406092245575761039860966356788289455003336043 3
37208465567251648946232727869309895094558630983011437878258832122 9
90671329181939765220257245584008140241309321334209506896941907787 0
20261535758021821051232908135283195091572599255500671987968751463 0
23457131529536331288669612988751046150859356338391507026224045056 7
95116886946051109466276723760723750528845553323504747748998015828 8
04575300504609169021596452383038262921063032258517321567528089135 8
48835485487124126532742471657522015793560433819846488377660552702 6
55267847083560102435686088326611788097703136061377909360911308723 4
07720961810239015785329203547127196910567479470441464331213143956 0
96751662611289444050366388193402864204850380728609879198298048731 3
34990048455219406573465415553780146623057839211851143279665122461 8
60447837066569424465109697946211106625572671764171963200006067946154
44473830095878493631232523528518998571980916000681419191861683890 1
51812480464347190128400070704117380054024841599367102849240755930 3
96348724030137535199115751180444162615222008808978968333324522000 4
40429731261225161765569424603020753595893240208528924924352707396 5
65138857291831649476344881044603214390876483265516729876219997368 3
70945854939343383325884620594015729844642978627786282332906904492 3
27659329244991240461338339690152475856010196827612372034305510897 9
23175286777387820132668450988071802682039220280484921574342425680 4
67306971771218734560857152035670621700838936982753619171973710794 0
73999060368395206127922854971386002256544673985627696756447769925 6
30094957092701311919298249557757637508594236914490683476345460439 4
43713186795630258838268179289757907386757743819735208131268068528 4
19443653155109713356812574828346979017890143182775261808833136399 7
36028295990100005197243770152558648191061236176764114583236934795 5
06473752503406099278972307195082778497001196031316247555100872885 2
17381291856087677478561960638935124092507858062866821553712362464 8
96932592034892191306713471710997703373628959597835095325235982712 8
96491987110448156130108291858127392922110179269486428196832862469 2
92108464389599692881655076958228987337238615783294284880756219323 0
95740630838089146283641381169292290832336756904067876535761639617 5
42666459380243601974719954034836508568871288552924293518679946556 8
44513208663020748995316987888798390898954565467592320605819226177 8
83766122253354733863709677295930239911805566228092649500449877527 7
33462521733263893894949146540382124321807361584536114046021555259 7
53667202239198810502846810737704377232931215975362275051572387645 2
94363483879135289887879058215501111042335845183102276113343358047 8
97141497715251577898482989361644918289793177903264672287494186754 5
32691836408798282666191059531425286630926707017324059507062273866 7
05792873388271849518797606853228061480881864659328799427797461245 2
95409526712496904410461310739091921123969406835184469699304716866 1
74240505192229767529852966848673483681162576635255457522440318439 2
24623325561652251410423592327320188833636089013605047263374962058 2
37061848468952998652674663630219587161369367867248353561099403738 1
39969890044051538895903910328279457281511397587762747445318429305 3
66136379516981727460520885464692320417591143500135039507534849961 5
69249509002075560557543841702901460781818699249239391194382411002 5
70518213882300980354585878116400455303112771792666147437748373662 3
74602020735384034823096876778936230561678938067317856631371635387 0
47158740172890527249125208271689304373982296588377632265870582768 1
34735329947863858277438165477936098561315677934180002014758042455 9
37737830360395631349135763401350303484073992757865953439127551602 0
75308652365385274503788859712486671650039877419265374145011160495 0
71001864930153582757306955302684228758483403210477930534852209549 0
```

7925735639770275737320455079910158184367980977313035164498978068470
70092412465890171794998639015234524231446407331462397045474526050430
1874212994382125706449150735469297093206380290377591188187390157
910382794684926286064935577057927535699984474878454484558005063460
31019432771827220312508097750299519197688024658963981141533713506843
61001131099629825109234007688626817381428582041411060789570114950
6894308627965260288795353976116845807304352996562712209219685525228
84916973449075278234090379343664317568824083192949783543147314493
99148449444634289657179655332850400946759399635949907338642665621
8748107263247872430406290494679202538485915398026608630282068371068
19258636756161674883003149343012810529959988806188629972368964165
204568060779510100917746573081454691925813273129673025592058716565880
4203391315397441591728719487570142622214719278911066027507612894427
3224291366994665927065725104193631023859817549079869943892438890089
393463412138281362194718079811145030002043390157920439312553995192226
09088999712563092330271429125014403981870500420259608780870813586866
4901772444736952194467034906502238409693051825939968039421038583216
0640076947789192421214895435937440099937964372851310362894311674370
89467447379716761820864159316835618424004854427076218560664395978802142
16431665190096072817460641376846555288918618196034882585207484555661
9089693189055115991626908725698821763884637459550647377739141580667
407665009778341493484216184403838831093760153938893631063154871345
972529048370368834150168607515857990254115319535607077038149712274469
609689409530526009808174927009219332674213887448974859582609816278112
3934793382770561974066637897136621101115062064178327309094386421044
34100156848794624469675999352470493084992705731112482397592335989864
5282770415482776290851650379608150578350982302758742157779597790045920
60888004354874347352982814703676657845392604783416704594176917489468
0825377283621606685686911351945238338908918911091279851458741407650285
2590672091111527992591421284355439757588998522071759099462414469284632
68626340215826602498292115869480107657666054916190877864527586671942368
344343143419381233500212897771314250005292249716731077710017168511888
229988920847294675210622424553471607991208322047262682159688664508167
350961643933992447751146236967030823020942646253674913470340742458766
524088261910336251980464113711612273934979644756701454581288427010677
196263293691784822862791205618498280909007323886154644578857828584097
096047744112659161889517766291662527168721718762516513631708979617646
48430969865502038327499036901395661677245334777359428410507910768933
52387935549818784678123081259581976513263542563940234617028903607081
6642417750144015178987133940719540680368401437775382302327416865127
33144671792770675415259373709342131975970409314814919948898722867822
67469651931566305291459571361839749552474801943392794936563511497990
84354265713102019714434595201177875945803750787462518049950522139898
1478459503317862578489997751009183675879921922826055038028507810017
85441580731247007138124481319901891828791517297480631535418402724973
1986676050304698921400122077849186541670628894614373987362169714665
740339540354657042071325868663336279283212156148810545073264464398983
800241706849219912974800942850816694356492957834344123652616948230319
409486334102166069882846231098338701418928078207374832054307495416428
963248139509455899337044918261866426541501819005827072358841898280
9980191510351770638164396642793470437736480269578536810367986653193903
76877658268068503687181035728366643365057711722786667287930908099722
192218881367130934805010525726415738134064117816210480678714302389
166811566310728760536945753778478065058550299526911703233303716719601
12352344074752681289283558682868402632571605697450019444495170180661
8108190644105455246621997460551083766582885812981445152674903802269
5678115007030523761609761607516474358393341040779805577229347759913
4331367215978661055073422783711677618319948593027585726139705865847
0986866795339609462918867805

```
71711368786100785500743881857106412692050966991492894227497425 4510
85029268848939544748228630674993942734032486837449145564735830 3787
88605984756918370045423301286627585792709510678969053335973429 3614
20032882467148804583531441386307976265974048930871107688512323 0786
07934245122017154558018416921640760895771328756451994313802327 2075
00512875563762033975330060539152081158801054294431785558933982 4635
64583104692415828661178849010046341407609499821446541460392837 5102
47350589440734919649540370272245345722012446368700313848339842 3091
83240249015795186593378599282947015985795919685983868598194490 5441
29809748419955368963699635471720618181358552592623299539916937 5917
09242861366421855846766772062305444148858262537053208245437448 2290
30278027065751038001710881783281865145986558325871955464585253 4197
57769782177292361207133364124028163497001437315008855271291758 9196
08289738889802021760821048775450013336131917131976208561491481 3796
40663040654035429084875144609304542879788815724796980056566079 9594
38836482028316033894667904451136553073142332760578710820792676 0439
53535466422536781850268292228847438639303958374009739587014265 10863
44620470517584760549904572725750315085058585681974684292904170 6716
61413318850438469807973560177710481176836641077939679436202684 8191
17731482408997692555128826314527801264381391375696394891108464 7998
49976779062995454495157317870080407124802833371117026427230154 4239
13602066185340630711308281520749753719314684009710622503719592 1638
65824282289408364927262824559605155252350591207841467076056758 7367
33618941117427616791555301719943675684792853267322657804559329 7864
42566694443389254568991712253772984042896325472825553367989035 0772
23103164222255936866224029328970790077496213095713496292896492 9387
87597564476663310010012085380491365778048694771004653842197087 5553
32495654302279840491862319679062531769931473584528027778205886 7692
23247796532393559859917992633825686079312971530659553948783277 7388
80713698149746405066251751431410646697548078882506210803693030 1495
23602476687170177830459449398213546668120189155589510932377910 6639
74321717152861012900733351801133111413566846800791039962245315 0596
20716207040285515702614335810300780277816502377517200967856240 1690
78815127492674101606302319578673330966741953326317915486900877 2125
17307235789809252253022563226541902339914103803099343538458027 0680
33444271651927725823425369059249275644499599318933730202415613 3921
72868821116886256585270998729060165657108807389487583616952170 6209
56326824609039961837889787201822687023785356834418100121493461 7230
67675286359901128088910089647377924597956882500739850238077509 5912
98155530669248953573727641323856684678177814057638772348760403 2512
94676471359436659413455310631406958562634633689731065163807435 5343
12610069096745376501440519811834923531887194079939990955389289 5779
87504772778032708466093615488559657996970259562328028461747441 6482
63204872412829899494781029882283774618561858232334667185868834 95818
42191943883222041292566218213616277944900410223801402421658236 6043
63913231229544346569498272220679082328807024151373524162312274 7757
30325612470426854433853224701279777859978351819954302148759477 8160
76188527083820208483499747127552820257969469966553819395937982 8961
37784430079530185400369661661157628681207957971615356066202735 7626
72471209934826291145872585661003020261654600684814387146083727 9792
59614599323921101703973376987349543904745166541954737744116188 0916
70072852497347235348009245947369144102322834363438410372077100 1346
20579466406707530982408555035768869970078481436755104015453365 2214
91888383021327917374952250859104094126462615872664616191769631 733
14166337444938488514859513586790187007958173647585040709656344 4530
06310865134015456864546098577937682284642303310173279927121446 9555
31396650548172764019726579062195388132535096325094744598989108 7859
01696922581986048732516163148722533208681152503877839030921096 3973
14087014632627748736199925160369035164018132286384101577891383 4548
20869539491141654192122441037258823537352832966225404053959955 1254
```

```
18804695534701692796581808422169114677949577090318147199522420048
90588559374644161534909346821095273819069249340125854016212983888
23606711299047278538251093221267600863567887299111060647443854063
13070269157932911471683574893086073417620348424225579743251001003
86436881605524668277328014816697873496332099634172377923788303516
60548716717928740011191447262456712470024976224582240273977070270
23503237712416913149130844802726400994497259572092359302306992730
00522490736514197778118272030525906050536647931018487082839762435
97654102454719021296462440721876685429130719911560221343598109261
27809924492988353214211516880443052422313351720366875910920612181
71572150132304915038524312760160267807102779059878363028490995133
23332565542428323312697082604828410911646293553079701347159992856
42688988970076744233464896500451148248944884381190520316202395612
51551500801142934559384022589044523549160677057752641775197360904
40204483367881891568970277893660449983167550333460997434539066796
81237983313639844586220491826985980185062800836505817585632828672
39702164703792611575436878345664046590607888585936157260733764794
73628394189492835760504833644940113498654912082100481325506837562
81970256869699549187621976397204502790044667563951193761315600645
44864855250747994202800289544449953357450468366227668720824831641
35994803070601611822309156175259528490028995293428737617351026742
41881593715994890969792225772144013909127224617888387436080519675
15303147911414335732073658590493042773379844712919544464543044009
59751830974182337618633781152912801517866360090164769745449589573
23146795549938933751394956432660145495926467373472160218853132654
46860008853720722134527510310595262530711102355378856916499591169
22083888770780517354383985678670150963780886864757576698253235404
42454284008826874777703285382619976254258199293420591217977808277
87051185845230897298563876865112750727634100359941466012227948957
49559203609946037804848385525959910817123628274420401784980211031
76278778875030363022636160976667580106039555479978745699815797334
23399742444758845313933453664591755258134755046344267161094890817
99689599226704644021691768051005907184473526312354164424864777438
78776517385347897501402520406932991135325561481360435329683129289
91295356152904027591317677341277704636530852213257548630793354788
29963834069993715154224943808824064733263123350461388215947951691
75925450984809791108923311377895396640746083457300976511706075241
43628834660918003849063569268532964005516535997857913060664047455
71904866250414627633572044250876603320764120027683714720258395775
72548308176352281706577594153270832662553910968973058504562259368
98498975622702158265265280620025184416489819196909558212078989726
71764613380083956648772201932046367188172395470493020927986610411
84695704868470049638641259530673766660389421761893875423752240187
45815972284425229079773722925510180886739908398854921449138635625
38863789161591888424051299819365171369259169577919988494941497711
51943157558263070599485758635347496397568559703862678054007200897
45025270519397969812529688311916459045209756305283373094860238329
62721322569007376753391116829471981277057426243752213758250320087
36375320464500057389179346592355770836220414528501390794640672466
73601827537985447814076921256085694481054166195675264750745239025
45170531094066263668247457573460704065275753577743201023913341138
13577503322561143900976099469521398177028414610884136085659183932
99393135808195270706927092760772171777909876385463446024051690499
49774577748287300933978940641473694571985048299051348428670709915
09330445796639195355891478010944434509827017367724097904948059288
38465752690821406840936725224888424661265052695097801012605772822
87359937984997704573176117586941984674742904864012319967446222686
36332600764110702934889723601262149845968416031874245315843520548
91859045356941964460633379884931531169547583611157497667740703154
48057897817050457319225881549431143902579345049989550037270423618
26456804158997001369770936461843182966606907313547636451203468088
0
```

4485446394798810546809849670131795494286681388276584446505851 79771
2368142674585475571382290726634603164381375014654291945359934 36082
0628279072531886575179734245746612250274430190922429627769366 53158
7168094444242786249840749466556352680450276843578211362734069 435616
4251537923224666458237107932145904446111092210703976045651010 12869
7605935565797997230393938683961799189869179915938694708632424 16010
1610309887378543956773148297234896594767142721341284004376210 66020
0550566202333951957558645128302417714282371577693287697845227 5710
4237281724684454616224472703666186405467249250144671204565478 35726
9214470538798054274436506654919003697852300703720061418372571 13091
1168102172286721258959485746004353295033114695796564900624462 26953
9125112528680378263752083462010919392052994067353165017583782 63276
4100489944648907195082147841020836669964415554899731185444595 31232
7881988435193646690756191744363874898626362765030272068609251 88097
2360884793801625295039225521028318591195209521603087970922306 31824
3049051361251785266783098964840762618711211938564523325880156 35845
6632568153659741400635166538527833027993327618187316429284343 66351
6156632552808774054766967000188148312992649497560617449945560 48405
6516920660629441907471164740575561955183453874064046466344652 33320
3510377844767588566666090172875209822447115645045567243110919 57346
6626779195035111191248491406455543525772549656639267852219176 23854
7538197108319832284839469222949537374931725775542580964794985 89102
6863594535761355146603751391496845122967455478424717793060749 99924
8715039173711331059841824004577425759178667121950517428961196 73898
8890457931260778363161297825694113684507888434449786640449589 57817
7977537633175038686569214328456590763877035085454922881774592 13464
4790364096719378848001565990852627617509773940164374064232153 78834
1300502620171319759124864587923006850025338135489151319984710 93397
9884365446048272891549710760373174451260971717062154915230935 58078
4562839217995093664990440960915699421493871124291466312054691 32238
6063352687404641869764975134600318428982574751202584459831039 82014
0609484687076916183830862387891061468241972832005261503851106 81990
5835176956323656969414236261015215538172503693919882029271368 54440
1062943672645120333442448082952850778650223588668479872923363 34526
7582654613647644880992776331655021300744945298954339617526611 74901
6912130058109554244912267385285122343836959839780483975246451 01205
8826742830639996089076557344363448014904882983571898164096451 01192
8985398760882296922643542082445684123687523325897783852438454 22759
2056760926079584672793866397640133375298174103800839713669875 01792
5188890050961627253029063851224481562947348667180792167574395 02335
4187971463703413595070688796031015016464474223923286729237172 56538
4290147065906886729406948425427159052053409339014321081313854 58259
7043485809314855063394187054375482019170226882317510901329413 61718
7700580911334579616422030125980220431073829668649070375044538 68442
8440879094580713838962095449207599615536655713068440469527129 94878
3097134507882757248448998973497039622465110498777004179371263 19866
5504248264504271322916123093246164135330391676894514835856927 02166
0319065689999303527296694254093298585047142854083867108892734 43 1087
3634570026911192432496377298229400944020752024662066447383917 20442
5754834014539408035462734099909640690720756229073746841311985 86578
7988559142521470803517849673589369335350075446723246131252582 68704
6375634396463905947907039289612597648667056907181584602993604 28566
4165237827113760774562109031798086571731999343128179691294296 20455
6952012433154468359576565078324467211258500776099689074129906 2146
3722501837031998516922005081391020537898391562299250064687356 79795
4066278295022474592665617686886293211625656050084542945590329 17372
0098208588173537468783182064470226861276497609063433941566490 26426
2194495999726278798874206865377484001240271202527473344361668 13022
7204754587027046409864346757364149445560401804690256490853251 67271
6709512790052393421702743032886141323309616964755602018386215 99787

```
23609621227570421099687370007122579942951869630041295418877962872
09327846179804864790769990577733886055838249114228316374869287853
81481431462242839849623378557735086051101050926129323099492474189
67513161881862075325740386848069649046982799912216113866566382032
01913596840251564924790644398333003180789523696165184056141033843
79937617818210047435190907065480640320569117166432209921547124046
69424710431522220510488536638270472083522207228179230772437862146
98606683003944318403189711959387588071981150483977508624928452053
66099357035113846959784295954406485715050620849712281233606395414
80452318303759039230419312935804702532239639115127937593601514087
53514606298995194074575535488686198226932469553821021947202124884
04426365539530539435330040506133599683201666987947720795258669143
18990921186522605849608814962683654672349840481438109431985740368
77466370936580637339294587946644516826114833345980894813230142344
73630008177003029015416740179574436162018422076053577654231628456
27644093755689715537872869598722457407255862889162754227400139392
89093720555456160784241539561883990558247974029707414788143572707
91492210435577454609349005737681596828196801977159064579660575494
54181445329924798199665711964551885655656812151334909804658037684
61826601373717568372741306170464438082924391653713296382616530723
06068233388999951025530732744120942699413792011010466320874971541
58744582611599590687724094286978759462694298805477860776458005229
07570308406385160436059312555658553312311655463865541030072699344
73118169078662801195532248099561712788155639351901256077112884694
32263635778302596564232697384744696747938171918349844120102842351
21959479411888645207796023134306321717435406924886237588135079501
01954212568538960669312542793294450460414399751105930683075898666
31208970917867381443106267328572913524733573733413996498162256056
19741787984415602133012302960042148911478485752643862518142961913
89838222749415586395787408237809038341408792976445118888023372009
86401223617417643050637038107692783411890172940132946238563930853
53224422276881857172889388516865007590484415709736636539394113814
43300708417983117234397432128982693088281790845460835227616883923
70670181937790638751868898267898592612248770725537077468090917381
19556815424678175824986359084577528221087337094710053447043162645
26509875418704826040850494328944967115115564045037599221831531506
18941768079740040267805916373594923058021891056162459013019130734
30922011877489054176347523478720509575083012458009760894490201422
32151708178638297151787541023277937785407268363951803722727399072
61328116672620238536295804476874489455893556129416678771151444595
15072801124528978389889243980579261133951171633727247632203561341
76655493609107607754288639415375091128355095389101756992734810580
05244749886065694140688059815714553496102116404129920711915738223
64968790061577179595751167559084819296904355934449028936964861900
66118483640844547092298808201869643501024165892806728934618921288
99805886754723382266287467489827600721396917908199418072364514382
89430173553032251147891184679935694376925654535114088246264417878
75405852046275209119455171507153223229003178378639299726457950413
22430738874742958842038653796300887828497491015367140448727060522
98327465443452935652807696047722150302406032996082014428740664630
02436955822017514819021276959194854806500251596627667211562658270
87072145811474469794369850676576882350350632790855260275245784521
93118971219595602227780105217056312396344461127002125867235737090
90246740694925766696530479737142762657053595744879087619929979754
15470956745686626669331781602694992456378613345040128648268256454
78144257343138486006682679767270827808689640327625941678840571459
11480462916488128520010261056198452785431676734301941800287392809
61519481854686631099079515044881336501254612214135427912283913036
47262589780027331680030312219807922272339302333969902493238136301
81213601131368310388677339001225252410376288392001146874739783019
```

8151623448458441708471154056306712215025240060095668450209965442357785547880065844530633545865197488

5172711046869237082103742383445162144635916426832646976748511916117839341951421626343457280693936967164403452311179813313674725581030233003356470919313118415493271541872145395500896215199557764809532247281705684628352564462754305762000017214990289645138438331171165858417764510618582508210472454698905526057154334736407766059802184462230230357649286983535477228669116725509292642349535911297780867067640091417604725110184229542894697242719313957825111771373646612886109938596154463668555664063242409655115271244874081386339584032906830166375051593788944700324467944420500623238056780758614051617949156758784854753798036133204588672013137468422777393383010159278738266403520793857372733187872211600697886849105688767373546820717934420516918691207339060230403595314402484827552498849668639056151812913549133306891980509583195474524347688558773831041434453993397826437905600793257790326877238933597040892906379862359132688276912048235322685331113094927661454578911147071816782987954873977966493933404999580445111442637878055006181201942856580115116049659751470936084824784071510165688191515476308530889177495003215467971994055543023845556843295871228070339303655080520359026902622574326941773378330207785088164599774998435514703041899310927886362855595498666452151460832243270293986535471171461120978644646443256180023520000486416928090125195558796777707120141585403242927279651399821426254278523836182489744008376465719918339566033650949707852328897458814933477309948639783182019324468791919227598192870591900590754067357185234811868346434778505415782822449079858408700586120528447163358777233043808270913739688950568455535232618221110237312713688142058398385474704900053609386576177773048783078559721753881861727200525683687300867217691544126287754950323922211648722178615226209112425923774670550161255823546154420874458421496477602559572740291847164531588852588278842868558894965084270394298993544274755784884092534243675964612654381092025562998205154148019374700480357966774587410088413181187258238578544848881668277133032050914804990270633866946909935124879227100509277461414952914626105176485990692992381759902441618794970235657180951442585499576517929621056744600221413367375480798603596959468569833797726728528759250604441846435778240362377667029872832370604527442555068151809555888683589147533045701169217308190413682196197924446042649934384845273237461911371108244643350169480155025328418462873349226613456894413900247066335547078814160548567966865643266981303178362164646588208300503644548129228849644616410125023757682821894551184580595732090939462064867750938024379128960180082794047481742206332791471284209513701056194327176292868579090949321805556897906628628915473754867319869373846641958561889977082799001692469425190347377703988630149201118352837232791996507771558163406176196984072223186782701235403499438429168556505151743837735392032256115992975687965574856371399849841889818723863447747735515013535079191081808269895360125247825470432140977846932329438014725512584376086099814602199698631548473576292080996702231230779997668926149370948131311761267250290202511250176953858317579332482374758716019598930968995429457152380277892235685048764182413910232691491655744448451246083051457874175073871767441735511013076455378978875222218520586133010759127201284158160990129182911856667153739299809291799149161000466033329225776086765566635965341818542256059884318442721810942318109033160659677332784039505960669772102777361411827206434298538442465877284718517883633752819325425830054996146148373504141918616198629106706387911951762050556410548148530782364372016539996520950423890411674976436029024341956762244685142089456568032327777818280402353171727161613847452643425617030040388071688888421475795728132416306939771904869321017748493439522088977977460641321606591235428730663498564951384299151193754156826880464034

4074003191648752422812899084960491088752481897662954439463753621 98
3060853026629767762297282370884106403067983957045507986425562413 29
5697069031260693727227049738584906354811946653533660264315355456 12
7620022454365014092870701038450249422996824698948193110638058489 63
8349668423154689585739417810047802743102434361706393732266714140 47
6450553206852545277727133799598971912933510953352183762378144828 21
2389833183922695403629441944477939338629478208565391602768654742 21
6021974541625034794865733087486963621460507966572115585682647125 64
0198323687221801627370274085461233153148746531939362613438727849 84
0982678998619691220266975459012033474871715272034237848532019977 39
4108939918323993534360838319448350407170160500197194079556929169 44
1248268460290554602480556674925676902358565496305630549909473833 8
6820022532727510147653820157189689176438617603846691471270502090 10
1667931435388981799261389495820568431525427173339845849677842195 54
2284969377538214198753983628041513853270951507067783176184926867 49
2451878878256523880787559339874189923941064660842841595176800291 89
9674460456234768417462843614905240996146091329907825077671729948 73
7993004970609521902915918788156550294869249948263886396823849560 86
8500579992081259169809576250063252274297757223532446463129919160 29
5278238378086374379484878160079866918449449520338909118199680400 143
6019370933054722190471786161995211092911279170019766720202163966 91
8422241349535264054150343478493730094810750009923037091538820155 08
2003301200760403674004750282381217235331054698371010096575548811 66
1428174197142241111465396494088106871353167996748974279372263513 58
1038998825451605536725102136416929003210731223430072399556914225 24
6430126273566681782285901690339952558864708517542843979342327492 53
3998925840392320798359932521574358425230374366613899386320008006 45
7475088070937998462747096657080943692993610700273453815684801439 81
8002264979616549839242472149538551664906133886994794487640706256 60
1605517178911310515789812484067441540438634321808049603577636933 69
6507502496754659653517150085997507640004559542637011962683350423 96
9409324732540732174653657712189786335455682417039103781824265672 44
1578184384945382562034978117494710465895082321408204782053999221 70
8309637924719143570526892737882963017204598416396765979399246845 12
0216731557594061085011084015014939584813243143264831706383522933 89
8357328629625006453965323234090166345534976145397775435455510180 022
7298781666105724231243062350399126692725593938387044682244056902 175
2720890597314031719499393757606517044308178435846890232264090670 25
5825631565271039919878744996005669653116942017890333193079128764 04
5002452926077757355448308514991216046262040796635700429294141521 078
5179395124892931131087234036875493332119971694155822422532345269 91
6514842708074964982432091087091302719220736052823988903337764824 40
2482164367444892838932717872463012952137775840656766503422548447 952
7343892962635217069248295722337237260521214867559012437510688636 16
8620684810753252551908087008239375667993000525640041056868732134 57
7420110043021274796404626772079602886807545332844611639636702961 67
6361061209564091590392267597725612770823369101797932402760094779 05
0493905949903550976232855245692014923380389555114536945379896424 39
0775315438661079617254935797164480344612666235380414555736764262 51
4459057192580222930640330494317739911077459948051848434169030124 7
1052840011453011701592641760310046687984340067366135754159381073 9
4902338459599785664900633100192580761796592748902173088186545124 91
5610084564921917339841849364007892425340052885127409782607281844 99
3623344396777834164303286170746555744709588710661228597984383289 88
8277860899498259344457062552084666933620736456132995175346499090 60
7099343125635974902965671846803518878764437192734328496757534874 3
8060586839387320871071234119603308930602352193502379647530151415 93
7286211822952590670185758559048698103361310619537044107720860233 00
0669435598229899720038942050712413096330124739898989865016134460 416
3697641299185513985641334802440109038204209805098188163707656025 35

```
42288520642504748958680899179466861171932503324823024105980558 4766
38045521378993230572350200971557476025937720767760874681482134 52253
16302087888239853555668408462018877633388938239400596938234755 58119
66044053660170851555431409286335709215944811601753296583413334 71773
02711059709051781115890170866029901605124794507024301232306702 62179
70114151068200226813999750725832130356166794912610054201286453 2298
00672689000948209707585410219884885295459601974730636132842969 8553
85226523816130889665914509124886813125953536296057660319750429 5041
18843939724705360578947986283171400396848076421190941427568120 2732
45423319593111952395056290622611009964398948381646448745866830 7548
57785328740819937572748521974137180942967777411722239364135603 3211
90933440755678783811304519984514862898000608483869420621852719 2801
87780424866808029951289703473294463170946003859512545338683557 9689
05846517230067044888968406108630406121351552038742139284496202 2257
54658582086669864060498655425885908145530994843493842733842178 64505
13985427397429095857008561462561834952700228141732536765397946 9127
52974701317006383541596544634244968352635059485344744721078056 1078
10829649426478810025979318775639239043291785327634203752297565 7527
43408295084547947015245260899313885783123911751269225566757288 5133
40439769625403931174933713994495293568010603796944595685975249 8772
67348079073426761824523355212162149680234492925428865514573375 5576
59455570923953342814246290317278154039983415564198377180189821 1247
60855955518999506207300714034520815503329814975070244267726436 0338
73753973148431374070926654492295204231990073459463931199653505 6807
33298148658411091994439462723284536771128484736224606331360285 9105
96352371938716345986963644390685405322319315241354693248757673 0463
38170302944798352260205181494445850496120326909233752716235513 3526
23432072194300935881503393598974493352695787457278314039670396 9100
17073414932531022063263016925237018012024422688492909819555117 1956
12083815501448583657166510269086648717323819014860992469913154 6082
00199270504730568876141893298108310235264828108102485450220875 7221
28344134379484999727920258354341720442598469327409141782143949 2801
79974565987369828742826826748442121371546823275112853416523703 1653
07043258283372112371376096959399375495362232222197465961933252 9074
04248760251381952426973910175637197534300447961782504311533150 6758
25627353434762525391425152757047878437678852418719663462419927 0080
25761083927497622636549001865320645499515580290839851327262732 1967
28478302538522190479278689389538780368699318846603104363352437 3271
54699898811186443670114028426202615047388235899747281493343257 0654
74637022451887289061255030273791902640396577417606898976983456 6464
70520471635921448307099584306471727507633718020714597445652514 1885
05037163777381890296968528440925819317441005557608985029232710 16008
98257223817394543698529654769490187384046465643730713195901140 7613
17428220388331360297085261451234907307147624534050245423763666 6855
75740120604059886955630114415443141696986074032207886003132790 5539
17869674163555240250767653085632242737847149746037784064609346 8129
91871902892759763070159840887781745192690147691030030234979458 5110
00180886606216286801110915116104098327308809954337551187183173 786
55877648735885449036687907416918253831330636233820582015488544 9827
88382174243758054923815972964061963105821516709190326318730933 8138
50113091332770930342511221097215505610491387050426219805260247 6116
07505971037943664771529353491718612506611636738330499564878779 3656
97911293195878277774060107533372432790009732407256070388800871 1373
09659634457096041175089444791191621745516970964844762046174128 1545
36128422601551301589525862806957063924443547802390516861338549 8619
26656762276035823498556919224890690116459866096156795541549215 7581
28354092025393170807378146507883203526651345707065536856992811 2426
56708448017786461497404549211843122762184522441088471507570190 8834
95022437569885049454241057266246094583209596257287203099477654 0107
39855806996619801953450050651450105492401886108913417306075923 8439
```

```
4612465698616056090945417729073640093913219567683643332996199997965
4243480265694068369867061758741316765050602713588257443370721645 88
1952261339705452052344128092317306505198995450285853835228737 87286
9829172758078242098261060609015092521109089899643892978629430 14111
4006762877499207817237947462091689983896189486307730602749102 67038
8394335247424342123671217702461011602406111857168705082440491 62389
4343504702508136491551551043272507479410247374781922652059335 51362
5530181219642499248821299260177408010371988421254744721602969 50027
7426850775217586691799380136258422417398560766991654327570612 30452
8672807076318947058954406188421315713800339848740868094144618 45854
2303449514485210539912489324554866593053355845782771442377433 85339
2082412777632165967538326650643063880695569156202622259469414 290079
9876983442091469998979568326670904141398068633325165256968787 8992
2574327961396437026543144639333799000819857530797881761337436 09483
9283022338032797320386536462424980551140224692264789315929449 18040
3829836490348886386975644148556085605371772287371482282368642 78113
6572039474969069372399156100368280751411784737825622127759959 16775
8140385329868885136552323139384317422585356280701915440077630 16347
6477812613243802484218656698552740076410511901095452898382563 48407
0455808090522147697220428738220206445111655802021581372204663 47663
3351756179905008977808856009320814541764439032352419397315472 18920
9202024742704058579135437926009768076362987566147826443389261 21213
4565944568010422276165241837640186734533914880790013636035284 32174
7804016831467261880679364930468658736463114832826980492022787 62554
5401785091774977282946756929354516660986419481458364447890960 38304
5828536989560806656661903603100453047200242263938157206867469 0061
9298730822484900168163489212554337544475803887361586588592485 97558
7427838599929541709917225115340254222296922346617778192965331 3496
7477572209784301938184450598507508056494831896792205834341478 90510
2576174909975820012347244102850794123184376014714213782951102 18735
8993917081686805598813354699137945378313771141354919712434658 10931
1278332662175922275893699347704984352519210735175737020054573 45130
5873132214384620876027751840534893713237662907112055269490530 03888
2280420480821085192876107677281454892794403227236284124794319 26441
9243079681370382948200586974201501323531987205199203538773142 15882
2114859743182387909891199325393415037876899596958043272517776 898661
2588939544201391713064188629510665268960624145208448034034744 113314
8800431386473171584446815754836531670512601746640760728095967 213272
9422453610426679280946977358363834982281147669169596955732770 28279
1209979260863817017654210151115811092683287485950646262362992 59249
6943781822291692343254853616041525142063692521477459809419889 26814
7764439053761119174630260741704144922419498001706238668169466 07989
2475169718500094287444466241005863803558630650636095727097973 49307
0964889076063019079233461701974566562487128849867382678546268 94512
0946229054827542330251732132827853165175869340541118457151048 34632
8320081011525254131193679545612612161031974278321038795482539 17431
4098770652570060376719683830478692910032674834420668406673515 08858
6091662976572277996926003868273349641875833211808091686185171 34591
1568508931494044819961072502337896779899188725826867053775743 51246
5081379862813483506643132466270924523654698351740704265136988 24143
3088355263194547542532484588409399378463186733813366103100581 14645
5151877305014130815666018061132268352963971146240104983148464 60439
5200616373542584698260521254538591505364620141659306152413774 33037
2464410397598500156892102790937867860318517672404695991572340 52900
3816760724247701697815214861519474627054614221125691272253815 90502
0395830514685850036024200549094550268261850958754262109739913 22095
0295489582891742329813431540692575705880157365453517892741527 12894
1314318269476902588854786599196898835999043885422748694731187 5197
4887712150191591908885813263769981215908089691823350590797148 74613
3368039706350036955539422590734536933263896961623842541047946 29483
```

```
793746381324612408253069026914650215171965524256788471272297526679
202803841296615750218468110886939399252687943950326728700875818861
049300859750196928095204823757138945438844241621756626373518033643
277401734125942745582026754402788121409286880412030002270631808259
318676648149044725799446704594238281114878611771247129940234353193
476389778948446256041745478020529553081502542980157090392382147214
574805502696844438096038016443726195300440399081842658748795326360
174773439634741333029275581820008464886098183291708621243703459 40
428150160414770581856441322231887793921639889612736992400225160535
128293723655737319319389834175384397083090358533308571836931136503
700819056545043298422099381490045445400448618221405506052871683134
142627896441695333980296879517536667847550967256739077347181693399
759001189891113962465206160718856491192664269401606959061610443780
149866699928433246525760882571010899195911118083503036507974281230
709395198402548016944626205923636351071990148156774400012313072541
025605601593168405328169973390707153720880901326541540840848694648
513376227482849916127474705322255057918337197829980217375914243447
148663438084599101392554944659667423730119121569104847330698050817
129727313806629296784931657070031083055678897912329813037510317 46
783401120813530914660733675118762187223247896837038279501239544495
396758853738446641347202470015885201761312154814372133479265672244
691795625863300306994583628910381264895233888076384381880921180739
792768314123086880946917176552671971341129027158146752944276252132
950154301153369038922138410133788327539359202090519420939389794128
938076595308702735507730422191143004325668462407228903402171151273
168905339467851873822784851582247048412773926828056517260376445844
006828466737354482592496916214239033889318117011389131501922285410
738181452292592185148575252476183844807758382986666755676288 8310086
015263589358635712742177728915445831293470980084717828967273 41290
370760715970897838999342792625573818895631940507275208732599 9456545
608586855358263133708493406413934913749179077218228531160094982703
667927892358788431608491838953362361576576833422289592702393915386
811958152996066452081886184389697200189356785489494221651236101718
473760460603829616442733117304025869985215372164775363206607206123
292932396240780047428067808124542992795093505143976021192911303780
217039508295099069944393911955003407215741480177592299719328271630
397133938003492679133416508911394642479661320947250898195723750491
133129166984273711489586628649336133970303624716301283210070841520
262768996306818969526666944051675113293786905003412004284173942954
144584447541246771850871030194976373064645661863494065661595559022
203881357136176823477846310988547480314160751831305440342811270350
719599014203058814923214884129356944529643170313190357793773919016
569125771780698512180115203637847182328949534446551462678468202630
396663019906922610623240862574936674402658139719248013316060412804
309403011781839533845697347778755496505226719892039806465088098765
959904026835458290840488743590121024857071905695585182299648163245
701570374833507162561778784026024807954364314277409752046296007705
952321593783926560584763183164539460869129139029707529324575283112
206316530779455997093588019101795478468222029813794967339008709934
835236592521531747809149296359576803641645315741984082949704240390
235340265922135259853080332431785857740605690039517496624783114615
470747101524109270990190694605559239683056148077265373998499618880
204526136957223089073682258369725346732930434907962315838626126344
424086314103499740365508692160500462809793942595737077522421277559
627928584177313693090364594363844939823392918548955367647356087898
997197780703866209274631851985085192685262453825870249573805010993
816323870820228564474021890350370205158682457112552023153087809016
194370538717681644829394491186589768122858228286305889861029605283
254438604524159887904370477377371368502135393822653949023421710889
783710051749817597020686825702725971239990477731332089067421121200
```

```
82183986777870565629424693820042378134913066630287587520925647732
31674636966474625706120034671564090347896314818682134598061272968
56545576749859197286737975381067421738580194869393292329785455610
79000547253305167081854955082957331645303896672805738782805825883
86743956721320161223642719023999031850697809484729803770517200091
05626967205284316649649046311031340090378152174924340671446624526
47884447970326708092047966021525362297779841303529182491667754733
86109757717520892570062709539841927672468102127146446516361829038
78557363550700118367241542895404774834328434837475643045274450680
44294328800326353481326604760172142269400349628563970257256283718
28008954760238666306549747045349843766403859894645814480531950919
25945149823361365390441231674071296632618704241988407865603468894
09807356511171908841621313370383284752715801402333740874605509019
33708360472009020165095766376037863721883200386390086318700252115
43278393284792647056206906139403648830945520239437276001155644876
84475408356160399848851377292303432353009793967833698300912777997
49717046285314100435349333822674849658177523531271960159061728284
21371401030533439202703451301949107034461745657717921913241437364
69396904896573282575669132764531083445687159449900509202240475799
21485141392454572532607827164713056995813723489622724101513581463
93598573917624057344627157841431895806876744880080349010473159581
07241464172911598289697025937777675000673203833675999208981411189
57577054569008806673510534703721329348905545549720535301055732469
61053806609950070275475226267638316527252791548331453619391671955
03025151941717812391244827611145322188667771767341740645237899301
03710421102322388477693731425534798388888374132460169484945229905
07108955879321620563220851565300740795055924944597435103491904411
37915663666177246177234250577135160442663034312685087965410397347
92745290514055124103029836258933623583426786553204778075390909094
01404380676438291147830296465182153861892014007114945518626929913
47375729922061152524782916654575695566383251147867252560975782740
43804607071542461773873376807193067971913031072597471709514887374
46950349152024257187438661942079828728831057102815793640271463453
79847349413902420822973866014373548560908029571346922653311826406
96525443498999697808629347038553615700103796998646180680289328572
72529014282901970405011170939604017994007727907300595740645359239
66638811445976418742692009378297052256405569829948514511625396658
74223630839350814877821146971451562642183972324519725639392618648
61829774385324106434925254168626435227043137238046625985568603693
29750779400699210927268702532645880616669225572963522442048586718
20450934271666318905192624501490846006880522350944434658274022582
05129503049799614016607725564487461462709786889732567210192923009
24547654380086437400109757236660924137231868007744762686294526391
24897026767456792734869542632962933077993830606951742589565375330
31982513746697462587161719676711578595912938946419005195942311625
42655890360404261172499890930640509531999646107199705169382815884
49161492363960011138453259171654027649547661729565903127916495173
02942136281872645926776782768960296649722476337423458853255432357
19176321653972435014685762391656504338768002101569443582360863484
73501025317463807091205815681879683858394510423679587670566860802
59482952325594202921026887529115436922894717898363306284089773039
31369921911471481628943832342429101443255465123776429921208276392
73771594064139740520923053096407841631655435554240237060821781822
21582821565401767669766120899144806005952990654376236361202630598
95100772357556516592197145167836743551290845111362955595308758670
37780019199618165568310045570228278919161302403618351641223162709
45429397967412823508433094522021606266842689197180149654830769221
46809272437721832739709295506752479298131156698823159331096989939
22543447935774560661126904642965640740541928822647854797979744559
29982135300293155312717617221863197089822353116106940684881575528
```

```
48162082091816672481312890810462376990701322935328445008140894151 8
93110987965407214618275748055858024353816151391877200444585065798 4
79202545694411477966399229790532027713023499786440344218249616320 1
89181180432647831115159468111481647264547761763497871308668875695 2
97626030316668412146343026244079468697828598741839503171394290013 5
59087722557705373858205488953169601806863232587915107058893271685 9
42207156076389078597607765508430737190771766931455239135186223631 1
42711608544580408475000247998758230058708826549146220787267268063 6
37453759806741647944848149738923875472845934387527928676644327256 4
79556156983137246251045428885007334895130250436750092419290343543 6
01085669208294261850388397292138035920978526334813384995927253013 2
58210860871562799411912246533013518546830147588361727164882181498
35028778855753965978890610683222861861952982764025772256605724744 6
55934032528658160143865185373616114163075572970379994466511411405 4
07942714753778111142551339728349611528753303886443281608116519009 7
19605585040319934565279822234280729918171305432774875923028252942 9
80265505717408619925237062968149812420426377685988195395996847506 8
01203170391350760070019492084836887963851424058353860689680377544 2
07064271651941908844817749095380525810448247391349962282964378356 1
30937457114761509358959457594258134445824440734844891009395575602 29
10560624484561256004382122790034270703931871075238085638921136403
93583540105820737115659807256303077282358517313619370779490857099 8
47401336685002084129819112235959696822259645458832143393571194834 7
78926834588974007603069394540213572747663428486665759667909377976 4
67681630158488167706460389706583275923630814092995503945837813851 4
37720113532362892642037783484121359508214072712089533733168788100 0
03420840576180389037755660267923579426458250463428582640582466470 4
13641994747054661183354387910763314524200053780899955034741739824 7
97089632306577880661508788209327159575654484261688320589402879672 1
17198053728362406561189079991380288320943433112469126814143218206 7
02353906652549656363176151324015679568910354880795582582532800003 74
07243165059153059069416552440264422265534657082709714384284185626 5
03226274931962958902475416534576128240935354062701440070911482095 4
83336493865766285662502730215442597984538294819130149993816839032 6
40802982348877414716824958784818180055520669101561370253273682398 4
64025891880120337650092064772911586849770591281425393646332561493 8
13809881934729589219122373029584341575051021773876002742570067130 7
21327155850271832631656732297416556993878969323828886666047534639 8
73633285056162548773854356883005726249740754685155054477920664951 5
96322925802293266172296221390772547495226462197546086820993904542
06571222320193765629382978088618030619528493132084967387233260394 7
48697307938567850075940939478674254988202420415470667198240680737 7
08036607512546417371045935695061956103385552732209810939122754665 4
43071528565396608248218609920130748257076988534894691543197165697 2
24766161617667065198873444896624586286251522253842901560874089954 3
42176951754103353363403734750381964569616208605048641414584922244 5
31855693921046091709499351230970681243367449929819627438739313209 7
04016695375731733639240662067336606643546095104780339053198170587 5
77123827378025247349903133500461177887772747607203425731481597071 1
63454090918423175198274427763779402582949213724616142441229924935 8
94614340088093891446700320346521898372789742397437971531983072961
24285026965615884663944840556777668605819505314833709768685171863 0
66764959789067888706831505251088021562700170042329256525775535714 7
48807170330384064659421313222560288183751881800277819930167409986 4
41062719982527455695968061642301490587129420328352608681346582068
66112088199942560871923959865755990688479447989572847189711576011 2
66352332118719974665840035802181340436535578951022409632306446703 6
23964969102740141538402618604002521040701078265991504497189394637 6
53897423395944478094125964467938810595401770617103493179060102858 4
81794286927768025160634698186487615862337015251602363718178799903 4
```

```
37959551150865145402587972642320057250444419433171201374 6825419070
85310721520851269398466280177111026424456380791588249566 7434928755
34221533673980070184145968906406936381641534693733580413 4862168236
28124855196282073725171164471004843392677129047095449821 7712459973
53794989592501819266700991923198151396872039240781317332 8822740618
34899368915962588277943418125978223746823356556966161707 0377394245
55386021304334936400753195339849108699633356133084982004 6220523794
21261127386469773435298406141202933574769854283798507314 2302960860
06458390203266832971066474859280280706222894119846852371 1846288178
25233780181757362738656338576525114589769142517386579768 1334553312
59610892167967599216200477773660173969815700518930556320 934768057
52082392470930750564865354014709692586332447535240023579 5142080886
09935236904979271649529733073121762702277582805843309927 7819938043
92172681117659365167746348586811523913603817239938043619 1370870417
83245836870732687927591512421327930692493680672567164093 7958115437
41008447431807984798184562295337831592094370585987930674 3149584212
80917714693715998839338365967633328550845214487173498729 8280228722
45972111003370678851957086364693264715906123201812861922 07037816
69982540615318307653843983956690719804851395299403331186 5280881232
17077735132700970934377286450690552483201886405445912131 1179044127
99490178046065119346213835182007919417118694779020864787 7508811872
24477634397287600533491197235765406868201936808671886415 4368080 09
90685123604632696099408509903969483621715701869815680859 9431 92755
07836176310635228624435829757772397161712443900078527257 8744254553
88265166580154504944151640169244989042683457345626173402 0571401179
38253155396691786508532861602277977618284482128672946293 7149110911
63510449320107800723707449634925691218904931357361767273 7075794898
81987081480329456080270142457402799289156950749771877632 5901218558
32116833245638324635426413663047442069533906874618048742 6957308252
89285497755704465530725372653544909165505844905009080736 081330077
72880591762113407812702207157721799184691999647647655001 0097766017
27964696655224452669933769931290031683521179052832728749 5447512981
34025062913810954966857283877952905044288966151554228237 6017449137
35138627397538983742878364570857778791777228294183786250 9262813945
14140283818107124993708570349600679768563369686476720810 7940134332
68992292032107971528543223093687838998249784699775589777 58416212889
66611830971893956180558988873478822385862983606148281970 6388537663
87023699719056887914200150058932781576679554126561532407 7751183701
66626802333634507878413669795089586402858492504048493379 6171180328
04557079693217083088711762591995943564413971495282622098 7117939305
64122549381874381430808472755308389172693462948996786375 4936115462
43336309926769946870192230881483903481460666095445247038 8376120831
65142010076318337589349399962008248009986046283062432490 4927573357
19180582605324935512741107358603022530576982049946002145 9863975785
05832139101615820893810253664043283856221560504818745659 6545074877
13704550258145886787094158414236369582539050044102606727 943451061
50247722806223509663315736125142667943414074665206353454 6583922261
14632355783939937097026019162213473885624539830201655471 462084762
97265257464268723386362315313553556816636051903571895244 6642375866
19804114480252199013025958934999070183464431270680599004 3256138711
21045068905575067907676256303050384262622513729065225654 9426548273 21
34998484160539500471824059656018473144907426919645745265 8113570265
10716238773346883372589977864367259174115570165529248420 6315218737
91595246448319525159806339460374218673502419803903429172 8820585693
52678665815820119587606982523964929234891467944308478657 4974508366
96232960790189307962445874843725174922985957167812557484 2331673035
80613732387207900933633692574245789195386758667611341258 2471603070
89431687496491257167276344430305543587943967279839160550 2135148333
24054482959124012187831340304592944162129275049984501670 9464849534
40915247183777825576002939794250148934214633867588345896 38702611272
```

```
9779481845303444231471312440784982148467358627326536286255010397363
0301794632125535434232983465042878299269795250762117660416274969836
3594996032434957912103000462192014621172228858441330174290915199745
6174122142548151012748826300946974835123007217022380251636265424573
1668291547444218100277761276072978923682586116206667022106584256981
6638217984120387841026448773556619962919187799243489762359181312079
3421262858085245471431809776763721364584043359927672555158766872926
8189864664577371815671372712732706917446076837023027879242438214038
3043987812547006213796556007441290647108353130420289291215214634522
5675356683968136278189995449676285459172951332462312686271207307031
6867408660159570991663158646522388745623449645159907497920994590343
1392149406798483027225457243051435304549078550468575655985031418630
8483486501057512449287567182899127645724607259255296433846454729452
0764118443817902834258464092984568121756169389359659757404292955571
5291507682970780202397891696925219956916743579510728110135844878034
7612045865179866632782748015063649022752319205745215355728802481958
6565569366630546997062951144220612555045686914803274486028172682810
2742488640261601893418136540881702751903632798220382703820898351245
5779035361653446984428513345483864352548108312849983289418172916120
8390713906848687892138101036796504435251204221465614364722014989420
0214383442012409701466236343858272692961086252552511892129071483604
5667955951686533053105451019783216574176268285593469187149247242547
9123271529093087674353283875056316259536391996859258022570941304541
6467857239737626687111622820934741373839530974538562283954012484780
8174876622182715157013569546601451452768614882194513411059801959086
3768978510290474547665743821518113451025024651282130788257311518251
3573208273422069550416205631424449297757854181047996194442936394669
7398135936691118451577779926435064354447789078668856676365556751013
3020392064109944674869723800189018577123739333851891151761529179033
5703578359795955444897859498954246647154327706708272651894378379480
6403342214337724047867869406306620720565027737002585237439345579494
3717575948222394848213090905392311698664096483735068307724944504687
9290633705387963710117044090375203852640296257030044175089847800778
5474006909831594109288735871895339473582884735120247775144152864143
3301523760202571654663931351516958028866473153834042344370579637648
6698042917498972943309837151215686192965419767908754359006588519119
4910142607559694653688445618809901450714928355936533286587807344656
3488103298867967164678135738438860393567548126731638346326081522267
7433610342562799044580710243729086055639419844097513553481936898944
3858562953654998625886048571349208874795326091097703034650129404022
8602836133422350547868311753104804378870682882815000408270466690072
4460766081328348616471638169678446051551761653711887635152359278589
7555315812735391683028019688722025518660905434784145591634664587131
7346752404232051378466514548485210827433728001348672450682567941253
2619761659887652396688873925240799849352814127096654205069769479109
0919691843101757313225070643390879078608673290030639835351651598000
7405308268960241703702326706976447029760260469815761395292209643118
4121990812443297453496971403552504286138984205987355762655435347212
3109964180755739430498475835897786753408277752559453469072029492901
3861369117193813173601646476625497435511923723190337566403995542447
7839442983518287742464123279166224872611661531195565153183793037448
3071056491908637692464303925333281823210265162984382479889408161531
5260981783582054204757574239190790661089061726333635275358836728525
3235669995686270183081216740528018000255368992933693867881167440777
2991654278804467841356200936297554569151807671331296375531481657990
7072931041379628475994177907248909983994658129887050988367268841726
2456905468114480637174295084587982931253382289570642635558951957479
2100474878009906747134908177116597027874004848558461844362188045597
5536139781887710016001209738065852060227467398432198019506909533162
3045898
```

```
29176162586011360218289353059467362871285557042048740358073801752
41601053644920727003135873627446547077793526648446408067183202372
94201434472347416804982143532190661854299254690278390239469367565
55047152011417500088637443752809863353536663053144742780108559946
61239902956286531638308517479794311770261662110750667259113679565
31261079068742527132102089342043068644265621908898010268788167758
33391987936068177968001520738645811186433223002760660979237284918
81652219262768209018854780389443560320424330725687346061737023245
68043661758961997444611691103048605905531997056360086339357467682
49327302610292972652219997013784745668336927819603268412053872503
67733874100943023310659498597575628944088749450232447104514115759
83854319043656099794417786945650590867372794050181035891330078022
18367047129478583932589452033737115409652517261432458213651094928
49637279067566775702907881082452198737279403819995024928527363407
36172234914601313374188261577753944998175824449373817062049505167
29424285374716677617880644347567422409659208038034162784725694268
90229252125238485853373479136715924694997360835010090841599916137
04841580776617930919159471885690996102325600636796509775882954357
81862985180328592847704137243664895146145050192069446910055451753
62806533052264007677708933108986747592363114249211964737983859542
57785447923057506806386126902090132506307939519222133860918595065
25949662111567524770317261323632703634237172046692361752729643717
79484510462385604258222738205746694163997921781159413559646469298
83067092014257797423800935295307642131187963032500338498464286036
40724983128555939809627486824431957818590388875500902591367550437
89147202605836213776664200909010705930533871909593483383302999128
66144933023488324286278094503744594199622771925912129739618715920
08473155346980822917945574110692956227707464682922506407698844047
90191734774146649892635236134717021650665605904732803649682439836
51481673729696986157231072880503086554205465345998321799681376938
21879386471374152993484829918808957757606697549607425734899720499
44592474776550655881309885779153221253482542661842900833581533004
55332405321421248360436128192217295783844800154600298950501182389
64630978560709107880102649379376565094718793225833884460889554615
94626640019608389113091285689074952441099295591850870862987749246
93509843054163189206518901022108368738507686044955836700884497199
14711807644132023195029040439872981974058817957555924943246941547994
05009578636464910789359582772786600741560112775892715697466918567
88046158595689739292346460865182597348098762780327357831228242397
49180793499521896489149874891195446601846485979393432798169521734
81047300746483125306807551970638079106679558987664530004506852433
58445014194380760573215972428933294095357769028928132730950373344
37444842404965267264912307457602800339029746726007190696517893056
46085704862419219218955295012064993829790452218907115449969937914
34089777511702614082584014441535739125752687821120477956764332887
39697262447318790329525014752686425937456143548799640235550255624
28656418887114956390547794276858725041127991197852527863555532605
90775416372818787942166756748578561416230433638240765037880156019
80957723804879880877686818853155071552135675458248621074536528904
29917221564124329654859604047603401089607930001970188160340187066
76734930116806762537583410194493599597517992945290138196724876429
43530349403840454890206908114517035801938191590053992538549904281
64432095981042972560098939829781428018158679033616012883408918242
56076965727547631996722453307756635651498892403328017852909671591
15592207966059200516647151130840157471985733155950814931327443860
67772896845628669479813650313566094452938658762164723841947266752
64827978036461664616546009384320096386651058793835840874963614197
63437324407440617596395040543023084204531168926186905477455123081
29286713145478724936722627140194805807208956072954026603573000165
18462286944297073535929797791351415457236366805613510337359416057
```

```
69350944593076459253643501294918340746568221068024329544721198860420889704487725978522293551441435958666171084057619129648024968957296336190810647342929158012492334159507279086087473472977792831022117036007855457695093136478690591301928975081368206937476624409797390608581957036947956217339092242356878719544888707655404175386489494700125053265954906591158579312704816593456876477106138345165728635656730814481072241362520297715123011521636643617555415377731353126073673845116106084151358374964991446718312384781726612783229101190230569342678897476884530592788790534903105077614255429962938754841751963997912067148771056699673222538913932234015644585015038358971663177969650337608726334162566515216857077375304022479440398754569309976118475950363021128888392344959267003790422257102806512980545469553211495375827664971867066319707916922605079089218874076177663472692934300002854445172960164718901564120699430998616936685189833401054866295948994656903536055415702937086950368322581323917400113357891228386438186621427639112016762850917015801323940797165867875199335922606774097310151174226890239632200130165011170089640856609159641996020206039985951675993361646087251610537383060830138547011469178633538023410741772497712969498238933474609781466633088906239419319707976848862203498966521855308553719676675096359880517797472617930326912831826748620578092652565290342801908827059014054663747001383302588936160171501548886893591056944044972172021139245648474988858366001193030933405042481909480846789876003827669218171908676966018297820355992071897780429236183663066794572605188960538234728759328230119515865551801782831335658309861373165259350308058239625590828657292138654721957793122433591473237524037869082536021646294813204884573987051367246382465059987311460376225349778221030101454298751138224482136735267372107046667779742422508358464887294909600521861477477151996602465522606962127062085416878723951599782686120792232886495599471294392000996760846261445296688181911180944889919558814713799314815293295825160760107116624951556593720289303451396577612021582500179271658211474939898252164131398331629215911678786311490350370804672911346756645736776031670447118722869777749372049841155253422836893646994865992816389029333329596705023331063186454715946198921174696044074793011211416649749227696638793413605543628013565218859169191601265017034734921985779121559965545078845902800241979283614688616696872940673265794485514121029331647678050432030238929162094969940946268112688477619419298887283020453254835559564561049750752610524425580938627342063589277682844228129581464734736707362255972829437263774877683992863763234539366344505846403222027497341502487576599102151954483914148945282238326814839805199707655926889831544715769511831555106187300676856804057123078324335686278130316986843408552081541485255677208828951940358785837202454478168634608411970360599469204205022389505099905474622524732812866755075605926657023819679854436973843036347551353010142231318596659835501729091226635606839627244308404652362865284232381423499086766091580811529985673188270001310938215761913296593145799781199823426305911419833894125626021521474556185978394081691455551300017513102083825563173616215459035129106180015379921299481140928264215227003187999959583336724143264712437805197524452586298660913976536312050348551968701426164273739442553870410409340117869028483173244466964383927413217588098000494988615024556839321369972260395131599909527837014548012759527925657066876033943012129119785059365743941306541784682021900338105036071495296968271934082499540824216163965539009310071446388762013491340715296698287738079843945811949518820071320525594033442134001243688746110510266689010672516105842324526485513982392400435721956680736578634636284713947718760514239870777535371198854467657293463584698847810339146678478547087315150429087424592394613261089291950371011825492318420721043794200626722449362643509595503375838171951054431168732796056753298291613125754356825245
```

```
6465008122805226368146115975321199170660364359744808288562193 22673
9368656062542938224900619956077533306524648443072734872088797 67292
6968147974853263746082115171227217434461213726243363240118432 91889
8637112347583073897410591681818816689559537182399583109158955 86515
5107939110515371592823919727238518934595024177790551515157264 97570
8724287679440973145302040959076917387500961326483707455953415 35133
1344900038752803101337856441911474235022452362008865534205354 85956
2097776348591737878062122554402259252738483077651799963738230 09096
1975938017475257830796156323362664637308389573846711167092750 64415
7476328242109681866702142077632683755260776111089889449646732 77534
3901491089616361841443514027645812228960506038155465315732310 35915
7359227589113492569009356071479776887007319541022834271748757 49070
9187163047623887234096963025340782474650972500272241452603350 82791
7050952440893757333312319820302154163507867782655093217137817 12313
7161142123181244080633098153607437639502654255747238777747951 60370
7602548634894828153033520219413464669637514327152808029100281 62934
4182641082759195249518173693711365151453769757463035503968815 57703
9389834871549884013238769153330886083961520387926598342627243 17749
2768626963541310684656244843493116508966874844693471034053482 29548
4404249445480290150087120911679176586065278724812579775347748 80316
6890035108745856817454970704973599571133983455436889482161005 37152
6145300563991242445399625803132802285781555675337051796143359 35483
1260719900258511108667542907999170353700606436838865760343284 21346
7493632847981345995095244594136668858863653580165643967245588 97521
3805763615902148421583350868717691213845760044375601874548473 0537
8791606854309384081019497206105993813537730874309360802543746 18360
4369148741127222098901147672877947895395173377894112656204674 80077
1293805345840765561616367140328136450673896217852090789222464 39167
9860438040198487605935375729784808053646541796474341632080188 15226
2997279175361841901057253910235261006661285793861284828721151 14433
1217481644040056183601867286327932539692823242601400072598995 09705
1264681198513807028811692974703651388278161801811431468727933 23314
5431510250480273769735906929697188889345453153536951518987596 88924
6757887794347506970959483891870919998567821390784326370316579 87840
8076134700595423153306313562919723476311123701263747169883645 6993
9180204023601706548474104482716849915119737619157080068754318 89672
2949153519195619312478770104883649003430712202169327164487378 90748
6971688905566978934955748268599453881593423799010669245538086 60356
9309347485162719970000837266625946091636911918668340876039816 05345 7
1873044883787844599456410661946492827902987144851382966227706 97710
1867972627483623450552498684334621758253519948935838926400082 16042
5785815010148688691944139135668696883144598621199233497225849 33741
0553246237223178411540422579197837762605724976861180888568657 97980
0450074365599616849105084972307353455998115616755131668419573 34475
1329229644429136515799663255383479450766103289684869876281724 653418
1038300169434521758808549607478490075673039704749799412435126 18421
3715027756166827369026168815088921349350732182693228066051823 15763
0541607230367138987483779334050158419807105831531091345171439 56718
8012503059886950631165440619618064708073612376753683950228243 98752
8605105113518141919737956946936386812745316528106350383468283 57384
4055142293480079936682108044936068621646006766344830319224958 93155
9540458169497241368057496365679330791963671525698071861874731 19745
9621434447874538755676792302136148597286303389418237450498917 69740
0714288423976680628317290119085740325033854522235403375989440 08979
3296037412054603543841820076325880936286978935955808509497565 06799
5350334583706800572396726813294621407540131282863688230745377 37549
6644876706623705867452856052628768437103120859783070774298894 23331
9665993370672470968952524985445820981439492120793934365568025 69455
9226089370437968088305921735499028081872394235008316672586298 98918
8652170704858091843945174164560090225973841145776221030576886 90926
```

001961997563649835723155371164800780419034073499583084414551229428
177602152104935813182396627678715737149928414080368819714227388830
208745015739858523972510668956996234962835492727345082689120271475
257042705061118459464718285320545427233451594086986241199063270746
182667956011701275258350864738849204602785712850234784675339031318
786296649552070645507689584383918676790667856947756213003776080245
180827345252143205516063315040369941548606130675953365971680023592
160894781404681853314710609546833691621848065587071341055193617451
037101599216136199509708650137780533897593988366937873954822789683
336138162870025109398023076921640166695991773931224839082644791280
998578064053243409137186218853230491028901137161083086808748672381
158597421815653709296744655184929287500406515807192028280529922444
162735432238256495251742467157748268961216185256399893656944505583
510328185664131997626697439111167780948717936965736903761431922383
476655463730888517770884496832380581866104908902147878769073115712
614123453649639008426994470802551146246808750232039897736546071330 4
328417053734413903893234842503181688302691387388458847942035579891
651177287920689338631682700432147008424675785294166046964037538411
912376432743684183406337690865633424691994128446600486512177803 2
768985518402277518098790110696764581909532313211287890901497686946
981263359885419545567175712676678837155763126702761525977769925616
437210301084993130354371898992470093957528242987296922410711118009
672641573072618623927137157828061141430020171112642582584889272072 2
572122032771300998294999206516489224551883661421595958912823752483
606217204449590248575680996915586234438165167146316331004873922932
262219431953654657677812098448625420396083011277674528313406762294
368841354220939496071825983260013557530996909691637349665597450373
805541787929382030075698430766954390311872706744220840025986793092
414366290522730548733203749931817038992564161674496493569266521534
815077105717773031882845221753638550909028760052076444558521723466
926597049347060455327562960679060663231026724420595594961738355220
588146676672261525390990922373470014065613975006335694487509687715
208483235189794212322592920100695072008942754098085726809450590641
548218430923520598808493156199837134863086316081775309934313568261
193911313197553117878918315599227750248461596706646640528488092119
285325699549573270133662891020185295971510209873181846394428005269
519090433002235567601977870530906642648447231165417685422211916748
623508214055524163362856193729156026563037485196337983124937125125
846685449441793989395036130563585381465349742945202428280473039319
639196656867950978121194503715184948395534618570760753296976206042
126445050572723736239756574400005188506438255472818396964755953980
263000973297590967668112501920350862913964308563802687805424226912
067084666956677938084288797590663333851918316580733312886410779699
802773881216321646181972297993823279225034392320715570655636931529
218829355461902365071690769166585341141620278688145206333435182444
586927795980466279701274348819999836714161593004038549093477123216
230853924966881367722657236650480074286645066723197281356544204314
442205442795569289248165106790636054314227622982051060394683907359
874274419025274298058005737842467721405075868932757823896493302953
931675436558263682933422786679969086201880895961688981948336656 83
085048883617646031266876308659491983675260971893798508642961542 78
013157388422626909720754930123834769332599468506448850358448438659
834930601794354979546847118805815318348388546700900036239016650 0
909851974382608917629705175162644632104682240045354860639954363499
876179329543924509327532211671851255361710720256583335435269680085
114896326771841394897101579682237123237779981704531349779534409755
378224041468783103118732043028771398412667428430830099637565151994
256408235324995905280936608017708154802977468046987301844281722489
133366907642573498314953015491797186038684886416413668203152784150
730160382876090478550704679705102972376240049732679654044375743461

```
49263092329939531021385733403946546431380393284754601668289457039 8
52028989705619905005856633168102542479612249799416192380808171869 5
61768335559308203432917111861194066142459302341685892832540228112 2
37514487838380437533386005245983771521980857484740911596560510126 1
02135739087758744852230707278675102693405952584004438769166088899 8
37692971157675464446866868225821631593841533402184543020044556787 8
61653538779006847964816115461477425676643466678616571432139560580 5
10685249293020348631118769790675737306130865804980539962498308851 6
29744832342091870932486556631685998882180763426336180380330937080 6
85655211630835704265987849396277425742722126865260875537703432427 9
72131624718656218150212721001533814352764044674384081792139852471 7
65606453271666305344360658788502002162008322243397574743884656908 08
48229761095989093615129181432469419017754297201682602926069362867 7
59394413039980700485624722707461638170802726093244910407161694311 2
72169324596134669925072649358332736922363720775270567953185986989 3
93297451923406580320289778734716023174722746080557162944886163769 0
04988028768178344620062203271019135123357703649008084555442557682 6
71091481559673655385825943822195135801563771197167936702062224568 6
34854690598778034658974565844785240881926883092277705460464534556 15
84140974535542394776734275305008393605426533858342924088679140936 8
14423285879009223052915279991590500906519247441417091004770849988 9
03033856339419441048643921902022566287739846266971296286873757221 6
18817127821235633490471549947075886804059463249806132450533895452 3
86272552456440081303686346872684137921937957850774989027824315838 2
73235033109670899330157066419524016404802598619582946661146570878 9
69931266619486819119516889978571382608897201650221151500004591675 9
18314137952842924016263075906928102591504769068722721155458369984 7
24422211012783008421494898542759892875796268140828424620273448115 6
37761588585666606287075979845389588885397359150678466677440735588 9
62117649026388773046312288150082414864035251260700750590426855154 5
87308199448361425175009691988121471776942905584636475578159388806 6
23954201893749084032275102063489232830934102823789408898953172570 7
27814669839254676150509011338562734748228265353590100895281786892 3
85130548337080121637570618687637859548021488100672071140270517244 6
81807607601299422257578378515262372980443754897446037591002939914 8
77675347724241123099381469118795725444744960420094875863210496756
22617109806570375457977845287555067068133301194037028368463183005 0
66807530624706475224361857438269778398335421299357934225135203492 3
55031032263242244961884867197753558031652147106199584104062211908 3
59669078979633808121363989284373107431582309352969442335189333013 4
37082432643853278990826149765002466223360134797174646420807983695 4
65133294537775576622725244620507851699672019899993401013335072075 80
77104038265583648170001882520487386269472797768681984124497130143 6
74446177383603784505886773104155213802955114829413819681116530162 3
55989101477594807594117715701165086921854114710049853076615445032 6
36243434205052785612868371178869862422845371122780475373192140489 5
69910861835758095498384445660130847465276512015225164046000863882 54
08921010246158353618988556156795455594341539377450291006612155870 6
40166529816814549150487091045363602336962679007420452451078747671 1
10858160388335049073019845459657543115162722501328826413273272004 5
86475040035975388411508587123667673305367165176672359234741082205 5
66207389714589673612442860131844809900996619418551265914031244826 8
21505050968211722386212311526523007131658654273609247852123735015 26
30873645042097086869752775065195387346837523167170317938647078333 8
12547030567421606759571812448172415490067795539503394974344065110 1
40266883233981384072995257794268605098038571003884722484823787587 0
24923392172716067232378375966828065587790533662110909733434199797 8
44334852653243507225336039871946098706430167889540908433831832738 0
09554905680850927913218961619966362620096226963711045923058598579 3
32139457181218497046923974684711940903162865482672781602334664124 5
```

```
867553153722069865707588845615920039276376761595539143811410641071
280366418273848570213166476655240750094911376831891968759459457 67
797550505435913958847686279204416073899438660597048755736032076189
399290784732570121893863512434504025611153110615981604106293472125
903381033962210769101359206418442727572563624499218841929692845048
865571680814766789660936346427193755563009580265716674060696704507
005597645239753093566926721347565632231052170979726788201175673384
420258585856309958277223767012426195014021412415170170625748239199
375731539805651844747814978850715687141423536244332730212268108547
082779756822570093257014058836963664043602801865735583944918479033
626350155432400879444552885841494511564094270922406588405815702746
990628262912354038024579975749327018239144762628671972800674151064
615784260870892100884337577739685600881081369285756508018435930996
339224874822734697948078406477677577435081064813113854120266818014
621696063486386935182283330213466133693279168595030799246911478332
513082076691015178579716958660185792729967194005523669049880576522
883405403829572329495666610618163109789226399407301157002457628374
773576308183798161638119079736031587212198313819620344976981620642
398507522832773373258332437288216059788610987355191377855881403729
865083817511632667454759408345296967092628169980844889010443639929
417133550491721853044413612755372740438019661670623338297380240490
629825860951393502749589875052807206731837864730248913057905481562
736693420315336593480354522123759323198928884374803732410786208605
622462175566914066496560325627015246939470098514711600994089128351
947568274832967227217668299349444534067907365525417174886583901039
319287413336870559291380027727314775486977554119840138896045288554
164615529596730625328830411855501188829841586911577081853736377506
071335054326871353825913285097958561423027436039576496067859801089
379556543087594553873213235007603007730107917896408379918870861963
208679051158891374126204838541157848822039592359433270452459141147
350780545504033581903384706481014248689197256381168631933216497629
814849539646008387484954396945851525795180911626665452367335174501 63
608333529739655892210921156911978316729184425792575755004030749046
664227090664322428513245440807605030997258302179025792182169082377
943883480865654516580322492664139624733960511524759583935636607443
829936677311897124381434507144263490668336746267965144875760421649
004657804566810897623735246630448651394648231966040726712639274053
714806002028814119479141742109645063130559424100563987780307683154
549550715730058201479251595904602466115178393678560161253240627524
204371192506137964850891981909587770580992490842085600103886023943
155706409262229658546194059909869647650740890903710204107377322 8330
001943441313189989829114607687934794756379260766087148325864793 0931
942606503765031220789605973721194264580743339322946456217152992869
877572374421745243510593701522448697613048297775612559901751454759
543095729786727400721774104428762419527057513081889666990390251341
804618791396391751999610688039579457814086994355792939886140071141
724989460512023152862732692324098027034403935721351903458402887798
823381422660989331849667478892669887427451477269584954658077358949
663204319684227293905402342069936593465517594644019356968088757365
135655273782755845600317812578547257973901689044629670212624861217
876626477548370653350285918705939390177804647175942432362408204797
958379349852045596799025405159404945477441760839577973686737690585
564791827948871367856297647036197192772736875817422061934212158392
214716939705250724783165836869092120660602977814422914515406119505
865265141288187110649187969794316047996512884740365408399967083236
314679272132449362698570740704713058434826329318845405105866194 03
755873250257315665275392902152362207415301446575930722750888326706
370582148843196156531041890179125548457874634053818750561404423146
119784513097056545369126825579444878042588295007696823218986262381
111072368744992142469150404000313321866823059154359549671890 13559
```

```
031469691373622407761443103122648603764791939267717493540753416257
102558871122830098045539403337048732823588397650909521672656474725
802054809063989279095949756542290618460679476258129147809703755742
924808981654174485509672708892033514269360692215766563468441714251
418841300734634211770913388497281568269755648308409133263367172477
250081903833257398187374366036429341681541608528746458725565350762
115073088506880345696823291535406069272424136126383496243025222734
822076674328244625195343816866329833335123189264153753902689802092
306902469188086616534259713703199646563655178418522520774003775501
336093586141637044909219989129808172359620295384773165945159325457
512762182658826965023083274877952126416176015483903845869845831937
117209368199083288932591601683152378984175095542145657354244770307
986890738854236551194035529997686151218503691185811806196552576296
458247439549463884952305229390431920834700408595906247758692673900
383856751959635718838147734081913671101305078535558976019724131868
873517693888960920970811996086393237611436761070356756751954509856
677260928307830333849478963026102904982778516773496566301792404 58
141888901686110371492187075536854421284230029436184629978447099023
892090870282586775997932900240687401289587818001551262385066 98352
076101525810292220691850589879780761031752744058602314927111485381
252502212065908659017820258780104224742644030508149340088935536994
215541242794024288330163556008454806114251973600079468367674392891
368037545225852035643374923040611881347896949560517912039521392 7258
935188503227479728304553377830648563922152548181723320806672527665
964316205418059448070937337627385191779318699473024590811653170846
477848979352443357203806146987009232700653873512378118935558807382
761431387104773213306585242921769520098652215583227076240478674720
185383578343770223504250814245712843756571479689310363418089373299
722019185677528387336013394417726381562202849015960447422841069146
815777966019357848536075667691643346140295482150176278079402653275
401698834354341953169825972572703237672327104388502145755116078107
849036727341375685054751283331828168180687923483942357902830465325
709099698933929319568594221510427531613778589133026238399572492462
565209238098216310022009938517838786291284754647499738084609884915
717838740446198137448390687340591284238313992268355061730953776007
733441551971134477801136367129304953999001983705760561472107745833
441235752258798197320154370849321291768820404507449491093051786970
567117701141965616954874695699554579466490245980581820522678 28055
440063055171162010917064549665772809123128273037117934488881927 5752
509942568057204571560030883512548354531821670031202098881756656024
815643339856121033521803122203872454617649277197607561639899925558
844824712539754441995752875533816075238289074957943408478409819050
499547223491767808998973555428169119866029105054819004663413715557
369930816878792785736669646282662826784498376781127049916168005880
869983507642972740292518890639492218318736923256039915873045117744
833426791251685385329353340557406954661639399223125662373328913082
446605159607568186413772904955157885328889061541234378136169948046
390831109473541619189442527956102391550363062024648582096751952056
686309608898274241602664868431018535792010934148995913294012970080
979209338728524506836770635227193756121070552995770056852165473956
309340145995070906849439995261099503701149114583565840356944 39244
018137587295066820507129554209918508765071118127238305255094270970
180836733246047964391637119624816712878168808667228632754357219976
027958550212499604293420723785566103352134288354032472088407536227
477076722657032216145985308480701432711332327955896270335331133019
138930987426335720748101442606041221949987395209820431409400117396
015001163746493739333742500935967983549598081681749426411617589002
974453790246451001157325681153660550492182290718208490667306837347
413540876864688036281053463660636396370508400603225944423680684070
109041479140807437243253754204529454923205488540944727773308677289
```

```
5728448351993062406233360148946570102953727693192398007913742461288
9880620940425107182168700354182717824693588528969368387123395081800
7112652032316069421394350441642211804586597284701987470587704917450
2361406216647182684227650430987221302532920806244101356519019242970
6831941842247953230488722276199981305934343540963408734149400983600
1137992901040490216519800169653451050932011865288950013498554815790
7648691997535540019962392183037155704956611140749069890614688031620
7456504309292968564920493914266325600490954672462450603867027790650
9778255886429872457951551827889549293791361864335494956074796062990
3943328989560710185007412974027902759832985344536654737382544305060
4921875584905472536631374537077658929988754531817058033901446976100
2612080121923648496013191453758738420887032773631045444103175204210
6817020249242468543393848183239720117336727143759140357324974219070
6628395187262094877364228903555507099568064481385391213949440769980
1765712217675877697741374769300803853092414702592673097243425147380
9794333082207091984442963493682734555999275654308492145005895949850
8388972194908048002110310107746945750302798672045602966829024330040
9019586565615233850660108608524705125925107236890391442604480419100
6885691711560554676557754131337846734357281913557921521252441634260
7287935145798726236068467887942449245432959375932256803824124308040
4415170323303468059302554598084018141938839130991313780395165866800
8564053442504597686306846470385293042281253712888124063837191968250
1315506404586582122027033445251500245556971852044942712661755709770
9076522016314099243456249658234632741999669659190963031507721622950
9737941330449069123546628999767870639644275439705307201015678667650
1462562096649852069770710283319925355222101790715425549106689098900
1571435225232088249354832640582544332289933881814332460776202119270
6353556055401812466401180644907486567924930457530305406358998581030
6430506691788360446337600725210593072101922922418953223829158909340
1282287505109801463162395736714345765411805422274015650441113110500
5863376808693783303841959694538613373289247160253222936973132249370
9972928005992675567247957579095349634141700203866341961453441828590
5495280534099977630879343399759789105686041339012606507861256082320
0438045454486313325106637239101332430231854665265092939118054325740
1690275954071908417628867735299986425460585144807032455850880023740
9219853889982576356904694020369388274466818401399841773978038022540
2914925919574927731783795745010729161896999328831375419807672649180
0013064389905496374484069145828464261242049616787491900287079969790
1885341262481087950554207435264417947194040344796510910272448179190
0320555977587738427273813105814360328119623482496877066808719029880
7234172895279364187064069484639801089564315352334229003147981016680
4313694791961472060973085801361507055166513339144332448586946901200
4924773255718230581885747169914636031877933013847597598611209617070
1626757731572976133468570481409796915486001251242060298788553533760
4784651123129289985200406105400658342503451634685630309405097898360
2527739341235446910129362617019899713956710393977453100963054901050
4483657021671998172203463575636382441116170937888938549393556125000
9047936371715422408061034381188603305755612486733268456069417527930
4409497025997743501467019950271079144783210978457155621888327410710
0976530634168129793345934674275670724413469431451621670473376735820
6853171960542817128588708301593160488414921903243630580503307219660
0182809009404327179179905769932354438810503240674918606915784062890
8734473767092342257822449454348280812656771173212580402386928936112
5565308204506530663405614901036968658562063810884162112507243746870
2189242092630265334764851006488240187531107752387990519147513017010
1555125936509502776638656404759932677726955347806327049303948934897
9598091177892565374432654393742278506271653261710049130127647658580
8781300480840711844142690290625420067897649616996620372407499901830
8392496230801679713342360699757087490626659373346349331174723891560
7344412867677628500732867428934742984354169140694898144641854134450
```

```
247285102226600079613809607527010407727596892661516744436606657917
119518927091206931157006078461310486009590279729514654677233831975
300392998202306775086147937831034092325166793058858094449717802012
406075320584269045332099732793580656207789144551244404825526930353
303513359014814445164701717409678054134220952991809060291260715683
392766168926744561155320928000933552341934762481168750783337505214
486412300469359127245516840949343564359202084008663972887452644764
168122243197900574037675204113145935690829486365028866513866718709
840191265208719382146104962917716056112413262298472918197350192326
469347606735917920473460195021468502042227254990605003905271739830
882393469613295460582355961688596144385517732556825720040864066715
726142874215865629365346667650305399437264337771175524863334654686
617471029474257074711452408406935745933058106647910587257708703941
215958349720801434732021667320029592177831146547941567632358090159
344983934360311394701960236806436471015526548330332290324948488740
174871625554178432345983583131736856741194821648828321983039293782
089006668641656356329990025891242536746598742757842445313505681163
336650379813616103342876913997790939565375874699178205295126606543
587480249531054620790828692382531734870934885092202989974921677075
930466511581133383047832465845377999596422451105520528225985513579
954331407804687382883091817168865047464734200601615944581759276487
831751006154057153340802777001733934869159725448358499570311690890
502347900418269611277438910111368249836511243522173294127706038130
263418162357514835007798682610689357810835786812116638025428639
454882447431521714465318821226560337168643885527949083722967271505
859983902007370435204519621300668261863897112457539798316748358028
660902437533659703795530174286017098228525434662822605029782281922
967974950706846947014111471827123771794543954247545582317637072002
093952480305502486152919425838074644561247566303293621119406438535
126173363837578519909303377895635070998487264756328815771858778297
353705484562184061665163805211633553595615713655488304023083904849
905346402275363505322131262857984748871208797423919712980651571562
251453573762296496995785161894725860193048018878841407706427789821
115503893404172990784288779139603190909475642774628234645049618558
957186727089305050991750825906016230356085410026150659958294094188
223171176685610343109409015195560359419762952715191446546570114627
356476034166407335530107840661217068804877676582960344592623864758
557477341228559099455126197261503356980467429465446524107479989467
997846489274548144629270461024277249451728542720251707513725879735
089028835651237307514021621311702640482513319750428220989513845528
136268841773267008825254317243579889892752698716039884633307640274
102072542860753914632056334190051780169548164179493173488781224447
251861194100883513137555490494181672864244172188026388165627539857
333600411059599433600445109382525788027664814425790955484257632566
676861865912705148389804415975502020223084423164817145782010230876
136894006217159186369664756680115058939506917948617938811069135739
111929119476457163842439850676760927015601387625473877555130821614
917863311075676996932639836360199843056398867930350363110146212592
618232432920230504873973555103880618396303383920224450218778063418
013902925080016547655990603908806917718524407509635151958193085485
349436375269314283472601286321556955893475903752173339569860535581
813340404683458712039407449236354697080135396702968920564153270576
178507436941042162002813859740994458039484371712237808591610625472
912894185014337332011394192377699272849879216795704857208482621178
953745099590160573191451033015921950477998616399735136343018127076
636196256421829613557147414196825197784512923995180948027615779051
505299624564667685941080031965524777784431018487536837769304812 0859
493475149575363519083664510383481178383040200872495432943598018399
096116144252080810246154834377215900747465469707895682559178102153
564440601396893159844515933212019827378777807460527984806318 8533935
```

925532640568047587139273617127439049444206400176046596009726741995
011180194421994703076386808201891521069608033731147927545046918070
866330683047177127699388843497520361508386403092367707966596240746
653032058855795435358985947775420846585446621311741732136381937611
174526719845377107365956594981659688759535272565530522586777874361
969955452700888850431275909414330236429519830928170463636710577004
082355626345787874785234482399846943780739800388210355197146779367
439484397950422615555306393729577597612139082829477616090698661599
524434740720825487274741637905412032043763264976757883944911594852
617550814823643520144900684490375525495045287112775902440268289660
239913812266687287169439142423356907167219748529854906502866938531
390027800622281054659491949657677340871738526222585319584765741013
650016883548356236992354401223596936006051229704848086706559828336
254616249888405808056838747680592416721489925466769707042797594707
443992401921713587689294557714824440483700282760938444366726557959
205333286363821183436202774646087176456018236920499752142614111949
509141365939939598884968732539054561689863096296277455693159627111
291389068753371428581683265582291531673412889027734335549344788683
553410612823002184662365260252030829905573599629412128403615848769
828447672166506050843093323577916341259867252410741162855560887417
648349820714209069639040582853918262162289982686959759493805904885
753681523517451496466142696587956201997664381005061504180068707658
470453477147005963307233577907943767064211961192058242544441864130
889629668960333915001324327960992277835339589184662575993194526690
242146365986846158650593407148400860403033855263822463815891581183
633596643738185621040582013281656985403167355638163019680564587348
039675160571644904016838278201603100326068032668396046855898129134
031175368012912557689000970360499259145265139775772983468530585536
936351824757233378044007504755143509075612721952284629606722106216
074612377151537118688504003714786281788426461390580536475028946907
239289094722636256621257205691977369329031393413587569782287912428
335072502728595632347802504078961201978921641323874369299169139774
347271497800996496729789539148727048958122750145899044623890586964
294927230354129335323876189211564588764429713638978164132213843945
580346265579131440291412501168851998922870799882033327458850878739
620195842849169998809625666397846140216095059729972870961243304576
253129268156432918037383948191514649529198853619766896498777534700
409893333797271594905193918030312440938121636064272059749937430095
796162204706746117408573410974428749024072224071920084911858181518
124276338523114088091933669905247375517969791533483698607788473417
923759000206964547789804654420961655824545657572601098292794621201
603586459098001214611081297486526766493775485550163800936391440387
470440680741730711149120395595564763786368725212586641996518155272
682610249104716189727921996372881405772954371894830012920612558250
088095864823435031158427250447144179924088583160443635426313119988
381503444747327397732657258291837424868253221336201914847369762675 5
507600478474750713026331527914424648458310542617927325595978995021
636498056801672170239863642215138491367894696651895996369818952892
920910915814558041583029638779178693541218300409986888887076505606
757845234883714489299580313972269250026344239337293778361219989460
046080519291815736507140605213243665711748651865109586655317669933
181738303448325237239280960676905236851464558272384358920906669573
835462780112429104142056447580713944479046166568098158783472998391
031027522874694740469677382116151097247127560918182160321327115448
287990220915809954467179102398577577600759370662369931528510617800
162228001306895034828243805988974280780978633732375367387515639962
500202688917156087205681980381321592713346498607978324698826325052
172467732321585052767727690807395180206332392022289351307434265978
605937025106926387890548939556321921166611355155598132690575754094
401663689426009267552040653336553951459594430336472986972522461302

873983497304830196186945556575297910677872775472113472308106665122
026618370236590083531181275297824104741768120054732854088244838854
668374142336505912599422868792294835077262714575470462006165094003
489129260399554319578326832004035426871828068254965253831583532577
307988741429846387393058843241116758545328754899971955023003383521
326423565271107017507937488068307856033254146019433209677063749357
415395330037478839909900702531462965980415264558977993948764754107
248509319276032948979171741362137841981035068496164039387135610981
878533506494822506753456264515252977403298927537561691817485375550
733716370480511310820927684935994530695581210082285314541817055339
623762767685236462658936773733428035587857812808211157430619791553
712435643454768881163180868339377582789315224641995493001697844 7909
000797664761987833614645661921975754528302389984112801986210384988
301577437087384108280801447372876668190323709674289419709340243364
458161318074772282133775375992468949488568872590487141814602376469
599508013866043470594351749860090523183122013945918488907530401736
869961254394667213996723140303493622862701101830211066751111569744
130936944850884308639209469638005567006340478765610370824098048678
842658505599647762752933451721794819545507384938113304238594644463
901683723440199071880860774745846502332455205724897116515037354612
483953355037071663354695583359220890033148110931050356252415751554
607393244446202438951629450718397676169870974697327731850083632859
062863381325773471767970860082863657847710142436557087371372940575
360685199619901423261535191218781832403826601040993227680387025182
826899050139287494337547628268055926443806446358529156983797510240
859940571555962016906118060638530479462781011636883711150185564208
324098816256980545241961108050107591342574231162743886126499208689
264393552121508479061673596495341792033572993192298700945731199911
697842268853665105393723073414833627765946108202750720135484799053
771977521102080214881391072844348389583374523960791312644616573885
318211704659936653431264959034724197000891057207310514031003142 0016
078368342775492638478125557268114790797901786907065870634749514416
252532134659135416115937735427112748784426401032091386953545141751
045683594010162267754683709086779176383299513414680468895693528680
453620097557985880107544175928524296410275443941749831975845436916
715453758318798583064671534276462601661707365201502412509413289171
747243577279364230528420491538431367186886237867006886699026954982
422348265355688667764379575582173536817241785261396212923528146510
190330402029598086319943328122202989858917413312941254825530968687
233116292184678213100262026568569686333898603114906825151840653582
620284920369110801300451065828997688939862230200298730202666823959
834337214834359411418680094410242394805971295162152859580318258362
458840738919247171307562713626974288333595200543374022971689775651
438500239796312208322968868544151807687575048509919864160038519290
649018781843282607380365794153750889224733309128902329783915701654
709899025909633775625832771152197699012720654276736343144359633866
983789906914273142987712102809813540389905181965902575287171101772
553598109188971805969066534622525599610871060290385068261037365951
903659809459038756802348958120983781845663284751012262558117615391
139727878696566364760387833095845869521297413602123039262307275831
620171532709809171602947021388975447440476453541813440232395192710
500836541126144987477629576646131522972304082624646701708792176 7316
215590235210339715859547058024228382702797149401860228287247744951
501920484063908977847063936837638424702769184371401132639953490553
916092843649937862708149230848515856910453657203421411183827241925
996098440307151328839084613953670714121052722050610253405101940294
074975957452717492953907938586063863227169758830913157754808342730
845003458209437567851176238291813322850072395652673288180902382192
834149414495655428426022137905886102000418833919731786325472260 6967
863498146897954811292456491956275748589910851167660235201086703572

```
06241041911139896508056310177625446789940282116489206299309395041
62691936328525056590712236826429134597500011438126624463961940292
61249313966460082178386024222634029099882607071413101340225182292511
81145074532496117982780980909040598668887394654345337415292835273
06845203742286706180187577441930845756845900830486689521818505462
58364007276520648231602447922945765035027161024023604827609189292
91418654431079730615857216897581301459977941667168583567014562797
81377628779120199707733760091548850548543734919107244488782685079
67274247499877503716950996456850662105235981331559735770965590640
99957013762197929214384231902193401513373371463885699756025752609
91992041679698230878351338934097212741361796713331802161065533514
84012271805000560589962544108742917710596386148887121653420274202
94001089823491632143341096645523645641574425476162806149948622628
97947120995332656928835757076874231482565476213966576158701886088
08735206342138180550809538710626433109792183401239101558732344978
92864043400856643324403552063429457083508674597822201907204349182
98165274154755619205328716377066988391265389325883009078593309732
27980300713903254611166790612622091484958642463137460474292851212
58409058847153194384311331074768044632952910144117885336084147241
30788228795538892654286664484346740126017527830053237795047173946
98949841265861788399732766773092567712363725112409369357153099344
33436315957211000477806131956256649419026610029205275667024981564
37479664097209386142874282180671772944466864229698980601045005527
82047419353303659476484286197418817359912109181105178317173557233
20487679773497979516425829722861089343501579983963113356714420777
12245221594458881235393183178984277679077619574751252027257634592
10599926915418595094605377094715366442336816034537749447820380314
99452485419024158225473078010510922138304388873009741595897624392
51682724173540249533525649788361744765198146214873797373350201389
63174984048031417473311253576810877282054402753015794992122482281
83158599032176421808576117958983050763104579394151675401359916459
08896611203563607240992607138768703535308360231371618275879494370
88026235451349994710057516165840831401814160964148485556955730484
32393220524854208409177214991579667050539409497091309426035844241
73566596751505941297650572681495317756547067231503130463608454835
45721446246720883776265194604923072910857551718087040119262985996
43739966703984299785629244915783679456050193823228919978420229143
46192877103398117953279196400870648499992736416101929828283644198
02283182353696013372952696400314320550427157165630034780171924642
65185460756811038794804264588691923654859303362606440276948220974
68354234243978019485317192026063360302189849987739570514319242794
57428371466917177565362215383803955612588336253255619898881383941
15190594078361441569787973390220266643667605661260341772385273381
17007465432876226735779917344206401459575985605811985204360990748
86201063309505039894971353174758183494361183335852575639212464655
51461773314300998747082934936630501465316745749214912742258220888
94609209423211433462825171607831842748223680631197587626810722779
63874119144812076079613539844998783245877808558470791403580403227
33215701389593658177353967847577538591986059077025714985199792918
62071755406650441436740619597569024610752451363496607249358249381
28623686592641392363275844595423516530266033702306645558408623065
24456971108791978300610297648846110574242652954741764866252078704
04909017904671035984964700603486476171102949367265149700987270328
79905999347892818513060236900749309573793718138695168213954681295
14649862341491832620755026387682489509567486763202646934551755102
28182498391196467909182393524187155525228632683189420876997759678
36117498348588993008982463118544784224101131019114582133065280581
24123005358964903636926524369193640694048651607563283689485719246
33771989589253365265257048202672064769802209837141510874808272712
45526565400494632261371175565225578557854386204843972745128112469
```

```
9303953851327557208738586136332845154980999121622176081942298329537528843084974815265989509596031707675498664537413763046783260728838516515898281905983662442409841239767543381995641388773390255619104043407092540587331227195150043907332570074022910892710639857026423394507230166256217803265052508088792039039830239056304093083018130172614570730839500184286195290125738124421806436611596997022276933679377048967651600229489255184171690301299072120129650133350627007142276635497411119992198196646987095666400665324210039471451781291000017803245406453689450147394974900566906224257146068056925494622647946704886636289350462532097847012868109030596278379131960109090781603725759888909156680494319319589059697362378318104294372533961007287257463297767480226244825115785530275005860141541908753722113152887672443495488939371268118235765079757375591862260954758793900685505379226352071301751998848581413739120823909552910494808863207734526534495606973773156538854783575430682309858090330634518463435242119359009917725193273291229892982399848033143071342088986768649183176648276455164850978318312757196668594096546739916866673803114287725605476721566676445897568217849958036979388003509182753585483735102380350966032255255659914155544417369194496215692433112650812479498775233971600989640432045163241566124325014550343166056753606443540198147107297747801155023230507765864292355729797955505513976023219507014587792644147392121187155759311788108567349467436775790869700488660076104855396740093966826692529948537691346709983406583106232213642074997103676648809063665818289088678365447656052399611687466435038885454965793933667829994221239057546757896113200214638887514277042848516141037908536267285432992826190091240042693001842308974194723371882770765364599634437675073059724489094684373350253686017508317203951523600178790732272888524363703330044440927812905934536866314147010465934188347468928262998823630130601376692698821779885171212454145733784882303824671916659511051746324312790315608741488607081554831102132540135568685405588343101887088938761393732502340880796593820148048303164481123176201540243450258972177670052598768575291107994887617033468123201993231132192874341846612599870181746561179146118689268370252016529911989888749488292420616964965430894423463417530646262066320412705247904652222594748526298821801665103773915209569257176760513915129079083306308913138467076780713608298991899449053998432749402438897106017627516486543243504174682174047720535790729788190300647621795656051593785317469975436785042996228068593836058350652163718143758120359463898013538578900875386377999442527513971642857645585388150959986542599611111212635252183537375408938382994071476719479556565333810335609209165135879604317564521490021087374521940701660790742117146389209287184760160902492319110422671510290601789567464238340951983591142408642645711070748530076249802206736383779844598841477515071622932192031026050005515090769789431943783482112231317197696873083287468383293986801931916537026638200348246498888280099530802191763804197594627304342370504981686266314633138199244995135040933685213264862216626143045638015541670299756701810799145983714301340032034976529521643857783420248049746048135655627876700141167645327657091594698785747109517077561758971954701469140528987623863446660752169184051529203706434167143445810148812459041088366769369630161221040303079623341879278070741455430961219509880330732327122514307467437929490847000111815787217604725628436874440299990349072352336477956148260727543047507338357941695208541185814142116336633188436139304608640443812030500873747407430351981258795565121015437961854018176835163955314297889210979335064421892206382792601708085966151340923101445509598050049709333418260346282226613652457862436893382874818080831166321408860189627933379691796702389260039510884923222262487914699524694482213222071622818763375411744071764408256359777491004984411315866456552169347946993853458952764802986158402264099994210004334206449394164465158608
```

```
27497279056804659105802319981404181666468971070381589917825990 5244
37941647676653136370381649556880784171970666908881871118929635 5409
70894493508380867208740873858916782805784646387301335632900560 8175
56570518689835182885385581894187618464318855418835322055865514 9196
08401350510913042964386737267017692094625684048216955942243816 2836
31760549072993983829018770713786482195962795827372843849302107 6517
01114120971271895136778113363452251194325640609290920398920303 1142
86931102996162897157416513531226509765663872541502188189457696 0633
82654025201746274843313786593668353589272889441372227122323730 3189
97627121875635903055240593344068040671658854991089223395103185 2280
40031630777931393887881242637399457661735057804548647097133656 1226
91054526803233517094657822351326347119775415664800121647618915 3839
44543827074135711098802738252435819294527063872430289838878623 7397
26994810190995647633987267797438188240786469637206134575020404 3865
14048145404848637229480891874953336845383329185692611600136090 52698
07485077880809719922079054938464491299811604451051248201576813 4230
36975845979313525076499172671897835920462441355835396802043901 1298
80820848792705993984520815145552771604555450916639108614659810 1094
36485529958341589405011322175918918227407885854505737075417198 0793
57657134764225664007855202712356498418147809185247540517829859 835
87194509009264562032214567936003200980365891403659248029707059 704238
93401417849408983405889420828137541084532719476594015784918087 9884
12786712883469730444534633001134078424469746761005216325231469 6074
61797235227518889113661084728250447333876988089978824961745714 3265
38959319891938094537356200697795660073292073759878773953340122 4262
82463811760466552954932776015165444339879779657596421303648495 3802
97336297340540953656602715666209562420401897254100269030887306 8859
67583236348486080031367493378804698810817924348705558586126044 3351
11341550683472102803886307988424864795993442691070980705308289 5065
13928987245609474089911504991593266076126398135041864212683987 9243
82810639019024427167350764624024576817524129773437704721153408 6168
04178294996765068580625127475299506559532498818661118722169921 4720
95560654755219761455049109990697568423675215339297355971225275 7150
87665659664502719171782052938851093694472103279129972997894959 5372
17965414822046848471079713315292422565810659649076885751212831 5157
57008915688390775159233949705557155439612034287580617518867039 8308
67833408101348168394370339219341974243163346877167554010287905 9518
55469702441074836909988531592235768360501858756785573637458577 1484
10634013348975908777490583345539770579535213590168266477382725 0855
65578135488763598832002785770631642240468395161657169656331177 1164
54122497180862165255308450802635618913260435962920096403238435 4637
21295159475370293413557820560910346503148279361410656603454420 8285
37160023113668131909196410287304920850041743703833744628104646 2094
27769637855809342757875987841833340399660193542026714882612819 4886
25539504381515336088819835281749473542529613052058898947452978 9819
27653623021464927164086320292356592994191752454776144084306022 3793
18567606483039434162187536270414749761396384298639152870831145 9385
17668485369224524791339701856796618981007020472212331804541923 0799
43922150899183397221294664854266918247805798787826538813387791 7479
99298627164543339304246091128474141007611054200897125853667283 6314
86089863434645693410241748675676488649993201676076913951174561 6303
27374498044609078090640304676349444315588698973721502306022408 7689
62808996777200082954009728621969369799908562863781892068734312 43425
19125716658608488533132234261843260558367351735755946247449424 0918
91352020724289171844022318266702073646768610186247364849275801 4735
88812961571164530777730991879061029888628714930204679227525167 1037
08071639439123743167082864122194446224476572604070545998596828 7894
81812296099664498418954355051269746222228405582160178156384893 2415
62942941023547244744065298275956508523080398810417675310953945 0829
56686670009805968039723878307108887309916708399098666703021614 65717
```

224784085226233338425720816810073396534603214984320697266393091865
149254801370103838705478495805692390809071470146803194411882916774
100108676071463670346097016587747938619865572514916032126199719973
803490164842267544912596739312397990074831055385068661830482906443
355681392530449017556754977224586553701311488545214557527650034001
289474274223755834032167742658602941502854059595734178734907098015
908582653022046578069213686344182383358550580440690789048769469523
016824226895303019503849045740947723785841308094244812638676254526
179071856678494915944757525890432985971556253916870664050033869114
702527528774632307639477366220502124317111976697554070733311267595
581143076643508377661383937418821198728140243019592577233992497745
653599173737048234552569017468386181605906850252368717229255820454
717814319918580749491682119101061410175466753076202891546321342918
722601569145323392446783536092923925956317992477364265588541429930
289457142976436732322262692360240155503056432028370518644027032070 0
941330893074078971459341135466306263658728571889770055691796392094
089540494967577669166831282615198053868579516388745693396126973669
872220449857426520785733934500552182495973648387278103946120544515
637979612030291659476574699341543271014074745772892654422996600802
191430751632012114712233628868911003141982697620811610237200462099
132116432607069198868028640972266780902380740359354214499157461979
683557148136771420102843682700410344318799421436138119770538705702
515776750087453539287747201965450490621594472377056510619675999908
569487775939149115942015050991367741964053191223539274975510275226
212593290315929202063227431563163988355989476949127802825984508358
367998620353352020685460559216786552835764981566953231585885723872
988882219155944803787090891648567299072137386053604371214396169103
856951761602847570707412208855744548038615549299960111090089529305
615092834665028803983155291889086590281766493855036021130100 42614
046121856202729086358517057052077500603308295180906193350336573369
268872311459864004662237348473629802877988102147101924585493748777
453115962897925405501780747491964778406746552790393195565813896692
543928611681270286078016492471757947690040713838418710229217335189
894076408089714318830892216393659687537987014204003784913012750100
361893552864648042380140726687789499470242525139568329366720126727
746887603228486942873013499735546344984108290399024614311248528848
255524681487627399427149890898964065884653827774882015498940055948
650851084658197861933024860833800725503535370575267261626271208 95748
385707810716790396321406114798575892731652066513874141839901415240
806942716415312484146575073671621014372856615067280484820945901214
115397057048462215390455053205451408649083481693367506628520708504
476168704764247062925198421823405671193175977385071213843566161200
541291487091099968133185503456755250273948056094553333242616500497
427369923689595571203234581644450618398094463681201084189262133146
656721599470819817686659148832682318546016554172883453416704493091
663748465689767634231201898326438391034187584136241967457994649202
221979834593056563692756849359777671093103041411307312539564248638
501455500757943604266544947470225968985102663374383018153260704636
104120350698291007740247523365758424349259806781961067661254989366
947457932038348011891804623993440204860547400539729198870648908353
273846254259781523770165393409066396161418136993626227242206373381
984306775264803874177190613456070869512882942134188943261411559837
419843096506180799248248599557473975865979178350016251247911768205
661124568789795467228944116120724622182150361118719603867594046340
815340520931954899452801363923920455820705023281591771107908638599
432662526833708351622186279069635134610001892728789722396733421122
488552537949623348050174564571416968683601005387174928821497469289
625347403249065911079477469955016629027142984650883917957439011915
442316633387279050548931573371400843033387117939845502881051522253
878558588527678672465468225260139414212638002515110525362020285088

33681167117913145351827458269079362143382873636714785502540618315074263817135131076739357650065187225796621355848452519981400465049664429369446264325353422704810873584386515316574783693494381756184393891019209933920793591730235133613433361740937889433243636766210205752064049860033947626117730659790071733843508611904667283091919140548761824903540960361117175873842829531071297887413006781572900718720285253473736830526838820885190065288899206711414175614821804859030161269936302200245730365450630834445212718140481106462655021833491808728134317000593894546477780717800755411594479566368752313028096856384976646741642397940380978024006822393043975148776185510146807492444313049368424027979663806970107218594446946675695263158838285262613400278056513954164726797847201873928734317431956342714686128687031868026805130778331133364970514243458619433993760383134891953616522198571734006026268164233315262753256152699866044674282100016307871335675641760570610365397244034349964075523914459700042488278070090182478520476973060681827286895011123040202596546463916882653440624513894380086858263099263707383047836303898086010994899412575125614015344638442370874909562441301959987563891046520966754587766008650939521526930724947593463765524999573981368704682383578222135022751562771743922399554113454901430780658888714513281337076148502576852323638293314742805966880964620998422476207439426900279429172375897478932798562424729659085321594720533236949043402796626630740273131643223047124289657816081090460225680448819724706799349489374391507550517355788273674663011336512806280676387389443510734047785428449458103240215302688926709289273432162228866530807917255253664825319222486046719040118814979669189723839048992144990637834224725829744875713871639376603835319582212583899500531756700955293648507888404290003623246079851080944704118776696569852700224236542148408230742496591289909650885363087254327321514159891816287567811307051625685105581512671359344832178026783508960472580054261710332895188363891032447371674832059178733650962829745596943462409255652816656642813369025930758740440023467313737677792486726102625840368808169386094183043542160512328994311377533910651173174257919038774427555774666030406620099040630426051492029870431846013273895090998152703064336944690410044571202235451171011328756403959370242331710298393490008207273903649597967324607011744165743432549961178069176467596474687979151557278151624730605833452636485128981677846980881899113210039395551118696836023267657819460839277758877356094075598291775428086114543301395004552465512429100491137288596606867189535571189037333006490897568335165004948243750201336851572849963696746425914953603739411549609823443143510932022180970935978032954975959889508110435013606216420030405425352518200915587623321754421758808594192994016616000036343910153400940398613816141852965918958274686221760040075402240523491448741154144506035042563623296960365972082364925594214765207713745747951220023253307577273544066672546063855660020024685704460037275403923296087432532813924489275962636999746081980307612158694436812543464760058234517098658868757896434602270548007083790041330514172192659415761568791150191340297485850517148608173156097398981871178896399754385938514812712285656592027869352860760961001450046862821433081002880034237990803160388504060829762941823082783808603522724981023677059060464634773095240249025118717986424339190253045895732039085850787195225501777037652162664218528198174050734002666372515280934052081167101126969867793722598569334951943259320125902423076518277713527188447253277802055114483586444782301154711844185322932511492257214922607304220727778433002018243512889526264348504018011766921894003013846230392559573128981537243816953077315894785564602548901233598445260305842110783664177049843804227277561814636149708220529789404684196421051959529763442794493800876237527458736540436860323925681203968153978062031844117517340635496464494688643129005659923971039802605527191344412176493155

```
76701250232821586682913399170943472186019906149947270419372232448811
36577736478433420225999696279855298823483581345198218142567592434
886313315764355498522016187470094484862457290141545591894888707730
43749586720792483838574340109825006289616607997109441836998747843
95676792923888624160244369027154652760022493934903690547167448296
77083073924210015283272337960935692399033882446560129800791917643
31420219423739939643744425088139872031104733044683994406298819697
37197577353254193649970332980309505730194490517681341165244535932
99051529119861470957035374526557874245185688896013513044654670270
58809946090330183569536601327917187944495410156034369228648022224
04476758696090322096842256361340563483682971743394913450350154562
71211307069128196826386733221318404444149770373845094446175483054
36899360682058038898772474119523892924216374678456249854279850314
93299533158554300276671540262962651669580914607881017471430699174
19986584732904016553566585762630805024149558847753348985236467223
93416365653247943645100590252258632136464125849984679616184355234
35232472111052122663609157360271302132944820897661410378070919365
80262218178495712207585119042287800087459286773627633230096904378
31370895252076667175727182998614393655511837166922372541946679808
16666811110395660439337503728075545148480681660436746789432640453
15665863750531512081271327549205306822200052569298501430885879183
33858882722616677568345546004203873216650375630854083599973834420
31879253515109888333853900329096587405487398852972968379972293660
29231230716020550973393093605034590395514435053077998616792471614
32707476245085130197897386992709933257895246455475067636682646452
15255225433388053548362739162623925296676645875489467344757727335
01383827372900539389665659223059857104848277439804972058382111553
20098920966136946893177199111474717037337482698105962706129131399
06088218772148525578898249605715119740995507139928669201545658383
31014260308085868849327192298415895092643571831409247104705184512
75869988410928735902874312039343762798516411032441226292631100110
69149554450309453357692140980331567654806421257727767562525366210
80850636818295792871608398234021472035362598206364552008523128058
03267168668344815110463737048499734839907210272119035800884324222
16433444508002259779528179717226997323743864517946984457648063948
49183334385251804287869326327529024478904759379404285984527499222
97210002389112154893838239138287298993173119476173906115044782792
76911023764755025225717321948181473706301308841788981959816299954
08339024441069270673759595699711953593093849611028657407650636769
49089301855864987037289727234334572249278915326092232477022877262
64249176980803027823621723937988540050362571554887536100890114568
49828243767815051248282055049206761472527146521896630049688579599
67752259397406030511028985803962621881971282170519263223089517468
58647724940066347625239985417319602616103692419571597760197169490
39932872743974658804365659364968801685286397751552247599976494185
50268040500640969843511307379711044119791800574646549307802152125
98100873140604694735659064689241814839126360000736247105564819825
93808874576453627742993768135876541917973572296127000892968471369
49368367896352518230389131039926337585965257961649644990890955243
50865890255302785990775532590127306002355311241372288339546404865
77833161576829861517865092413747423720887013088054395225927885302
94309216595649098407706095942612962824796778811133326932295287479
40987883556678790042919545157674414867840448236392233509566007275
79391401697107231858244127989233882002377940639757536572516250133
16367264435915977475061192571301623009093734510047452761801638070
67737009437680596671422941358960082475538324597480393206079604490
01769207058512367261984589568309379680625434025095746216595188797
50577965491955049492867123325133755673871605735638002894299024885
21880124056867923618924755604824874955328263873146464164205988538
14774334331725912973171197400042649872224381061421103274992413637
```

```
337547432406296672518156579138643702562024303964790489005044298526
244657566236218820854094942368505732727377622836552938642131946178
526062604999062547968847458530441305937394727793077535078193557627
344106921558940727573628596944966388909215851327061017106149797620
538570852812095752763294985766777194759352152421676877868173437055
674237402436509635179971533020571431114640135864028290245151732610
767169202252500633762431074161787476243110180290133180972231123824
004466527025579134333864823384782408364150914263032146655473661759
625616966594331206659851276704614504355650567632319272380345140253
542128096185364065860659568650090054298405004609354853062062677047
658456432303555796213970401284145071551329589154551669286582783894
033915299223882332902538885726058492433074205048077496581896610609
181058545419793248020379655682803999261459692054638058771364903148
774404809112742816548241917457211102449742316156169247547908473075
166326609819523795676463876788253431508822081795667477147068016351
059647568318898324971204609208556997133757414465046934783022432710
038421476879322142485713565646283401032424126327654208161608944807
016915495419078899085838997387070670154166653384195835071697145193
419203744574382051040777729732736083932416374562858922413376538636
749550495430566377084345083651770046466463815328674448226290496018
468605036883440776084482397002567762132357213772691392393095925237
942205667698370439260789034826737347545283328576599177610125695553
501926205517993980215710312143114530230698589870103035894212885 23
151506444142065284953493622024421560328509445454546287414074018450 8
573337343507763059426122501925255325129918634214765821403830797952
738737610527302639241822426415421509064600988318441525643072600146
861460116194913024036693824750171418942259202080670774549157595384
542378138860870217866424786028682455382570607007852827332226510563
344566490874361582295226450690960831695617260526525349150207041380
219034005701788311831237419981786872388251010597475120234906541684
015733501431783733524819386198287179971086117048195607925864281956
197702496700421100095380047388039200472454678730906292796860054268
202283888668402908313352076886505277918656290128921312403151147840
465000757126177971158769600362591788995845532035287764184783978631
665070737509669088361316739147668310680483001761136059412558390261
849754766696217285340358592190345237671511643133726006710559414359
332135805934319651546323178338090818578233195716802322563645435465
739653891585126961726835665295452993366536165073980298734018388646
124416365174666669893892482737826454263142720386501175530970761558
733454310267608916815162421264870580775063592788200735717780569088
816079843345659706100924240360984178262541720215278830719157976674
288514505877381337614484000839126439568917135693227613352816047973
256116480024364781339419493919981444634503389773048307901722189787
611415267584913782767136404814522241700976380245927541667269859014
203411158804515183793647076944899216519582332638281683336325513023
426351694440084457734264891932074127715509564322610386891038570095
852192162848418489882732686554704236675275075298431229087305419839
504408942021416678082196809827976707749289849712423880933541449510
829425629732782669230041011618064786854216339301274558922324247867
491607615769541168830213454217159658460908480197196494872285422924
913322695771899106521926823520973428529362798860921167917076294858
474961499783598343087200700477102185689744126172310910355862262499
468390249780248231061077389080430317290598477045224303210033049575
696595575909808971877355132748296339886457187784691064033556448961 2
527351446823105300277818843106768143634883686881519793591948058 64
518378586597310271207805878176828347642204580417485465272557925932
127542209355067091521746074186345010479544484728043228759042785327
989258645322429852338633257207854943441007130491816007509571981783
809560002874758275571459591214237982410344201199042980008348466798
477917366763391675598123307360449981783300027146207947153962607424
```

```
0190517782696828793073342737263554559682051321475779688516552157856
3821506100375744210687869817590879723105471878597945093416353173097
1342755736848046549368460858932795193878054835351838457955127888971
0753852648125918197952271446731488978306681441294809043876475417203
2883679315394873192784282061408378211112385518592573720264234646616
9852063384534060085526687169998825468531836845011643354224246766319
7456134600849630856057453735903033205858460474211719831580072893001
3561157562071742314893304796447468064963812931642923523581139029669
9494680014506883857295049880031742947556236767437649942436129590188
7816363422319493407258497317389718473874274935509850647269696844126
5206780502194204287610736288893858850387324568556438816578846280988
6618203203578230333800993059130072333413234509602597374605200435709
9860029814550957846283200151357359254602735159675644163653011226471
2786403244824007737996917646650602387339665635679340398356568072219
6540488511932448820542798091297110077004500227754612066171669155913
9809765659822716963173713238023308189464381281348664524959954457359
9602734037495319810341373545859961495498360917612628539530787384570
7594632930371488225193038171751154383500267089958265452638110372525
4887743926013540602522145491981699579873716453513255099052087967799
4407822530807758169956027111277585448684402760529394514288800290953
8028485411012261577841491581407749998414962922401988913083178596669
1538822900994694745024784490257136735697263979283040328606345468198
5901480867741408921089040105765750311041922161494187431458784761367
1477391830535314383226695453832992239404561336060178214118865092922
0792949664091216003590511538805649216270544641912365189082065327758
9199738922293901200268232222369773672330039382172367465305265074391
4068309474732126032088400989901480267801994826858553514806570539140
0576934547136732038757724513069759606056795390037265846113845113230
6458337250580531679344725994305521750085317786363398194721774384983
9416646214485501887706616890278874741977750727859461678481964887923
8392429701230219526438487691711692941913676453989753022131894427468
9864451195233611358086995256573849951322723448589323113867978311951
7843877135064823078704829980344715507014188205310414266822948160081
6095024682359788933239467695015594757502235926020424722638494100311
3670440974536586103080120593089275276107285263942575292843621863776
4253542781899306480066569636727516169718199072260193757116892594797
4476124876288821798650136747507500638323479883964977400488412357566
6865716142158311084736091393450002732200513079812815702225616906552
6833030836656381413470070819422166484822104159343491908204056408595
2240388003780734926165030023171799931482592911800377474465950156593
9981386238692869062652382061233623674596407209835077011082990790280
6903410917509635731456182319044477049548661871606922803035013735952
2412331696418348799080748080408689982217275513161958780967752165398
9830962034894093683856539421196123081021103471051742416434655171920
7792771385295060267518642439692655367233447841006814559511490367828
3881757053538003894600276907056312702323014141306631680174679733509
7254146260959957881594107278065966542285301608309809482798087779954
1513306341851977872303012663922539995594139496211004195460782520674
4250803288180503393892187565244451699554137647784167163730755847972
3386593926352240182260803169276708468269071288406191974911765628699
9690849707308233756477976874846675305269192985079280366818214376796
0730508738080830144642975982541700786439730496108341861969661959632
2018403591635634118435815643201413631915309125174406240493092451358
5190762706889366270990559464689376606920468283630462501640201027437
9178544802485128618216125121145700035734674069253670368090950259239
8915481716225418252452080600390600406155405892907732068730958006174
9971920364712097884192446667092044497498748240886590526693588948775
2575164013543674237920145307220235357683454468120686595139327263559
2769965995737774411037909107156835865846562208586210713954935453912
2
```

```
56732806295275190075494090489639438880642545570726221159363124394 9
1645972564910184257540822004722888844663451280304483190178400740116
764773956154364713952355819997693590108417752197336203083262576165
96841193661458533114207532119529276697170420670518598249976283460
41231639081227908900560239147276254723044656137389193482911984549 3
06094462945096159115367552528626105912712122041446841774978186305 0
11129740039411193508189083573332905511440743044446758533039081986 7
74585870646667531058733204448664381954737084809840190145711080151 11
1444662950746065233051734594525772575889307863700719576792849542202
391372656825993183849635737174554050387357805408322354286682509834
07424619171241065928405281116620092328296030172136384928510477358
529839208709892631698435885742206374457995610541443705248822335802
675674609925440227768400935931817775078576733453207311853083797369
573820246047450096045240556006415683554046864181064155915986925744
890303471460863686842071415295195399688863994416298501262198265478
995063129214796056471849993133924449529728833783355225306656081139
111557599979071382892418373574090519324118083275321057583443407862
87664294811335953007811514259578279640928378127631674688525323298
028567924732045320938542101580714740180947946116048627767867343775
751143759233304925499457206276842336439469327017336108444018756535
693160788031270156774329211095460374669864630589643299619579908391
638851073583655397358685803947562940402286352096347217039450470385
257108531336244754542001052596712178357874633359416592323562570393
312801881979934876980850885387379015678885924599933804104507095668
197806890979130475312701446911990817138057938235367271579787439956
478915490640769381923678366723218190582136399034973143981196742174
048660691965065868831513483401876813467904264395573859006548375807
152818128951074144096045017043965485359053827804348135830772445160
037860973737431472179402649530772942955247321642858586419313390462
25557314287679022533447876885637977093220704754382447137072108172
807262161922034516766385698542146002937106613178446743494946034274
590970779402571198873753139912381326000956320636823628583078987415
322744621275917935463121492158563100688909580778060593728283740660
451733814756940668968790744643728903240457174689316227991526076700
874957946365529810800605632053593234614913221150818691711550065566
655477454978755929060742276192490131286777580134210840162883087292
122615776509522101508044663744032978226504795848394929088091378349
110527018915866659781539522433630203819430779722100749295291901417
577525169929771479350013718996448891152064736296676121821839308489
926024600418991546699738521967567293096434216988980634192953311166
015202689067552639251081017259294741159705724670208362379144576573
076310550469479661341506294987476166418457078238555743704747405720
187095339272312325000336576544182150162660235171847267215331210750
964015851018981377491426545299866692087088903694910230493046303417
508983514679902569728765115044510267583560834962773334541439538796
196861122862718377702626499995437897566186384522424473949249215054
851012216707555240510210387330028459361318458442786733823142617697
356364270842120283188436738192834713195087173122191012031672114110
939589992288467480174165676099378781968770763447597018787011536350
704268062034322219624818967910905627992687206315734435950789785292
306967195110433305566783849538409612527795838910548796848486208679
7174930084521443594253462001124108426656575866897808277627684013469
829419295802033057400474913978971059122642210407325578913140477467
095216337310954671071478824347469732253620897184341401689515209329
372895796179900974531322807631818289943318969568953047237039953890
583965748355015081947010033649460754156809390948275449981181003115
143112437162060285082116771605290150303839981778749861963500489080
522089690682794915503815722397466511442040712132800560653624460196
857385732581380945079434740660360543591168103854745541390100521085
682696417436459269757301112314276156916406438293041441912580970015
```

```
01476260450843029947397770443406025584831551837098621043718244909
32449990941239696807273557499097475439290255798479709348219032808S
05910233185056595885693410369752178796616771042304942352351086300S
28128713214793278040206646142623007856140840325983489255712085118S
85382238513620972879195187746506418610105011000152392140198811550S
03331906715391496612736381353490620189880118606264888141694352927S
13020120744485069394971565696370052810443645796540085580441624842S
71854483720866433386657525228581094828921725783915819147691364603S
68447620225583378843070662682013656256706042916609673993739633372S
59817540236901883535300799015939672492877457231001781338885062942S
77684523610642620854720708060536737626847668768462104365662552545S
71558209684895512560427094838699004537060236388671367910424911491S
96301475646726002794069393629208526804159391655694283101370172150S
24613412555388032120174802466199405716025981142053849733099095858S
47713112119005778516821354656769254369586839553959226979119815105S
86242787386355969635159652578010088777516139485947653028933659176S
40229706578369853607110049534756757228407933874696396982052754885S
13863809128046556795786738024779624558074935723887491817201030089S
98899323795339275624929514306391754175652362056553753374784035475S
43499180169624212773057517531727140899284179971054379976646930483S
98576569703889161802688948264966984396473822403052368385787917654S
36162847160152275110555356422709303412906341214050374706538761104S
05763127767768795582839693606879749299247305575701450712864877603S
21671366639964795168121815089563593221450808534862645244138042319S
76365335527483533321558341288886647780139622494602435843022305917S
74155275447784716651515806015968314346993860224116703396103314344S
14215237812127052900415296832835814274572054807634173997685403211S
27870270994658214566961420493586005178320307495998499945367759639S
15443329837295987702158798404530424172368853956543113249128001668S
61432133590181459881534511564969308722687998154401637903625847449S
02767622314058383024632327835558970491228763755160993522863875948S
64709234548966040439552829693496327329619453926341254044358306491S
72796994144257715378660212159628384800807764860068442119512842811S
18606563381627587966850467909393030243819414713450444610996238141S
08045889385979634382447612009431475013914511029035345846423398665S
37750340328875117844562170190700826875371234894254845267952905967S
89911416216871720725278954130366253131216168718400290849140108824S
41929033100395853328090305689816195958414640350088183835447766161S
64083433565762829160365278550533429201734442399991298215606563923S
09683123260611349847459047534817572479352289989350094349507539637S
48289115471101729844079071163848822988417921854283174985756016443S
62226461225946402830864776638735945988424504709908678771675009139S
00382117519811184256499449961925019393804725337399459333773125252S
63064043429925100636277264404252212933536398388712558650282148393
51953782912192325132955047942707747981757306909813981758364267491S
67563803402416350300899745884664455951052637730388753348734402177S
58548165703260033562049041773557909734759843947599584542976546367S
12107535150701385121261710170943881638681800325344560780113893154S
72325876316875914141839336568222962466009146205514597833791156464S
92666354362782330254858219782070997473109160351106470097487400073S
52228766473962912778621844683555002020430719142007284627901831863S
78702570277226878239103697244548641105888916691110592202944493294S
62703541330988052688008793461709563048460288276601190708940730028S
00664359866943099128838669523792986662817889842726970488860447376S
60942026153771779179096775127871974710440809155990679190772341720S
08085990428600454545675142277138473782341100531182443063238871528S
40862687756065069723478477362196202376584411033721590438118946982S
13069286115985645313989313994899983340440092422837912517555217462S
89128760513946898847267718746650478527066436257483191690849153712S
88054145403632674786953964910372400574613022029319950310198775060S
```

```
88023797500255215749964464245334988591590936954395808452804500 4936
63983056378225410562624168321730113237466365081832155139049801 9391
99625148203485233603520297989224377311115009165857010326003536 4444
75177424698915893573470565875149762563268039695816969490397599 4610
63976343230542272130876246685734670460622349378419919838013099 3928
02365227419198605426424971179228205037053758742713666727148553 0946
08077962908093583854654683498403635552168457034303500634102350 2853
48776635304712506884408723266759056557933478459113321260789019 2869
80993596367757831289572697042883799355130392695124058919984490 6046
31927762990564603947687565277618898780750802011548536425379197 0754
72907112634428136059928119173570992152555519802760560371809051 8902
07185773505552327139139625015942725393023718644501766178359500 5367
42452835334629660040084680727285331808352724863433160206496873 8739
21616095592777074720918638361912857557193948445722793390984130 6594
05999651263847999733328982724471352363001173194587972985469557 4966
41486067831936412121572645340765807066896025318540147824874797 2806
31201916673807223776392087232475421013217402193170524688311956 6130
36567070305219123786177939256907627223847705052392706222283749 4238
14306103440377982382108877414396313901510708203127545660795464 3371
35345992806287196946972555924876234056085997602542338053560291 9869
90956076137368277070442866704641224740569967492098598383612829 3650
67744980245221678095700993792811010739323086789354647755651487 7507
47946650087569269504913255612642806005988349995155162576408277 9816
05727557443961201814749780045132178212978637437510997476733763 1313
44406693221698979064814152245960579603637492938539058045809826 0355
68195289395221669574156422040366437229914696760438644194213013 675
90016932422693491304924670270778248184552311346110345348927331 5060
00123028538334230363824715502555136874563216693665604441464255 569
81823192741194508279688704694176702966019507450249851652980618 6805
46381347525143843327899199609271085812200893576622256979935986 9922
14992546471768210127651995959782470050142217475458619429603923 9459
09288284181468774841913614189873828126483553432410169649346552 6295
34556346170833510950168069402286750567763445714741321777516730 6207
78218770649224447520828000983425570457784919191688417677178688 630
33212689549197645739407537009883714004870254292603296387792875 4377
06956043733999010029485263815003262899728551130103698581932674 4885
05222842191805455408227747527607465389890506437479816983471777 4907
61037600628289061945763967812992880200275967294498615477065204 7321
95418902967085837806056950268859915202286168317793181381113370 0846
64828231642940194035016674892993924087057564794251319995861278 3309
73526538433593841675247530968424697781918624343771115599252828 2731
32951369787821407425451631268645232757808217439154214688943590 9773
18156580220579640441942122537014799189278853790337774328734095 5117
41378352019197915279650013938688485569374748216129271672957278 5638
47386324693858405292467490402241343895188323801079314601834291 6216
33196573700159794273900450006384165131451765590859700264700322 1302
21985224974139157779529879290963497289851176018113744692209425 31031
31383449613559931817883544164714503878554716659769824672479744 0311
66060619891225041569090447646624571283638206166742756470277596 8974
62784181051476701358042590385753062036572937840164916694827135 9285
69273543067691788670000492202732316264040702550279562093496216 22733
86194868110608449358956017870858831338441728876389093153740724 0007
28025325627642840260486565019686979744304259225849580474179227 92534
00552524449502340839265617239093094230060936630323480202108678 868
08965918168479276833014327146956844750493654212738523641976274 894
17603760297520161535938944876220235739135468342725946282950905 7651
43194209595516072612741353598331918412357841964213428872566873 8970
84383114104658560037688220324630865651541079929646904657770652 3795
05345960246149402061560544843064378729945258226263609197006342 3456
95812108101880429485136828673985213253451985198680652792016175 3896
```

```
56184118252242529689346349832387862657383224882146718221239216145 2
16332527567001704289399052465482587785124125185612578868945553166 5
49754643047535031903559023214381285817927533984012460823890717054 6
05835960586771990218346528305718682775107625066537094529888302119 6
27302931858892708475701485689985296650573384710386205996389432094 1
33595779644769922141537865511246485379439254073621927524684823828 4
99731257186457655515086958241513497981570174378273366379934306509 0
60649809298386303335394250218225663812732097435466224458876434994 0
73553886358770672063368111132294229836540526882156127024596288572 3
54826421831454614331912545833118125597914736484012914686221986737 5
81897719518823278520809332782805285034388138019528455465051393246 9
02691156026768435854439350762856672612665083945358983093208037001 0
78932436582915508013223812988714648091356440292471252441002452525 4
45080232461578220635868716711055693285438016246834619674923755227 7
51310510012677605764387991571994859706517602138914640631735022338 4
64345839483543502798190272879730320285084688401987594987037814617 9
66864628754667039989630424833422549049244670132939247258323623153 1
19971239894462176588427193382546662161038214006990230277426443857 1
41757458794397897959481580497290597777262187482791912301567104
04249879603883978307015504253039320113817262336691434188476626 75
50325863449267294163544061641605812600689785048902465409536738448
50804419948123152264377783589280107705287235798131917642254407902 6
29775223299431624405682282404897958586204209590301675307700984125 5
04143951737057720575555081755126017901812007351334177237247622081 2
00086044079512395142659896434037642450608295996661560889038571068 4
64029141271737657151348879446426891076941089531011909992999563093 0
90503522277723326291470140178644514635311873837849554388250085692 7
30878394745287492017688644731178310411019916006314988189299906101 5
27781687084216213818395570791840511980675977695998753137757726887 8
91088645916544689831334742354792980519109215146830716323855351038 7
27187544676708295297490534595376525931925165945147933685063816797 3
47866368832707895439596677298327096680062790539599982945777316823 8
32607388018065410251461721628867883587066190936772979664222559336 9
08245867103212145301576140656384883204620465511573100331062717763 6
63272535510511401137294797424234179965953734894214214002365844081 1
33883197617525505890092454531377560588422476286523876062724699030 2
12670470780945124147162949557027040189986663201798423005507008440
75332796256999177187654265257033125495139708649447191452729448830 5
09460184152955625147404095257980099014633837977690212939408531024 8
85615673506063386349236844895075282334010075202582830620711371905 9
42678155214109218605705420961030713293725553682257947355874625677 7
65164533109298228760283792259302513185165813377060520921086575617 4
30123342890846992234973515116314217452542671397892480500251722320 9
08212457411077611635359168604652376411852083104556005139095894987 3
09707087231114254702312167332038108548092017873914879344888372685 4
56892148778303900165477417622812605807283554153313690079313963000 6
37697020076253505072612334415101114280709368194022369899913082474 2
46540127019401132229999320483328746713553834945796358368992886232 9
04397225844938171077259058039497162595066369160424288128254838697 1
59665305547425435455973433201650174716942614086413803804665953223 8
80609959689304939813989144177810804401776804126311873070380328407 8
13651523786595055100874035838497378172321001662305272199478799074 3
60574231409928334586615303026591088028489438826271928605926885462 5
26118115065543143918604738638320141992014199240165101739767409226 04
32548429465592585817768997716520267498641989074933642588243030082 2
99140884230370334920003210947642357493708251538835961285540285715 1
19996841213095132976010606223844678533043036052833245947715175211 0
91321846929689013599203990675174666377175408931626352691592231667 5
85283815133095733518294423401948575999288757158961137352500733529 9
44686451772778107293555066200111662786406845834742122015354618427 4
```

```
5627781395631003503800901852220399726275905468272699143753600065865
5126345316534223994033256987619903270018293229045380216469805315553
0988295337618967309534457130377128599254581802272613746556905820259
5786920989804611674009391732335754451424181559427904164840501211752
7511162224484137648793952894876891106208346787576323688199506508172
3493681850049201395396931150450840631833169795650011516330083782711
1074977286046415193311497771862005817211835717658891646355701844888
7330656741216711045991852850612219680110732254829518774076666997960
2303847200725332760059467869526790514319525735477141111573062833794
8717238799010110737197033795111387902442285766119513470938240555168
6729869870945885528098965550905005839479776816362135995896454666936
7741167952365593301962543171459828163763773483041583528871062822000
9286734513178670579055862422877697703803358671896644007604521050077
8010902637401436327800462862893243121698489569692681269965570009611
6297810488083332264011584449865788691989155116498775950080201165471
0794954761627253597443140698950143479155214870180524406880531824244
5054861510557508245834830601530515271410340134615871762049327327688
2281179363822377263676950996060057645760743490838086724953303440111
9364736422164031877350174262838309181603371305308194700548145666333
4229294394379129613611797429979597898222018382043393751513900081879
5675780849881967116995779814800468611110202998559769628419388668761
2327451524627733080446573369546365493840400819777609706639132377654
2539186868203566854276619326843902885919967881472483502319505888774
7564159106418991240691253094163125619541095435308814642343408333160
9704950449309811673539831293735539341187320088670867106762928022662
3131366609838364307561568243371003247612866087421391893567521300595
0626336204982646550082066501877463331840481096537269399354992500846
0932223638918187900587249238610783215777979026003556222664391725444
4606289329459454295831001567300550754372474262118465163712077002459
9682774758902127077460823281087774656437622050892211762862594922333
7322306799176150246435991356381620607408584397425133159389866338310
2724114385075320805389733801159125087956234072913945303862707066817
8014681947724028939617221644175848630204516488795837610929850677605
3716776401041227878179550018233197260574617611883779468454732033989
1838117019778662208080018101648347143140329254503142495220082111433
0744664013624225319259875091575121739132432965349401209539286533470
8463158821504955168014428706494848315638437272630481694795792033556
6844577863829722889535344118520610069545041770445474492597086699886
3609934470061993886472734499279127222316585283623292536482593342107
3552499528548442312732204674710780642436699584238528637432273244200
1828343973400032241859019238030590058722292896105514993883306141350
0649369104739021291543977494536051080648720801311904902231107072300
7706242833919528937220911487783908790449596315222989682708220530048
9656016395945586075535222221595738349596092864920413661120498768166
5209416326912589404845282229036070277275509104234760715102608470377
2049953307356616520160803158835638796224312089007094192173450477877
8774094071468706792259425905227518180949282295331821489040420843933
3377285890253665084263277258143948601959376487549244711520859661666
5883085955336160717058520424797750579059521204948991346273733393511
7973537490955401805020862425294715561008799154147069653545729992244
0709325803842553897467763514808951876988364635894254942842207312033
6451005027160780398336131700022763357322058050472099901287776893533
3759857416645852007639216878048573675392949503384098229397975065831
4255553928295919229698068777227966397293907779082178517324761087355
5641896708494182323029269132494491340375769778800008521206899488511
9501187042430819704776776564770516660073820649884851710483227234511
7119259180652711670489692290985807515362751709550528429039224365000
4824880744813185743646566984452180536664675483798735679164220132966
1903517086414797337157754106151617424044495799580315561115791030877
3134720990353018949994658219299219647710568822829861410142019463900
```

54232858443817124083633226562432512383859477635673012067644108501475398144634285931049496869363826400464162596469514903196111048544775919170658439270676024003114521271764708333200941756887387594777063240998092068463053477433241945220021763000466228202380827780419779493389391889852244085506866690987261509993432755942195136148946032754854002824746381855743038672248481457120412894022001415268847709624612221149992288764391919108994000764500426736360335956446442708189785274177077451339584095760446211432765598925712124640704976060688947521778888467536577313088848317041308470830281177925946670120877184128659419901877875096320028110237551436356123048655461532988282999046174517748581477601231334341731387710905577093670657365502031757900430672293031445024199197742809676221242519928632740258370400752972817435480410639345063732675068434688183887483323541121663418804241233034034909675779416537790841258687982886103235278857332155338151988305880458531534690431308980963694066418137041548593149666711598130899440825457153552300652508228496172872396746508251900453245582357486877200667479497121636028208523543027838653611711245321486487942413213317008523154337277460768066376699618895122880491089111765955157364984738860695247166847523751446415213365489246727612258539361484165143858186917384167543482781317663142911693785564618171660966340291272053650254447638306533550451146415224708651212131290099900196815169592152430391022949696439063552199065139432163036534539747151573501445915609700314795373825072228643267911802228545445050100668683826497290748132584808710208874950514269642937392581367718416906545215610876157378020535279580044684913613691746825371728035367843503618901245777758338646770048718755154181150371412945491142726968772088619529031100065214806047938943042612112504746362225675393476819222219200635168766825821506827988016073570611080555786168670494748604042070006144009779441876147854976458239562498054449551257091064027083239081446009251177787652063803937135711764447632922162141265648373947107451322905073720554232326208635230121119230099328216475364369237906325033568253135543303478962915330449231153809199575555329449870528019033511674075276366559814722061218043857300307297879217356850001256233180674259887240109968969813852397306191955928336948611903239492535944158365958161383912185411951519926550704372224511063367126689625672758667738823879079133645093865117220139628594478654429621832667845170020278188419240093649036627235744372874485633108728789584584823525082015627422079239220339204508281946226152918446070619758228521338779696323678640133130410995564537477406457775768490351379167325321826500440150064624163640463117827796605357566760371613744202669161721891429916392304849738254289422199854547868948256705457712083060696640151754701139843828993193363522888572981154286913596032428511636219222076679819006388404842715260865907155370497185933522605711810415045793473539632763998872325606368960841031544136421487826119285418384995743044276868385145914918918742400661902831447985922644596334799531028630278018311500893000765762808870776888556671136106186168996249963879937029113619500621550959100266394298058423177896496506627565297834415149733882552363364465203622013216280321350049361959750702691727832370138371576432302888101329633287393824573874624509689508223833084417619240847605102724686019144743039151080377748192387105291127959055174988229390755127440803641693282921255378008844919287028546754254666973573970536536245400722239895620130676048113391563497277605671449640906404511480948248685117962164044280689719576297535622361816888500272856943365288001318441212141123898385192785119481467901665284068838218695868306612959039774599056148703612289809841138200615859142471286229860041718906453010082032794088580385760890512269876008642460648294984826965172218487518356528814663127523768706746675269172441672973545695673316677184928439431385995773850485061097313805782920944994446323943060687595811900386026190492109839871

9699336474633114066294511147152055694804027987358243091859738 26397
7134041141601662377526935772236147756347905552752166482414609 98148
6281328766311875241074174329874362753850457777425420575766273 93156
9840438567729143837835901823517368770880480343742863236659074 52288
5395228357786813472195376605008468619896263300503309360409978 22291
4815147525771837952813848915680491921812383604122713582961164 97247
1080261254592059524865114227833911564975466627448671852187561 81629
4711964713806687771536085417869418386146607485365395525809016 96623
7780000655836818847197698244458732298445308869902993378877952 65719
7280899159793941934367522718663437829079368244403206246396018 66990
4972319031502436250408130553533830653161092378952733391436979 25936
9072869740426234042475870337917002214925834352410157186453983 47845
4517589224123613673529136260171215544108493033216442300759697 11058
8546958695711726320379851371929401448711950153715879163321253 83079
3896944127468922739861011837208514286931971502864690987328481 72073
8738152015911163794512301010196666203644541295629190355481051 912534
3871316001524124785504522454804170858009744164360840375963801 88386
0748953526629503532816480968167944880176159399293563064314571 1148
3516674756546277594216725378229613379520048290422881659995670 50760
7348704290859084996849095294910463268517636522463170134879989 37688
7798420929485129627852301598830153361268342991776614639254947 70519
3020500310556054936776339163283953895578869977697143135446101 32496
1890191705701201820667021165776654146051368534345117330284374 10975
2675183557592471851518890916989948657604164533212417028081148 46759
0773013272547946094155097286789671879618012204433502968796219 64404
8327886379960409838825362938230395839698373949610171235821842 17743
9742703646911258107515945266355464675143678868797822902295599 47715
7643067126525971855615110357476610420964178412476830158403397 93601
1211878112008231745037140757004092710837435401089199345949837 56706
1274097176992139541109521012508398136549562045150243668431133 98973
8587361130651247452423215425715091709831141400860264890539370 71277
4412440669076831670854240573003611786905243232054426823568650 03270
3030650150774804738700240267292414480020515306773270191114548 98739
6349292489206289712904783044926853800283148753581059970561483 80692
7373009686610988863789029557324737732183929682372659640999994 76679
5576053071821618693945992778164452536969658122450093564589944 32191
7279168676398557892539996966098824872270586902492001784902712 148635
3955328059468288469933578566896852991438034105283369383898081 06541
6312507494946094474088864690836521657106852902937901140010171 04187
5820439261982433726156111356858417307628652063100312749714469 97819
1038819926090166461797540691029725658474690450719252449465833 52764
1746399517886169056732659316334124585451782580824490071885017 85142
8871766720831159955592926726211782561190445950693489617572283 25071
1475204412767765750508689367098033666867867986680958545163564 50456
7000982821304671244237580255335849496783455027631075616185676 11024
2006229086221786801124345915647756613627310796173252346814090 70011
0500979458634572441902662005773671790461232744208537976097262 68687
7009464227258685007163645957236063816338474943499752065431904 88268
7582535051569107427134586841794569558271770980275281686202031 31954
4359749164686549228763080466621431318534173986503522645190258 05451
7242379319713354798944313018430240118980856828428763561151135 92545
0517590066090293175341972370373166267631045526770572841082661 95395
3967680235004676392322382318989539040992691678591566892197646 63053713
8695769799990888413176891511374346270237557613560235953212929 51339
3306880410662258095597530152275907114307261209980406112049595 44702
5290224582981032604603661079078461456247718072122094537822437 9608
9208478369881533998578438358476233111145529449931635895654517 07434
9410086456375682365245225528902797171999867299638162137834713 25388
2980766128714625534783529714630139379788432298529584543951967 68038
6477081199962158170809443989580382507071135827079833478098566 10300

8092483633401066437851717050086728560572566582490063038166592502760
0359401420724325335032907153406437209910495544172192961728518931870
8766754091358771099753068394228329617084806583434971118140092278250
3026159348139475517360355840894266447493309584619986206812924842990
9006904953095601991673592700342277058077725794298919248350750002600
2535753826874832363422767248087114413930325764451626363014157737290
9135855264761831061547505505435003978879153453277021596044566357030
0677066100192017932140171479697167384697333397070560585989228309250
3129526494279536183676079287994017708601768047530934791124788612300
9694532982336275032741764624321782050586312100328081025353090522810
1213357690673482789377192908366864035028279947062486247688670440200
8595385347241370469282593722752895964155974991677578726870096143790
3390912193869911363019731897109456037301611109766244244001817806500
0555724623398592568655386116826127043340700951800886897139894921310
9480765456160954465122643149669349697436169839616874112409269250870
9164951012251867524836561605712348638468927964566676498484647671600
5046561266990865485403705281050282325415823196482458286149790041800
3457596958657165789359912026924047544686256265670714416277113420700
5726232045705864254864853864287183259235882721005017819259103218620
1025254290610641964932197384822924672145088027677363100251061465890
8752818456725920500790060992633179350293026339149754789980559159830
8740722820121116031847446073130926422360572014068318740741436847350
6693028138596844963678163554669045752531854826599116179188647506990
2213268388078880217815079875262709591652828076767314368740762605540
0277158332846667905622524415031604568648941811259999795035307072830
9954188004062183769040528604637822068355374436554856947783615062630
5989936347870279090309974627721842411001764821590127056711820876680
7822757646767994285411305424284697967712936556371908112434752499188
9410442389988765581490981631338283443986788305614220699486564370560
3456816951020971434238126537052902311489174162697598468906754938150
1368823125531785534937461150504580356678194431847685134829172679530
0465154959807564116899823793686265452254476823193821655598816897560
5449898472233608040236215212637898570027320479709835073384755880880
5265600460111363664106953579734490686214328577769297713883866875400
9173683553591485305782457191099830298313951375705252562095809540170
8976954139461517202617649660795210633054864581189033232775355608040
2092880795481310443083142541175646937964493700880517884390646505980
6995299345622884978136790056842469066898234803767228391414146393830
4419705052555274566152430703116893995864095218468006890113619130090
0893426827828837570563951953301251801823500492931069727258057031960
6431977564341418649195709519441152022579601579421743329871249539800
4816432158840168231801567682205889033443405769062383726206054194700
8302698868088319400151779250677571751745937223847177220508209307040
1593117362202000388130607888400911177396641888367333204465296464450
9344197685964281262445125625778863231538319095654286792308345124020
7616888359652510288292547017458850877854674323354131435813989005230
4227038800607714317834252668029966525159580526739682566297578541120
7324599996348271937105702177276790883005849073633640131647993683780
7809427547616082779063539802635477089489921777344518972910084616490
0569126445840049207083085260645566055418879410176891602772833725710
5292633912480905600028233792017752640689351180449779199732378020380
0548451534642144112157409261171753177525342523126565278956547994950
2499966134186685611371726575357616124675639363634658529021988359350
8313921924913934186491435934428166038405794303405858305951612584120
8664179704045005570901510314279790145799585671974561345453537244750
7325971762416221665609815477651079243328459730350221418019104377840
8724061746812837199614628391664253480309667240241178483790511869880
3383917902679307649564913279665781977169564574759333133134262607748
9713671970058790516411057560868039039268658263487063454055157630130
9861676381077414451225941285507544942159529485739898630568471553

514877119332279431038600662876069707269223883921101042205418231418
783870028474888838905667506331222092051480787061361084283744060089
044614667973715826272029111684229324748247891789685877780597760941
818644316340028850264536445513550671213401188690785557499410205012
020584369359438338431421187984966957966712318296941911718158049435
257952406018375850997934371130880264021542881644344306720286303061
244985371567180909678367412752020111345413499839171117253538517021
424306732100031441372887105544078958247023764904752320309705960620
761202742331730176569032003677492694227330322757762751700794150691
302352338229522938042374299195531100137570087357404896049301491001
310514828563869984292941736475578552941533379493920244023171942716
029023127159436936461304778015704697510260615433560235322727132552
378164940552536518894649839034517885744396354358013434976027147384
385511984781089286682294577257535978429545434990952690776186980501
260973242575667396516641860943350384149618387370350938070380101695
366304616092407294362211337355372256317992452086681827167064196l004
506900017851698004473501340113780055210563049882543493206799641734
838113208226066190871983360217148256562393710727708004426030257864
375469141406467379988133306274980434048844339372858514209290714068
931327851505346968127345232046363566630091702633597632388614244380
188240491008510158252293256556727930099661715167571103702279090057
724322645193485395815336762018043079066346938595228276348528073739
266954153406812865943469956911804724376608938315621924386564103131
340589115080721932867391688323814944776071992081035475388423453896
732654849684408063510671575237120307503288768536916612388601773535
404009108803958927512100254971669370797871866429220140145588245623
424144670312303501281032442016321630576537713870990527259684940870
829811861525888492527218603289522182402628298323270081763455612997
145774658378547242967461824664384902978653007763159379196442547839
488282680655017633162340101463270947259720188233353881335302545653
904634831051730084970426153736764062033013790647873873712146452555
336583355828253129869085396002636689072550568271410004173522898482l
717599940268074649141888703063814711532964678955931808651223026636
997204711317478634905277669414273422723279580870002598280525801378
538783200311808721509846232270743162776152941280404273173876699769
554819153808427735709328137376056176693707288061211955806890081599
398264876451200332178564869843209063760256299992888973076124774122
838326961611075164891522825064454626830641722718033834317376581971
246395144787832000935133331865522233895566025164708101900224467477
939875010877461626988940950281310748569751286370900657719141437702
967548562314383251595038525173136644265502859810576418370704824060
732078711770552954530969818351972929411541825195835308336347495599
789876319942510417438087738564230771733254051976361123906352198949
174390525500247755923939446107776141318676550924068922230286443171
562375620553253594758883418841103183260566160857078012412132972749
166000048992747414021583437012481574191298877094711693311104113046
464573198787106957011354876601684723955558088729089717469122036925
118972468059171125745739439114565180610608056378653089578477353911
887809522439697800184582364439544824465655627892290237229846083255
470549406822187880347317899183416054026859967487218008132077885533
824305278895252897097708026085078817526844197474750300894424270027
730324729381969579912766676269025359762295246233268788313894840039
368170446872185101395713247675408223230437822817504981212218492381
106072004410173724029200225719476280314994515478334470303346453163
731315274916269277287196580757976562490296241213427394749494996058
045828871922218243736016280861644682942178448664330819416549098050
350619393537344184449884818559504965026322264508622520870983941795
161372926156316664116379086259966195848326953820640610268251704049
489883857919242168650982917047583952932601194431057299970094882000

```
6462825064142980885784611984385093174349933158754056846184430872 48
1690382849694454914912112838991744269803554425667205923759401508 52
8758412056238186705431189016681809717891902212293518874279092195 51
5518088868903134477084577771454928357845296172487465733320431666 06
4130222407809409924086148619661646179157317812411352085815169918 24
5541054412567621643344107017351203236836922470239475223198646809 46
6576700844147762711278182037067394773027252712992031143845135201 99
4634708981058146681732870787756102442048074753084204104430163487 26
3326788345044502448423109177551673670760528410517521452293493248 02
8426483888484690020994452862646418420347221657095686434779811036 62
2042605284032034121534186240396136792653976305723917678082394197 38
7937396993118579045446878731500279916476825885174078440005612703 42
8031312415940062560080603168967960775267805585158444773757320409 86
8661508956832617959871934719108242562218826890023341053971891760 36
3056471342188593599166100403119568998668547095296307607868634751 8
0887668213990046769273709484748663262578526322996526490290475572 65
5642628171067361227793268188511621382424146385141980061848256020 21
6207964774601224999669672286852450602851380061764826341859670837 63
6160177178787584787211352425712748345274492317626462572436709226 621
1307733555205683386054307054158740244929003575611165555716998579 31
3100068193328538001828777472325091411581985057695450951287072005 76
5226634271771499575351994237585201083275572559101341983066117809 20
8403270159630241973591496606810901929538788649629120915479131840 92
7623462313114441025278015853644351302631195924384614550783343687 13
2109051148727123095875779712220718360713602361416279336302762006 61
5130143175584243644725271284482860833476749411206799900184731931 90
4696130141786043225526710083095029661516123391400723248127406943 37
4848131945857018441948519546090713962540695926556536231923829498 57
2212861264509463919495411072692219061756817721293282395098163294 23
6973124724084346206764151658372429522369301743268413874102094132 23
1590431123090085591780898098639811472423431259772730725874965450 79
8846085036494035563606421360246367250297582588214239709069638947 51
5852196010056708757617434222006881840186782896407971342119879894 24
2005426232226391091608083282217206238321815660095637661311507035 253
9431370438476406712570736598637047057472995577056332924928706676 71
5784263974841648189874644206273262918091863456951408211126211183 07
7842318805504839023018238559619868972586637538368548518808900275 67
2391487967574758714477044963905966647638840555139832085110518086 94
6733442146964388936519874292945007963579336776306583547913440943 74
9848749178110525952934946088696039617923756363527056828663233569 38
7547828496049149559435581123376296279491108962728456306695903129 23
7389498739064645482345265301124597093691663681984294019757039611 05
0180939637076776957461341673659491868407159799409774921295144753 64
3557051040490718226804775346892192192239665598892640138338542564 94
2877508240456558180339798752807500932132516595562648968432647209 50
8457269426761962032465242536113808128554108098613889932317527610 00
5936827481891930572687927052706681650947384411241352252246216405 89
6697737766266947223060479259376589040545108908727196692960261564 60
5692234708307765972494222517344900495881032587117349851293340748 28
8962282868451406587059582208854635662223796926845772708006242862 47
0839100012713227466932910775957841160555232539427550960060760837 05
3344808069613574798661003456942905048742886541585205718247493430 29
2664502012901522850857613375657565561560456839735821127233493026 65713737
5943701093302223343533679247915548650890506103150920105329770033 114
9099331914415825403937671038561512589708413151515283217981162509 44
0783844635992698248514779982623836715422818506966671626620176160 97
0567094861125093594209257672502737040835833893160975056783035442 84
0000397002028642333353238000308367257576947167063207271563288145 1354
0266545280537056163375657565561560456839735821127233493026657137 37
6157808881484169546069518924508977614582773056447115603672340137 37
```

```
51239113342221350995201035617764307709080447304826899917797646876003448036444148641346346899950784555102030298886333848328181072699200008899828571936841389153981116763523701359960477679432735219462494183339830341772752871973216535239747836661598830001870135480072549967794815641222507319820777374949369340515926151214725240913312432853522660950991788624206214707618144436516820590669370269728484430350602521914049775512614504465725697123159579764295821796831320720497667628657047131171465971689941414194155855279213291655341080358645394236043976346169533528984633901443709771031718852633529786009866693086698435263934184369703188574390628654710685190800238247922659706695796912922827797760081119896191705187657704715480407623420146901474701230072367200637479414652488488002186972544546370568600472326742201969808221422778472139305509963930666588351205734209536232706833519053743235096424169280243492463752913196824007038389209946820797082050855302650608417290646789432924890422666237149391487185204533360509281927220026678354509006721929344835718740048645258436195009455220553383015019360827545508148367762943173466687018398996632736870667173889783817058514335516662657530589349283799568837156619051174693401985358752506727461577175427929766541124306616885792146630482653762362917863634478732060481168564451331963377597452108914206426210773371687162905791090473783763999340317610132958656601786861508413202599439184688026600919412070156736705275210446025424647662225537968562211299822221366194969278051234613589388009378700644588895530093096780802205671222911732449621946663360850150959491680911944318831887557272880726049204842257269502347772736256681742643079240727324305549238831405486394592952167346120593473310812267074435854430639051354861245846923527729555959508163391240344880846155748316511028056596912604738220096242987861895952287301938329285962799349844728509583416182154386610869136544064259089115896981298974427147086063734408895081120792563243439121604867098037269298223248558249957089431108637654840373752138369775403725350930868402408318659218947543425465681993319202869736416876380780559427264909405431860868835870623993038093248937760639588088169278821723284010080077874468552849300953561681336987821881319879609157078006065875120413681055150138991407216054540732098424457112407869027529556371764996922732097345333903274938422469177560429121963794004392913939936963834312381057271231601654623818608034169377923236080648416685167008845800707990539901913898692886788685012546791682529572979509077814007758372919595259230778985290095374969314464885604201830724836681645348889006164184872131401761979206738425388528296023984285540130893392381411757012080830155418887191011712203543960412588136888048929394096629476679405622656481939225363716863010600798228698905371847071955248636144245298398605497226673813992712323269791352678194750815424751582595707182151747793330838053854225259358687900112017697150694846872323977569602190530277291344179895332845717225695951393984500808185505028461731209346332389767439668678411629825366441222235054206323636899786130116040606427642524721199538797765254709899138757333709587544460688181033307915923351694002680509969009201681369502875893937714949331121572415902123622515497269878580423624412748789986559314593826975693143055498175065314418668327328819513027519956721753823705715225229178899738983906301739917299478596473288245148057315766239727468127206928354685997204915820065493214263737853653777657763105425649156377280018981099444126794727692115095607280236282848806019820301770557360355034313476907412760284240702785624501867604936809217966630506285791925690321609215503829815738436504956833388199142037563207628943768460247661039435202294481010140411684096352222244652669840429640253001700640703723317193522076178313500357425684523102015448618474112946240496328898364055154538023000657624314766841533398052677981987237595528463455943508759753081225407831152856459138266985406198907598592026853727923008414
```

```
7530346162184574848815554875180280750087011486020566300511079 52626
2181650999704624609382003056246103553110403422874336687869698 96589
5714605263601339474029550277428860048235899761603260749857047 12218
4558667132271410069788469581712627149938589828585921462536869 19607
8653561335684500757664674333108632471158007102508635704220042 75510
2796922229828867950516039032784227388738111830329773296824160 42683
2369253334343948056151302774756556422435386312834139392655972 966202
6384969453375872939469025962873887401488070946338065979969831 65111
9290880251192560285817304991084121641799684325236402041202666 03390
6135644140131389322120287306294453261319831333565412520582119 52929
3214940536488230033713781306993375262675257342720547182598519 34397
1228475497423228254040766261730855917977487126298870022667410 47470
6114686980287027351481988793306907804051852169828722319131755 83775
5538329306419343327670587118572766871456496475004679237066771 99070
6913870000871163039442974822989518150941074191583828498300089 051563
3749970923445812684118905572039013809374492672632599147334552 21666
5140583847415931793774701388310929207297257480726892748636254 50102
2618036545799496941836305185203348583061388608915374757686145 068904
8305047432310417567254445678677540565353264244268434501125401 588113
3762879227914457699932454902071005719389024332315818067744447 26672
3176645607682348386279213909238724304151108883374048260207564 47675
7768523134578578434649845829336240746480141597946452143509285 54441
4656623672600705710744294714808993054625246150539546672945745 47752
2309885938349227321181401218199372897274783639130242229542283 22658
1272993978869758174293364400546233397984792366191852240226254 56201
0126296227425623817530051776328637553395427686041957675848786 829356
5801648475164681085067253073869350186544318606782117480706710 23860
6132897325712447823979443239268514685587071759326786933587685 47160
3448961677611716341299667336450589792110754601830123633360691 14496
4188387934121842194935378749966523797515391763059159646103471 52121
4656427472391853965021316325911230816528350294868195657135887 47677
2396290191693199167768645873058755288747597090159188858413402 31494
4535163715820461193929538650063090196878114872520024632500585 95509
7326566975940880924885276626744424667263984945494096333588544 94438
5507082777866043263766955889909423392133453243745869236955358 408441
5785410486788230887659149925858776134937893933817239566126732 64586
0588609983313023881770669293348340480489448144118284346563752 80816
6560294729887698489519112897279950597630327730517769376782997 59925
9573447528148628394441893629920990024135806002423326855203253 43646
4935897752706903435988090388776483528114172898522061576657718 97459
9693126904994274595857748900715017710280050510218508746333748 02818
2672386637611059367121511789100664460382809245724443141738580 8314
4173658768637249757501724180505564815645888269442413625697379 29225
5945902050613210392317227946862868956199674192340073901316879 38180
4182128317285099359198047059989085315255060611129029607455276 54160
5555432346261016708812851520318516352330546845016309787686886 251609
5539218201938430432208578808474078482365115168524579205376362 85830
0472488949906232202771501038935424792067272180390323180854549 35230
0215703224048303575168346141950451837704613129450220640492325 43372
0823309566895789820800186133500506875378551738982296086457926 13460
1229336427894129347237377241183471056719947498813255663024174 85511
2544613530731382508017759590020575525688293535410332940582476 33459
5489119148002630594112285629020991982970892267520245118222001 12557
1579240733650574612758838238123948024110404490718897939017921 34917
7985750287517112124497071036628990526745050625093926201996539 954670
7668561456593004672173104967569904556240666338937724735088968 724553
0867838193979741498390808700712484440614848824896131026973307 38591
2498790374187062600105142158390408876123703653713520292948787 65054
8885182853428484100383985536623133764576709237044770544344802 8249
0886232209658664498591943363119205831620545310144578482233739 95095
```

```
56817273414508503565028059306482927185297472128532388175324000776
56548899011114846834623218046070717582378163621157379393336563514  36
12655788243001838705978682745348622410331270982486944422546320518  2
42977330631937828805247362772790102365751583877704457363802324310  1
05913302522397460325442284253047639249936874122594125253442745719  1
43579042619855980323554107555171796022257310079403792963224177855  3
61778050880494963158738321286755542970688659515555216828508491818  4
67151197608790723569786036462041091972064930041231501888377704583  1
13976291870092380526818209787516650895211993782704945513992044479  8
94337884842312224876272598929978954825746643485755792646037586224  2
30854016062202312395837939679061860820207384862333850063860371679  5
39464128279817191131196147821670008308089507854458132669548181663  8
62569509252316482191782213462414175913354379790283414237783538889  2
05956684619798105231928257665293832880911966876104818588964544244  0
22054274896911206933534552351730720139527954521612369056345572702
56085826660648538391808817916070760661386419533907534631042316314  34
61455149546839215254571765230176279071346702989641193481046862487  3
10912905882869305615485501098657169943179483204002046150289224283  2
53987204035091938364542056806579819349237779923616433923284412  2
29124161310236812384123094008595559439221238902610148002411843673  25
72185669286852117117438957735567136944036553418266303219673712204
77846139672424239343820655757101465210839041105802549905743092709  3
65971812132537294532761292557160338115993272951200795600781120533  1
46361127222089311501471925179535242820970463835362813237330503957  9
92142571430996020339068800578351873981889314118130306073718915536  9
87311697604985511407637751095130499113983932418267750678612930933  4
34194460047109297871419984838011031102741884378329204828390622011  4
59245419765221268914531787121451331267798784556044561595952497545
29857535222154681714898414511138425081410550130854896234243628497  9
10419440000953541984782940980043650418337571950530816933625465486  68
50676594860210844032088836979178574562358881459948339271283258175  6
64781489307630183188450317518770254338151217217473808647418369178  0
51185427139283059255152036961544265579274334095174087902928468948  4
76751281828993693696380052096625809630952244784114162334706388675  1
54201504131753538500081328771628081047001883468965555544325765680  3
76567350202672652996826688446781066574956350999859617889432443075  1
58310549771176345323806390582047731811620890740012401492008019238  69
54492021367930242580246465176983105671485019785695873997555678750  2
96617328670794908275661321638302579365272711723576493719772988183  8
76501600046960198076260717297338719586498709909968724717494761114  10
14782590188011824536102152204220498197618163530033988599978726056  0
37579759868030733147522475640075715187922016448589055409022006921  5
71006776359249857239955276320144412168491543577800552659548499985  1
24797809019990908814255453142011174116939154833148205738280414543  6
27180464686626291373582349664828752208969958362900365962129406854  8
50887900797060971536150493030709714479356640149031120553080824095  0
24438419875824164708605864899073940687544131101744503519464872331  7
67462602490066115788861097162688503239042564216657930197142330777  1
44535538786284325143360212501899094526144540052685213771778766749  4
32239192593559065144012279953236573878596336671886798210051122484  8
17540292475013669500504759670844180126373458801066225304001850669  8
18109719049088130229187287636601125981634073025813256626207879429  3
93773088340581698229404803439324680675520008530432140538370368119  6
74497364266432990337815355250225246082542776448272604906490826977  21
38869837559244207237728578067019484075482502459031366717778767945  8
28097120074709141033453979230407021247047895972416306316793904262  4
63653315382468027846299984929558297067770367361780912744865109613  1
94783755421473472609778522142206977441733393023758891545174462184  1
46588817406332192510663998626369368800156129053977489178692275227  1
86600000648688606943843341695689761910479315504073790699480541423  9
```

```
3140342772120564176101918465198316227552484709378875008888303178
63
5730728291876730356327135387492718627847836880270457848570870734
72
8184365507652351170625675594045614751081746288865138894890196169
18
7358664401789113965033124828628212773234149566257038143667039496
49
6422017426965254125031386671549257792425824718393040622119315529
39
5247295659610883491077311846506610853782237227650723300729864336
81
6764066348271265966113355194054621502427959882603393437778513689
66
5892077747703809123061987976754485388849348861517902298951335515
13
1781694479389844805510160447538729346020810564239999565313294381
81
1817949168206643422986141748888624688910910401578383578904647033
85
0624225450915261785817209601549590419019808172498633323653239962
03
5299833581288184440031231668441282092157103650031779327671655485
92
6788764291194438852182338965094495108299292607756543518139988333
50
0316594418749015738251515349117302529210911907594922425748307159
70
7103394639477290177111179548387532454308219195710971163136558511
13
3616779926745002254567461727026192658228096930167652635367978562
18
1504406855242502063277431207892459280730831609544932281990578760
42
2714125469899220372255809419313290739795298469074966884973028286
12
7683424450940254197334278386371332162982718868028770488590398165
42
6651312217466506883903438805406628761324151473649801132256835245
39
6445917788087746547202095388905755989620433725788582887664304014
8
6028813478566777522316770085281566703135170869936872283959797761
427
0430443387536740461034096265981400795953733803766082066807101929
88
0983464611253521726264746148090624508435609183266232328614765717
887
3670704326449642375583111810861353206304527313550133893258469803
96
5075894599527870986867736616656527294096627095361899238083435232
50
6453540653636670081238084314212916084893926064757504243607733700
76
9780104862268669732720613130877124288380795136823259604935462698
75
4785069760870906213944467098705043539971706828557773245561833859
67
2584152958438809541003637976907483263922322696763108630399810679
68
9234160825946605411965782508337910051764307196006691422677808031
08
6358949549126660196821689848727980997365188267877310532850591912
3
0360839038340639111365752938473873273964758695119039096129214465
78
0096562782308548525764983192372138419858188049149140812202983666
47
6256389535915309542442102381140094220105435873360217656075153784
19
8983618305840809509579232887231314482568811590029308704194884195
22
2515577142536019696000711634744743935005684563443769003357417602
82
5549108885215323925060878448597881672789669026317200106720647207
40
4594248900508076282339720351383460410116855895150189454592283258
69
9909935831848388833349590571254321971399928556698368262705426927
5
9878814989388955532775219571619884675840926692371227242945252439
82
5238364176386688950239364876702931815150767258597678484923374584
49
4308923193531065125047084459459822932339044945520691951947530503
59
7462788335698461320222129938974906934284023355296263560276993322
92
7250894302020639727851055890584430078972050488044129234894746728
86
7838915026228885291287429527504355650209629422473679346403525512
69
5447933149314320123748438652466578663381046029077025167406752254
70
3544171781686148529224587986189617232446589528197151406141012192
732
7569484710478372857694609245181691687995355804049841241104919757
43
9292511009593142809765921915887014638655140297759601295358470076
86
1168292264437488830903589618611266068498281807295600945732186507
39
5063439570125354825915035368957714669165095764450433626512511991
68
2040885348821839921490374688320638921958396771807212607327885619
51
3135576575243413453665708486593415984435464537694535909031407965
50
8106604946822472145183834665013178906741103928036189001441926004
51
7726990294651912262530275450380603248851883604793646322499054825
80
4957760197408544823830902887041597312047031639348365489265472302
51
5290804077270773036185182519612016624249355133908758669104232950
25
2196222742624256671592982893040431190067957041201008409478265978
83
6503276031030284843132564211053477207583503146038617532938273761
71
```

```
0329521381275669939737444185337163250635583905004764405043184655500
5073040899038926993628862046940269584431506310889786433825298791700
0659552819878337554177791762887619777502524906729638062184794501400
1437110271575943654040883382581796441943083330859984775988917685220
5290274578421689690003684371389240369032563217458039652881882758186
7775090350407785677282152803744178285539246393030179355759946961950
2814180998160358562272455412759745369637536195570980535234513266570
4646826235548397593427568458345430580915983825089473892876921029700
6887429987118954151732043580651915856132717351681114909835419221180
2834703657288674488155998026216334728734343000146176038786590013680
8025581277660263460014492081709590737266610360736242308598843852500
2469347359660993796975691783492560369338961564602465312090800867020
7278477415610360008789753367663944924562295092340663833583613251460
3932391220211410475837363815388273912015906594748841804948983636500
6362234854214689440077525080023077786376424806628191028182034711830
1743730349334426177975436953771948128215642985465056109643559380310
1477664303551338888294851698137863875130749910740463176728759532360
5533291265947640487356284411750797139047400551332393861955512856900
7859802047769760052526060805483520547158124294736280121908831151200
8169368170922796178050408945578359913093476322808015149969889135690
6881361110514023419878417059507765640482463118885901480833776111550
2376819383063571431940964257422671435498184739540779481350877889540
8854413001331746125100043073325401075314242536243267779801060578340
0073046225673594886885619126692356012329843557726500006474319751470
0222670528280388950057002152053908057026851688179096653597758126360
8885914769419797482970011325857658785726696799680032089677189952200
5029203490718021401691020056286547729600869263802729111469401471190
5506772843968772487327158127480428597810302450513289974410757541530
5707520610369102909431370692300027588953212511978468846423010680400
4903732891922605837738861309121071177058775287031874653045525558150
4038877565241732495736977488760767011950492894183245918218070770060
2249502878998409966097284353140332007498193707480320834245563618600
3165997415001581892543723584147565843571193494334859756354649191750
2511745608308191804386335764683071924141075004094886850106059961850
0142045861653689695511475873960660607619517162625250236781435059290
9927432365421787159533803175923627889878294913269018960179615887360
9958353631530305030483258619209352221459420820741303977987383790900
6406212477970343951141630488008217868194136392839249637892044245670
1039999528975670486179028806273423845473978447281935512811607338120
6327917421992832097218939696111281497697228426437027540750347640790
0134533313313245649630288115713553811281549952388263090680098257040
0325222482141895457311947105049339274555935132042065621536892949360
6468640905631095853659861276550296528504908502547745982156692951270
3711332174559075315718029099432588340538699481640996723253122460830
2108993175248992344381194820664316769432057280142533520526218782870
2148908350656108741927216443745740883270167599430945650145995388320
5564824040661128333322934694473822981475820213179753550555457762420
9632551222563613964468549978940344397493681610165919412356501732770
0121225749665266463117307115734836669975131418259115846143281085780
7581342173761329838207675195559755419571723966422267645474652002110
9862782287820240364525990263546177059646470411832300096579549024870
1371179156318995621081675428352688809117989183270015100894309335020
2655098804172681489088122912870829521097664154447618330981136912780
9774771229802021332127468769863467192662455538831927714499914083400
1010595248725690306547673218555781410028384420588904146821096690540
3375552065329134232041114944410077245985564152890121622584263525510
1470785955532136098809328950696448376187763252594271087013146790760
7502763259873257667911904342826270514752453649423116904215703592260
9758532102311719445897478681723215611444092844987448122559723161670
9444150344586844820617812142689172348256874778766278361683677432490
```

408773244948988691063112600380478865818134246210720845544736421518
472876874593713829842803509208275211768993845949109624624375453677
491827465418467347459270497448425473396257541989940808113988809617
88701145201432449905869529262140219339730031606517359189393323587
5413795465408213880912747306543454517356644909327584900617263889764
584218459134590451977008403452259990961887919339840288954323562790
608249368941546323611677529403826834623555194286330995651263696800
115648880489294626619364652318434098834586027305854133387446270545
353835020397571542522128525212821830130299332661790412226923870614
682842645748068445855575824866887213502541730937126041796912427648
131997461140265341380050202471813955693977026651364840094792620145
897591381816690481772316593805505270690768397746184553099126023123
008399979841076047829385141598878724798422390914376454307318765451
890953265023109477426368636396795651027995433045501962995102898414
290991155800188855761777033734674454678487614755250966994450659033
7393015000313160838320599729844570358016495399357568734065602219921
218156704559208658030544608103653688805197213057760336977912821309
7605368580630079515176054672996410624739834969589994916518709749
894440934598359352326346812880259885425319651316359589443145420068
157243560539801859680943714942865566944149003491115569797346153042
368660689450470004538919216435945629122204204541554833978183611551
289833126210250769674369298551683203785418677422376337169514555308
4726091429391925640068009487739878753639043132845210957787024572168
03676542536975566933769168937215968264275753744497418005416994427
085677468627943345741278193459750892923701449925344551435339662061
684616286946318834116381687326356609668442661816850878358302201726
827279515949196298894654714150300669941787908569445027324080377784
271503413853735560505077429615383765820055942220959407277510193188
046442455891294859364538378440501595920916918099209322085122672924
749205144015172216109792122102691572302365693498551243092306603059
365779850296871735291334499724162964734825673764078783302942775073
652195965175395117328425384809993466669701185413116405189495265549
500814393148266488144464640209407832353934236123495389862481501646
262872514068441540323241030381292120284342758340771587145838104201
688625456195295922502893750379438292604020974002976591306686065952
755327510698794454143399655516194986920940659152382011727678666162
834438312481666252038836576254126699845464566305626956300524145350
816449079591479909647782002448130287670724944687100703971599113759
347014971086244076651521471989330630186021305048086070345183800627
956418712285362423280665412324259297091097700292972121994744426228
543308684127337911626984752085482300415690572101220265546980356715
481577352519046914043093788933407978357663892407945831053809339861
714613321315002679579725818962290576615119916240999193263215059982
468159612035086196162185140955383507737097381655129651352026318952
939243562395145390317544223633130657390191841231458942990560684292
537598977918245736986947330423936923373521115413358476203818142692
45862206816051705773722333299611929888705213003969668000446336718
096923708853050360875843204027557567729670050070934456292198755900
985174161171010498958797084469521957848116947199891507108449626352
546703160579177421169382207722093235260057182342362393439411167924
584091526061866413002559143056811111779708277736151832307889385667
509092809708369331327427004104019029461443725910813483549170741047
3230297562216932801692770491932893191411149088697244290492049221875
825979970675643926559694021381142671289816729574280407646858336987
035423399064120619089258734901166405703082400764912261285010187293
510024604618222568315323826198069982118384010719482289989607372010
907570340147326678500305625838998049807198497734231901917472465983
722720742108557695432505903407033405048224226143087628088834201672
994184495616288695892134723418576797210819805461815839733317831479
781392885064825825088189657616971791871415017060915450039966398970

```
4484130921254691232004758442453751004184464771049347738441125798 49
6196654994341689026437129512680562302820852708780439998811778775 26
4384182314057616524661931188606904051324232395317331395144937095 68
6946093074693141642761616609318597058895663525960237753074830431 31
6525457281206579123672849821857534745553875476826027002266247481 54
6710531782539114273717207458271650962764009915847504336343182654 63
5440264040597328437116507225403265136655394981890509934793798198 58
0697821865502181327039315360049815369763298650553658774363415217 95
8775612451858034830994833708860254890915258282377983668348739557 09
8706627632980572519218791453602855177376713782996157796051868521 7
7462472797744589456125497437428319048153508095360334517620186222 46
0126046248802268144890302086995405340681415438518493965990384591 11
7458690409573581466833603032345644628063430524441222099497111347 02
4145602396931181520775528928748789363961892837294870079331117133 25
7969760228398317745577545861299311051810723969487657942820375588 44
6207770717323413389041519555404647557632702765338010792659045019 91
3999111486319557132221245993272985911849735013224173775276724983 32
1615737118005690929970080181244718689665787726800545551153681979 71
9882684807894522754243348703672318842103520350485308724115445938 47
5496586200922220756979932033803693719701186206867854194952555633 24
6609115865504217061767650666487720230673352128712295728646285932 92
6867706130769255514137249340019276522485394327005956196410907039 16
2084403283279898661939875924646768939114950318280834793998604665 83
7250695021325692175649023887656152401852170122116212746858948178 98
5028647447787288052235235682285203593722441279936637967428244839 64
3780680849492301720946887777425186607959324537172908026139941096 97
6765466340943127143436880658920699238896633992377814747893502809 43
7366027590036462416130091873498595963428047847369567350496512427 84
3588542222945033800113262003971584611455196041542091202354470533 82
0147803874100072252486231838881937801921658210374416709758573537 41
1340839395522857874706821842943745044891824751438878123345558634 50
7762627021771657630862420917470500401708664012755923070392599025 70
9615495474257433275765180189688338285495571322884859164029072281 97
4743908432916254992336031309377259116244716487414226815761994432 46
1605729560600777557271214775550282195708859876103086165269974345 67
7368493453307531078550952036834215382026867636799048087551299768 25
5483326900052195031300284825693688810115009007083340100905416054 39
7050104488012412314251727926697809424662461608953113615416805309 76
8800790622553127495864955698799918885362553006113245833548285750 63
6948822557373040371925279780093240196575453942601949749977794696 39
1673674187369879878250594371175061368451255835800714655979918322 78
6715428353719341954906222489359562248723500159655159582036027828 74
1745205135745484097432753825755521956807347778912742952528547537 7
4163105437122739220305406631653946079295428011949722859868862620 95
9705771365767457694642298585674040854993161468923354856786331441 81
9221221368862997065403171115279792138934362829963788413277829395 09
8920549556847867473011837384550561314781570541630118146051812583 18
1526609932668565644749486427236111006399020153193412882598321073 69
4949529160862702977390422363625159140824703432470368192463982751 8
9526910227950314933730899837799279245439411604715911973315412320 99
7178133722888601536303280053212834939228219427985955455416679258 51
0853206403209848850627815661621488128466767270416201689843688069 48
5991007452575301982376453842056047226797984563260150554934161892 55
3326356677175294303411190187870568223554712015982950289360956336 83
6118560837692702315069330402659423041956204596724407701136473169 496
9106130497283217640846953353920648150058350182558510308549034880 38
3374818319442188130958477422037695226471444172459939593411907054 41
6363079721417685593828641120947165620194101307656939546975599640 08
2976005354188661788231110201727155730225505952903350137402586928 54
2771974669844636030298141183451832193293466211910497206119736836 29
```

567033419427791676238341546392166558972067100211039085968668390528
173719652781392134501547568786291318332843345475807220124754674876
828981892346880324971215786221858465238181791603387622054450261053
527730169177366478088241739088445252891385240418917053930136056205 0
253228909091314659975223046546496264872705050427985635524999568943
548465629053352838905240747682823469442512422052432146049691151599
502745119211568291361987775744299750819945714978774047543664667121
836718639985938647758480497379574310313556106922648893323794188621
034303009967129575625060330359032217667494155356337239116889032366
927392379605559478222318350257576956904849957835534199270800453710
290967308048719319218734905095783279092933409790112305095355177878
797425730259126615147330971950212836644394579639594272143484791826
563859652532019504389724159269468392524242186038072871266166423738
352176839344656894225000557581315184030850597256194696235696507258
485093481378292837221706822897942641654257844542009284748645428513
828372777381335135819408279535792283988973991137735931487315643412
685577389382827944037394038580890547585376469202656818166100037 62
245923072369028319760597426613455826289520007471751986 6139348452
285860670989229139860073767216427450218418990687512821051640714206
606389587802832431977581088443726138355462961246061281033813110128
147483064925001565512390649263760563155724150594446447578971934930
991026680957081484238104884185792550051367684291351141125175793902
226258740088453641633871277575302581962372271590742555475734011936
308352925466276945714811338665484639021230369169058049540678417310
559465918598303503065831399068316976483876101199519366253613888976
226616508466733759478466304203938446589038464883472822845237953170
699411613641081944696996724440746928392364130567933923015291910836
075357808954407226578423150840588341954782356879973662184218680496
876430753139516367036626375443913518542939738639303504732241669528
654384395492271047001209217380103835760953115694497464875956857723
939594612549508301794218645124976069095855328481413039828332195744
156994123083932663795175897709125491779731184593992615345221399614
109834910618405773674148244441335724652915031005080446257502537452
754598551539294860423302145828071311737531913940893517121551804301
704622055447973766966674789317309627148178043205241537398501695409 0
511688306812531486809043952323243760231622525043883668986857066165
306618190456852747466558716177265851650734155065945175613667842590
715951852649232661198941992769783302883777941111750144741042290808
902366083391940652111393237267613597885389234282889008977305473363
126803325171091298392614849700054268616029942960963848864440600491
029455039665291702342363466065042222960210987858800694421569857705
366984484108686731050696302960906193423160663874899001882894951256
155911024044628205315937709684265648034603378173148140538450449907
592035509064459099090914452597256714953028272645215273966122182604
134614750102864922445726576575452903240547143706012344312177520657
776455271900115395334250541807539121915059837985261573370516229544
119703078887431739989145794825349987158969437877343737675161566395
464762435208186531597510366689707775832838650575235805017140232362
041820853877746798302950844233833110374580653641907944749706284770
654767948296218866925906821760067313916066581607858328425138624683
306260336679546791249223032388929568772894761215153639603094062765
311976690109113804874054937787515860827573236345466858067490627165
972159902992186708613896895137370683173156800195548277920465055 77
775066888521186692976521103907786318443369590672352028399996432396
387686732036137916466867950311217912679120494226863196952264941526
031838460165370450925925780042440594434946762285509685450525556602069
422687732189463339027671535820222547033122347985668270282524598801
234683953776355174689122536788123818919954637844127033241873737633
256130422332711844450749742422378266197046104011122653275889557238
498505763648049409248040111162770871555279884079036125727883591241

```
44608103336856769783495825697333839956169239890008502935353429996574069637795021408519030064495477747354841168405510287761108641985672662267872287859393358397028788359545126358807626541463405148082978002699115811418605476295128819943083866532048426740555551025332274613422199310361947772049524338821178503225046229221424569555500331377584285710265052016884487127931856374126072774114178698939715422672763228658486169677581873952946709294345253733506500569601346073180257767909915513450348415839846752650573742397471474812540093578195354597345847076500744709732549393103595244087802427666984630842644463867363801628651193925985133419563039265595711671123044979923211736068489759175582631622390226224898462286579357279624910376403823104080481974942859270246321273900690507498877317321885468936424389420964928566442461752642327072727933081557115588664841631953161411736909081320190273895284251549967224303489023763280543729161398227252990836908892497388522995923775450126780887326119546163620900490104565727238121860734029185447799535289959211945518805213829562617740804127330379420903678075311256760080426049507406190564878080502343735589161553899274656330762008009969129076100632053732312693727962007390543343746221025899572139788919097031755019735593786924046361116027206338338409032239894819672249406584606884606884460258425921725214200892792743098661635079572837905143855138729527112983667896161918139486407368579422616671178599051403823472914009009792249130249978704003805414564064290663790392252304492171609589052028178161599011704358289134091358894393049509659960511332429448250983651074985148901512823058472152580251850119996729092301953415910466349751480976575854195444193866030102393289408190947927848078304524045296572175086034722585941757724710712442707798690720995580682225197899864793298473283077934323740885248180241259936076280749955223104632199106829980811820415770202403786723523630415869096428133036466253394949402426868625765918335222413541020048878505699747168524067286575194342570625734736675473650312557208374721707773173242611280307759065469239502290675828206127673498471063519764466442716720938461560725568203791375209490395388168627203084219274933019689065021855424299174257922262045088519366428928772287755130094773646300064241099299000459324667735313744405486684875877715788647542882513257102499583552305099040681646341314573144849393869833134777427352150116669767950323492087026670633342677121526488087953659299373518992420672251194807313265923343577207964529777754867438424768926160681733916928124635913549460964501115658857292538244691171975572851078655298454278716583023412111155300074663525550482452345410485731877910034762330588407257833498442549880584587627134845326920402256838316423222370976454714050912364134406361959220500003871490019578335980781008598886055972848479116532070874593435630802187162111489589626800897330821420606706376919309905812237161050163381359939183593187130304492618018971089282042610031614996598585966759590094337472123334438951788213921316896137345600884721183405537041739088655022155389774248059789541723435365861490158428369474900604308895256061113875543858496272691509108623975548059013623804035826260053073574512487107741426347751250977397730939072528233632100264802882297270641095201052883807867694620371563957604766114500580804771764272878001313127741324430272340885129896856038315246574743679823704601279075780608924227128322264403079900615323141020797123800533820530512191173870930198385367908173470015597347513283321602546122502724867125834953153790056206935329540235971715394692464427438802759614864941292475277331419457188031835337866363118562306153486757767063254901868295800382587884851764556308708777219208318389862253677915514040364912819332723466410410420881109312609839618401855846370235435944672485749153090804859418312609672994066748441944008425983217548033459861740020043137850828618329975681176571031196315818659950490672379791787367219075156406534377644763062170576698567087492270750280
```

```
87672462042253538944741424134363110166436639699880878573350453467 2
45406692181042688115669543845133919605697691307452133941219295087 6
91112175255555025022707891471738006854236503032373748677870255838 90
59893630502100871664697857118051661731567029479585884426271984103 5
50946215100054672653266686174429351162104756739024197730966147242 2
08704524111707433388517866626228389759505203128872018952354482173 9
47821942443997589998350060780412387921930656793257248728701976858 9
24652325066961147397300880047710443386543722688439568250088571648 1
30946844612709565431395575475805079351426756313819362170242297318 7
84812277683189574070484623353836216595868433085796285376160313676 4
74784725658660926676629257608745273124622235504415865970636998927 6
81704349941168127979282129692269276650708667244800880233097892820 3
55930828885978535341197850211821400468425054674025497714173333668 9
52304916831444376297734827205059961842796013824382640900540500505 4
38995622032576940311410729669385541238618453416513571633768620415 4
88226311960375393515796511561579168752008167453622412708438608227
15495044441606876735071527867361649906840791020504384460123082621 9
49618692440030831429304478409256311863207775126430594199594917717 0
64130890686777463854391779381975761644681110663893235836184091595 3
21163597880906332951732610281710148666948643961131017175536540332 2
78904447010019763121241366432645830977326893259327741919571499
24498559646976173046729152699247405557698159349663077375470407104 0
34797497551771084931213539242932997367572202934597575880257640391 7
75690512155280231452102931304996533393730232009205054096856615040 5
86803416379342521973861293658971856933125374145784827827008605989 2
16540395608173187429758719191069327571217995208732082698186359846 0
06727643387648206815611367912284097379440355613871405973903686799 3
04742369235031065342146664191636140197023934232575269429902746933 9
64408159301579187951544290533462614104915531568845012558555000913 3
22061112701018443500695217461730659598641688109381630424976087706 1
54578395449379187191797782140502257904967221220778160238014923812 9
40085463237140405297277693352142122684618597821174435852420591097 0
28941984624689995232422398165559046677132287636196018384874319465 3
72981229633527406286439610417591624718206354197435685713007167543 6
81062853835858736114148832792331046001344514130864700024719564721
67985528236769001963621404356498533319768880648886200204617790255 8
02270949683423461083492572475354452133926887369393128985048595882 2
32814751038118880946045143978036923529233651090034139345846785041 2
29174135049437061960586661948266564318216656629645606373347509328 9
55343251749727379136224270823935645558244327306600773155471301780 84
01693196075223441839922700118976889848446350552660726916423783790 0
80479416176843343832284585376841381182511677563838892583940201206 1
35674469196707575278047069344581827691577956860232495884116028959 8
37840511525597978388184102901478476234508967028966728888964765797 7
82306997988192708835134933044589817086468179711128381820020441974 9
91177215410342051654270270319998466349146952076159865068488522031 6
32873225903815064835501000845177843754507436145059221942402418726 2
82490356341265264311926550304063202575366053150918626942304009333 1
02482986091924700441157769350573870042859048669736423070558612735 6
40205404826776438809032580278850876909948092573290173311716530546 7
83923878398599208449494428235455111107556714179415670619711986419 9
56408981974696503835985600015377631978659426847065320729130183465 8
78244925078198783011235042612991308041293778671171441743649417041 3
09599842774961523852311952163541571620418554261725773289754274896 4
25245583690080520697198978340532795249628326415693415613998572867 3
09874226214028851812860019084603231750133307807483123616414782138 0
51177933714470414812118995919098022374678772812890453035799593400
56720430564404493547802696346463971915660009263686421734741176193 9
06414540231793906317382851890365239862900709983098625224892343712 2
60609858103040957638851092438950976336494774485841674766441412104 42
```

```
699677685198498165067537953954532870805499052982680916273410272402
610841956946273759163057030693604930495517602916771452567323503367
130957078176961089025569013133837451158173426087208091976896237615
824723279969676265949176968903500018108711473857434983640990927933
694547181562903452870089331778646260018484583502750939465657435197
966246939627896713327530010336216705802806020327174553177354932757
128128972230169431756595295821313773640765032582412095839422766174
898757281848476302875186074619815953091451776753761422878153832469
158203968556471318706824864146943554341864240898653402265297935042
531053074556474458987765188270588920942199651867033066055540243235
853057412498897188396465826949814140327296804009856740944722029444
144102681929134110942187415132828733107982329251450661078279210121
801031119704277690769430354497528305709508933635333331851096902389
069806293571634303881507485149898279017106593644127074761129851868
177731370472344540374560028621916791322136578270702407950996791418
033482196255862669519743611248846594658272876564498977159444421182
349275517498968274483846421554452254335777101571115312646908838680
103921379271888579610984245440176035892736009257986197434102460936
289896955972601919021738070097558023753808355062111992331474090884
6814351990335032977622554102622476650244469857171353572652882185686
112393022122353021905162773569741286349835408390327735481050807116
389655729447668457921741120944840199655614355306898308612084948698
645171066737076918157254460466820282052648523358699249990805955192
782881458694136822989769294696665752303826034310488580760551170830
091971011984925364807283615697678187742215071103739953692766152452
449653509100345288959777029742778854153397858810660715689492621308
277949265494362107345696787855068738556113335206511000951672238444
435331586671798353595357645119668095745274000424340154400490626661
379629574706527407578371460940023326556772078370794501025269804793
497599536312147248881206599950447324540529569491611354376512759235
712601428038891439971320628419546819688588417529292266886442621434
063384323544903587183669050534709475844958153940545298839146518631
815093973623321405450969089453531162350231626454242878880321886191
725362579809217969251069766315534866721289025535342766321179954188
944080231117124107891063911791380111690841561471043264120324352019
466878197773271630704885109519004363450847138672677153789281655621
250931993308461735522700918562419626104815284640455268181769832360
3329448717990508744856244052584667057078020296738438699369354654364
564447230044536227375266531452992196223098811764568067671397854379
165847320950469443043848883707718650184325692701151717134949617369807
824269408040645009225068239337956837176121539057082385854829100457
156285405230944770923367992115848871886152442294590478039610523547
752945184329182177647040126741902556257847710396875503365299622144
881793526405867813332621592091349044189412312552153995977952657068
257462407649548661139248146700657227719602495734508058408702213078
799454350725560360218895109924837033130076618530852539127407692038
96980996769175607014847557791425271380220941593877488494049646831
202572153355580648888199949024491248744387026964819045617856715182
153214214586889657263425577957562652700629297845964506174896425300
021092247981808889462516757327350029677147050327998757989962912792
874660757819647948475239203522264559406312628324841753975481745701
065709260225931723208740932749140097978186970260143742147863179385
313081557116718016184198850077060828811446496753514621719552138523
925110419841081641404822044249417827953801735743096369443649506351
874820396050910708920984431416784064461910936771361505772143004751
642927846276061258793264955466471865902984818220160221004997719836
180377821189595651689225393418263501037136321157781214602370936691
063219118839169527053631999425358449086023980831429872436326258410
691536617915011710034582739884502300190025577477431214334215609102
142563004729295216805128221564798791314836123033461102775203382979
```

69847648751075308620962846476786353120230686050987180875128226550528198916999445054582528742745970634022960335685388694979938282801471099860008705956848412151964733434766337627435135600524136353719011479120299222531533188660251537706833101548890999536990171736942984470666770482793224482341820656742587914678111518974774907255848915546647004332922203989506494527707553293229942626743329882814282556896573326678657561933719593908066429191475031113284467514873963577287934298975641336042658143050921348136798528882925725159524636866705264718983961963598492113415695319863804558148479071780907869529272791840452294301029428367110839506348425063820855586539232765452862272664883418507487413938549307417630279555031029081367706943028970120253177018494182091497923829631656022983619803482040579523193813266546097213588393044852166287214352575113723684505929298249561147422682921830579426533469225932522637203170191999844767571541048969160820055609293880438561539393886108000388931415514251988072813467570939331543005256903783714451599730234429145056998641467595030318127152727894250238346672633173337455880994354439500367756703109190940716114115405573408848342833535993192144371060068593660264699346572009360316234442638215142442839171596146581317424731705156325348237931474944920069795480164682189884332759152807095388212683989364231810654890440849276848921854710676978861350333524498113861637395731026802516423133941154981062670497502013612853271679450641310008468510052112136399583903140226191080728990981630702063541311154226660786954871773802141054740140240326319645639300962185517129143265244274594414418275602144551534405400287432495777058449408098403302725818096317965249173507014948466841572546592899494762363700598048903965763138240276942366626226901514789471169049802549490252587822206853726045733035973090775835393170308887085423495312230318022928759990640501773733442130627431431286152209051808992390909028791205122311868460241332786097500246750791712605774045752925643648232591599931664450989019146148028600254823438719690337398705360037631100238503088551562739426231573907145932473869850297213477822607116809960060440749909341853400572171993409130820882341230507612352696212454550842224014986166215731602997904014966994917274623782673017894094249596068843773894743154058947327147016961985825091282157140530857846619186132280610365034200390130814037928612843022537881128448946883053710330312357004346231659076876308980839541591685205458809476237119278899074678575366992814235247044117166525289100360537755973558843542542437465176941851447073145254768769289970059546134968039738232936238998019862056505624606681310225203680548324843349695686965310038523754667587856799400946425372666150546757091298762361926700835987626785550302863066879939226509937739884608390668208206623012461299730378011574829644982605247059002013885624414633410581453363132825605320520059292648083031321203507877662958464541891695373424281390351629291422504839036261444255735810748683489251853965653149819630557124199950351323821951186967238151458339349082859755991966972170453430432731619357189676268639789788684438861190418094418582586957960263456303755247758311154311476203593869850737767074276510824819289768101338596997861434244300067684394207595549574076093250167823992960045740357758333106586041155550814690850848399595861676625129053153032243940117244488740345224071805352218797147385313216889626028531253487585855672513707818686352116963311057203172223706046781195086114266665602658062908484881723155659726462424913746676244614371952845693522156184400208981301595486002990251885850735730715299323123181318499178936373414539913411022035565410510107742349960556317482778472401379834746309724538260700785102526381660274367109349768677960974264539232419633798976824844220980191330548596452868142462908735370534116434769696472966752583007869309307984984271168790440833818632677597338032526824224332968073950641806715656027142682112303123429485516536532152694576106468247007076

```
79329111011960165468779920874150621869243525586056608143500705 4636
57282512899089865298827626568230074377036105806222664547996570 0376
27144257157725812686682546629468723995640650972832407761438918 77042
49767623422145130917936877460629168518390246803136439897416961 3588
29185973655389064577513081193455198291814912845765152299640726 2983
38964187393802463224707363927685951291328962522675690312898982 0889
24713495701429446868226555957527745822828429972809777383212732 5305
14169924655225066614655913575986554748942601571238087794284727 9114
37223671115303827477533414242407179488602028340577593858604743 9950
94332651136487754324221472663136485905777194353727858104371833 7900
95179817963113508959960557056842175321440798955923184808524878 0836
75500683459483934247832856563524764189493364922492977088581624 2315
02049139804359044981004314932330105944902474718476398931631684 4434
74047505681172374643921613431838126854709402109279571879936931 3860
00038468514368458211668002182820129991748092639890989566539405 8295
88860028274480269991698010642404924265810759212724690630992456 0742
16611694183897204028455317073315231511142056785094965756120390 0768
31567476272107045735661718784029626242872115917692632706359138 76784
65536199985983182304514554009697426850377501200832133206958860 1973
05121870854184388061088381433471343256668979262770244341992180 7686
31001648573384040824075853991365579081178390854206293306812294 7293
35597163936794620335391527090637206946734233815138342694714102 4398
22438830866768989624415715064474790566932331808524642956292310 1600
51118640956880068052259396549137978135636662786584825404606873 1516
75168565871305305211587055927383753478689080814844722468403352 7700
00119125467123303888615629669601587218133024728247879162197849 1164
33286067222446352883105320858360458051478498520944223549847131 4113
18817352440769169838170078031706833636151053133551533095846623 6553
92600802125833620966795554446296223486922443190847463919351749 6015
95928620445379912792443954761912799230415844328912730521691240 8131
92340886616809185433824240294544610170882751608810427472192492 0945
39469702686028526307940310706909913092204311596450429819108579 9442
60900152451424283341581548822767582003641525105027903580048053 4280
92302369980894145946331693593899070015559835064469082244498619 717
04430762869320144595156484877701259485011514053979796339301004 3840
53190679074364712995847183321388711090998235667221263805486838 7418
94010107540013788101839315914880874786587879500151553964407616 2577
50818635821793101172614404666884818219456044051379248831971545 712
43841934389672475514442366589364718518226071883638750704592945 1981
12364117809723074340955219414052446422009022216668654835608101 8514
43171555087452030706681358203884352154987944960394947296065470 8063
98245627394706397440640513789295335728586689990085990869067039 4343
48708008176071405043256903200881536947167076099967808378752608 1073
29924794981733321395318387783282359167370125831242890647354742 1508
87825514984141423501301672675082179111002557972517427600739373 1921
42103926032970810769819058988038916181382579914443432210529156 9057
87884745821110382660549894669376430572820094574075292533611636 5750
93600636734985028438872658171072599410784930308130117586486115 8329
06605732742706030699994824005860864033250510745707713620352068 864
94623441190563168069892406954125655639819424718889220352243226 0972
31754888531728266773910375723710106739337663808981515842676046 8520
36203672407891490187927355618076617558781815383071457220388177 2971
87593895662961497505678534508134597659282837182367192431400974 1054
37297844510162575439587624579038208902934931501481048364513538 8892
80304386036901642658923162207218966651935591627497955048009255 5159
51904618606791880818722697029796220208800024877817791258102117 894
25072761319795431096246640197720972322610026863745530018619088 5982
56565626527936608540782281152515511826170482175695615416278513 9637
78247995239435931246975243690592186779426383330733739209231890 3473
96557573966490982052618777270846169558736145592952198126893316 4433
```

```
82397314238472615945308852540887188657764022385105108797310172252
84529976947617375824995263247141181730160201833111918112228135 0885
69821004818161146167604851873699956114717104896951452849696758 1258
34536129780347732313296535965223906335742142020499047977949714 0368
72153280706435798771212837235867186123284810142893866885703762 0723
48447967592914421953864220121082077988765511025031152937169329 1996
51538878042516256025746324085042288449977623894692696315286572 9374
13430169360076035329369706417827787737793065010569739456116219 2403
36676403090783541455138316434889449979237557815875014455206486 9347
13086498330078980880568943460652073487595248873814528563311886 966
37177260653929012996245121362161821249758551092460860670329278 1986
02652523263228264835722732391838349258202127593894057153041127 3628
18836102715025364815499370099624982612448826291798672824976494 8743
75237721882327023286078786741446467607560018209489067346574075 7676
45525563642243021209167963726132117855243254451672661784549610 8737
90374606632941769264634585023927554463003063866779511564310976 6170
09500805367466292149031922893154613447952205175673050782240665 4121
64309774725130449522881264523816543796406991093037267686443698 771
59674558378817823699939072913629511356585912624706051237992070 98
44530680675102192359762580382091795994036229322416000214494830 6949
88847984025711575886642601488261724776092275527824931800612454 6804
43270369494280519969324740567656213986896794541045778067938189 8678
74389603154930808754485087084139693776973877043177428658169640 1871
13187555513983743414948043673850691099689283408455486588315078 2980
44442921781351968165206545962885924899472173332920607370072548 3852
16598658988907709883546659504458514681125195787272983135614348 78739
35778901650631075864406944483973846508885441240799357171892723 8760
43392675414211824046241390905429387061282390467449182904617638 5817
76736597386933106850735700688392261440049675224410943938679474 3104
73017573522143068707911389927519833743170803283017996889374427 3125
21582135631706351219458024320861852112521563609484108627492827 6882
56250168628994059815893041995881642867887107620110956075974128 7230
52213171260507160053682802813777234299917730050094327364174874 089
31931722894048033459985522641089298221544911814713634885180832 9524
37115609605107576510978703876312812439595878309461734903983475 8336
94660579154522058959144056918656096427650852458957058774828812 0413
26123392858948735235603381043140003572891237856274325025046365 00743
89009557274063694944618836528666054372615245417220582983085096 5936
48284195869616911572593241982735832458538314401670681614873475 0861
26487519897807761879174968270011712481891846613898797807611495 7261
37823984153462245734739133766906177880605463474924802150100016 2411
21217139454356212000027292737880906863891198335160811628709104 4323
73070159783768052842819095215390089954681456048093477272389992 1077
12708831199940831181902204147888292396454286509798811164285982 1695
56628812903107065000093202373656256754844374179931102181762310 0802
01404616668489913449894241224497019175557649285423992397248206 5041
52537039228810588634119197203443941487016575998455338478687656 7773
47709176671468038236731340163982840788020534954683295900144178 0461
55394012922359304469985445894149744390975240122334235496542515 4758
97214184893791435027789414016885281649814395529829554011283072 9059
55477612250008820025122725613693737437692659490087374604434475 6874
79171702479007356271678183376663649010405890049089190374645620 1786
77383153699102840008228759819748535247250201437242104792848796 7599
70557786331111404474698078827521309539908080311709187392213784 7363
22633200766495163505108258978872205344514715050516363924555862 358747
74466224273621281109257958287611916625415368465731854067726266 2818
07464561236527057026139992916165305519804652650305545484991794 0375
54110839891390539496691499562413086576574402038396516635578730 6178
90614207972461756714788535806936170019844579843509116551020022 7365
19845348479824964461874462583047674648261736123338632176788831 2504
```

9127792009266884842381818548089727394461806922746549046732109474 94
7459117309631426559931051181446498491646573488929909562360569180 74
5378234301662743162359500345076371867998693071862950698331108755 67
6876752095740314348590022881123782362422610194674169308424929581 88
2290971159753012490415058393440528022350651030862184459727403529 39
2769896469538546962372842851718870062273433716976454998828682355 30
2327643503763520442330312191859473589456042668354496126899092401 30
8998337870135124523948795384596903934247060924693398335944514283 38
1668768390601454197079224731086282168592765472336421218078738429 97
2932575872522741969211008889948349564227696402311427539124474432 41
9589510468682513841571172266308178034083469444691605476793293889 42
0433966208647272271340585034694769837848111659256157715352284042 76
4824972916255731478640882004014719734509654777030128475568141016 32
8618137324409859068562663716058890707199676569693695577718697000 83
4782679846572398312806248566411958355946686463368241014706634969 05
4555589265162962210076841661897345442324855875315765411575235082 44
1977440508940990094515586829666106709670902421885672635130220769 46
1647419610124835004883243990996858554186876677309613636285574990 53
1672834279055520874941700667820958305569962494777334336350713831 66
5009160994458603070199120636209472616281628154305055797300197875 51
3378835228335930191701502437749238293956379358962954953801061735 07
0050621153794116136924540177933110673136807906291585771153435290 63
4174027337465251218836939159355205715254803914101411607607349325 51
2865322420066828708349329470271123823044819108063670170555516816 60
5161708525775389709427072966869302260064896574146620726150470861 37
3723724645325437825575900925675384226193084201930141705544579737 51
9753004704168611589733242245538937939958889725739655857866212042 1
1377058501004153632473380634849308781705566061533411288607376743 43
2071404068751768453010249189447882289246709247645435781147272683 4
1198125157937479385901365363192228537725907459494891650089063531 03
7329346048208127547665544803346897509941733772273008008835138661 21
6396087695080332774463275202112383366389075701736568688340714324 957
3763761318902317957201193318346840757130035560035891019144267179 48
4864097507034891571557880121672194813174243874698484019368355064 25
7538885953635406457845952580263489405368485245661207135202821836 09
1210728244860357098485986214991107205603824591948598298235436647 47
7244318744362593852443193498859769508476998303011442779166402353 62
4406948893643366651912063300227069643142891417815651576241366067 94
0864427739315087645327820000514311441693450213602453859527358241 2
8082284051480072499505950421581980220321191170380602272622853152 77
8225079828160184848044638845423818778217104534761659376260729708 88
4217699804406003609507163059379235337276032567908429663771490318 44
6980759242293061592887578809375455664416098881032273324326116095 52
1520558655728808412282000087549230838283980249303701852920622387 70
9877042781012562268286458258207489374506573468058957357127024469 93
3040752354544863848261179497749065229880663969154916194567573417 17
4146656667761558913022851724937498914231544042036008376023193268 91
0997554626585144244130691699988162808907485969048306877241500910 92
4822607221195366278356268888066691714551472040654698672446134183 92
7546666394924222757872605386194266203793909264926951308081431676 59
2825048764721048635393805609309137306920848388137756273064149155 1
0911084412526884282244779976582808451670887896100155962325457841 694
6031392298780545287215559674980408504622708262598609921560665677 60
5919647866196535011861033873012068186269889831755538563493334962 03
6254588905835397049964181414344002208060299886141346858423913934 01
5356423247214253014285912056576385693562776247087717263782078595 31
8143314668428861440577879484394185441455390118963375663753705902 42
7878782986981491497904899821810205290687974249099428432273239292 73
7922935894937563460447117413461811876377556755317135332869446788 66
3368525299779133888406252053557672745226875909425026988026230290 29

5919800718727154390507570920489474278808112161753705708177786065 72
3273944368967597196132409349773380717748506768066110002497094831 77
5850489613168171047157601328115997979669711796489374936580182829 31
4688532667068635647384591938163006141247385388455900458292731183 04
5319492375073949535971393532734157355851621085639294721898095939 34
1482083584956933469183118947980144332181463352839107766288844960 86
8696378265107375503636164492166918087904910333994848244220747450 87
3791935474569615644102072323320090426503949670459479467217232231 41
0461977817923227968911516033387085969994751284280501000750793666 68
6448833626725037759025211026258813348489287313666404959347028020 62
9670055707734062202975577334989184277808485032949241500065621022 68
7299216940843023786907112148745940890504767609155597377014065431 15
1364199391015322169319775060536264632456293786010408510259722532 51
7309265096592347969499224833117681165948060880000826189237040594 980
7704001739674582189242954895071687713310010397851535345314710685 9
5709445060537335919536586171963149700601821601511678164458777993 72
3274548437021671969832403521589516853551392478205591282796153491 66
3015145805178884114809718670984272264732539627856885621860135755 1
4802584119125786169815402760912705074159114039656379289828828252 274
0860145039535211265389538386779399517295862927094784127391152433 1
1292594640007261346492499726818109451514403360630052871288117634 55
7474400496852423343398859029913064236650173092311725493223569364 62
7082647365396147019361465648808236638568712743118146280242967084 16
1021875899860964969235031298244682022862410158118338086958732157 76
0182237896180157677998926335274840895731040846106853771869639844 13
1858461150414828730502311806695986341793389531746981770668663525 11
7787844575853111495225289209150428157492245559138471133042715891 35
5341114234956673240438530735724622868469222840837937344847060291 69
3601399304095065459619003081838025272825630822093726975275298952 07
6633889581100393467050195502721525407078422203158690015995130826 38
4841974877768499169239221965372316654475744076410100996506171262 79
5901780988192588847792708101654593733253528412802007575104825911 65
2513757834010089518476852491018622117355534863696984157401995560 28
6512422361874058340908447687897154212595303559132707207606150897 38
1979948118563835674506257294695134369167891826306650795243115582 63
6437199760377444620187910161354244770062736476565491962676164446 80
7721909229290808662281129598849247811486715342571553676031195245 47
5615652369677038537047688660469802138524803056117638206875750675 81
3641286287801377651406190726700233097845877669182283339165129078 70
7608669375171168917416276908095517572796980520168210271626213606 97
0604160915617887053054072097976849302663763896866273605011398898 83
6733591351396031547428897471385416969392931830868002123289632959 93
8127165372211852951450167108432074694204902097667007422827466722 21
5683386341302328609110460240156123049845591409523921046097565436 48
3444615085503749970595533666022134626048399601227327364191069494 39
9224652457000523913622733338328497275573933564959431552309012332 30
5634341523510569628228677882109308461215686611444387076095828406 71
5187534980897143310274396702320728683010530558547406112071090359 35
2224531897377489287212239388744316548020903900810810885266922772 46
1931438252909725863112461577955027598220706166870804876950054241 98
7556204669927466398863934848684014223352872814440395478422891745 4
7658271945439737217167460000608536862066597343051524283327289391 251
0779922817171405917223602073852789264208037379292786435578021158 35
7573583590602073781354710814495049045918321175530154501983683585 98
6992326799363224360435624602028470500065834586692633431478829914 6
7853814916433293733770647285611977754717802105720656241678062049 24
9605068101450554440008369158538639919640558302728633212102715925 47
8049198906708906687151219434944169901581812162969164529656672888 22
6173464699874380606663650125491935299515634267061483686297879194 82
8582851812784137702694022167558068283567621527125100272253217550 11

```
7539167618570824410005697863552015457177509609839035001282512873021
9138851759746097154637478515816291219002842149372840941016515570611
6862064622207366895549393145435182266250177371479799689206120653252
2754184139144761139221521346140692864193558216544796702536944885444
4171239433349986029802709850271418159541678025432450545151692226882
3222768070584168571088248940081080598243638806930494014003605405882
2514727455882582328529765554366006097614188174543950683518994306442
0767709734158274975433460741103268881973632510295986891271391832732
2394065467765205701268560215837385465875625128673719730520083545202
5711511563796715242285437561231936717685670090063735425030945510192
1851196229951403259743792093543742091184315511683498513254915865432
8192839955738312594536724825067114738962967299087888584888259970102
7422725250403548180496285225705208236348512269383156280672836714742
3505598392797326066842950726351382751041974688976767259136901730652
1236573171953243101286956107258052833631589009582669841735396384872
2016520049064906403549854492372294274183784110330807773869403934502
4663332200174222349633940752750598293574910869881854105227312991012
2223339766125332469073008027004902589119786609546141221334121389192
6263882666178655614634421081326330771760786638063634243190918325412
9432274732411523770487756138092796048357649969536874851130880706242
7612732575037665910783165878576855066198839794583026908602701964112
2202257366058640739291438772259890740735987644733155270684661916702
8199094210860851403328060178785143014996799473634236622229182069032
2445301525015578576015228847367151823494492654828857179769926316352
2753845557655764406775448906682489966134559521800978142208672688632
5642915401382965346857348996719724201717604145629991302514144475242
8848788595219222684372364532964338807885110699339769612778269162542
6309732353545146226413765213929750680992477659734726126909397872212
3928074558564709998158942966851556270403366058762305340310983459322
2900126983226920502201581434302808000223658015463288255290470682502
7363006307811895687198094076715851261033440193829627188086008611692
7072396703943181261309742471117179019857430123990754035471650628802
5126492009560551345333620292630664980915408758176340212996001619492
1110349375157655887524827214237679726425642697736819889088217226992
2655530498724790479810006504684342655193059548646351596583419325602
1995394272542463731715151763524395140380742442385772476565961524562
7466993162860282648550406859122463407696639769427013669388291856072
6758200866943837563145932941714551996669772822181470620906203497623
3171208646660306056756149331091673596869262998033651598521300888024
0461816833186087792966500277922134760116174813520006025989515021892
6326415385131177521071464107072577934971822527267900599337018659612
5793278006617691118316761471579646487410695224537611456887923115082
8630362384071769195998900356580754727010719916644775922773065889612
1193942758602466572916464778295951779252172840786074432951131565812
1663618629044736315551565582337341020541097055398105511858777484722
5531770169456197732740007627466291601557814989384991548006700158802
2872713964778855334050152578884671964802052467242449395518643725522
8440999600630630028981857811273531940034448275340042960655950892252
3518601554222891764294635309728390571552519220067182252044834569572
2830248581587778354371951268596542670816960798234661679259260735612
8939895590289542298200690113501199927833705761754071258348058278062
8123894285619311111413250493314260528023303981416900679889803739312
0320995164384890586993696068307101231796152669245304649237463228462
2799082423347983303740344501786448039881275592259020465366084691022
1379484236888145262969686621356647670201426725320564435031311714442
1377135146736716972654522654651061440382027435161022546011116219572
7553769090129814813688328624816036689927739083394051471433848747692
2011642619481923964494632004463847468847911151704484391938676530312
1008242387049815245204055739620581831624869450329535091985805645892
8908744256831229254345074737341519527423647641802819954873173772122
```

901252421446754042945855402423906471702257004464248759363876636706
774796202442768094377854825766512843776900931420986660710187029338
593310437732853030343716889518480254779912733313963366725069762400 44
439998428715482735400213622800363878357808619303281309994905965891
889375075383442692557033208903758324628467949947720161618492448067
072606642394323219232071760037252313600260079381178885240250457731
492535024973994254405139909972427789185118923895556724908833225321
079886270815640003225278031510976686622833467773834941746122589454
209800002909329690743772601386909102791406259851525059776681844010
781670669340007514934828540555614304755391105331437574642294862097
446790844758764683631789277308598851113550957947449542186298667749
669615947444409273113200669786113808590545317626494590167819697149
861399492269722338452705143809389513504644375512254861117089139668
089366777973099438488086193319091043578607208496730738259379239635
993284751004072727938626271670447540757192025039341919725451894831
172790246140496689551790799869102537648909648459816709017139351206
782839579961226311973314913377818343384193185236753866290190046334
332853283434182492107191609276730801323536947264848927644297987068
112565462806117260460733219176304741215064030201789320579568760510
277525053043612227096046758453127386616521424194086834083758914009
511413392954577009473174811688536409418352861099710341672355817860
282349820203149986794017404171914028393621051948060481901824518008
170137104219745921279840402426896300533553685494164008639217745676
953445865088328629821658460164507800003598985212901239590070420266
074498878506271760776222550606390745319477188925099058100936729891
954099576633538658378098044793537799187712142977461976409472721214
023532655177723616341966074376391538660194501776914006240684127316
295860806350676293775125293436759607342719967513520158008737395483
897343990123825656829078591144258828521366169201402990041314621368
063235265086541121808474998758441118362909790891983411875376649604
809362648932910439059772563295581388776744695461815797870419159755
833500037728672460735185350885495464202930971585636949785764048374
150555809918840209343333512819551455518573334888164916769442778240
555433697731192014372254154192745059760137984144373599420287605255
571893780411489261257983036183801077110050042392392644156922779005
702794740136494229184793369253543284804878023177744518417795835582
575476184254957539587854945834308480441737087984926741952893230314
895899160068542287957892948159000687353733333386381390842099 48725
511726171087294408886844785081163455852692141540299672098869371588
623222033148558174268263595068936234481342247378693946092325660075
472125674141034218490131189639676547329167424718993424330280290926
985075229490797094430092386728774393625511131362876159197383241349
167226826122826312779381175080740895894397190025426412664947980176
442016454158813176018972659624614413913192067850352463830657764016
522973204708920114691713372287863037038453134194264414249664984474
404861773851352937310809985947281511173650719139881269307482690614
039286422766278494329558828593837214847507077835511989622491195588
237045064582005610170205324844490215022945617655618592145743990095
548229413751544136132915043046914179941224609338165136262790282788
421381220775894240388406229433172798925941836682936792596042241845
941770653019546439481703355241028747044731715070347750830 43237333
116325876727636834685844486562539187239460827324713500448957086803
150325038676401735315079400345572855037001845602769961506156829141
611706104616174082484626703351891525518824812726007259576567889 91
256787020149786679084710663107487646730989091471979879259859062573
364973498235031260983098734686162739358057907354908246830497284097
732381167082491516373468087051052191917620541698826254760544581771
117993776778696542169925785577204263442443042074495489703390434507
206119007697363517401952656322139282583120528240037466954590928045
259687984608140870719534254761388363353511911214414314850552012358

```
13806264923135383387675809188923797585515732036588317624241169 1675
23814588592075164035236684372679175906370539219798112659770811 3947
35167196299997052090170907589856916389066427042357007445027751 2010
49039481483294574438097462603510578981954076398706078758177407 2491
18450697884299413834206081242839014881487259985418148029294922 7878
32435610554915641091748877067067820119859109589098386883951171 8380
13491482549927491426985525951776536126242157266244889609614829 7970
30842021051602796714785615940646136382477589020110251992342153 2100
60175230257421223754210749591872867518955215532994532268942518 8409
42282675774422227552820761560727710394718256680247106606773831 2063
03146628474433862047432595685056892871626532908327878439965071 6724
22061382945329166004638087256305952415328812093700992298960069 8139
62796862795676351987418240185629319849226233364318993090170488 1995
25882733880795326588514493938124115432732058916457864229452684 1175
18808184050956904691381344307784890211487971211628397734430548 4614
98079356243549671412947333266642248305004364454547027491723207 8399
56508680187617327033190656579547539520692925201530706435047130 6881
28903205385455639879921010956672928730479466100543163584623448 744
15554071338143234413117884241960190370286869624227624650240042 0813
71350464015993472053275567950353390671272161779060302162399780 4185
76334810054483887031730716255256479959999869353196813010156297 0978
71167306964940274916657267494343208132314613886925533494929411 8316
38778899032594010934111572742980133181457828168791351424395578 7342
05915614587736898808079170711455115476266168208177757472484278 7971
29815482385203689591652405437305246672873130301925829524987639 3209
85731209161056135722017639271699598686108867606133843649616951 8654
84860461684848240743838118074173422244839478939982780147342223 0578
65410217729264820914094850350132241515599901630714781485270516 144
32258254780143440109533660239362642493138522940547536416836467 0415
74300558372984704018145571002969623469850599778855736998021822 3035
49238318797629894156977212363844088917892752775284714477621892 0574
25453151037479977706862362421899063030962822117732197082303477 4545
50602385859114038989691666220778768326012396174199976236550636 3266
01699066116890886877413337809195161497705492141711819110149543 4786
93820620980827878957313278990600208633911278471536843043814981 5097
03047708868816359741925341341221913962874578109934248327141091 7827
63176542096312507136692636588213575119987540115790280285078066 9833
38418338266739455368319656571703194629336410927266727424499274 7322
91380098357445091340799308568360484677866535421058668005211542 6486
74972395379364215665358720818554125981945474275161184169366255 6324
19359158569508890535314121833662399878022115042456600150236469 1081
59974192025443787361022671294122829888805336794395032940480496 1677
11072878810316146773037150218352890241464817543095490594488754 1042
50168040699998196719379820827733464855815859107761788284975054 6856
79139904011384562436040357440246191237694402200760421433573387 2603
92537246640896649147146547300721952927374176796135652330678042 6820
00242307412186674866946280587887873829952327805010706610138540 2880
11913855730911380572755893681940309380718863793758215444351626 5599
12030878482052393749351895597158155182804814807831310535096823 5671
61235509631615286658578590195287177546425064129849451057303533 2433
48909799720945729170095878408322140440501474114381709565771252 6715
77981709767638478642064876136793945784423858603564966444631401 31048
66705613462769017492832290043271120819229564158948152826558422 1926
18902530513815911803423108851491226653917944817433904322700506 8742
88199670619606885006733283536146804985960814028791196311274825 466
40437038478288400798157913445232101668673741121294496813451012 2379
84294021947946916648150312431873969119602156712114227943068201 0408
76756809373898205468421478560142776882018807171741412749367467 8175
13227710904673001530946777306922232909534956944916011690468181 82723
47781619751257278515355698616292202918847453026983015663874917 7021
```

```
9476050941748668411972766044408548329750498907825806153902003010 35
2180271792099508178391212339700700278329061937133682183369615408 26
5203927161518022791528640768315032997406092804831050625515722628 71
3132768182478011691549378624832240172838707271608864192942118171 85
6467481185694008705299611314105945829387033052862979188264932474 20
1795512442329476290348834952722928308040122263722761102752038001 20
9375208856240645311250372640153996437123370790374395120320285350 25
4748277980930302021966325093290944881905745102985217283069962242 19
5471016519393297693706545763334324332564331363912210835291355577 00
8126505397931646814945134120751218835054739685955538780919473746 56
6279031868161713641615215540774535438041479845458406344747450856 80
2808623241269693993112296405603273109279384916918793335961485351 70
0181496982616480034402782281398587901486285212867461753848503480 68
3865201680747674402114766556964387396757966442958864095775591541 92
6150719665373410817064974822204191350352239320369277923907369558 80
5779975526019030814355084924759818577979802981264125192698083107 56
5746594693511285627975905780034193234760013696114472901311372932 65
1887731467214107412752210105151558657134939127688557300645655666 35
9352535450945737896883580027707210807546851979021567766355960858 99
5244927220497752998154586253592955688586552190862034885742944354 88
3401766168305532660245835994454330952973620564282947453966410175 93
8780787579040143195672644502565389640520071487068537065627117466 76
1571918106422804643826867806417817017101455799878594929810286748 77
4716790174355039931696835285921164814878612862891163759927684710 88
7436616177623930982949823406413782807112174123783422414406998486 3
2882392406563774389808463170433981419017041770458564678599349411 37
6710185104828834584759112985991132618063116652097710932602545777 66
4047811397981202739627905217807965659334830319638637263605481726 17
5440262684357264514741114361974748853281352543231321040655374753 56
0914051335764484512650315994993984759123386762589988628267424214 10
6563170282684202742775354785278498062554779673095621350107513570 10
8143767120973610656933898112877006439508682263524195798998752445 31
5132684357712526955116568426062497953005641342367940326869432022 12
7715528452294559060131663002332978618427293697054256408957224731 47
9608422799606431211557228988841340690157060791698553970627069498 69
2261315505954581624066542762653609898824692284240221705109208845 22
6419380040506472351410654462939736295006268706918574350346890787 02
5266889903105903073320209977070195562670800784214175004024877643 69
3827049667540691448956340009298523549912969960465402832129951288 17
1829317338025893433608886395618814530549363321022467023712349079 74
0681256872488335280182087968683767489328659515635001584373454271 48
6153424971252226151780864718350199049932178199155353873785623455 087
1431390503843286965138769032905340152384282439639132568672927224 87
0847796968092736560421516904023007501736619499358544714404152214 10
6474972421615230372466125530179653345435408898008690163071891588 08
4555221984311574223129451967037586260587762633366848507527528479 03
4425016537649163317928320735720436314962933262171984120414969390 02
1578987584055068836313189782803270681820620114709707824647760276 29
6351324513522519224278604476601784554635868956418344082595532543 34
0887101615107036746824529220467808485318529560302603933699879125 29
6023073278584693716270374914483889163375005262169732332152400708 7
5809848564628977918098482534272120248127256555150503057004181198 95
1860921678780927093724148047112032092752163821969300536677508468 35
8938654452815223534755755907638023785215194601827245682363954905 68
1259327472895456989344711418098131536495974851541068546097863303 24
8642987770186355313674508110767638604733464029576882115288981356 64
4930949310435890364514131755241478099253505914813095314712262341 35
4064609059803930072954096921369456449857878131484983471061858858 02
5833538008663482207458754757769206741006757177870214802490680993 54
0340497808697475231821368788671920694203441862152990046866853574 97
```

```
7871014752845821521535098270986352770357562938493139316042388 71689
9073982395618988722188420611902770942990322757366871860797707 07721
5592326418136016971727774070288413457177320625302988161726406 49801
7801926964155038729328624874511566944009014691037146658952807 69075
0630991658019040282491239634567983926956557159476136694387393 33006
8373830818123094204415929595171871924926797929712950294915811 85269
4465448881606448909108574738497225266256135983373917831949599 15065
4399837939835090051743387881718295516184473257069422937536525 51534
7117857618497747797331677160714994214526381704752272729557050 01733
7440135602978121687188613072957200868270472815099449365576135 30068
3820300724872389186045558234056763187626236258904340796023955 29144
0818688735039163729934716281576586285346544476718977966400943 42024
9016434108486305364084940912887711996506980457880713797795159 12042
5380257091986045596738860190163441482900997297139228277863871 26308
0176692137049349769043808195656188012979091465075440684531805 16940
4962484549525186336324222226145869950092979045626886597039309 83969
5602356438896863299233237659081142486035803545169782067694889 24866
3833068791765942638200926377890316582705029113785729750974004 93867
5358051632321698473633858419735204876339455394642739288524974 51674
8990465145947388497787436575894707717794356270743257228553610 14929
2967565026585100600321814615361292859106934321487868637434297 70205
9825451095805417445562508116488195634432335555091540702287345 06176
6348980049281114848603366735880522429802762450658064166164609 33096
5832277412016870046186470873546075946002355373436366858463000 82989
1159321746543217351175531575551018630965885602744732881743617 64536
5592624617643877740379976886080184145764476430357129839955569 15655
9423117453065948362502060364382217354409655353950904574369386 51043
1293427166581052146477362856041042715237293978124871060598593 20178
0757738436706563113506859305888608362023477806498797585317840 16729
0597876570281387580260323333798832030389685399145202912912522 6423
4896619763397182681060237095759662980918534819012504031589962 5204
7170767663998683531531966086875291254231153750347550051536740 68684
6995676773305775107923504903457787782633964738764290564016443 33168
2245650903957006685680098251827330581904243226112894851849188 22142
5396861310033713722430186839559644173467084178320400757151241 68083
7554131482479240045243081253677296897044406796431797426815935 92031
3582151463967892385331469168480192378561366570636094221329625 67182
2214085376580706834616858349637565564815213278800208251696180 79848
4047486754286481247189232457278488099517849200238132149505597 68609
7804392272136566791432558387293962885557531898513390471237808 45594
0718448328361153361578025705836438593371292347805105809160715 79237
1735883271261645606567945034809907997205084227305474190778110 64940
2160166662950945932469680827885873826896084877445611837984486 5730
4543205368926840349142345088153510167857570666874956376066630 72936
3649798409105284008454623326178181497976141218187286126865346 07116
6509551354778323062741181148207171646652654270991484788077768 92823
4579548611067150494736473997364806652995373677999340235327496 48010
3446000856397697363373222947146973027764094077539628839012582 46629
3969389877015862089379918551693308463815996539591339262924500 56440
6760974231690307802715597007444183278386392005915041926664728 75278
9795492770341508263915478969628833081660479564209112379312512 45238
2628913239114259259248872353135341403716733799306171199648037 40766
4440361082778150937198926678995883750525547609294200184307444 38964
9349681425354244228754826346725993997879597972547224411728760 07712
6088409395048119215967488739555862671065490302132402247707926 52497
7694495520510805641048220680217292763561522377385106360209720 31378
9483890876087730444433910703713871331637490928215492129660943 55995
7654250506597023923980013397192543988353358193260423553346407 09072
8580486521415339035222970604712201304941234553577895471248630 00470
5562889455044608622266485238473107331722303856418653118021793 51207
```

```
8836789316324319258064485005114528227697470288129755672304193896966
9115168403425219126668605613003845205389336911210081205025241087952
2034623660139062940958680638104861567034918952889959443421807536
33129570224126076566283785776310584133249700802109639513491608642
51940551379803738265147259899902124751359728276487048030240957692
62436925511139223531786948292842185557243747361826577956003518901
87687598144266576265825837773537988011685811161188545871990328237
257659747925555015170352252043295945668950459779859313354603058046
28712105099200265391999022032802985513499055895296203508118519116
393317684154510610655162478821980694146953140216385429484650993057
590184254772587685764147409170800507658641633769358146607818722445
05837942437576287085454033501105370926710216016889742519017266477
09118773401965876131923824401677866944731603643323591053046392692
48647340576221166484269983303050481743973119350053676164505084476
3047325637642166613981817216715311128910245585162073197007003112540
0505208238290893128757564218754167861569179700970093805014298466
5212001591511327205923213373624510092718572734941352894812323115
2346158969097896744541306276268725633046823353137159651300040615
2005626421384322314827035473586350919884465338356840048416846538
147529872668521047590091051673159246264853570708194303523359875504
2977333075317220355734702365170793159327874445498164459324739383
943652780031092775354373492970112030888508113851103629856205948834
6961563623208283108425028737613641284672645036795749821634469459924
4023203866360957965273125048912012359996284808751700271355908821
82445921236597263623626193171749930602780067270385204438694420239
2659430717338754484396493573940165446942543891831593959675009932
475531832019705868111474034114643077490787323473238318431697758
695104759625347803929053122789720283171030770441520409620275360661
6877509538749135648654899352851081375466230230104416440607874337
3886594343197397276280988725535964218368862525286842920940766935
01746760614361504022410610065751838578184594309738166652742282235
5232656315600436346060661799295434268127824698023110783192217548
8248443489421559050962496809551681614178408105806817300900263152720
17960747234579744753439008266238408070488767662012566975422632476
4144360299612706320364247672556623958413633466963420183396378254
5447430632805351464492080284011693507171925134344917591634464815
38160058964567608405798016590255748976711877225395270001783834618
76833574250619637793972907186641657765554922398951160504436181020
94168505418765847159029625940307677186938605462437938952917738297
148463926922111835347905990950972997607473872962647276052104595112
82743563127096059502375573180619545259876531988819158370780609460
301046153140796722525757786092730919024691929884517398716315076857
66351864937976297380660316503198618172065118786733591976523956744
18887953365229088652008014049981149565766450135714869973922194603
66589011920226137063954921500008096808049365156179044413993654732
194227076271680662326799317221812574576091524551670509765492798757
928496616737619368534354686042600792782105050293510602699110772925
83322331389423980871654050463146586178672199497496972905979157918
46480370351873886438202706098049340045567860930765382619265263181
20218638592516569258659483274483164346145940369617235805971795888
9058381523697885331682301331452292999154059230227405855037406285355
9045976578596457380652160026315917742888124801830766646377077199855
46947143246041543087106778821876907079694131367846057701838283928
09479160915776228351293308159945269760684026594233928858711054408
83063663858102047363209449653498877627578626990535391553279118811
26335106919312733976667409148613974561452545275688380518228526608
134963283884184801362645828954007306507915607410288908345465966
6253808696255262637115923594826384545608725836860376198170672633744
481287637268299887772294454040770678994016438125002755420169830230
69545116299831343107188990986254101600029355244154862591376159747870
```

09185153402568888130198921884456111649106326888324234483096288804
96579742710340822373667382825577250767715305186061648306335598019 3
40710989716309884087467259104459887595960530329248899363852119394
90968283710864571352345601580438642971035384668305968987968083587 3
49785762678556588383649516272354520708779533467658672049161720879
81314914169891375666464545697421666338802887093115965529089096858 32
46620942368725955209587658676396452581062760953955291491765181737 6
72918987667798425119216807552581600469267289283769650286492087987 8
22244210714046467307485197437139760530743223451552532121235870851 6
16285214538008368612462951548039453329683773642486296457024358189 2
31686226499499218634983246812149467375119948195045074496597043271 7
60401338355222360815340004795981936852230925881457545979566969475 6
23894957247325248486607065428825628767359288397614196190591329083 9
94691638410053218891869432565720667765232382473164380797696044457 2
96944650283430616652216987080261757570512416411109207357726203970 4
11688859403761058433130293144482906595568429648729637716132195073 2
19971641441702546894610127030824597238418283604031116603489153716
07623286396661656185600094671554915197467308423255867674109733402 9
84616967564210763223153678979988580683198922830859763375092940403
87910743707740084634936236240083008495007355816496691675977786580 8
11182304770742469643604732793518203847198896117035900830045568512 5
28050955106676996023738782353766372782267740520510615320189983806 1
14919859528750026629455422735260581489488099794079523817886224433 0
13323645543257410388370423239809214161496327553956636176867524381 7
65566251013374304648082075528515649116718283454130472387959848889 9
91562759190821521959453589439873919878854478785588393019531703471 2
40250072072868196663188915409237562982477373635896293037302748649 2
51369197889067635824615369075723811889000386834089303979375199306 5
38172287366775385114171618214640630053993407936721095094123328350 5
71426528319496746948502122505862740454811093958740537288809665227 9
94913135041148573758189949152273413520402201771742697561032405390 0
25938558957849154940687591085109004456698779029635899957858043995 9
47222843355440391384551575459051012236770949004290725163272506438 9
11414940314392933816049214114829869615126075681193004885160428925 6
53343730686239962181200837591143173089441989980293377230506522502 7
09849720595963536060693015540542358093562221999017615513369475682 8
97390100935189886891023056203345606747815955637373724315051310463 8
84368461660222105807660550163384439513392753905047198111267789378 4
25274293071714287376055437904153578146194855984706040401016336531 1
89306836965939759500845851332728473088004884774039317183964923212 1
25759155986396831005033440560527898876611472430892073906771713344 8
99959049955652866870431389745563864195065256263382007256053250254 4
97912589372866069366527475695458554937936549466905956264822166011 0
90722271664336271478599464599992674904954961512642308529764040436 9
50307838875676652232278535937556772170054417615227578900688492224 6
47258100685483167616870537047140293293794295759712945613452455275 4
56568249439714331385804950973720607539412574156291011023260518521 6
10876296113466237967436112342517799340059601494432947964164600310 8
83776688705920048862018019633769761450582921768913766854755419381 1
60747064364618355095042783676384472746207161381971191770444487975 1
37788922899588473820082965070462231272806210512699103944589360789 0
44290661289121648867329327712450595576499953164568888535093740496 57
65716880193092423485694501999120287840027354636310802800488390
39864462866315940784010291776877741898286222270285329191455035549
52435667446119533668970392803076336134227848130080590245232298645 3
65347593792470097712372514855978962233505503714082373885598999635 7
25768152824985732302910209663365529809751869164292807619274983229 6
52194481696043715488475908552723586440480201758142575400529343879 4
61964319673490293470269618697328305602126628583594142914176432704 3
88399714037984862965074407226526416346342898291915406945822384005 3

```
228719781301203428465115000214159693875605989584674337883215104458
173349102931408492619625443010694755863267361339601315493600270288
226537550169131948172167727277488797907130864591251768962270234348
267173744476254036044361238342663685290979347302622177434409361004
734383259470556179624247014795775993839612828218670404659473671346
740038028866890673435056065419629154398232331916634157727577262556
671272875677647403587825186324014293512309926524186105365262390689
805767959009378267212512205511131583478239251417189326668486967410
493386288058933141258364873085596852364870957352273551564173160005
704356833751285864867987776268789119701741989262975037390169668114
553105639638913349194784911260028872720224362955411330210328883125
217903860915341167857762338801385636434712302531331275834921496268
168434618056550643768648443216916009932979358869713263459480476580
167302876236263754046417737117123337555290761684576098412031481490
671265447881308749669265249507283763395824831279554241699844491415
609082123420144663561151439878692836764403819999607361303565876406
833411029087823685230451771621814804943262467842034037569121810020
485713346886031640918904933187028256511334225965139518362851 79232
653400316253031177685830439058553031434700094995440428993106200 6909
384298598494625764243642747550200929598219970537138567540242399582
249361468818357839052925627662578147628254905215311884516726792585
106299641121890474290326898290300195391955649073481812466843389938
765229124423119814574662009378080796511082080902500372217656 46622
654628516780697561651229846904028763819653602313563613649766389022
197923617233885491819809573522970142320454913947600203098311826513
470831957908274217797322911001498110420929199727079391310541688430
564766806828814326393122924847528035155632827952732656083410881616
979610239630665231004370268230915339990110185178408534796664576963
995643862325907256630756039470551358975851270259376353252345454607
115787656777517171323140719849308707274172599038347990837752222662385
016189000136966533102252957386519369099362589633379104117758605187
819207087776560999410980515517605243383814985788441580214830037738
072942220576114221873419120173809741916039089694570812869196186877
182344133397780597593991704085257402459527953589551683671046122414
148488235070420989494640533461029814818149838496287485469500407432
484301004237023770269359497780909390095551642812541683795122263408
103402400601731856228367117879128635057651221052346487547089228654
757979919866349134336745731780800010159228032458041560620405881497
336905468883305683111885642692744666825682605693182711497110790 80
222167427372520560852398097051928761728182949170796810849563420922
156800522265765905027081010596468960041915941397134432079748752006
197036214365310768194923146657468333019425617725802965628710574635
667936196429335090417591547605643722848231520544883264267630871114
746063603473283432300941904208674812321963355980892981390137432172
319029440338021383503784665824784928237160284570901850939986308768
974636121392228744643728222306898144271080876739847451986859735656
832475850237902290438743386565016354309204949751394651712042399638
048515240438271400499873660922159516794366552097162467190287849723
430687941462209330654035151465333534381762121409749952908133436688
742196085463005629418718571989796549038922609940064581345769898902
937525260315947935205172873837166700721547961956375740701285592607
563335804361178569570327151086097332660021100882712319196375934099
712303202613810988996422209731755274142553634130615972948437204856
730536334535661832196025697236774376640419855390845866547731334424
306172126000862976052967207859322562292355846262846333189292831983 6
100025921871137039971505577493204875978319767136286320184428233653
934716363794571277158840984176877770551144694652404220885382028249
892963950846704657019347597460108210900223798138939388917366199587
023532221962941499139604842992793411658670487785711133726534928566
536892887508962608405860497308118077965006010068109796230455954801
```

1897685661967624238931275652416559831945661471675822057205150733 18
7438649959207729217154115270702515737429327406030388997018176392 49
2844496144989211996008741455920119711061917813560083117939437002 18
5678808012611811579946414717303547906767039162644803691523001638 09
7509549864785771530193320758707672807382416272997985657219816684 44
5193115121472153946260624154747884492531474522234289814443935668 96
5208172835201849104468501236353466594439101771286059078923203698 17
7814414065765795314169342756627442756479249572256177112244150820 59
0572608481471404592395307959706042717245927521655060051371539677 72
4263182593431649599940848813489629443980192805044699030743329586 96
4202347799440608555298026016876274594816524700132047509569931582 51
0565956554511246812167410441892014971291705911320464869299521893 60
7872571989543326870276421120797111258063437179070285365686818813 06
4931529035864912313662571902811608044992533173093318861973891372 11
8396348879203809214817739751512155506071421237847824951464949328 58
5000899517323133417944919571954937381022516204335585096404429995 06
5494821817491829820980285016135764697993067913222478498512958741 98
9762340204826428706202051130484543207456436305468298589979035884 05
5646100674589972300286489589524145330379221860767572196300019984 0
5346104236967394846598199033226444713641778288531861564108998106 3
3325669588014908754891185529444754877770703325428165404870114529 02
5916253519801238714140104360363092052813996081857821750591992044 407
1679901533844586401542054227660394950985253171464765665886681458 84
2246276815471774897706020161939694773855297795179206393425938196 35
5238038842483958103927567056400517745841545364779201707342682078 95
3784241931871811251340019135490752230188536642456151886403026504 15
2062258752697464483059606000866480846739758746940310044305071100 80
3285756185260033706833217834100697307370364032129825039545915664 51
6251801635854889250188649041767130862347416451200097805267165914 09
4586669529719432662613627554666276397479883132420766002470825655 51
6863465415732273037984633497435417605339118055495848517100306504 71
4657091740000822022033342084271621025506998295166962322792052067 901
2499910597901723864217585369064213618772371091338814995600185227 36
2965360920637316839784737149841162314047954571631028508309649294 65
6142890777360309568914137573724220084319536767372075167234021174 32
7264670777570720566446538170861043049130199330474798596351648879 64
6194492952890582573097904095062772066683569442798805496198375127 32
7465076018212152053349220808519176266170836135723334251006968310 41
7820797186065027973257761157165072402736511990861376703898866503 27
5577438942275815661730769721836436801942195847681141757576578022 59
4122936937628548376150113712094447772678839072637650618932744947 41
0926405869319895905855996960097204635671095586425942225071342281 08
3161078785456208386552686224968775589567428400965170789743998364 52
1940287896992967688552250992454811316798119609584499945128301743 95
6586455425349246733192769929221149864428842742821896234377707149 14
3857760805808485642730371713537642453067937869457905752335076438 81
5218106566079270751572528839185157105260056188339108536221275688 4
2615368679981807360170875673642170133324263530619346354543601726 03
8855255677458062131463820548899779437994865925280732477127701533 56
6724305128745511130522707692262151065261479813961301205482595539 84
9829038221658540002787182817945275934575981606268256693535910919 70
2531758789585078642512381690228684408855504623386176809374387125 50
0306276779114460427175023690482605349682200346806279793975282372 35
1973107085666232473255481566912018466156539344860475403574057353 26
4973565944918990736160811763133524918574724029491422191055346694 23
0286637390630837957952652291658230260997650740918733400133052343 10
1030377850787520635165384627784483536836655902705583494796129835 0
5612394339024757396930505229513081104670913249882048315378942261 32
2355663430981141830986684768102825715502868274838339757192587347 40
1153664671682629370155268224421277110523909179693192391277379771 76

```
88015422468834962014009973227575932939177240864634892836464435387
61811383414398882353435306237178360377270922067901491315749461235
24864980368060944848857198938411919684715248368996081472224187543
73353337423694900817626436893163678853454542857139636032750992289
71258032414630563428729318699711759456583631036168351573519241152
17458568654839747092069981588999971336036705125178322165870469415
52062712941883036728616973277595474898327009337617091038055159386
77975183164791131510918328012752515936515048860793988485860993081
93493801277896709108478408470943154894557705504550361821811546026
02333598662621190754572843333406546559236526779679009724022559037
66277015717874530106783684597462424119414609270255181653574496408
37076359218204807031707800049503051527919804684148029262375914410
88211758454223002587105098974340538019608096706001729446131594353
31902155249863917703060325109395966038206235644413794178842765240
43899787215289854873908254194811268497400341380587702933160023497
23314378325068346832390294862961289177107044987706230858455583007
53858193699956274947316552089561794462764776882775111576147049901
48228432368027347074673862814752675333720121010716466861961600633
77135213782113885721215547739721693304401947166534830268285098005
10036760417985335910839912135600946042118254828382608059451163333
45999330985400909567553128225040676460073412663544062482616605635
69125279981301615925942686486995004724775332770649993846444113929
58969146522042990812243906286000465035738126952170225639216821773
67320209158675045004788981687036460961518460048557414398817260973
44721274644195450198335593231768829557830645802089829527631549073
50054654111113719476304362617329785902846513191614666551676635064
19334575866713781810984156465929623657690836271607223381478850855
63886317749078723491919876798967463625454712604409541681977992207
04276402515484331964773905581049610001647059895157852943991917985
97806089395678647197363890098524223400054422376311640315186427938
21795265684299781428838321389598243939588770155799078394489206709
70655203496769986054155902105765147715787378675137125473044660334
94239637877962711768362368962445967764401996978693027895704351674
31509802289865012877454039340739724267160500255878549888894099384
09100168173874898358456289352751707911705490005436219621706429404
27806279873786676730222852018370415921352422427596283750372997349
91431251129239685319012975356116296723084861743231763892988175402
70391522280625468479103097962829343042133940228841293104759404346
35668343232495613647542579862544554498896351671364445937935735007
27731767348845174887099668250810438991556770998488740178829907494
44233167883018060597371518899642950324199139880647782140200104111
77478968839555108074211164804227507987793103151151108433831772887
52558536680132319275233969078693015925808524191590883768045362608
75083421104441911728556321464612372029116740614660357396431901332
73511383180868544275306115682200642050776276243163090763395746802
31529177990810125349436125914719887523866639937485253979788879307
76928132087457027296121993908125462554625410900834305204038710838
85722642176756302904930176929511528857908547895413427296790845515
66249771074342215376569954921693119003567558879719695936089444056
27985322829745923005729290225019186904996051519634665873845766286
65583709262295490525587150988780191535985441716721357307006356974
23664506999438595865304581695576681415188637516729582855194702568
48675216121345353932624252174469525507007692700832805350536951638
70248226052634521190846955087863745556884165147477744660686802
32090527456817539515713203754621706982626148475907106250556588718
03630005305138681095753887480633463299948769553743481082454131098
08373690707510452638146157137362035056374120611543698395643113673
85097174963434058322907235834016182906087165871016013042159191713
02364589705902734815681072289867195302579683764563989718769225175
33155867973340773730432167556539107557542389161607021227173759207
```

00563071368437478212135288989798668217762832572533451832303927476
18654039192087965652589286081930704035739642080989321089432208519
94167611717527353978882026618744562282022053152831427848303386860 2
79965175179755819883331025625438230416018942339170386337835792103 2
03778668218061890863264867419662008345377267213803004835349669601 0
66224138642725292530005372917737061162348654387360333573151227139 3
00475257703092179902691056833698681470070046680713190090063876906 8
94203541867651074973393824758598638628919011849851605676272063568 1
83641257922449828028996536186177766867781410290398847347627179023 4
86383536719884181537764284357906836358790567005858121342784860173 4
29927311498525829426381306584979321719602718883988813672103025293
73730687284284252676818495032793295747070453752303208640889188204 6
92025781143747067742104393146452786589638070408530744824078053943 1
47968235436205409865242544613096095689729925320004693722765192645 2
52347104386806162844150263272906125719272577676314022420185623514 8
90590306131224408194389634712598106722230807362487403882344642804 8
39175997118906930494868693118815733589463337313783064630758220603 6
07272216512039408317360771272229108945530997277130413101641567302 4
87550303031197459367823569692069290086840655178435506990979613012
08591342082523653831972164002578438653155268518045595065276218297 8
07292700162623807539845317874932145717674428422404980630487336345 5
95571419216555990693160116854568047578569445825814652541056909421 3
04151860787424364050507570011697845159928514363633141919856220392 8
36363769807369642480231750529550137335897960359874442590363690717 2
46275208403121238030892613188023207103014046119559039673478322147 2
76210394285191545150346992392868606087894827204013155178548892421 1
85875032601207662275879486610780619943166946023124667003664069456 9
88033789419169279093056380077125569611138551110682307186263508781 3
01659159665719956166392695240132819371226867383997102313023718606 1
44240281675000278523701329742800573141233771076730526300291885432 1
84952037726251725196654898586302752019858055528655670174124247813 9
84411479456140361337235929100240288001695428252763700172605581740 8
44534308051145690107092006853751074980056229956793937036094216558 5
24012682608620139896639979818266838146426887629454986869869560183 5
87213324687051751956171604085036070219265934907270251099475725221 9
10842445595207830851434274897958314090611381368732186562478051997 3
30989401100475707181898522937844381414345412750827098497919645792 9
20802355036436353509601251717716805655499827883668720305795332335 4
89227358143909560512229294254511059615665989980158806400542294318 7
69492707622221110284761808261596446602704309729054929180957757759 02
69624782434271968425210667370895391287926957103913170155241989566 5
93796288840942869051952349190754939683374338510867886831129748407 7
42561428880242025456470750857403395398767464470647241224405084157 4
59877316927428065793845108082933471369745731717078012150465560773 0
87987578705024420182513066251328457937966934267465917675447321287 2
97992553229395654158286835862563929622701616958143610479646337016 8
16903837002557364944013958190229025904302917933014131985196006053 9
39593015118034855063021486381739005927865937796283974600501660024 5
61924250559351652393899385785832922591711647601833158673958922691 7
98677199264267707228044516574554501282171307485007367793445470248 7
14883718847668824378185985568323003918292507222124723395438145081 2
49592057273858216386717412145544407200077462566779999303388581438 3
95224684186060994650551174949312624747545411490089929880244751171
43941471715620484316616148349019046001190929625568516287760436851 2
09221765372520306632610279260457121123463843089769100576076038205 0
62694894518131336812975700849465036278304450342429885580336356198 45
44505418523948398908251480866797159530872371873295246175261964989 0
59205469690840452251974665477634065536705083961295269437798297198 2
25507400872467579607375592988511922700401408992230997692507290824 3
72529302536554584962933437019516944831600998169538217539750893931 8

308818349025619452689772640110604134908045313145010713937697105463
476654293873327884965077889115704433899875968620677669411702353257
219697006335598012767963217354057017373873456002788461555755391888
881901579378055441731521247110485252795976660872618979299145615755
209797040480867560544694283122745402563321911571044554296315225230
436082636308442210335683371003474828646197343120322024724439322933
802978839273166096657341966481397117329057631860775941914189828747
832911366843302535292524964792110196464906521782428021658444801194
14837560870626468221705278855586609397308492117248898807055295004
138866907636839943008188779348037755411804546951933743693074015004
386915629027469361458814570456637297627949440616093119931117418045
2044928345456146997128768235017514453738928383768007204168069639536
492505786930809325864323795839791850836678526870939433960987834815
131423664526254152492755877990653256163320812718635364405049101813
148648797280648360849666502489207356975362171904757205540792696638
443542621309943524325188309713530823407873141549480966574879196207
042981321762437810817966000036278059616864585833110248343312510293
526638577653971473510052211816165672635135384136775558921388335613
7546166901506117537764963729764127572976918546000653058815433746646
375024676618736828601359389979661048870373212998988077189303545828
424798632586508329716478813687836934043158699441584056073105170080
740906242322983421483645937540666898879902452967750380630886424623
540006792050169402576684226733377623470073850861041947110699435804
534455704891685726842546490009371256247610593669638899731278465862
443799144139951569466810839263252231819117286400745587634104562885
751255056808152522939279259781486174754526947763804476995955050607
030405723074802347057423446724103122965349505065170116543132428521
975922325039634918024654316346612918022256977140890212339328788604
173941013526311520369111453920038754109001217400800370764068065824
627805087557204105425815704573154793095847220829190461794537539554
705589553490462381008166373194550235848101992227192912016177520244
466860590096640142655724768436533186703522065580145891365214214884
279565586627059338874918786393912310949856121262994129219570550982
159041459138611252665621879456917858641408418466291812312771701856
076429841403475924859795364139295700295399600044765241741180636090
891070329935760123567450289489667243683113234827356381370078481809
220454448786971363944071406838108537502379067925491990743545391118
754416978797744588070612794679102610597267850687549686191026642898
726604155400035593706209614687774802119559012974434756190369015032
298765074421165940749484642116358360774214267964398310275681555461
210571679153107221777930254573228745372929891949546444430214743494
433991526199764617560500446876141445197137848176211789772414355467
354670242507347836422189788430240648952846314388163435075296533334
782074398744784424394834378621580005295941201695844997595662195314
594638517065744940644541377088385322747539546226747217816410785971
50626394829117437331691230779475584016245243467316076527923038336
108403393227859230437069614233618515120201630037106473392360159409
348761413931578014737552099930571439690936141780868692008127299950
126894063381545942618042524870705529369512012093385006182670089611
255740262928428939779819953658533467689013525133165447848621138975
793953376384770437896000543746315267922612655403500132944795933203
899504403691234100895651264183332718963511651306511767120225793729
061014842352467437854740469612582211063998326045158125475467792932
21610039689183516686733683039313629853299887287731336514009920077
1811594958260783860678966878956873041297968193338686456454299825024
897608389872787996832247994861290621538119572811750653500768127034
638069985321345239607040850382203113837312467354408540035498055988
976284821825502984175192421381995295183553440312578431076669819823
628904985956993976147201950407415341828849716367955572998115769289
902945365175441526532860972531124706097743100642810215723199143928

```
724718284093996741383269759137019206039345242446281820941620536688
358917458615199461028929758611633262539363485791650895497475561088
704308265783353395487206043619313816874211841752981800450246240132
138892154135406316330238216156546453399121918865880282830367309994
712897808165487889720625876819014748657643264745543586479660505441
931400783305815766575393391766014969017251101351930327641254379081
724668999981078707432988286063210542872923068461896542162578575560
161255234030058019732943125553442148865206998097004301429834507905
380923445824367943874916281483401529428782991908462113223908762350
246378918770122675476308719453241491141091253487734704529022285672
697375702167027235152036832281449865303019336247358246400226530178
178623061318267347574556271918313859370386942322406078341585617375
014810320379510019132622268591620758399992841425836075502370367514
373472500610845652123178206902693232717071701807175007667107024383
008821349562114209666279257629475353656122311963034872979923961297
561001441176843099144359806556684733183771111489825166860528824315
829668157736742930175053096196635158767553864128836864640168032901
020983641453901361820123106000007757966076771445323744903666453819
033035659640537748486370568919521436067964328702651141982058714097
962188495412759052289662717437163787015463118234995808051672638789
869011697057433252523306688114102309063716096539338291754247405722
813182485286562201408429483589030543317686693886272529901374301298
828533204149259647248708428870868121562155659055520118766992099534
928858695129349256205885299759459814735055255033151457349813024963
566600571562129412882016229998481452915802727452943367134613398954
992519726142954671341106550874687356789905052618418649467003626157
455651785900747434683022033530621263319828205481038832943772784801
543529854234069099151220711408191653284216286828263663561083432356
662184583496584243511408252713418446704388546056408915331118311239
118605398781116762767613703658428481807313920056249047162328232991
806606066470626403542859190079697347301887058565429921291410650831
050249211811525610063742292432939047324285859043691099780873687016
127156576086252725630413794618685327159089484682802764387819688303
469013986309935348904399396141313859646288438544854517861469894836
359302502333888613866057882534938204297542053481966053943726434779
791355298709044097516714256549173418657402833105637868993037656181
566235182047554994194349715215489121425206470792904376212845403635
654004264438858799154465265045884415022083481899808252376263783493
919299087741863311950233355350795095501985044294646003792077032647
231653837167797632255104615083447057278649843104069195521190290898
190955066437540036659891571296690373826058688622094315856762141694
627700344614655883709614541838367816532646717988704751624200276984
105681049934797417474275556623834482187239492559872480817902886979
178082113078266738822717569953681581006834944177014110353141107098
279679604574215573467737293131835742900988172510707001027056816105
909256197738725262954967064382697487631527099633231538978021419584
628370235855228029775802140619125039390009549720689692293515487099
579621681865172941430023651007141027555894312623499945262174251834
073149518226654136707112054359504770529840551641440823160400941485
932276718335610410319523348484607952364661069986963176588502819331
709092775438097502969129282902871827186867656056560103883625974768
993319181508684635102020444319141590772364683025539168088913774267
233213994712884977597953977347922967893621930992511200663011566173
906575736837676365937189211422368499120214755719722305574100572545
257245385556056864605371122682267950192963103945844174558065212237
889346737778117487711085356536510480400702351384140839434491495877
336317033745247442076903104658940280706520404901026101806307144095
089011836528291001042631126121723016073039142782998260548259374871
970789455908633421705653769115599133716964152529125865507192748345
937113075626822331441930750599400673536365037293550076798042151214
```

3519725325606226439454141131674729877836871409967589656307019969
5608246280145049119912407121857480537069396403892123464697871225506
6960696516150681300606294107400804707570130916173507733475564877
47369122521509813503319299338334382107885543833236187356907160805
5580984367005743508507531994097659653368721043493322806188349920
482787381125275030492088817484642831901653960063046650291562089
32294731999667891042999177453412876891030909976718814803093271626
812365720604331596496493420535930974995546353415998438238620494250
693932014266637836894812021997614179860830589838293900673951455175
7354999717075389248031529410901185149261408759447372115939328926377
0506958329918100862084041028648992346326034564237042482425706390
2938080170465965363072414492818375533047948623350633663637588656
5890660335316291117659790023653012172857536620189010164981597772
2905402267078626833877301117009431851403577621945481676206437531
68784148518425893448140529583996384970253959762126359785945669110
3706013322795334191053037954042597830413766751674976878746529964
783423364270007454754819494713598668069156666458532914903082320598
9028120587812681576743093072101761358226318999288797323093201014
3212637326715179649554896892477661184315456761757493983401616522
07844089423150876687054665275793238805549126661693777598953925561
80406938118224800051350809372046686020039055009141165394481995941
321871903409718825590726295842837197700858179418507010239247599882
89613573777856435885496342561146780783340518710951312575999931805
90921902265615695039282619479016017023122433075443126065446462
08686622748043866744194420153942603811557827540000404020712181901
15746401093427335748336101469403685451256443203470752844838931754
617646315722092878102799120290218922382824703505463383094194477974
69130882924572050292206249855523551056541643045762988641768062017
1134808923422728834745432011980726606895692588229327024544775347
765528390806174300254282815982876747135983139248677545318468446083
80481508156635419462565813296359550594829076330106815644966517880
2837772344264957347620939757595579306386710047774393400649834055
23621811989484482127172777851389956849044762700861312697815775722
5464760335927355634301851525659582920138209150226200880031749728
8998215039065355933128282835302291042484991010409600808129227371
51581458295962514381717546634167630658001246761930273939749682827
60964943723113557562907810196124240298111767982618671404839546685
3855807275940560932973124055553730447992932564932798114831833202
731115623240409254441936217129357321551955582693070362086939103095
62625792884944657181752916336105084401385563679207115718885798851
4962980427561385500828166953039086989620802903035538006255632140
68177908180211648438779482785129378171151953129206025349939787617
464080018854911265094773779403380813851658217736547421223193282082
69808040149053483955039643892780292472373482716964374678135415623
0792934930724033675169952188922405669614699681473878851860314289
63537976243242698191015966561818629392204880958915352336772256873
43846681697674177357449240277324427185217245824903794440288306738
45640018536560746541756053710825468179256936469644180207220767950
52974675083841352311356162549952917635141688384581887938427692077
036330816674413405717150430764455055708620196218750902138849321558
849314636118516681921933331068710415721922258451362322199002670838
0222348732157579711911396826803848840402814592695923283959641886
6796149305159820371186283109450197691335579388518951141532725042
95358886450529525188569766476775406419896461256327822597017023337
5852088622218260028535928144630861090706741716126123002253062294
6943978032683573008816248684496380618338129063172066698253927339
004947585695873513934547695113481873226417526311905776885921980237
3209352298817249598232180205141646542331746026771047957385695174
2602807096815250437335898205504740080301330175581522716953096751
201612009205662308775428710696458634713742806675167831937351325652

214838331736723081198165342239802624743765589476756921634368776691
564947998944908953335482608637982325394916672689941674998347704699
021464089968375824950582908145331422006226370265889085675892630506
217725045902749909993279197623786666529191863955876879356638777647
427669516078960839316235252927832503641558467802461815988051429269
144069896524719481933963231368546341865090928413827172521695383620
063230092109962062494250608111814867512981608654863784916838914202
440746125373499118074444680045657807234762101130684460779794221320
441751848161601019084311857783736923028533939927561111606255009383
801593115111359078521625604853869143238122459042997729469643222737
151895258029733660453560070753438041266967058679143693280921830411
392517937860772590433010536938605645312282575394317372233585221168
154304436358497427720836342278796178301536250280185857848442597198
67132834248512769481082148289998745431722097792403608326198732536
158595601419384136517625882323166497136618714988209130428155101622
439116045249633842565407862054039684759841372950931581487773712401
871797783804789899494365429776732570157053812637852227469724678742
4130079364232849781847838418709500092027323276546498176971856311594
683012099715472735317355702526409742948625381481400785942093756263
839468673716324465006694750515994726878112561704600640744455807
429019997012621053694428071409221661518213079348698972837001195293
081073666728548798578714822353168796747873575266193854236240007139
113056755503388529014237718541648922941556716384588614111063333831
204110852764582840261025555845472259375961872346364309939638012344
489255652989827202990036784391510418687495824429546262126155525198
674509444652902219649632955400007038521056321967658248422650733125
362054626026868452266096888043838047437262323316166601591279368819
959405025719999329176733931027100125953609469437966385968083266431
931649658496339772919441451837316675736885364518202302381482637706
530113911289136913462491327912603253534591991632345277581424766602
795479540704330509573058571051219829120944316533594324084681380748
875387297085375441682806609884935066699637289794431656792687636706
605922664955035210430834357140335183877561742096308666225048152511
378485882570025040515838618361645076359197566456471215061989852062
746107207788534090089741333788845290560643246783723784423811624539
607897311433337060960525973019965093743954562466866281243275277881
785764509786865491389233961453938720160995472773168875997332167711
844199589484861426103891518757536353139008447216715931361056590552
306882270163900604646542371934043098508250773501548519931747183573
730449150694975724800790842693598291438309313898554875494232274494
916279219117441681762258515329230906270288626273271727137367472885
363862123221521565981401434617442086412238248701842176211379848001
289184611502913407235104009968281635515588496259347022842452965644
631458122087796414813974052131898287854284269657822434892186212453
402142291873824879831283655208388110223504587132896511975297239395
600114252964021960676967957581479359799931418498120411115428221651
323925590709874816323371019161139791981311334362875608519136823562
637758111952015928301098024561701102225736721118075378393997056197
834785899801039586427329468431331010946879646342978777226821944480
569992455368546016753353994086181176225929427764715341240000276901
027411761923992248717212932198828213214581558330810327676656821576
223286102357888866495575706551976714230950420576201061600927036420
023404509720835648577181668241511926944850681518629351905611712803
659267821369850750877498220731933486197900725897758266414280631975
955986314537097065477664768007258785006309940108789455470972063803
894836930369700269745829254188935682769767592328677671016980350973
27693602728831210398704047250733573175722327139128868230896977588
125791454937934298535944730061655931505590245069290180294939653193
727641307597943503018619518284940068279455659277338106214901644988
342847501530408357214322458926520002752148468861352026832020123565

```
0451901911872323559167037232979034597875506946927721571147182379966
8074639072294512299085346532617467973382168394091646111762121075682
64733826146148780221208854610941607249501461647180175574523157572564
91655201696462797061834737046196119470719316611275377707519894464866
89161124640677993406222196506865913705310362339187592819657416107839
82987951386477074064514224493029252407623686643359498661139330968200
43150156117174402845705892934250488997230280359024388557971513154588
32846190466314888130054461650106191633925396324995668918855812076832
96137502319540263309630469405124798684956587276452876970991565736177
47339190531248684494625872269120955020707217071621879679187760705580
48101519229507432633782002791831155368264376788757991198116796887396
31778145299544256657730927567143291248470230227864752245335402514079
094918254625352910143935228966648242984559934255755917775857582423523
38973747484463340047259313572926244839848777017654813188066970615022
889309610656882030057928247768456505759164018129455869688032645811705
112881260506082220110294813788676234788832482528250394668865604791472
43495936240857533931494128559506580257628000890656881492320951921640
03188097299919802546703286321856744877047667974008052444941230192577
0616860793333772616679523723102256030456073494572063560313170703759627
214649019425087954259668365673496784779640178627750094170839259651792
11371888502696058085928715465641853891151124482809575136933274382978
78402591292425270152380183942827764230778659980071499001127186267256
977974935585858827620784419210115012275557417797638627058527065459889
378332964951877011526441421644875208632942410854193186114096827628512
9014378480234391248047246668281527727431154896462556708029122941047036
6544127961945872451600591100008959934764826857346824604969511368019113
1432130230724663416373425090192136199058793486103011684913670312515932
1122314328916232155148639038920490730467537906033384814622379047633636
720223176833541143297333311418939424737931987551333659519236920605564
18153629274571724953820445747470974338111998252069390559257390707774360
691544834954645439455506517513046593883516308482474634109905199496236
7971035899271356201097850561624995231890502155814684467724636155469783
1683248275696313571755831470789709172877833718048519895459843828596699
77686925059438280995311638096443817997760350113087073944851928516254905
890311087233296314882559207427401434402388147125455959070011936654709
673891258727027356852730777751939688620387064305373419963678594085215
789772443560955383209737122234993636234092989901253196033994721429578
74751476855432173216712746227680332330005638232707227545294942172575194
1251053916721864335859445349268769220823873314300392613546630057296367
33155649097959804899247266938645643746202249683380000505578982685667
9671142801876726217786557664915770035246110093279468256367716153962437
9277129483813797234472909685220531233182015789584479574840496654262502
0395674682354733553258966746482118862207730244164139640057439589934451
2407081002310766672834298600575549363747498649085556304880457349808974
5784926319775144735958577735630772546785298233325468702009571974896190
023249744687725350453317273092423088905788306207272855498567467904848
61180492665365738111300318254729987787422632245052354172183013256341795
4396498386793829456411967522772180797079505564445083804357892004410159
9100871056208654575358619881337544255212730289424165307580303308079636
039796066642428157932448605287249560748740903618136406243020176522623
955868368289209627492460911889429190221269876819741610643447889946335
4930493675484304851434998064609544967328877300152215440295681243534489
46932592349798557860792193479024873864420679228419251327300496390538838
1579374791162995933734710442586573721918359134231189246812151005641755
378356731275277203394208457733093229393377414746291204143364237584532
27800104181991754841646907988966638034903140420857975127670234369730901
7820412023120163323706816098096193762383531664281467808566072208949378
14058508265825612064
```

156690803913301450378737470086191634207868965841313273363314363382
372598692478567010819887206149431011600932643020534519436686730988
893658736185274628304684865086589316628441742815813439912058343184
793314382513612576865309377574773719660808241387978909568631924278
782136534145351715120124156321455772612571711542375752304356111855
891966314442308693667051199138153403226210621594397427120765465231
765198966424475262047151909698917445511843743312560411206000481062
834177449518999061022134126445340065348576158006336404668827392202
261921447571115941454757056524353886708217499556288908901677082397
310205194838871835498343288088860711036176903323107813796305572738
981129127703868279932165904053146896325986391942915207644121837405
335668958199426520915206072234787011150784945992637942582738100456
093734037384700526043240047651510339744262915897859421619027654612
437100731415331339560670120992357055893555586437332466239368273381
376660988561386081756085525751881822982365620593039848026846892564
831572720381963427502449053813871227283653813817411890381862937066
879655274018351601106777215442748763186693851665268919096693241241
457652517547713861679070746876905028630836414931896559562354278624
551587599337404868880593635094764046404226690237394346938131398094
553983059637952785004028188017151896873158310682541473547504832093
766879887868201624977207965462296599869709286344427118784043263484
658241672441603790048629063352273962632643689695218637458554773792
770810832099800656037854978617928168238018443737773965967582913220
601255392869706131183075749736498210147313999513780119583630465784
586218819441497849370098402756006854980263357350276903501334915999
410634061547078733290603707231161240341870550788379000898176947025
974081263663402332052347594946286477202796252113686448377842127754
708906075102553014546480725459627611374316793083227144449518251553
202530688993058531948318061909762818016677230361216606781369517176
487597906417672078274900447456671143903026184811709882218889166496
393868513193469112598949862477341922210392931856537346282447189895
787586796112815110996593701003783460366990836605499539314209994234
926019517200560034985940409635399105472773946979904135787022632069
202545498416572677427946396129743913685217948503406180772850987428
122769011413681640284675288754276648347172854512389859157160621106
210386115041453249787913012138068893780887857411356940236010861172
747490768634586796259736100199117029869639675360563303585985059024
044857052314430822798558580421066760697846685856139920532524870355
545853701010773500886495196354119145399547557065526277584357657458
461258415631074749536770190450884604517896103563009644983256798030
526371100903483368327380092585578396397697887574550409776166609902
795429188589308917950986812311563053892116814233795813108294191301
853876649838432666048909688018607869899694639519523554122354444951
091490427932659316891653845246476121029773238049491026972063197314
457687223018886454723103520336088032734518925146042837827235737381
379904451396461458772415780099182945276911489256449554457820811258
549746299122723264649039750796423060026194526098123860389417285256
976447427429289378164410225978278080809381188489828665645075046990
355036823640457028786192640078460831062566896721051510787599806260
533102100122358089908786452552773927454483899424609773097681032885
181048377558490535754369854782487209796239602856646337036722444725 6
026531392813243226027749446017801180064353804656177241828844153793
279733031656442326149644557524785225151403332921802994363668920045028
087930145836265592745303693208581992368582458244928679704700489 29
341036743249680787167805287155715269795387317616139356132593003098
518745852607460428071453029533444248363527863091514581116770338434
981090347138086879895128909270471036033367710778140834844624686061
472549883654767143507897165014452769938600227922887312461611888686
514548757124587583194866819607135129780973428900934829960916137217
184080568891284832030737804399029801197674459526087245017878 84827

58220314160796646845338401373003633935223913261746422839714692 0127
29341080322401486297890741356362043551958301512406087823579905 4599
37055983399639642725428884443219350837396044412680349885498678 0142
41201398479946947426725134575043284161152831893433625782555576 2486
04469892081082951581213080747248488317379714406575523709296204 6872
29229750573904325529358481198026632909340398949735809290273565 0265
20968628278766926541661877936514649996335189185919828112371770 5808
51290889147989502296980227753697818326436580306594608092400801 7689
07232584144129719282424720380048659076248329843266612530268510 3349
90265765785799633057285781580448150653414729103401186510752757 5914
62138595755579846533174652421247970356296576484971699687784598 4143
28136415062658803237353726720510020391872086548894049163339238 4480
57175638872509301231379069730344640283694891453218747968903689 0800
91910769648752267931968839730831363285516442848545438955119235 1626
70552416610116191939562321215404474588449317760332645864833269 9995
32761311560819867303179877709688547320697361110696873523008666 1325
73282355451328892707358403815808959340954004776686337388220989 9947
75888725251392894710257611581130581373079256950891110603633747 1430
04818074544707123585696701876163044024859281029412441653304300 197
67812518488732429146456763470853084078562990904537784763916341 0697
13494831641494317725925735989877414104258525650646992257533386 6702
29379999290248338449796361658260177037602404285435251468929382 6677
37884010050407781498010651565529747650230253048184829022351663 4907
08944987681119612151065080708845289402983031913436947886071972 3091
08790654545592904426962102412650896208002377548637921900582213 7541
79945136773755029344213947834384540882496830055969807227427147 5234
61863844963300372011058488444262822847183566951057836418070908 7118
11976341346792304827999192942334443433745265711851958275817242 9556
97536554765355857153715878867315582373179120358194336859024611 6895
49358454843810218209805645667115227811115286631487979122410467 1503
45412263591740231050726757815651690794975354569546610234350635 1789
26282007387671578418448532331264748169641045009329526393910725 5140
26380972345074214526634679124879921950424950639835057563167002 4222
09788884501423549332644770854207329564200647999045672828827308 9736
34240163559815127165585708760263193476035747971136732284425449 5461
41241031441121365329590731844662678111062740199008005740851336 0217
11329191019148172385811035976323362159445906860688581745827210 6636
07832472110553988228531116230830772249320718760314283554972399 9909
54386747911904120640958163503069215365395255939829108364440577 8947
68655906426959078555889278014811531296052829739637830522396568 7979
32913415829562315501056197500574788258435068389480272013168005 4492
41765541341553672296781867226297521935729676215974572929982784 5769
99581857012470410652755234709316760210887462018949830990562680 0354
73239191743880352852394519685590226299123405562366816842026140 6594
60166142689816364896322670567145452761552084031997755218112222 8306
94640282754583090788009525538267001174808944008582442234484090 1443
93099507604587499296092919448678728424465529426035504015366304 8572
78457506789033420637548565180260586465435049231546366067214955 979
23199612838925660686245382196621379095614180948196268023483737 0486
44539098579604117131070124331472277069438162426160779174735893 0604
03221611731902362901081241463468239091014747845348126473693937 8034
50866902011785409226918907211390842736264008402256095279536622 2687
80363107499295189633493724780784246207738545646297469856781877 9464
13327755959495919858741916684478301866887582598506335809530473 0592
62795878826628135669574185663518366296779633536616256900065883 4528
47893261230794253332120934313098617001394022451593986301533027 588
57448261555201163216558305401109024799131744318609478889442471 9176
56585739383361529389164631578777520692609899223778427210762267 5471
36296772652833826045803154881842918345790562055852313846748688 0987
47574182995143608952757114896969846591330551571824901726406346 9473

831622484570295688213478321860050219757949327957537140194691987103
391921503460117489549350057648311848003832107045510003197299460626
690817032846523263802422485817403542298510813693111624820378156824
026705402650609276295741300394590674452791799664729933275003023878
534455218203096952772541183313194929837454299674345083494569207945
583308957219416697425544682533864656106651416194740273233068918055
4887144423970148248814130243332211602822892880315913275460406393144
756504510247078478270031008306239833790350592085387823674384874690
71591071661383527097558515843491321035012255865928574296051076914
689252902235938279127110071779878737897902060104053792712655426027
85723538506654446670386663145087099165571537120692078442628725803
234558565314378543259039018168386005327549657925726069037995759888
134730688880747447547111932240148505713258006452814851064945062178
797173665367581241855617818186509256591508967858838537346006935149
766940200854142411958615773819902618019957555810622548361640410620
7630901758560745738427264507133385756546041732533711328013789407
93857936433995336278092312083970023302836469423386202991033137697
450725192819304481060536148898127237275534536451517984386997375729
723447961754122638543250152317808397255726878502256871216813534253
902834781019191542034324259346091331136425107319399433703843238861
375880568271561648549365380237850903934833622482273182074099684532
966420066268037268782026486705782985119284503022158150530356417568
937754210631387943008169086192587428698754675509234944739615670759
250191683691129303774804955199097039823363826364891350584303996481
957236211574077257682336990702374463935429270205346044803831023144
481145913795384749239157294312780741204406080309758729669731071819
844106693340826049698415157716592955194865581648675779423393689882
775900357894212761604704734211672187920488769423319638405449947511
15932547961762398498538240196477081852094864855924228773249668730
030102462610446676908525456097605252767542609722175804231532157673
532907534815364111375640334493764477315701074417762358231865170035
472053759404317824599133598339181781909632989815139125754319138983
372544052815081545703102289680299577227508331211659770422199826896
583246941224511283294989872970025288692782008856127159949775135621
524144621201185726015252469722909151404640753192199281734280327618
599645702580211560174620906358907518617575300004249196720092148567
640159697615970405736942590356827057621726980826125845805961670618
866332840263385648286426103859307490073261464768345904157879793049
982050590432130023886393302978738736196275533218595801266221632584
664077546476579363380854496495709655491946816120511556943910807968
135393846059750067179506310256122479527199604657086253843127219194
520031050931912369479545856122379295846744832208038385192663153238
284507062223554163557520160484585957877279643566407928977315177892
543246016374195165332485486621259981179724635762805617849167583923
257722366843923139046362506364023028317230013785538397844059603568
332684279926654616067211095960638834242950430023363651087339459142
466082468786791422410972599551213534391932339520885700159038044698
266311069545853638464299547406804067960963340089659647612335011815
471822156520259380056259062150272901222426040414726158403427816260
545987338572456371477792160474827443344111296731237676119862978669
863080241795004730990548680786839290099752578360568423252734512493
884646426115741854901765446954096515947087299765071127626661175786
960190328974286263834806460258351836519591472871025416090341710762
667758150465169462544957993828996178666609857273572606855066958690
375723054995572090626217139470396850395236312944870874152476422506
065216697079552830412810868604973922953659243154172599393270748607
956674145938706841232750041669086025761487588798762359367347546293
045968347057818243392374739992499318213776303837529903851510492138
626855948622828980290986040984011665073222899953224056223484778426
908827773333002520957071638789137572836111316150828240586774806128

```
378099765881224500975070984791439925240141622405328598517840602677
533819228267849527886672456893337594516073195686216856063512035024
630992837418507807604204773843053254838763592412557531636452293163
511786522282328964448319102692474163633999280535309366592617986442
495494884617481328995681373139483095949958112473555488373871125219
033700515468040236778326154424065669062240436357919958919161873198
530482800619742223209883669364708401812321417476276732239473306004
051726285935485411882461399122545993604628969714134165203093502573
559361261145139647646649021062754457374977144715508058882686031359
661575978888082513408417512408423142188759570263961666676842178850
151166502959559786184159605479201785548116465418583113141209127828
459690444808181998063143890380522074970999644592680426847344541557
810334493205950156320196305397621418073990862708480643032178002476
090143977156423120072263543493273799157315518591100652472774851997
101984779766556894491967164861686707903757170664835628080325964867
673404584205686501819370242695253648169558145909093659078076868124
386399342565533304650567850655485557128211838173965998363357678 0
308871040572972063848194704823330793522090608439862801838670895297
949455903398039750568234493536783744414698853888045281008136062558
329519311211934751776284520665192222527386696926300256656057137987
467747226321911039544639384612184558577569269211274469656540715714
141819794922961446403902152393652171319701682379101625390563079628
676903703669998720101055197275883904902666193971648348114974239117
387042271429504980391844092035353505646482647090883162717270439141
214238422921600927129123600670102952490482688952858136084943203538
041356964515930924338277301069829074003637819107214220109190692418
721602775558045932649015215059414233531352862778826912685057008770
944176708211117803391613231077884547695892356286062676906368115480
861944886505985634982420785224821027355717116828604374279300190532
421473269807603593366348559246819120239471480921233284186050062585
379108555395006935143257214182173424169658289168710477383110597050
998134940969399553351724534645472530194525002197042367256339419925
959139030043726038976533972333101892731998036678696654613980753800
150074994058963965696044446341048889101877254017581364829927018989
318743514757195119016432624565142006231074765452195530622094090762
265639677031822328595936090281625230627976852910671388077127464190
257056024461237830789026485486000649008785877722458281102434493 8706
614774453567937320714533408083249610368600316487116045576385296400
092889905659038807872015381686860578453602623953761584365876413156
895420184516680425311250906128057586051851261261263727019604236219
016699129075528914842550002031663943368032040571141160423757980358
565956312474994695698495135867617171614861342118764921998574023604
525815531400876092991964744628813382907321688226913157355514901842
172781677852130383660376356129007685445315638810905871806940817781
907895745143359593839035139959232215815478747867262033422730377952
548101343348870112698825270694572970442925473858639589403162524181
768010338873892597828563795133490722566439821360408060769512299 05
479422077455869779933034443904419997357607975028020352529286365622
716637530104348154145433270653391650995946735871134933382166989485
670557380782200217312093915300782652612868451442907265999057 09582
548604303545323999965155578146176895285778053665489485926317291170
626203829798016084121593188188696290282871579787179368849040257669
196947891197016642307944711630047969166029633665411656714129266583
864167655584258346626506690416995107981990415638970961657836067803 4
580358887549043983668110794625922809484398900347357457657221278020
507663612424745302728327791975368709460269211026412850520464771511
319590975978475200954067737217411843995901350727293059963625355275
183651258426047228081305017016364582988795296387473523944228984041
274230766926575389191293792702273587158906780074048592164839630908
392340398840095128732229830618530714944412455289744543189585611874
```

```
00018095275209628513711725684572621954387878592562737224011892859
21097359177445309099137601857105133655268996097982796691301664 7136
45669707323708148465349387888981009948329822204546100201720436 1275
12031538116582991015118694304911447593744151199214827769884667 2390
91980921508515824456105200887185460698730137255363463299564455 4638
72644523269557824381689553110896531340698420412186385006905379 9029
01129655602973049646054821960184977149958716016018632187928577 6555
14826098688914664178674355486398857672164079809930784644700415 8925
29812120080775469404448690228534770939508682132340733873815211 7640
44476048345552930529995893020716502131845576085163782416290715 9794
08661795263226509087062500009785294598803412110825577607201418 8772
74907101283893632437344755327661099462982029247845727959599586 6906
04600010182553848674565658275750715858729686771675111487265212 2065
89305147029816991145935759706240523820427201676090897193644031 0471
42701890112291972783281602113559756325548699992243388504519858 2826
29103818226122655992591597082919786233193166881062975254106841 1710
86259870307144086083889081617340183945217867616910217840007057 2151
15331818346398109048550598419080653798403931967652618254901449 6282
63813136868301905372776290221408228253205031575814491105214969 3400
80059171842886747423281889208221098707510096094222717960611868 7523
10865130548790473032475585515857271295685166711502658575372152 4970
20735665542874804818838168943809294719392497078342691198162104 7130
83095702791440448875294465222880916426932212089143735326343470 1894
14186549875808544389783754276111604821944985733991946416345105 8827
59641507497086868706533308767468551708636722004133550690898227 0336
38087248324773623842767127299827900047237503365691359648505894 8711
79717735895375235172704532988089768706037171689381311492611799 0763
86817572277825030379948105309971413321067911176939082497857595 0173
47343274863356684315499742555434287981387288858840828665550630 3116
92303426240065192461820851294051384109438338309943373235611840 8341
56109525474454266787441539452743808547815748171805542923017257 7082
54215514552311689815984157630331041024867859344513956337205688 5889
06905711908399969799521334483952287592283977865693169705450275 5249
86037593813800658952570565487153992594249997173171679762518307 8071
80065173051529563382632793212718062695948063416496910211160236 4643
23589047724347766517250437018826211584376442266662047512782523 5188
70217898027267280277118227731521030358726420824528988433168315 7916
66499256821611449903424669515324639135704780768526898998489320 5253
37210124674485594511686982516508631506559023350608946133259647 5857
40474307164510219889646668576509308330045681872757241680767059 2160
43554681009292559395648953329502797156721892027325708150627709 0717
38710313238424960099196766657262124887134992056972358693324073 8111
77055732346090215798472234521382771579580347220540258966441539 0534
12137447005089033871538349390783651145807920272101479062979899 2357
30340324996976240607889732184310882449308266190802622049990112 8597
49295562772174646114689939294010594942097338175943828780250444 0996
87534019038860177170124591227676884675715236965521220057724245 0365
39737696902851785827201084335983398454456817840625749043191708 7743
82410403186714142041720368114298950367725654607105012860183188 4330
59026704135914468999688471783347040829146812415474309300998153 8425
85056327604739087689049279322492409534991903416211544608213898 3645
43627345255421371578915213206037656434612877334642326527949078 8381
92386444755770595009119444142257604748727334642460795924629817 0464
15346065133084095714764871552128608657847073529551768127582320 9533
81637314429047417984026893595113836233619036522193686948953929 2986
10560654350579702715511242608643085927282205732038245286337536 00405
37159776632209913491222622982155246441341529456551577015191898 6924
07298625805270698483128954807962543531974171285842576611402820 0953
49691802167787509064096388938910484504664086575037294052210411 2800
09547319660046500439442168485942209014452429272225584905936638 2440
```

```
27733283626450303053353993096987770343090712332576249414960161079 2
42873166852638845275126706030057076410952614298966488181203960638 7
34084985550094173219877966753274996201186977256904144690206247765 6
55350656642375914691733307274891543405830080707221480983167748193 0
21736845370021228649151994480864391860713650673852662802901568680 0
73865848269567625421052986411659338692482538337878752134922296988 9
54977033420478617409807162101844151617722148191100437333711693674 3
08773266973085990103719739779496102842916186841275756991398649211 4
24787814353108830701287103774766452424063043283708377315256119447 3
05575523791098461773531290644241044708945166904880695091460731826 8
94492787888493093950009950702290353435392133255894765250328071052 8
54241242946878306631082799514039926485381943346180295601431124328 5
64846965317170173912538789746609714539422772741011442393879589598
78910545664104268147891162685728035996783039870978666344440474495 0
23780537494089169791738537209747073452739794605724927590824927825 8
33506825690837808354569363668173955915005489117122945893425019397 0
20896398720423360813109299527818850402771287385744354705819714490 5
71304159192507557151185687124513861708461376219948138815550829388 4
83756914525902356397006311126012211800437038477707067215788291447 2
50470385711950858809347550637483829353177753808855894117419263293 7
49543000850722248392228754394422626269598191189695630525279099346 2
94615360936163549447879175037771374159070623175967245583685325998 4
21558810316256244427655499025327501763136294312779601191643050971 6
95953211299204527177449654633602651536565828841936387933775355221 0
00752330624993891708860305513498245420332860149882251892444978971 3
65438878760732583968694123983880820433462661172204379981330742351 3
67849908458648166662862011101678772854932272589731796290083893809 3
78368862243092816036262691807321356465371535050488691647787791858 427
73790818861314754357370438396416108668454477860518569883643545539 4
14674488362256907582297656680517777748487429731521740717222408996 2
52027134463802893843314525169836380731179921467836533342174788805 9
77284261602035843082892445143907954874192059946703109376776927346 0
01157263547865330378705088255862616916954752736042627652426280382 4
77111290356531092061375501041535163500294773602803042651560687044 5
03456586532737488831388713636012808339131268504056973058262367506 0
66185397615704174217427594094047776629585609930464445369693571312 3
53313901844731016702853668941803502361632619326787257731214972498 2
45087303034204762585225656587138441719279864813496990033682366359 258
82060107514213059935405118239822139359584242128868015569496013163 4
26588392290351702963854931431202685751720924341677167595367385459 5
89156304151543408885004160670533466540828130700832897761488249696 2
89240160421141615103617977793210297134762657997940215469978038778 4
79401598816085214213535304149794348531891952830115750065558526423 6
18771644236083078973458250523932436402643759245918005632908723050
76297036484355086967621331082877017716349377640015740770619290997 7
31183271570537209205365402970776786726653277933085996580010922173 6
23890413584279519335088822145436519113434014342809428932147888483 0
73872577049742533246466094835351665781767074465378364802847096926 1
01318645029312296165994373555820292882023445072827713813735310873 8
68156668468058416553952406315115736792154911263247750126529807086 8
65320787180461286792428807755570652927825941943007588427801209591 0
16637750414014314456516093920421399550727498787244571094135555045 0
15722897094705928715478423754955553068827716278606818246476471 9
99729800367332877207475226535910397549640886425476524143137886190 6
62271392033748303555382843444764459824363406532781363195780834389 9
18402072956331227424040632911369762268565400010623898604781668629 7
77784031279489991707396723067522162950965287896315037828467679161 0
96745584887359347549108669196172246037943326536717532667964275759 4
39960499766806612040016533028504949972860704275425093720773858637 0
04154410260595244937075850036378413818607795676066806461723429500 7
```

```
52397765145943294896719001839450853507115250826284545345 2737577969
12248333719234276158203080146280176756282502407146025097 1605630931
76724593076048688248790053847158052075074482030526496689 8199940251
57949423211590278410432542583533717778889239517463665743 261372851
81100529275734664184818518156994434040881803768753519740 6636304783
37284405581819299431249282069957456142382665305098134466 4300969883
57988999333648249647226676786609483821820069176447799515 4100648314
95092340231329855502076012976597654825143221427726580666 5755782452
11435118573373273730492437142595702958551587115638880779 9567099240
41678394507854184745979089815804130829675468152034660396 9878439383
08183923747716278977138284443405134095116842773409217690 7252476310
89224446647891168794325132220073651534562311855013874215 2335445030
89388539861014611069074891095663596629481504685467562292 8941510892
37294319319561491823182561129060258364287817219492917534 5388235279
93628588963637951806699435539473796067883863943299218278 556841255
86779954979546133028786214646515713991659140284587348702 7052610698
17062568063586601281644979724666816416196987988677368474 7096351963
49675767724117193889891161841016757249065281230163968169 3150030825
20148974579738890015268240237779830972400463108506499741 0591209501
57077584141489180528324673061835140951749137078851259775 34824769265
00423685462358436015970729618280443091680263700578592151 1372201216
58572233654137444476594139549643955313251616096580180992 0877908352
57903757726750622322518588306075693231895633747331807153 6686998849
86386914370393791379690217509625869284257169129054200208 1554697777
26908846915524811744999365707260485043950809189432853044 7493989630
06031851877274582105246557741081225485874613984102455231 5469728605
61599004919730133874530431602324644992651250170425989598 1825565238
87587795429109096721908835535777249868613661528049587621 5441732619
30411792496997142364803945636309930720835169224953962020 0838815119
18372444522752636688920992957667709566738351889661959616 0537535008
60232336482872126727945718259271787177324843095828273573 9819410794
66564284153735209789228890021037317202758664290118383502 4010382622
69418554517462360055390533684447990378023149350091043351 5559836118
65012604956960259134576936587622265577063207518025910297 0974492951
78885420211929716912663104142091401078642523861320813476 3454729775
31744085673221032254607393016774189560202729920316247975 3768627807
84597105213268572645373624225531925095186171876013451124 3376299053
55554619591752548043038904417376179131696274344878531155 01952536997
80779344712638424889934358191719567296122165205346223085 5341045461
75351602853035317060140881213637333458637474490071286834 1362130746
64314991962645876623832479456855495264936646501737302526 9911908734
88938380822049031399905056275443988904463472232565858598 7911886688
74080697010320268203991645965393982763139767575867563066 1191248528
92485699495545274758259583805926698056690931527911877302 0597897063
13787089338832207095089767335300855561529457849364066391 2452296012
66959600962624923623543500671735657509324621100978763878 5940003781
11225548186286591913026546612160749803532560234435636763 1241181589
64697385615082951931800657154126306228994298631809447088 2999697782
36008373193275931245373029308031970839167921123822037759 3869128205
70401257724448615797828970323720982431419952191356933990 7013764865
72379409018973102677314647704915431246335314923116498284 6119122320
44329798798865455048855028172241271964129621425524408143 3833184835
54853164891565559472845494159518329931788517978572333349 8219716745
22093982279470389483093870068880950095001760186510756826 1901821225
98791106735765741023718682242769935107575553148758506068 8926530 11
01838718983521117215434353512759382643296902223949380450 9767637855 8090
73171634956875032708986570450916388205248079423522275356 8708256026
03182812925772700379918530126352379901061942595703521979 7869460379
34090907681690393742403294222448564906242924069041355557 9781762809
93978467808750873788927217350541572168610625243531297175 2870170021
```

```
71389265268626196686871238222001808199810556711287217886692866514 0
86857307314203026029417580061475433969961445419578017347130745325 1
84665024873918663122659126015660236378626652016174160913156721283 7
04302383185801183603595637611440219634198851777358715380279808392 3
96230695928944502881270711326597922053836475249006386505384673526
54712796013927057425335723992843925668211900759207612282727238608 5
62138276534993392172288313289294445541855911852332513183003512791
37925207603882293290768317757284347671056843279974476200796878545 9
60902303706015474437242611467397637614102508918193427878230418831 1
55679580454124311921034413514902690955017999960420723226099427493 6
19621259445847015799426738408269168070342003733428173588242204803 4
57761918055384418670610927864754468711090427656490961336789669320 6
18650990481167965986055030492059617415840318373662444987889103504
70616500009254994233945662165624604863627523675719584621270971010 35
86783737628594551903569480784184420461164274326860787480844054251 8
71227322220026214347989542952826749324038150098184804657007841619 1
83863492574776926465056917675531836754822789203318027266531093127 11
64367933819622800959541330478706842758615783981596678635312212649 1
07416283403637584898673238782661376903593013623242961560311663457 9
50334806960414680959998514167331564166341663813593337029105580951
86100259659699335853813370266720930385742574216786429063642546277 73
71245161425008963865385952758013222891865379060793284411531239571 9
44333059711167462664902389432667179611307945823104411919007978388 1
71522300067009440024006387592269436228510839890825228755833967504 5
35432742412656453948010664801879337026477967864356301541959285025 6
24393698024440700414898101285038476125576653219679989499751165166 5
52568035436426047314998069415767114957179087061914479972522714795 2
93279630735358761120758290680564592707528771761173126629456760366 3
35713353483622574923160908849973395000823908022708340184421860239 7
15622689469759011211164176352819617880020135508986069980355503955 0
76960175235571734913676580503663480989176623747277794438892098679 5
16938936159532508157610426498077187885831916660258754558558020712 4
96020356901436024116067650944175116399552511760463554583545586837 3
33273783535855866576517556532384665889863983862957934979865807839 12
02883732216541805510150451839104689209505644292618713072718897597 1
98522462131429519367378454725128419139172808431950208148721448681 8
09122621419507962485836787251200849590524925366352557539713012825 2
26663193126747271170874016874019818205300956901210799493693240463 8
63410052260628335978477750993619741102160991533412417456322272914 2
89845315460446793246316585082059900844430445292356835613059585727 6
98497651003576373809488904378981497133894411215534047828538341025 1
58627345220929813789580151252679590501688381107977937378523140754 5
36423832677537259113972316858792687904119567525558325589432624746 3
16959593237932807739721523413165102332695551004256713478165687894 4
32590102030761299318706117131114724468473809876166132982158952373 3
67323567167154561417555162388079712000152345311199454178338724608 6
75919653156964945975434352624147173770273516235218690845881694332 6
49543609630690327863678272173433787234212201277914530736152844291 7
64593757545276655117361662493776258341232669470386618010995264161 4
14469436866655412146535572510882313260444302059478295706469642084 0
50663972063931736507351317300388044526225960365484863659694269514 8
37219194053748866482246955138001416617534413109439766963048925949 7
23208317530996261430784529933180165084520803236358264421016274310 1
36612985587054229184691858535800025965709361068886707408368708490 7
61257994716413099638885977280605725438367777594594948790395926558 7
63192110322765058378304997804354154077217681533712281697253470848
04606784815303398274235460673613310625536480782351719373197638292
31976068793186399739397093292358465259252548784756066958736726025 0
74964686593205347603330267022587893997155938467073463822210871654 3
11598711083236359015069170462543351422056150023399316362122693161 4
```

```
164516346722487008908575597842867209087050350595391102855612564991
351759644938784685362718801645021502346566085754400621293280842456
354780667137045656851925933592247464344496813893964095728803007741
566740902382614245016397148992671505880621404736388771776520916125
774301134751954522037490896163122104904353465180190009099352151964
047145886477356021465122479417805900423518207667965078580026385108
261666788485589507491586451266193098383058348262969071317067310717
197280807768484805796587544413799294491070474718297280178725901703
403330009230392538061041675484669889573135068038686174263992443690
005077832346982406924270331223442533816869554568542413174368857672
121852339245514519543662928877490400439455946655074084270251388154
225801277993624948276125530109575941070155752457017401978850976999
525956172086894340915972589634928359294917641877073511887557335239
097533861390461174419754910858237894535948817340978863945061700922
735583569004058562272378064911621799257526358767717337825450819281
108102159023883118495295970302890454635523927760376697180464550093
663893952712937566183649877213557432275835211796176974028937456777
117102096019708609988891974822781834064514963240191341985954666751
863043821782298053647680859641348784882765133590607031616600807385
645023674086326510479565555523905693241365906176731915774394061383
800816228694214783660581227966013786881036422393449289901558277560
47672145288752696518498409757253114126967999683583131116362301667
967637406820847352207648198751988229863052801822887374008463358398
398351191797700578244819958671237440728854255425882067330386593512
348849979702623134280932584612061873144905739334295261855568315864
723465082335631116899039298074623730185896175127462011024135025301
650473598739129966877316578879331468114620930068822230887206158330
968583647938117175872322118804407563604562665101608344367723134148
46187126693943558094472992205809540034174771169249485722497611316
668715094906013042427878611700218095472391317944418416770245763014
022975018319380448844816047770140408137418939545475965527353961460
351911339301223133299133292565079896523080905985857406951069192032
793347339726614955417056166160815429521787924208501892615890842770
899908154102051635179645981575455968806942601800130355785547027159
876006807331451816194078367221223851733177317836585699996221593848
758839224899291106871277741693137472569565133430063065227379245510
562669218808078118325867313696011209077146657944366288330014408158
630986317264190633304404450805822811281548891619832293273181879995
885127378387293850969905006909581505599686237771294231761972940408
139418136027240514820820737951363148433542279393342776536861035254
077258399965486187460681108544159937826344218383938448584852903530
456971510991250442313825249252954008960027765387386635741563882743
141102359953392227466142808950302357630184738996956968785796476148
133852746260001728400766103533599700110742958861790934485688238614
02212026281009878419477856695767060208297297284932172835947885074
785626883541396045205032733900115976899759234882378960037047435094
401262181010948157151330500526967347505159579302414192467718837799
078970967419856206206033657762606620039347514589512123138896768052
158583214858756210049398274337792910008563459608478727443346055618
482163033872291055643309346721926478665631468981442003818721109343
89738986303817122957092991127430767197772915783767485462892852180
82039671437850799363736950027766426675585419995885697258889417188
547324570412654538727929383555423041284137013213116316861676495031
820781233528078670360575316926111114131927428779044645590745310830
304595611994778892976495070646397168145146294531242943635554886863
612488265612400644093270462720991938024993538960597443351284906593
630428301040581746061232043944596786199437588182107887055290972403
150885180446976720704932193264273274749474657352706314008460022706
069559676968769935816122080876142890824382822508271626545101507650
711225487767831271048985812589031480801153234822354857562501636134
```

3244575548970840185256248785584116155906291570640018619382678719167
1454229784270131855635300759233917437150422523687143080286973897230
6594087472615583200288560564305436754730126975992391214093078205163
4730568394435766080505495391291458645641895198421266755703261404016
5264647181916825561780500043662639868126326051567703737576322825572
3722403373265634399261010727774913476271761697800242024174542196335
4236834210899820509839969309009668335172915560518003291237502797413
8336346557054527834853747615770729786028264231698956616215364150611
9169118695850763008877398413314433235221610864807537627562795357326
1927680750591791975382208050553608592143706425588204079499456805320
9984521619529034874717291587880433789802719917575528412495164553897
3669036679774585106049237316474933485138913107670478168931509280056
5250807400336026255879746587338958865045549105944187115107898947642
7723914132008590273134823051471147108625684424430556126457313179759
4669083041340349698418952641280813039237953542339551451643685832971
7672703387996607050275380884466661324952084705956236035132887635692
8310404235142307368983022576189398221045147116497508649579313310230
5164007027404187229255253125550507519626309014190428815837860801872
2688533033426032418874199474309487098090077968962215212782040363871
8498691155689285267885143692081119896699199175939442227659858529607
3161102727719303922875037352767464031364987286014859087801089027696
4810178419250513768363944327798589783499670751064591680799781498674
6212959429929495103455612395285189966483893151341663425625387229042
0785700310050576672387824994229304331876293310759921633410348818530
7894578621304384469902259715109537842483964045195613952649940910541
9348027833381410505497503863252134416652532578346241054313724205134
3656100709750264749750601879329897004952635108038488001221708113442
3115923301825065523290008053296095052967476178277649903380464927564
2460784400622477510229840904464576088284008438396537572516330908693
6595011316680590317606539941304678318604500629809546411793227606439
4545097464031190004046101363637566525147633922056408539488115656651
5641449954699979896155170851923896417350486164401960282283702310531
9549445571577791956758859753036660988220249688649624023737697414908
9622782626717164709054545896434251358107215509931278700181094793378
0019428811697138455978130343759117449830503972720050883851002048645
2766917597291317151669041458699094829963978857884712415821518191513
1193646592655022469952252065861237108617077752972480096285573811172
6435043977239915913533372794371214939748639792624792457463092688060
1612683328108013730760678963885303524762479577296233036320607975313
1170032156315773961141417267096845791988967823317498025009040927698
3988948694658406197088371187171626789505980379928186879083596767443
8673941108953719698618297673845895439244112174432607281434415683337
7839658009332416265311975886386314575969916282260607790333739537806
8615499543343966625340413723933605837613571366314849602284656753473
1883339597694060242585033382282696716025148826483767031393661503046
5569440359099795880865306477527207618121415394106818553151735880056
3179789508106998207123263571467145311627582525008062009835302998598
7653456158772655905776777052350680073472116044980648839123443149699
4566296883810992317937596151519832650120598781441617932890058633209
5639044967327409677561565792169512569575734306501117727944676997548
4639636764740951978746985740500256663043049693037828646730889074067
6217208162910009270841088021980366469032006604898295265441973616508
0870899913997268065256227964180494645415644876701280058394443003877
7135570780465643299132187060632208151427506224046357396332303341712
9205307955186159422189134174393464269860039630400508002042870415729
5937353099577166776152512645240929006764840945248370829637234794663
4083467678892429045159840508607169534168927276857026100718961752877
5251605114575792348758289688272500582964348325725019488704916732932
74144
1469386161100821207301489450942209156113531966015060095153004215
18

```
79680050092567027746169752691736633588478953104875162792541522915736474184880129370760082642006574185024170407054317172875849453496755969256058106800091735532339246553976580561150626685714588862313687782502707507793892985221289837675733944406123896019462548014968669537166756920279450041465728456706853099431195910398723702492709010435325525980501157121226328470745074590340596438552820872919118498395516680440487215475323391256199459302810597525033416854656765184945399885243277578350372083477741274638187405458639292544711505554322799818206681879698647010465613411868005396513134672323812494414047414159647131100723335520281233852214050723861536931660894605930756758626679075053701611040703409092628267488775028597523751023854526779620553060275277743678194057795338407659371912339041612299389658775405042093316578069596534125892927690021058353472340561065145554293200917074504394701995669836627702247022883042665069045512194383705684670838235730118163228543400184304949798582621768415619917919935124153094915801007937477404039276368882693841499375805717517134475581593103274577418757637118775713224689227224249337777113957555848434693143205619352281759976456338446352366793269416636529382929947315541602622781043404597128258224267019760969254233568002538348946563112495170146899400464009118807408707732996430309440435818340841417580184789950262473895690754781926652219934967405417288191105033252790021585459431757345887327695863977413383026542251574881272858188927328497769691108525938565217239180425825831447031064760464814502022210286533308653674402259588047132186945014436681753853073158920051906575480158234491548443177708176712520461196493945018862567637414537686456006014215126129424645967306428464884851049761119188467204986664547599992680177566433790034005684703754475628782493489840871400770236296504170750104540300696831123531729340302631722131708617620296043445482095434867636952493941538476675380957735512146374990805038295646709020523046739855643558238071200134051795358177592661179297460148692132026306003931799564849444447316119372536942062347563745047826759397321270337280578134312662111738722249280633363983451930368038925930968899520925203527857198099238057623612284960652327697097076479039139423140213336869039480868768474330801226886994620347082371630972470472502810603314164701447412054213824030812834719100930862026974909153607225275128659774951950701446835957034266146025302815338482727764497900776889807445830108058076258028265253984671218499044394258918802188062975995631428163848511209471349952422729096625621310572002786025213027165243573020132199505317112041933385624321811596853531436428098866010958543685260108529344637841188537182627216507454141542909241257634281683464248035818333998660735773094094986065706615844070167350646845510834483041034071433068861350648161231335008442336241417442522038471620685815777800344074422408997373795250772272242522163252707982864834239360319936007701578145485499732791495715242047771832598625574711721760004759186861346576680074791388238882526059503696145637555094836455249433184937579583447082565112029771305489059858893604904198436615568028063910169315079412398442614146314527207490634216746665622082073387405441027555277326425726662603254341416451806464620135910746369048140913948817349150190905887865886575608054633191153957951992269151017526113553536548044915380523524309209568391339236641860218486574056653138658589180388829010049544105395042819085217095689709852226604914977034425634152011335435956016208048334570567858284751828869432645728470941550706639004202184742841481507293211425552538487682398405964036946755855870650778052888118437054370766853940204366790879472757699767427174390824114225151702319553260149292053248523316443033614105813480812118784454016800498418637195377507912250981688359594398437434905009276907430497219732166826907868189429886554326039347996027915286663167424520499357683219759829614090609600277500754116118234136595195436476826597435387250343355756076030942645
```

```
9371768443525658456189413304362658549333964488136678141899403 53781
2518636180986143109380468608423894176571709198375302735294605 31821
7748498067641007278068935394877856208076607646288643497578138 49167
5496948013336164585535923421874443904872822023274827900043809 74372
2240905566579827925407920182719176407315686878899086982344333 24298
4617134807794157926078943786937879321819276238320885621982562 62053
7061570533650998666043733527800430297853858257772582081434930 68950
9974690284212321480543625214410992658451320869835695037934121 92787
7015483766846258848514803532821005762259531238439549984559771 83661
7746969487713373602949024320140089369543524642846703906282961 29253
3317560905458015241533626970463341560947714703878331140804553 27202
6698516916550545808852623472270091856838115291325160755751473 29831
0481745116901185447389050027079662813573733289152194735131715 07142
1181962239506403606625079376610114109097571987519506279076719 92084
1561838312623278705367794958720934808531033700370796769814433 39865
3194730055395503613737169035404412274418482508972554341132914 14099
2101050279406078134345274545748910397870395925576771973032662 92058
5002184124305611014711726658858758581109801362242719178360150 05630
0845061260958035114622186897039265600676775227127811508691824 09312
6398323889514330730920806181836705332722219967122138243929441 33845
0308553742913951006061214064015272992047216247469060199687536 1612
9309594431396702138702622427471342529519834641150215258521719 0733
4352876050896949895966187372464714844575400426321116913066108 00075
9019927685277231229433845375373445561927073184207700352518881 98510
0009105886970246361413394637364036291676485024313959222610891 43124
5843108024918533766365473795428101980063946754916567388220937 20679
5502245397495279360432187604167371252941868904167875605071581 91846
2839749951776189847012014172849225316599764249139615534630455 96737
0036698271392447461722405377563884525060573831172206330995224 61382
7515438426248418305454616142397679580757579289295535823158379 10599
8810001363558358025381930496087484840623244213019673128572797 56963
8089158911415106268293671325339044322044393512256271342583571 93758
0755547099528058650927489148560615014905867221863018145395527 1543
3774411574843014604542104723710659093745894556018507470655512 50496
2079763495262962885741910611986843374359599027675135124284216 2787
3827040736179018226421161905654523559821346500984434684749893 42551
9419061256853947121550938357783997339853597992080440914014013 01969
2058848162416577920743850616592988429542875926765325764612786 58136
5386930230643249514872291568341948933977325772383110186072859 92138
2743995531670717977869463102412096562992515636907070979765746 22302
2481118369933795400372890400355281383879166964514630501744667 83026
7733915658485131337332213455591201694281994463558691199010467 02572
4886303914313189269027234278807655956714355081008523328736761 88833
1433062584028544613817909164915113898688610204244109694930399 46188
1564346922592382271542373255618657637319111383935082984473757 87630
9088819066974875034626160773620105614764919585888952617573029 86600
0284492088330986935638966693573658315432198051146302918030353 28239
1251226514579604511291362048141607426348368904872534774146049 79289
6866547180431109637020693661800381564926460176322823546752577 25100
6348108332460496397458189485625071592798514006882345658766432 86169
6499447028761727860740162787937600313403053653720016336106731 19735
4021657427455266137724641467970163423221094839273520539921618 46684
4316578051485787487389956117356157422927107997893783041174634 23317
2312368706298879939563796932343814093077303166738558758336589 48792
1922929917029253219531310631375169956489555627920773263344399 56069
9134012345566186600272386440912957768174567455620426969663979 14924
8546317615555834788491120313298081093820200166708214261953839 39135
1949433245587415772583694811634921404847335467048525276266990 95914
4485709083160423866343355234799524193321743127082642757150153 73811
4470464896147792343239188365976041732760691839647606786632267 49291
```

9332316113187767391913271315644913056937058551533950582292262979 36
6928009889012737440110729913075848391948372516387525152681209356 15
5068966128156527850437743856737065968657129040745040213967864098 05
0162871632426642267337613821529562365220402118843091692449620167 03
9837724022900775191199017338872565494516702488423144667330169795 64
9313895385861239811166830825720223372469857377872517673016746885 2
7011564277582005939357098122586901258892772753477512459695452503 89
8261166802128775738056368563156444219945818740281065680175318556 45
6529558228861695528627420028196403061439105900321537979539693021 85
1942326880794685279140725877194846904117641691522747211068243909 65
8349368174072439125672601413920553750443877850971869061283089542 14
4509045453485238152261213609136327962561871364143164942213935544 22
0600533827345153079867230668801356293013165017655377047163009150 6
2479212373919370575413872603778440942173025911250492386154938190 07
0397322698270844593309383716314806112834117948631308461995943078 96
8496411168708433793344057007952647802553242998827021223958907157 26
2154491883119891179649225568725795187376437265210419618862359708 07
6370825191601974822344820994433236500401510330803345098734208212 7
9214120042048018050107979856172321647350440136981148554105881197 26
0873953942549086287378390374680988320817221479683074313026938154 36
3684537845761557520199479117741233670859357176920959284028800006 2
9172087162737977415312958050297099442419138076287230850635785570 2
2002901343270927779873751576166247484047392851550863164215302820 8
3526501557563119590836823073403043927151810500275265003370868949 84
2881323568496500724939884740105694734338056373384023824360725388 73
3091113738840764500037734478470910018648045541171100256140540878 36
9928869527413926193790851385229297895810628398059044992413872737 63
9857194829128448347659740140414325981885024539106705917683246226 94
8397361157181489852877065023792132178926953611637930446467710253 99
1656844314443202029811685936616659255206559795684826916762997773 40
3173737803087482081178487672545868373342463345241994141078015369 21
2415987783399746699739542951868182009064969761036782152809895298 76
0699571035690960283710085997898989463348720957080217923366574870 71
4677736736097246399221575321940236980425601500007584041175731957 4
9841674033303526039480973788565390288665909901358403196480373293 89
8604594203986896616222754894365507600023458141070896150939469264 52
7739423511469401112771914913692543785853948352726485755216020872 04
8124916910185271799518375607328442667718476795407111621801535398 79
1824774981618583564645228030863239977138499283592092705553078665 15
5645276895916218692034701564555734028766926384132577036016059645 96
9040322551231020295599709891641809071291457489862443029770711389 41
4628364848487157678567794878143125124329355024768726846894693387 89
3096861937217245242168739271859503264117183198135708927075601079 29
9185145627502866219243697984178114140454031960916424784392143902 78
3386837264171155494396304194058880675238187742910855178800207881 17
6791477877311363880277285669694011827275547502000935927404948376 91
9641741747437643099358828114902415856717211865451819540327446308 50
8490018672136527178874236275133685438258435726097657633985935364 87
9062020368888102701585005808302800529052500592040995400955993382 81
5605515780805692775037640593242285382169458924730837269334803451 55
4408908180300009713590313876036950646295255811923319104201739769 6
8511078545102058841174742956674264086276226066772160763338326092 44
3117163266104428145958606250699868607477542904124446463286078462 79
2080416316171887736540720514693121214325169234294535433247282417 29
6043324790290635405744264355101657618868875755289249058307322668 85
7940636107263471314512803909679409368497933681487571329869781321 19
2473059949601402781684831950609839994902924848226451969076694936 6
8091852924654025480077219908917729196093156605486780271484478376 60
4390600314714645229672337382101872503917315524586995542388613649 79
2989340573091186898229687569221987835267888481656201217993235571 81

19339478997294113162503823771607476012250789091391360073698161644 9
61550771115624751848671864274187522209836992625110794587674427102 60
54910183771414939538460173089933449360476973301928779138027031350 7
07321098188209990421774795824467599020083571168178448830478739147 53
44935193814011752088137059843984654955705501018947463317851354478 0
60500245322289869595610981274453720034050684331619519836303181703 7
47898626632707244065379439277750611738437739100370156045085424417 1
82946223230987415992613792310306397975196290621495493675149348295 5
34255732673405736625456387820877247801701251910806138076329419104 8
37686206155039901710577549379437198149860227457432768735866547211 9
37247364836888473863695504723045861687577899262417991924288808684 6
63276562154894537758464269366017054904106967913965856504723142697 9
26688920856929628784233165154008797079484044606266020591420715726 4
14911842725772544518517922522992289989255241793132955616293338761 0
41608491996663174423087794058873508394787307283099169773983497943 6
84774634480157906910420838749535492617591718541229359751899008922 2
62172191445930678861976035622188127806388132245635556068069415255 2
97897496905210255587116668803946253165815590264701717990003990248 3
34019184741861117791425087957832200374313389994388787901749321783 2
85709136225934523987992119413582964860423871824067417098622812190 1
85733368156857032359430919908413100327424163085607040183967644129 7
56598215258342288679649061753328803383759251880213557889351191633
36359125653076196344688595555679031931342675338330663164340607697 2
50337461204565785754274944560577318094734904463642115299853304353 6
98384660984613766934308461700054908361012391654874021552018074383 2
04637467839049999351856781079228972587469036774957913385350351336 0
75507321325600291910315513107283177116250772551531257304962327220 8
60225214648402202842798593292836688799077140819239883785035622052 9
45336156802820375313954033176431589405632531123586823947289210428 1
47770904529570491287593524120513586876032845142582734694488545643 1
93344560610392771958212921941310874666676659245749138539157944635 5
23988690676799695355659403400839266309489156370515518332939400050 3
22641708848899460174496659076686847228668101834234733580748167860 8
25699263614579414341577379697276195362514816047504644571393528525 9
21757839527856441202769631859515199253706473854375073484198045852 3
10995245664026394525671148305359686783111380040816192340692340326 0
98970410456803794836010544929206927313239109289489416122528772541
72588071576980029023276929926539672222312595423789781879617297369 2
31269862904132940693047792690340796085936969553082870633498853589 8
06317037906551023455503598110472263078432437887502680866528666197 0
12358431075487193446996135110246538230763263859894685743530656058 2
75300173591298306951563954194337812121118044070153615314384579873 1
66672036184046659229140007286157047092318388883712590113775110154 6
72815683126173135845444955569340401606251591221445202630400731678 6
24212347398415663606157002295757951259606789094918071487219920115 1
33860334201249033432690190315247111117705376749037925070477108000 7
80724379721999748678051270543865809773836608455714159223131125076 9
94385057495720844706161764642897016734248531307265311314113296922 4
49973258986937933620538231043046881167270296781793531514792526227 7
15087317841347201175082919918140024385165187293321922367139330218 3
93718018284319234620686122487712481614464372623846672273871692704 3
43226676282133595720865759252993357046930167137706293723161840281 2
81466540339392997647994508355635293134044814997460821573143678277 0
60209036200023656147948179616695338982033036431519760589388240313 1
04586464245390394575637688705927941914463513165656385303413805511 60
73830115234965016026289833117526654089514276454873943642900031046 4
97563418646670633893970264043271999344450176536211941839809140543 54
31204661107102294914795728223004888150989288005202982221956031371 5
55319180723675808735157394941586386346592426492982712468742873788 7
10721177960934285282218507517617612031632878650509567859784696943970 6

6857436394417334190563835044072943862175261006067399446571445256506
8218511081123473497709235330607315603438336668128028972835529497834
6861207930653666229848868445897302368695057318071709271048802093698
8600525942346855824214663237148360334708879050834675141631859978
7318213771136093379679226713048084006357127404476190169902128050362
4955146493756285725553472201552916273600484207174507880795076184591
3606957788248618747949602794821468325536369648055794751958042265
9618175754553725757800638500788289428801540451472866450769363642926
1656146409237609919442302530717760664764609748901300712832067009583
4441486795964288442656533480626985008900143585979343204954700739790
1976240218318645022518735576819538466957130700628882926375616032787
6421596559312529249242216132957450406538220167262398618661648581434
2988831519203159057960073663059264478017682428057937751925499111613
8740816555196180080619144877294851166256997724515082137146328190365
1808773347375322139017956945546985589460995099448197662316058273897
3924308531049444078708472699064031783593529046138482240608140130673
9211940359265892291196901683043436227971530484459807315903713539908
5230555413585030330599426307530084474973121329228139004149372925731
5810390367157343929813723660967707037239975647113138365036061040548
8716098619039618499361053903230560359089527165216882441207600029377
7205420054934505995932847657914451389480417920358508525299387445006
4907705032042624603929134791860529641815140735430834587703620162613
6356475367166760597478008590314236133379293319175008485509604389718
1104098877520049212223706955858124962571331447606650693367882768887
3103244542439828907735107267733266784393233220192621936564466322054
8552196362859886982124590594841453898355243171934249129900618146395
9235638285940616902975647631126229146674653662658235758329722166170
9968921215263224954097253009276090968909298153985477810475460397048
0564097019438611243783216133017217352016953866778938051847299996113
3017530953639202007972943843344271324196298010719595118940802076078
5422475347076597267957086043738013371561484930232571019813287494389
6149485487837329709427816336254436333082693990557968810494892037587
5078545376405053657575719555719402413921082687609088769052263686540
3018708227018835475847239992289403407907951367963796350726344224554
1912809577059031587725558922077896911118686536928072383024038923627
1049807288831287553507175113342480969287697201586675189142171434255
7639048959469858075006092798100439092494524081766250952741727415601
6145431594518522171855749552684752772716738913902901472023505989549
6157417316989042855399440283027838377623650108590936919201540276946
8814408826839215934253185968629688677073556817836034197051841911167
9193966183372970001938229801502724830835080109717730911105870894894
6723054289271511824641544091066453295323935450519305278990931728114
9964927253060347021598719613456500206310713361365178616544164970357
3682097625837494386303922487734357175596671101166931279192046208898
2875388710715363136881554667959015531454623653372771094192927484041
6913145419700177540191661941927952326018882537303377523360121961711
6125553889783561767083773878526075631342058656819701929804205050345
0950135837302702058324470696463969223690638593311081122013967710006
7477245536145173982465787334364145518521246858040728801878105976487
1776307978933254645800932156135484194842177917559330935785967194699
1950561912931679934411945972942434600010285797589940496943656661909
7579329566805424670138374499909488656972175297862499944403863256488
7331676004076776907176911021713324616671369335776775179668748237981
1974164138932966510983219131889123061288321306175347306459432631236
9021942487650442656800640372335652001243194823731911164158611994016
2345610705558803666260316221668784713469499772514436357031875007532
9860063330828997051279145819777920607806942050549492682044404634256
2971575340949274355797251601572079797266070199691870098612224188969
2247833122306988351930268001333515823480974691137836974486763207815
46648812639

240828418651602491495497986442720986605182035717645689499356020430
710489295815865063951917305638559382217514301314348075986693326504
874799038056468350956561639841602315510479659885931684745229784532
711563022567963824580570873833598486159426999235303174720562022037
261527089760668460260887447119518675285250056178297288871967524660
489541310791051300257310392626908884742371565183099163546737457239
943835000925165391918101842370641827844631996490552888569939325282
656262824286907604695912293388882636789052588962979926004365835129
285916601681627115850385950992004502382880525787160799914857795117
410714587892789285944554229754892663914906061225590184674242004898
306960326099241605373198039930958031845874187561196551694103025884
274613267715286041675625997166890091974462057078876061938247144306
820078699951582186915234809462059947336728416187438018376244684311
462271997183540419908572126700675220557081779080207642238770083023
145963243769724843022813747480149945967829765245111164756284494882
391126580223207233939672487353483796834709037217278071821993045796
170874846683226075483119464636316295504614289181870344025516066109
960439682279760085105109039362910919942119388266551364311045937739
823375470223489709893823833496062224144588181571744869858007680176
809831354488908073098010459829884067101286138185559779131126585794
627976344020932540464256523214487854998370452126786486295967723599
386702875890628269927949214888088902597529717747890672029936712367
876345198659570801187477179864845108982519553391404526404027575286
220156098390974367883923433686902937949023880629769925569202312504
277051089435097832023702609078772210288838691730652029707426870592
354303768898474913311508457272408927276852932025683038229026985498
309266427981696215482643789646128368380420732092446348106248237628
678481958108547337889172165033709317162300827835446095355000157087
325853718296069755081704358349922043478239737270858232696362370176
097674845003041090604011687748131236415722492541367350659699997435
146831130004790437633894683811507504479836224977568918706331215982
573656934306098101058107512832028464444446692258358776454107654245
446160237777827884230143241483760775272286664586317686875728436203
638726464703378104558038408699001847001329490672016291067320866560
152720035703770087723639337084619152832048823114035058253541286718
497691898740183701119711247408166154018970145776023023745038112311
099710264661414041857261089563696058312446625103344217698695531230
691835330056188518487114675653747128425378375360270025404781526769
638680028149067082684714366270449383420886829795605591530914319592
305379389709091235016831752315693892208172366779477179713627192414
555888808601903804074946015109518157321992631630815367277863953398
265037693509319621749307103605468274638519238401085893804821537960
570375541363419453179102144027724400228595051052507885300563625487
962039630514167505389028154839893826056184605969254309230501184482
024440573533399486462324698616427152552041418394545883390645070021
120281626903764372367863270923848083570492855665422565700417166434
679427056693169465903559002500981102046159970692226960430393134150
112385202084330783492768521280232291152519737913751743284056717195
786548200968348394935498706334104510911558023997896555372867167199
806356218822908985971359456599565839007199084113529007032127984868
173787637691975015965034762104926792800297988281614426247045499318
735873796114461220750417737680384233088995124892738217191170599517
713453429945729725215214038343046073402932129297183599023367167551
902048367988934857854281307409171121274913518896650388059503648866
001930517747973772000603859479443146650104107719235172244725816987 6
135731553947360636102260817195494774873346575307697623829299706659
381130355666982838308327669547610966886531811220411325508888982062
797980648030112172279233418196079841299972072008841839387221139034
724731085153277483669837824867965448539605467332451782821837371290
684884322609750319063553017941264823895351147387863995054860224600

```
0335769136031838256952239304394162767786502263671590542608217 94162
6062786534137817872842038156593007446364067398966754926876493 95718
4903132121136562023902615229840628730956481281693035018696850 37131
0954723293767472224785729641708198589405216965981052533788923 35031
9872584948893728640768329664533840034139733684656642998129620 74532
5565166107548253738167396922771695636536682581378539295928048 63934
6240680045612897367776564992644452755616222399431748911099786 81413
0034087861609640689091934466010685781739964966919294071519797 70619
6735563278083037486762428189532993799350174377033041267846394 10742
3900040751986059181564659477586096999941255968962286988157890 24265
7789777920452894572685978801512039187864497160499362226461249 5868
7721434771817782721540331579087438331809450293538191572814541 8326
8211248197232597214322349402628954695747621010807874258476571 47801
6088334049625546506324147444237115967899237058982776565897719 457
9259926929040833893272332479302542032741208279443696354791397 9579
7203963663957821049584163144039654240938604752833259243435007 81306
5949179499077038816705671448564759014708193628846063438708308 73013
9992537252983668910410331359439434771325452511125521110927987 27785
9513827089163665909520741709275251299026204554103080348103227 00046
2081993134977410339699357052008134906942080378722037904643828 90249
9024012213804633979024218210683934685088493016791828966213042 5493
3387996548743861093208514910533275877322690267241292966256736 45906
8755914896312050174243945263893979024423237032649035968525782 13780
9651504544989318660685590975663239442261822295196564215725418 09032
0998044966138139531209853479671146993426949382451496674751598 52900
4751805276612260071977572249670815150580391434618240125218092 93563
4426976907759366545209082025060278046714933632677872058168159 70250
4818400764542843654950033719423356553170611002844230300420530 52952
9330867637602864565461103827537415474849100931287259564420569 76109
9930208810403531866948926239609953565722335747574315878618459 04831
9664295632227261052716481983985463379437083657296409394888203 97486
9606943333151457916397207480723433442706976286568508894730949 81597
1906831106120010286752309520111063997859704188194278438731917 95483
7460367190355693038399401548373818626248926181581754672309466 28362
0556512169174703278872845703153454448585223696069798688922493 45328
2096934356761679260108472382625897599052637923259164150327636 25594
6077462741704332544934574448894772168762718277270729479679929 40703
7256821061295089993702462171998898944678766862734579413522640 33498
1775308339939067029665213380346983727289053247600661939254582 06592
8970141526129507274262922793246579170438371626932075365011196 01557
5259469406191818184873777134268344442405293066005733445888690 58880
3931774845117741023973587752822843859586720282398743743529592 11556
2432243892896300272910568728872681616117730356952723169774369 59291
4248446211898994575011690312957425148284517441987133717486576 746353
9747457615954160878152194938038219063171978546364806877248861 81039
1894489750730538558049092079632148308935231848037909066681345 27178
2335322466125219499267652914275908909226211751081746705000595 68093
1351952840080439007572617866577512574528843305353174841429175 3374
2487750948993354373583595545788270603739739129226937030124396 56897
1237739451673185967041931739307423102053944927937255669514349 78805
5457033059083401130455242088377453018234714836854057038398030 08349
0146661575627829724543844947365389473998534287543282274785381 37311
6324699293836702958321529676293169015770163764597073115455682 76634
9019482504203271623554376160628961010317789208130071331349683 38654
8654072526999424381887465482728672722781054698999243638538389 17100
9159271708230490667276596162378168640441058575745479366675438 59698
6709554749996591202364718630251342342866031230832887252614846 5049
1333914084557134897421213326279563751415885938343702328836763 61427
2109109163264381199307118058137053205218187168903040408422833 149561
3971410000910171509937355016250498698021280775524186200458708 968444
```

```
38306344598949555144009876519220044348268870127019830394069224285
91443443769252569060378563316363591695975636285511685563162452502
75453761962942890436619458968023918515806791438606554576306665385
08979167196722773975207635829190576647967180388564538818866035064
43168335512453205238283278277210925962979474365082733419069484117
77135866941623551515418976650273652437782927375010905109308258678
84624186849472218794509286730565647293726572105569324973753017203
03429846293990357604055326948019752126003066980384350399536224586
96757173536448662296086766502211476197190668367000787861952572772
96077495301582704019156303489627631553591293521702092981509995711
97771246908544676144850835054133339784826134395314953719150241321
92525701145762701032683591978855164103614737647596250976223028811
88954047134804246179115385416323284005437108464269095036218683372
77564455558445132126070936508889689962610406609727149015825926516
47763506236573352767195383297892000906729856532354522274816541019
80074074983918823027932639144942369573528899527704109953394755282
01081943357336971843195081657518177313617892037222004623202250257
01959975795240224447773214620837600834855387730627390209188683525
01963976707841850327839303456164014187654569380004166672187859830
83324978043066841370878997780609708751312245373317921047765321963
26929206244411860240382393958269384876943864799215827507678016075
65363560192478163288489506739317047508196646271951189687925950485
98142253773534918820225223225452706403110045058649340196268324399
50270941977257999962112631549818066293540715583610274971906518427
06565937254512574742135652740612551420873683195358915340183005643
61475560005901887559432489987342354418536298897724641429112985184
53106090530703685290951747470466217592782127028442720276324221886
00362829327344812778190824737197178733122826245293390331056612313
94376721597019056278625102314965083850517849547462579286335484676
75056193895604871272476315354271306025732461970730588914499576286
10805194016087738399359475968793420630616497610162893847437876270
39809365286890936241353974223097404401233773452835062258300768194
53505737271247291463024293420118205594285875409672998247743329952
32893889102882623850029186860662230600769541453440141543780274354
52779811248059501088156886539095810551792517892616859476198901851
88548533001971913658050934308651373391567144253106933455853593690
80573111213522090148984322616396432630776114024959572757551801795
94194013197745734228922330997391962454237815316373992053247664553
80610143673068325795760516674364736602034621205488325796206777946
89615346666284962251255998837366356154573809942398223413977857318
18526694509219333400278395660522190434390795218769528629536258345
14288337418801389766833483451992354372759509972488475499853482128
54160212142000716742527322818658471302437403801247212757715517354
80686932178170984693047721386934362393518517720943809190247679191
35016341974983001943492514392273283998952752845430980061397557007
14170816782579339825803450530350435599716301845528168292642279637
51739982625697213931034888695236503388767235345917921388311578797
62440444585686266118761866077854423457825562175139151512175069970
82671214823537616753390299724794386940098439803372392608257591497
22524969990916251682241883027706483153811223687127561226085840232
21772823899197546169668710046806668395139405468301470663243728097
73085261750040540584635799643871306025046653245098513711350478406
69674081206228084952470827367784896750668680665695204615935906403
78260228102365520837977749099881339305724930668665438786938362894
31253517516138530476569608483426892163795317644541891627305175221
78972080411022372283886209656630432693750538126058074357155644252
30153606598273724463194200272636840007290391352321609780682089800
50397115413563807418433383843775594568899343275732876358995393433
01321522590012083860051252010931866882673567260499879953512265864
07687845448841833834136625422196971463251892117282500974121983889
```

379964774246111828756492740080109580681071631909055544066376841992
483030382445386120476391807877747840955329367731266650623046349154
209455030131869928385870404977694987623086816011982250603784077829
331371486931955769041248096002894285901471563003599521187511349609
284646438827763668164442908723542365626241849131109707115881107599
568488241862765942931155326435533657810786249366068097352567283282
438804714953365163044632204199356237763659235469498248612224043693
305064454708669838194561327173167062872112922330882782287685661129
367040431097366815821566525309531927357606575536633813081141261504
182742591979158468609756617111553592650472452890139797307483656845
667637660750300080388682744809256019525018228778677511683518513900
923990735105970327066961915407328728911684660750520909200607145646
383935659156554266871106258607999663404577588827698230347449917712
787416589237797961170443306654990881949703719982121853092042455010
101872809707443290433948270288632007292968230071606130096726729562
697918386254192392746603900071210997349610532335584725675941583353
650389695788836122277161020990818078499423562309210965202007496819
097023368204647962109385232105587621508865676768483543211634698215
738765508378320373381431990074202634978428101168489575401021897545
070983266542762146933390803990467531115202415024832005665615806359
792361819323007628827294668878379078853974048969533931471003131324
493093227705326130028850543429077890063403191002285599374199590545
341982948388657641910838216642991461141910541040721718375771550615
135153927714008775520012284097818725816627089312739645464772598088
949046387444120338340398470547482648434216601506040978703871976045
332968159456039741792770386611691754030605604275947492737317580608
753112966079880717230218830918163103554699678999676814113223840584
872150451109777541309273348085613994313891956459179137461296122743
264902894505828696018397663266768184863672978442961082457532735323
785581012799169576075366163284457154796775700222592039479012456471
885952733235380132049867071615509158782889567274613439615495902481
052675789916395615629228002473414729092945654241442384279751348945
730605833955546620662702100141027670794584352116489088168624369796
568234197708223331301580282187684116710285191137349625550441565003
220132187807208363215672758328941194293009420176277343107493222163
016969037110211968178145961129850803567824717557225952337646404023
992449941171332270648140922089039340677416590793358224796176127195
757906232160753334804425925247216637653281249173787913554545318283
886538707564763973408162444498793361431231856965340138644220930574
391287276338158138712550673712242883009985818632101563534940227831
056311703310767124990400513200129348970272130995215492391507859042
140268931300460986565152361405253039272543131409786703723671598135 0
870414441556847409342428580682669188705870133146463205081915056248
476004435207080754087821149494621150927923356416767368335016422842
786529339283279284533215152892040943012000817086185841075044157621
681026060833568283697384319713651082936212468002579767991155399907
648403804992817180375653459518384595099340093392603110508797537641
335490529395708765991342899729770181614294760801328372843715905906
287968664004706149178465951433808979790174722888221305314151452675
047969517343623347261533030009304974265653945794747407885636678194
708758120346048621221197326839850319839880675123556072123142248397
682069335797025454114267856882868576218146166824675502952377526614
089492621794102342151635411775702690729443076957090896064414965881
671742121668318114963709144779139340867791720363604718337590738200
996909450123084402978243198983074299124747509659505402432113462983
344156393868446663845113041716880464800828350179909654455574285 81327
744030140033636837871236116275322391852009315108695478540406038514
296753370514492285816823175467578599332489704331947481163136568762
244209211961639847807493990632550658610472649946278570911848293076
400523023957169404530229774843375344969347910427880464975509168928

4811027335593809440469348957848319661916191568767866474420917676 96
1460159614300711876371159818435709487634197399138085628617818195 16
8335660513197809453225854265525165340525641898360419180987756475 47
0093335456463863745881837071930899277747477765194007121001602129 24
2904288437751885569693798413746195948786640495288517970299440341 70
9225712698364347792342000445089724019564277684357400046918068857 88
2963825555685769552433481059235369632377665412136136594165896489 360
1269083039121890796693463878269946256898943238426947900195449176 49
0799259672833320150204055056395822883229865421520127390385712551 15
8338946014788267961307059368446271407317663585074877351536087854 71
0599450815737503768721757586689747637142045085859347552037159289 41
4490384555188824778224888605676817948448850542482711765602041275 62
5108169873029478991692904177807320820294539123872885057804711502 79
4340678197206798706677346899175968570170964221498843862131723330 14
0364840906229633661397312051267854801975140106876149786782238295 15
5301447754388009420919581119084559317284191284475424593024043441 56
0468496036522322070391819795473902374792889430628755879895504346 33
2729229426581981899384964339039017485919007454985194324377468897 15
1635061784044765817263836980897975093316068670902736290679673652 82
7703154632011642375553779929847464033232739835551610977778107521 26
2296894986051351716560241028710377241294082780755589199253507584 97
1547702149091468336554322310865474877713862288757608100792717858 97
9025987591886351963060456666333631921740794453033459277301240490 43
2328916988631072549085903950130666659273011702603766298106832918 88
0154007740068222930213859576454235684172436497530339103424759546 67
9776970800273759435800647152486835066819946207850017810354281282 58
3528653403952123279660353632408223180898254477105204750370425226 47
9722869915914522430000708332000742959773227257950376529937676872 026
5918931466788798396187665084089721207162147080505329655306838233 75
8647809970173621775251826622594488975554791079002943280737776954 12
0378881938575336245355575553862151372157904856451955247827238390 43
9225555860854598378324204224899605866221584236888878281887503287 72
0578409778708991012397962235928130415428146206709469072943044276 37
3570795194638240638535397538932514553204039865813187666506718012 85
5292092902813884649449913148962151109657353827367110519461256070 48
3211206288125968749690533254651660985515328470502072184489791513 03
8599618270755253508309417881533073713333483247287774790518106099 40
0650621846957914160902586333765370269503363251590124006107726551 85
0408574372050402869641903450601543414825874821359489668051697162 20
4129218909013651942661633491015177709354187823411594434257301845 84
6047967497734112396736746076937584906354299939745453007174309149 67
4014521858837580790841009395282512399394188780009800085298325011 79
7155246966298052393594260533425668348417106596468996024067593181 87
3007607716569646002749184784539283759773956101054362297228330796 71
2427595819133817907834096214082773026094598302411681339242540210 24
7908295842719227209123104987777436000822820407939823835763173244 31
7194831569713300108285253401780917584652294174735919734937221873 34
8650377566376945451734805841274192964806237884746960032363296456 07
1875008561994006290196361814327696107910102484774499481774730369 75
1899228135576935750144684547038179643560419274820296641148426475 53
8846160928431736673260951171414551466420877593721160664005713187 18
3194037824930356602642114555465509638156171759883263066063541502 91
0121381757407054603475894377765734334744331361457069549958552068 15
9687192079552646702350322893258869265521158374045717679269786983 09
3658441605217539839796914164692130528871247348215268404863354416 03
6667164545205728789206539039689657009883303927822831246398832259 36
8184889730076202950191392217469639190081298224475781030178407124 13
7118133347420691538063731963420372270013531282315612820927307873 33
6065731882243303526775361685144012848142160469279280062614904237 26
4752955289806723868980112463526170892236094195142983185054938776 42

205598397842354960683843080444630918738982811032326174942490245929
68705429095989327718867278818149022051859424964978643722019150845 8
72524151377330865901634373899036909618394184660480476412857748573 3
96024328884856159481653913099507843261527612427437304198132191310 9
71382332353652196256565684132100997793465867125309809163123694545 6
55240867099025795737378690735707957623330415204577601513883455847 4
19623747926673163943170811046161492806358838918930129277650436642 8
92229524865961964742501563936513045554221841369811550560226456922
42688442709219082491387974604688426215352222321596952972046003562 8
44801805143092351464906483155814707337390990940330635162847636452 4
30703990228906910322690633577603648605519409027826803159378088265 9
28386788589283339814431210743242105744407797255304875807543827180 8
97381605829460510483029383863211204406323798531018120096800478401 3
12104193172311588019894128999509449051823520285501747845472762059 8
63697070096215053673678007104018661808141385962780769153033085973 5
97922274297796806443236893084382221616134450290924444241342868204 5
98923914410058649485559820602849227162477870269955897422814270143 6
72583620201910469241114324811365678238853166167823059101302957723 7
39494218220628532292532966281056278942937466150517532071023254039 5
60695420249982143153977132554329758685552527248013252592049623639 18
64282402295056529171734982073877274865347449926663833468080472843
10211378092719503669398370888980792873532815339847426045007408084
43294502104866023527925853133129653132245368773308954167066148363 1
10682779419010528654438552547588213894308783875546974389267645496 6
21380722884257239345052083454215664457739359032723197581717659160 9
14992230053647772838127334166622533841472242629942411924622400978 5
44729798291278440392639981696982498319988102820240201894960606712 6
36566100746939708920646894033570492380927010705105350938561179427 3
02169798825354162801527272038979683516042369023818835988721040292 0
19071056087510016790371111051793917137546623683832541447178593865 3
02970564626260948159605973111282072557182811133246076104217747759 6
45483911179713618873474878682539845866897492106177035032173667065 7
08216985559866053152727023642929621060332762951293492175214297488 3
61749897305387297952317713765169565607600941025720965264136722804 7
18901948453657730523247184576856434531334180912602575401390394116 3
88610927763073561477104298203714855880998828077011820768860435818 0
55569742895134939208502703609985291365667242000409340681562664800 0
47750369267010067187565498302678403949779028498408041128649042737 3
18787323574923351577792665464058755270197331741525534369343335878 1
77439476676986534109034241828856004682442717355891956299625079790 8
27374560677653849024226242434139444105147668328626098116986962995 7
32918948031309383657877203054406356888087392173364316856301974958 8
24077856564691100584485063221748560278698708254492343500946242878 1
14247925570928758816037133370498944479355413578617677425930035019
94878818935464570699898023884285943402352939573590363877995548580 1
84443559823169084248835355006567840024862288539779059190210100832 6
64391404237858347141539211252119664412719679850014037773781611395 4
69455626393439637229169839703443161802263801853507727479038358387 7
60381375783864701213631520655028504382092685471604804944672487705 1
11529563991984619660704801990922543875919360489941776424323787824 5
12750976245752855490091949663430056325042158247850394386565734703 0
26506980027224965381622755412581238300224668505592701928095276632 0
80553239136074885985495257698995079276140766434576464290971818152 7
04084341168648751952915242506986869720912197272764166399894803529 3
81557206103652854299804227933990984630926287867918884474582281838 4
91541379025757617305573721909891733580870609521181391392283701733 0
47688180850991710905044401302490736272237452998124794221658811858 9
63808812967892860217350247906136422666697096556330601017905052265
54257504425919798843096292810306578173471637056821333169546753852 5
70412755704075586258683249666663999607717507142454243476380734993 5

```
09255726525019287640864927618497173045897625148716488591598951255
75228222955357809275515771773494254494064636532864388734334217530
02797210788843935784080519477756982541739321292803528190432830422
60811527761503372809322221614627280225517275940258914049567804027
68536835600648375121195655603792908901749705688289249537680005511
04451470904027647709526612617891164352708494766333633037504762668
81349383168469838603671786180757090384099944166818885088571567337
08594523816058288505949719141157735194691638266329100093631969376
62656339971438859083062405002210685624839375451664538977952645501
54384899174219683121931401372995118410097509794199237468840954250
32123647670753289568716490593510289684443170331513881484844754291
56551495493239860473470143099453095929657329964069617905657189155
13959225222377996616334929240926900212172351354308093758013216123
37754512348729033561460914816427581049952002360871359854964801275
69333726114878220482714165428610972873853149810697327536968559132
88931246588639737786052796473145774438703755129143836310148088010
55497501850563438374232649428840380798143255578001639249929690852
45898363913292517937062540150226681735964657598594163322441515757
67266219230425695566601862213826190880192581203723881546007760038
90449038861766421200157127662440876305292839786002937708353100043
91865881200087431950741028998065659379888701230973100697017955799
60447386963611607865159837648650167943285933431962812865551608452
19059142677920493990411896788778786674303929975761676465546813424
35632581831341226626900374833698503187200117460321357251155487510
27692201433444170414759365038920954549976990021428049303569545892
06008908812289808480549761464239812417065357454304376304063168249
55435897677978729067940476948112679095135574378201752416467534613
97580009812957790997270711903936380944971395629625872682383589471
54165638473292427586950984276737772192332175276539686606177282371
96570821130355810363815182791325694461193091588133531942734066542
84074159970819492402918388497625748315339375254667365082843965540
13896630167639046301783475369478652393655479832094346814763378984
06578472456142075994498977412875174494581453465738378997960255958
26928073950269927756990776084920221558974346739263779175303666438
05307148525194702209570892828636950493585584893209095586866702334
75543192545144251812880078499151418500330138018283582919167951015
35063258915735687948767419183823306159137685922349833225083199955
78486255059084867455046951602420521525235667638266643206244011346
46184835538231919030789790489156492881675694951297606022618515957
09091442772246331356835722350994112552809162282424069411322325689
53200039030202196968217386130987969800721311638620390327297191995
57705918946517770931086733435970190867546375077749418164213662458
12283625713096904252214240927414444286294676411115733390260689928
99591420734459182101298789382713047503738331667957872739006283488
72123432793167900780179277820576279424741963951177750945739527443
95863353347367966070550527012142544299479804913464473573810923689
30786035662366461150744159419230799122635805375263596249358838854
94535786088823490647901666245572094788231038700999172108651627001
41277647893143063607031726839611668179673599740524372180120623481
40467735151101150135753039355361350398387654046363031729240400443
34542228866504375595216796385599047414810736635762226932664330642
46622513619647559947939447516742830393884953878608666313656608760
67401686825424385950930983900950824741461151827971514792538782363
31160391015979083705326761533653050108925597369478256693522289815
20801446620485501976532321021816166219530346571841288016502644831
77530378575721075721672703735192224031414870533281255602523790965
85517106044744791180673197071002068603349095233692899435173460169
91071845070490952869577741317941205305663931582598080094541594568
74016733761993444644185952484585780679184671826721457933027162864
42332549702086814740691585705248301426251349130131793189738382452
```

```
49317175403435106305944151858517993322891846398568766128678082 9821
41129066850039256207747696005665324348516251485428270485614233 3971
06339613269314052482118402280208764932824600707929518671187707 4641
64573645634222261847181242843835488266056541755904987953693629 5956
64972541183719335697984699399826697082328312099109341255994808 1987
32203868645749761500731501308035940504067340560123257097874696 2918
82994649670095532299328883162376227702344608416178629584181003 3059
51772290600660895813030583131395588588048276225962517551839426 4980
63120045127181001922219497057669748844596592692997691620797266 4234
14339698096085014545299116867845278772258015085742859764318050 4071
62254946512152689507976140983569243094174676545181719566747204 4498
42860326968037184108259382733558497438685580513595228455287596 3613
86027589819453100170760894427332474687242958911647821885362098 4582
94683030407511008305466766121316949446563866233697314905363048 7890
78832874042072673383396925834828135333246261196639727672957698 7444
03654713600165916747714238618199164530627228981557735662292266 1089
71779771500834627946440936058431573206378347619517000016581060 2100
92878404435682065201945270285682643221760713581601752221973467 2233
27780274398943597115597803812762780652064670385750855602556008 10516
66778183826369162112027595476357509273561033756517976994657794 9596
11449116213116791600460723425681348221091747041610254084248399 2404
23509621969126368120916434903792669349222546351017403410154654 3752
83162070610539082122669353971414467016387133919572456201351392 0405
09186147323218293619518912364549208823904972248828791425729913 3977
82224781865210133914143716010778081000716129662093680467263377 0301
94059184785859655730889364507857936000878628686633807976368902 8078
06198570100232244772514039330322119572056967186423880232186334 7761
12599435486499244747516611783601669526375416043600635663238710 592
79357921756871199982281111089142464610154655356596212704209994 4031
97587351534398333195609894173093865474546514099938939769355392 2458
64303588762315761562586158746287281878133711235134587883785580 4216
97764398525992789049962429065388962158212221897887811625838296 5907
36324849697798761200713068188337251900370377403487225042973496 0993
47660728486400016319929606695437071427118319214099244239469582 5665
42054191451204553614236488414816026053774866149864110283759516 2909
99622091232981921678339239642561390727753657077363937251198229 7369
67869246689151371652648697596513443576712282685837531440126280 41840
46228693588973582463737878484474816412107338167587759228223079 1549
82210804795904348319338763433073399499251942433721363211915365 8108
72552754939034970117953105652743688889440854746664727270780909 8080
46997309405202816129582446065629165507696802356145139785999535 6144
91856857949608990228154099318962273521074758244856724526195100 4826
72561527017230093439430290688053019264553530429770997828918871 272
97756731225080121569089892104620610303265419535588308434633118 4232
43266793502469894057473910493235573872862497868075144049873814 3435
11838525558258596508486197653483051655774653548492518470623584 63611
28961231063475613487829196208080290215418895671695470578412636 0651
28050970044865339456921267610746489021826015136002176404207593 4304
25154960471216560638269072668810603281420474122008886673494151 7997
24644431487852302819566773009243452527803547237133249811211144 7527
19605172852639093240007410085040101353495340437750708682692909 58964
50567776975505181699765477424907498713768970805422231030736998 6214
42134449704808333886290361924620994170065952755234994560840888 3527
71199512564117887487755426906953789016658371705059760688177908 4911
61857021874607039200411210127386634258458451236459384881049049 8891
71246857392696221806481134103477999102853345043336352935599499 107
97483860730938322241856554365049764945838570957547589241810795 4937
76431689626073436458913015274465652114578614155770992104933437 1327
65485502078197577561301902631627312439722426741466016940435362 1126
64762066895571814714997912220390593604531712953095554012285510 8112
```

```
1210265729697565469723178282753589325263383311106965765815561173 59
4867954759424190295582012445750907537337046035362261549710395443 11
2933407783239085701809046135796288485527163402699650631291909942 69
6959662255894979756287212877571985424196734753015874634707330507 37
8457961453545425206442308782408414080784627967368738878895852044 70
9279081010712119877987278359242339335575561937132499795938760984 14
7798982138182650343224013063857544885493589707048625142787242965 2
1006566497870701568388386453995903650801711143641042662786967241 41
9983265473341112848793309343958086678907543407020267937847743455 35
2656651292901343372346289780107820115522188723937312016093709704 06
8632553677092619190039894188411459261537011666865895636731505221 63
3041077984886772114941600466211065860524850410795479483814251404 99
6368249707396894144246667174873674631685170456357754242310515058 09
8647646417391062874599047379248881072743081426295248909319854957 62
8983241719089619983841001815466443780823753328402254416041489599 31
9087300847247285574881837697581895347939088019845806289421123611 33
3546325400404665357173166732386520784503080166195770809027132411 89
1654620198070895546091872385437261138749662997666582523147148188 00
3237950038066701185989421959948218404892260458854876888023375940 14
2157915429528712356822719394165950006243911835934267816404835416 23
8496792420808770996375733873397271385700510172163901028140061996 40
2955555109205148237278889395862250635820057623558604606700333545 14
8883088032069907961231844923797333900331150588294838020687671024 09
1648595888839443246563446675746335849532241416518803282548820899 18
2410294068318220651171221056358109508052676082430037550648338281 50
3658350774394016308024374809798482956648727702134170055891139662 18
0093523043539548882559026670900065711885335952330130700876190428 28
6557679076216907339408560706158893619301348780259524996703159143 62
4421997785198300437984441454865516590882041411393767318104087719 5
9657893608900600929857187848245431621802453861168378585862345107 82
8491821691458643309724767711314959030827346185247892215957636176 19
4158034130313191841607759441012157439417745313000107950564422525 10
9306737523223688543242791213530557592621003112211862038297502753 81
7842541731173375517119681652409284367663014028433123610329234523 18
9183702230344454974141886397398650837286068616943625131655980642 94
0415960955828152794744894079600670401560663542330566088822410924 62
2558187358804282793469664206274112459752152202761318262096736092 73
7034186306804296209480151901121564632335461994960497408344435453 14
2115006726825166877950667254182169648683330823372445854924129216 73
1909818022915171702763953907659608450159458745976073782236371820 49
1172490303721728475214768189382828585241866401407091409917788371 39
5692161707697901006019230526629784219510099218401232206291400604 82
1781949015619479026466313128750290832444837155466248494038615248 53
5327366354838102400072695037536724813331564958131952983295824894 56
9947015409838635883751052744503875423741635053454843905912980101 60
3370240650914196544064089309928745635036122491584860237513287337 31
3061777643833491141679742795635358264326565093438974387697125404 89
0995439761030944701223017049596779161345460240920721494649710448 74
8038255096475579233784085015704696540926099375292975065756324454 78
6401781820868997603550120460528987523722840965641540104304874662 76
0719959290035181390822646562780069174993818897557550412455262811 876
9537357505250127280159222927782677371946137192165164001807111032 60
6654657645725683990411126551032698984776200494525732076336611879 46
6854680756555778816168336505980479975289388593446218272748276975 73
5348116703851100088120600268451219316134987292279735435145251620 66
2644675504351300995784829781599865911443487330276057832738606108 19603256
7833536252139853721463271371437336685259428978404279847788647746 6
4495788358966808204514776721907031262880771077177808759446592879 49
1058281275131784511939021920436217399927104174817473553005514968 07
1374613766826102458229788902686407062087169184080590668402107117 97
```

550731636097123210429979833192165994641187673904738358239727102066
913868675822234076837140251287860243360137545695612101211186685695
275760983876242013180600973001510948770418647501460347190956001644
591325816011088700342409510860065966824661861370034045403056501560
321089611195643279401133232062441296852718973390029304387526826413
252372811818734183772668317079822366819849255173111404842922636004
972983664647174703203589251119031455263782036974827376444746579634
703436277452109556074920997068596631083188119705267540760 84185209
907452641268309014347673429855065555504958367106871903849244388501
716241895924159706438955179197612480105118326621083951809191931686
471500762285491546332100294923138434804057097770139827445193483922
197130608237016546337256801393503481012122660511497687829462858623
206434741211262663352782157747324524831241354286604414019190563714
456193361673409966378271496009780576875416953445440599479396181489
149477288393444938623785445710715026668290496140379849969979904177
314534985205251546802967974626481966870228616423121477629241242965
831276366150132159956875563032138349578504195023669392820440838149
111506865684280960304485296973825380024172676987094580558823876675
088046999123811364649817803232713886275399981430647461240477541717
786963338613965617885964831756351902365389428609879813243105964107
502022049060393598709159547794213809864179132509391514302291823591
945291150294344931341236215198182158312032029486003940276690126632
207066257065165460052747522401019923873469029975061163166192818509
767792260931005135445649361164596566028491128455262247857268747061
159462603273049260387319098427270223022793637175671192685836471857
815155133520340200942557325702413567497929832606616892374772379092
315644836993982219062239598351292774874049218848651486180067646836
474766349043546852270441815032947346688059802599704514719086726975
420909271463724793987242908001465960306126644166022286040507213318
150829460988850709805662279815499892792431405323990348617380802149
334102633155051103722338875148162043988162961449937118414730654397
256358037320605374193767157215516252026287912434751769566274504051
833871608859843704646720497692571862630681746111178965071273389413
431264004219002284268846322192496026992853768096158931948902304258
339012860852902135855253522872936927725731124839805870962208930684
664626363416474317898670004740615668576378571075842749474296485796
676254876979594106944926811657656925791063739128091743329342766008
234744512264681724479134541128328974457551465078695658990528246653
499093871511111696795153643282615119827898668897109310169591041 7845
024882873523192384486242263629734975768439282226311202000471321 8720
170178371097575668553713938247585338118980568055245617589253290124
104460613862625297201449551884592486107615753201952379210693182246
551772858642266047786938398442151913918849477120401248032226146171
138594797565685911745747244418275564366755031861737105312840615915
488212497193717302126743920082041117549854683639841356774608838167
338674171004703304512237269963296753350355683742559327885052848439
709953415176590329384028506921996426091089906842903712845293454949
079349840370395015943656344631399512982458133353138964830395468537
774238675823879959507312791666339121357622930082381374995088042414
367706341186794579020222525197702359954488429230463287549234967220
873007422618532623944158468650826153186560577857699729253351807440
463828973043612131248741664955773205830319852649228400338212296198
294000357218896092227607689217373213756128171401278947680860184617
347613358304779955557011084658991846526471602906243268230972137919
999502600200767792842128010218904655036864494068516374694740091 0796
705228717466533465347668328529930583917529192568422946133303350299
266147490355309970592944301756633438343223044154343703476466404927
395026581091264882415178063849558473212925984863914337804053563760
280606861278168889215248356454361916584590511206537019448479242546
205587901558333354325586591018391532755634325304791374070246658885

```
8551732641557851082711621409191150201876161758170251311700794414408
6348631483190552961554113186777476030955399998608079384374976222730
3703716974916229200218300013533918129991829604023592948162240375773
4996478981565262268246922466182266003346563155444069190919446132259
2294764761753098401445696494985417874172123136077955700462315757400
7016476128273409638979769774019876160194157601529109109253122761833
8347867951852419370607979165590705751518051295428310185359173186366
5292029130842057807392675741156313456410600481485906597772775589233
3973047601761186109466683938317051367676598060864546532753844171933
3248210350003461438700642574999821742521821218920424698345969460171
4541080967173547847902896490057093695658507360279962669616846431111
8237198194995401755550793724878019693376504513474123702327858171700
5272875406768086778657331919180654146507023469304107602604380764988
3984187776243353888381358183139633229783045192735420001244347701439
4102028058351376152486834654009224148555589073720292194609496783009
3804725225427153971564461393207175620510574794738255630340449984099
0551893122525815170644691359945494107897660528393799502191260261200
4772051458836877277420393934927466174231696612724488814202863914200
2278124193533297421694509467954520673956977382806280091534195572099
2962087021781623597315398580494059913096459784367461688033276247100
3133218716363946718093667473440335755526219772584442024999633931744
8616681168580024161019357181587639139371591531076342504338406774911
1006239888597954611355539755839653053924251133851519729571507256711
9493159144543886748094127009297425772211701976780777554115314644411
5888813546404610034367546339543813657379417552022983704633781240455
2763115958787429154142041620662489126162385007770392863484726233344
3506441746226554889643289608471692123310844633335053371471733303333
1901721153077481815975318740320652065466630383402472404436419295855
1566207720195731935194885916298153300551052799525400109233465679855
9706454051429106571050430262847937593593880541200846812071657259588
9682779436299311192290462874989338151616124180754183887659727170000
3193889665336565273596570472983705556510026802792385167950336520666
5309178435468005322211811784568324368004432665902546285945991038544
7579652091234389503251059583028451450194530989232771984892807878455
5467496436275646169662618364866620367155784981383986825287619563855
7360852041933202576410865853082078346093735426744174587917981650977
7606748034235879437881661119989595666794464838215477158445223575133
0963086132598323044566468192097250293449035786589888840520552887866
4065938982709410986621527371617524492691264722285626744317906706600
5132503314572067834404637951426017333495920626461812732873779400133
0153571573662376126852832110391120166194811558779550403940865122366
0419497579357189797408115563734672074274241577377404441091238485555
8451967364835048886830993138982344212485495620233919819006035489855
1804406713580331408724132658155808563355292356505562434062217386355
8710059109166690201106008519210620615217298898708361337945882584199
8929728135937846386408146209732157488764585454529056485693476254099
2899106691922560246424545291001498200945147538869058507821574990164
2383258266123330308423601713313301974026436592810516974600611297411
3499543611415077890155231616362758211607345219385511127230089600333
9937108736340084744585828116929172840147159292712719738225355396399
8764592473836932611280374299401387580817617506936047380882591607655
4996602854941583979429130441789374134981285129943317567582440767344
1769510244433117320805419812250315547648257870165086576670230978555
2712134326096082828084722273551612798021794324863898906029251915444
8088529449249123385753214896412844565058336515343983943537063223699
0868184748916340829302685671978579660416012152288340986449503006133
6379847527887901953417743844467274800436348276180823399161008740555
1122351659677445178308192167027512514354946999687266873708278491911
9916820259037114776598260684642971682887151964827056579379456630488
4995342582827100202874575142531348788698880801239182527547486293599
```

```
2025797500281821975100994629178378511034667160915765076894240576 43
488232454106255171145576852355740815455232660177674320947901564 5205
466875325651052514797632011122660267524833213955089931268326349 301
368519242840309426023879053232047876793848815781799120758839989 511
824201625492439937529250292683380891296512472328149902698230237 888
614435318987992150720017872694765932161051852405076863648912351 751
671937073774216243588562940623594770431200526602569762509684217 81
211488829880026616044059222329331624176122908743379022287804561 701
357723750619521603426862806290537864968871393385712562416964079 324
475831369885918272999275782949295751304825043666028532371402054 964
473380738245775558257092700759153582136224878739519806447536509 228
338732197378945098948812224316665010698739616672989920964420596 817
569619231839866191793408474257868154615941458938640602296132950 038
120038389767450208633855782667988106569036999081567827785163782 934
599361943366980652979221522153666288839940268038621838784138954 997
920072289371169507757061724002344872898683808889469325821863378 234
356912074028956871885668709606127386219349873263224096065960699 176
020054536038165896602143871771287553098370990207133084712303917 975
574483810050683280951189329272191231654940906640214568359874463 216
265575739792837308702860612939772368385814919939258415742549146 335
154820414128505256116414387362157948502596591694016701922227152
051592446384786736844034101976022548505859620374520210340195867 216
081712701926460704607959928713121074803511882506823353044969812 655
209567080884541941022535199131368352911597222819779651917510914 125
749066752719879928439903727410645886716981183509101205683498176 773
100954846991006642170375101296402795266807926201346490826570837 312
730887703498538168830180415910735087802789781444521654077081274 88
473796550331829893602610515170900920110222071001669479948606498 841
609925577821033292542220238243161693794552445077116612781957202 899
490592371787630713791620773280519004359506302783720524286071686 319
756831994495359654617582379331954922183557140638217262170118990 624
363016468349879943067324897484029900626756368663934498668702957 463
295592763582274173904767366468327098725400825658274079373013421 250
157872246935933602320278802133447547116925472442788234788572020 478
481096682495732594650693818393289944085629329548452346954732470 720
957681550003136286818305873597665524456292333709800392024465397 081
980880975167759000829452339338253873797516636684848199061917189 230
530293275282052288738997779857757464433066738428466834238197778 223
941515224363898742495170106566785302676664370854624061450751098 238
265082329219231169465936055216243701274300239492460008464419137 134
537390881710543297199625921785958368900227535469344199270563544 994
464648463569211473954542342093035095619125962942760332314028381 564
195812399216843570592611552186436729390811404988429954013503045 826
166856151119247042480677787488387131898718967382619247397490892 21
696564899815767170428901744966620596800868199091956648398712799 600
060660098336650850131726705066780738105362533240436156109801108 476
755494877494236585163719465279328497990577018451049091701533568 613
632443894879659034367590349560021664265581524443928278722717359 459
483078938720248473420322290052133606846053129294097497598893201 349
050155466399788069991700873715889175956776894727061811503019647 289
132576784816190919388459773052888173913796341910139122828818689 576
669158175066401906642575911857638875482934362992117191271054977 385
373015577838101884441860657830592410452724319669227643946881902 302
936603689329143527900678345492052288961178860518754083104918089 17
759260962571182883270864363467278181627472557148502535750935601 944
533705704297279316518324369707363874856092728216957075593521798 282
931763040398854389505725017946553411966438406118328171225805809 313
865366901632341550423553948803977100712507041056787741620258599 084
007176820989414486746229922762892025508580816217315083897553884 053
494279190567344876604830970791086659225293101759747853825571471 946
```

```
452962908784519565174095947894396337685688784133633407353907274376
637220528022445916053457375406618371695805242171800321860228583753
225978883501880423178875689402319751974374446133525974578974005546
624424324975934404953762682364015057347269539801101002565825131195
753891584938212512967996772536212764607639106722691844111059166671
823174812066194772280535025793861898710732931143196219558359007573
254549265440534485876237997048696398212906230465260237154569746398
218504024061606472122473862853691454227582815893032578671920038152
313070301231450016203835585597084636288728568661829588038151412597
924271222800658072175375995609753028168132431908826758112139786458
977991567077123341300614050720737874775422713347772318791387780604
116028338928073229462986109438994804268776309041382820082493276437
844569466685596913509728092965602968378424831906376648975894022974
765233737070759029573229676410744477902854220571083318641606283483
284039376713381480941530810038363462098674092314162577259260164241
310768383853609677439389645388121987184708783576028465758500662643
013183563775983439423256319567388921786474251153914648306105617618
522661484986211735299300394196267978351154324719792100999023599501
018504522633621366295417587904115529116300595092988709372051119953
209519197611911117856566316582374252733634874426217894373425 55594
438827210995525834404807815336301231817250476112098586213911950381
276857684222706022880857922802278992701354502689828981286708469480
858690773687310488241352092533779928151782807224730432956057066223
456189965692940799043010318005588385154956003710153628833932963083
886118375725134429296237436256902862399081808966747840721541648215
364669852511183560937695388382477926820540355622931033982346172177
499287611431071126186981767165101021328174843226860492899962137442
648917874708005217789914597936832576908254470499557365460738332954
455037605455616938462993526955598254814369522745135159635012844381
657623878219028344778419434849167543322089886572510721638012574559
205006261383235333100174635632696788299795223122133592295598777147
842562152819660095824803979607418806864814622184673502384649 96209
482900237216747151301761618348664856900958044527129241361077448550
164540165882100946953185167094965320283685563439427552586762309399
026264688025210023483988108103139591567221675210364031168276980204
470846827510216007652912859618123289239199898376154654015288476402
389564008009111707771686632584715188865213418100963097892468142777
674442490984819462072099118606178378827256060277489202507756549609
224153721848989191399949304356168693621596429177109525695 0970699006
323100610856485554482317681694918920335382593839797795520178060026
150453846602234805842806680800540972724248870988991814030172108374
085197168446555068686682595762131761853474144377640981168974620203
712113186150318053481637099280510057939395818396053815727990531735
646204725646756465733752324960442866627542283341194771011586148225
132905747233696454593507786302813970350269335586720254206532019113
645684278522271130499308474015508320553450220711151829250378245841
515954238572909205590931555270937157304365071391970662707208366050
653592578075387996624278296260271908636785842034261794272927838720
742270392586478996988852017285437329638914179856495498712313174210
781117458478347148101130220066918811713906332237746391442787135013
391013614654758235473132163877978594229259092873266039806170514510
518935261384635649007582348632915202586551031103413814049101573516
178860757643964618834101756544414874774396958712593182068392921811
680883559712722653711952674639135472889090102527774729906681680053
198706232475569631647941994318772899895890737174479138221069168303
144302108832718736937223637159824851127737658543952206649876302 76
981234613453697621047397548443980664968551500182428724139629300207
842390407701717530874006211038869812751613311076710422656095342065
627964803091959171222256860508660697491958719528511720186301457223
111255958058030059590451780162091560033927158135619396152450582940
```

```
94238306752231048760275683319313953706159405690082546716340768851
8738062028393764941416952247897644827415924393890738587033683110647
482959165636319407597879773893685682536565679811940555829468907562
097486397051586280616049553801992987901072698852640686948961003323
272842034061884542128979432188689707273827362778501372701149638708
846640786079426555525554856648253672623885530195700899094418141196
819278225214743673023757726479063021362700929435193537520244824650
445028177473530313055878404289052956536166955757460304468400201302
583472857878603479642966228563383909385040595996338205201313459775
949549591528249136758265577370863098534310316569918647749352355876
985616764025694367949650826595164936185639067761340863449496109230
852815957594732446929978437875069577965234066270348934399220039331
420221596404753079877248547192899031903311360675387409926265876145
829524546296274478253060713708610093256561091062901593703234578465
109425415658486336759717141036824690682136459502259382358689803420
521458424156210977125941988605174184609810521802330913491593055323
640211801353993827390760960188127085700221614994202352285301197851
514825409266951856567653410404445485488177660629153334239355883040
977080382629431894438507702390408475017104093236868309790449784932
389215598500214538700771342871584700693024716766312285302839112029
615848332267621873127025440275098869777524186719725803984567834528
672337262681942591376892237327986963699571947508280574929908016092
963856488757743668130599330030106516567168643311600381784331809476
982492426608263925647221085630282122858435912911420360327206018252
323794629310925410251245417005166491749697850176586800128632544573
787252932671277451624334360127340397859302221599617751736148666793
967656332219514934298376790374930825170161852849338344242504183230
302641005578188318544289364087403203966008892343871002340926852388
496732284456687365704234315669893811311708549805563342411090390294
020698788366865009641636917052815658583564774755048831911648430645
989966327033980010970627143154871743704811217006209186084162459632
192675818916875947150823636892761717485163145845180705435637970723
278957450538758447100756455874737245671626075875582631624163830175
894812372734658328426433498421199067903327699506187886673063449032
827837648590916868065398440393171382569665959236573482235687609504
600206957367369539435373448928789454142994492422965419920687071717
990820275112322883020637409332430828407680236599622307450723954829
132510014623152228385669963646481619930610803501193409855128773081 5
954501549790983261007000084351632209140971316683905093077706782579 3
848915921320992865980751664776274042102287069580316910197690665849
294116301449041755241528407985584192045942224722408579545248996614
996312956745993178744978341350197476002485583093556978815369731363
214452511408292841812804502491992959845617297886498365296717374065
350275757846534187078421309805735758509870892321833860276680968786
744587673937042506105294559344800033794844118691034384889198927217
800456984088256180027740246971556963453537058177132496654317079548
795257766421120685694340740736941652110453017077751449502966420150
856734185613308793690799085988881954177426188031441417486935293012
862868769796349716441242177380019690974862799608946093642530679104
174593571283190402983113155059303861120619275400347429960129769845
672856800757478682568526558805504465028247234062122672309876509 52
467955511675760755189736710818664873391355547303871771482599249820
906556362463688744281635475973802009270337279723575620585201948 87
311757364152085688799839625539506720457656370866786849616739928990
516639547348064688416321612696232140430043034978793765895525591261
273349443137493187558515220350488771542061283232155425010369584201
177706058113108574067217688447392412151890674297679952843460462085
104229892955901538861717778596296590245374799644805737542590339 55
717369017939751600199875836990940353460200600611457081297272864924
415558859750242749010199527856958345334494325002578020434444408682
```

890750774396173670553837615787863853870009535733359025946681197512
373898387266536879554300184150448072052764944570257994686803499492
941686747104745236313650471152698278105520599626500224544073428713
991949802538333850588539364994173363696431899803695321146317461717
020388070866349064786340422458469135590424245140281425972094336803
940426469576220351976052537466919686468405748522732221411263468200
732680991283596804337124898651248471333865999581557036241284311923
713805206985546305223962860016932609247618752321257009959416454501
759791304831585226900924405531186581531978459314051354967975019715
913056364079678742743886974318121596332024245369509081085401074867
453223366948874174475845601897763958449021749345971047703154197947
217559031048955150713033750922642894743661501146171128540489836287
823217755403355815130890086002311190892831719794615273396398147557
956104816547218228209282412622440866173611829531462701196213661 99
594108793583564320932964189356289507521834160949562866054760820233
943903693829441070690737842159371100843550809934951258480556142602
794888117357782314109215630977556334356892809062401470430406809674
541428500105312911014407193181060055619529375994409816126454374436
773978928455823616806573056868188932905552483777388697883384821269
003385525577296329485036257241617945606880625056743943435840688586
527984713205682033268015840118612253710729945092921983140398249546
430136414120937944647846329673080412403157916714681071721546579759
508437906546392689441643670202671733332142868727930006752568089594
724605400773921436623774703669370647989280683436306662357354918836
306740896905345419625492185959482963529914425068124219578493976249
362699766843201171783094789764534282159211054419253956738906802587
429523470246253627205862445299161425787499201547834925160434238534
924384341030380727377077657014743734358079845112149890213877261130
749312518484971289917459095003932190625680772393254545546917673500
211427825159153713922475215102619575181255589919223775605562518625
777871520402423564300801544064737868647177454853375685133039577305
055429841027452084882456380181174324411508866694172029225138714052
593329218903930234849521783732353344653262693777473250410920550827
627013601076268805734928341061501432117912584109328122674911529496
919441405798335403820079492052726207312385832785887564779056 72110
416544166147076128836100062438413053105014008101079875557731522504
246358724208134651707819681326647305265266870097539010235484005431
910303058505073284856662189230736101609798730109604578786272596971
821497774593191217242085520383223097743733627260091079170854159065
400695404757694645269352738958909846566093553216942712942611401893
368175582123366092880936868361084129593136897668254634161807973379
931143491994506197674140383673959104332508378960976546321634429684
475047180877538796601159469105846985693463154671519673105401894347
253273510123305556649244625308979855259889634444538294144883825709
671236053389198293136490349913321228421966087365757136943286363383
874965694154477107061380343673939543299455488946044328621170422810
297576490108461303625809885204445652889253865618355437466905075794
821106981116094362272781719468844223901364355582252243301409371154
840113662138841082479809005429724928690877078639433835697580891344
855483753767771965895936587515432750294934011362862841933 06048171
093923998791900884203487294343721494612397017034303370791698316245
766050613624590549183588052452030731298424258801870960784918163583
376321417765526484660826674494777513116337460985326156771682160131
478190445605770892030801852154088126888224610854206843331279758480
921954444388966711314446178931474129366512819879025932919456527368
734483639889338998436121168068986579756748851654888633769003537529
198775769308105735517395144379527270380044704900728573092526263167
309907400068490459975878713209353344814799807297803068592527492 1540
325080620629679368029096365711965545474983265755760946724722924089
206137105621700979339927932066567094589212083904984604758648011445

```
5232781360281453445795438733659918540295506010018789625823206446711
4509639808919967566146598237014128736646880385940326652224087508866
0528841067197999140854487007293022017220260304786380710886172631415
3139237489947781917810407754525553693605459036378161928639420022669
6480397586822634537581285355079620606463620227634100156253911994632
5786788360870252437252628303301021044894326226275322073667652910916
2819988871916167866979861721068950090236405929175721859458476306892
1247043650275363283506500433461831897030502839153585060525172234429
3318962943725776163152226873950058135915637995009070457200726096898
8373875369824262186314951213988357167356388063005629032547514519966
1817267782078962727991656377480299102250947244094198014686901886252
8510042336659066430765016710023678735189804175086476038055608827119
8478863911696605712575811161433220316239861953996081064489115129903
8321892449671151819857985027704469785184162807329531875221707375427
8078367450606084368877693049830230414364689139837008269396406069456
2881641695291665443739084757281969614641195715806636881312484878296
0051923653816696914413164378212808037745822319142506653727318660158
5557631000545881914608634151201340660568618305391910928422209722277
2766642007099875823159076294391295156349672083809897247230420387329
3508601474116048285204200743959607779396765674545741573438143762929
5610953115848209200019968349222274622232034922978797720932593734589
3185303632200218523329226604326327773869929525440037460654804476294
9827240422914656005290459861490530533034118423277471347528763241774
6860051035196802595048933541617738765023893191084066521380466746652
9643577196052289272879058233362671718010478707415097865327441555228
1550979015314325699141091329952502769916412184798903534173418028880
7859437047470037468716698072913698781051913483174319971817569732471
6934112404219323832375815834075050325121024232721599976225595360817
1639659545921520062634938327793871745098766955342878789774664436385
5170650265044857714758789516639052612618767173875404593877592449369
7246870221984680515191826034341463515337517354398346584036650078008
2513376195811125396059589417188047218746360466850775595608766461497
9975907257254669309501812266059756338320451208463864464994775567471
1048825818624518114821602417311351155337639418016198608293258482850
2972156412493543549370147221837149093135274651614042298840347258735
8480471003049710367861996903966400318902701410218747143973930479667
1271469674524858219615904435885750474711610835582761860115988679925
2327767007791348806270678430582303768443224083728557775850821627326
7775521575385493139188944331137097187976549309906304370838121079727
3160414688741044273294030727774363782884423977594872346291732896432
3648950423030339525477232852922251820978632941279227761069976483964
4615498030391036874763670074420720134868042097834465670780850085124
8926091270815723789681795389714716653163541792741324937455510490677
0883053829104660986180133549273647157882317517022952925574767294380
7184323528278938787305850717216987840870936084891275829673184503523
3009100824500894600016837289698553478156770898606637024379918187127
1374835942442963643209472757271104180443346013051070221778247291988
4095444291559247296793147664168646799094563770460369988700796128573
4670508717635799267264190775864829795801509614971798643932311870590
2309745168343571252335874425716502513078384396781248954102878996867
2155583518182197672923726750882719132592890457053921699623157341359
8101626063438419741115955987121948557079154040991260843153449472936
1825971466635209403043017943612630797077809538770794982864536667632
6353342206894534303062697485729601880846564902097499552566734013380
2823078862980681875205412520401199124015463064896075523480019294548
7528805570650554523548791789559874402509130074164191809399729468221
0357018981186767215490449502844625996837678251688727079295334993551
3985117238049116955666124418804935182119542314545793295497329011549
7632797004257252928851676055670695788818916668926496278266
```

068428178885513568220105986486442689731040420642038862021415931334
335650607977648372861174785410131819538820963263739781867501567020
103516138276223554990781670817625800632651909072309731132612645394
806127461576397469729038199157580630745875385173348334686076088964
622701214040165795597908155136431792697143278116000395092953053015
664053854401446819567416891439500506012989953252062425640256999735
405633568511706263129378820965576305578326756161629221703945185899
593927795463337352050168898464364888207314613992856015764619060882
700521838829449052835018564065043364175350139349857051006350044232
775532805166325015553600168558606321618016788228898592777398070823
443012187649829882195076487937452732497757164679437682597865380777
090931582686989321856754102218113706628915050719169240557175153729
798546795477169440460872858340200716825587850350258068980279430946
184672580186255717699914366692567766247888256367102390508929757982
489522270941846744341466441191197624863088675226917379560846434163
676355883085129548653711250744903732288271992572715199660002166693
895605038279519066233710710296452611253548201808162340593161238338
327872154509090544271980320064422532360012498934484363675937191423
227785159626576845253075848553735830841651524777849983556099679145
290553712899338041735803322331380434826019161910280534759866238541
512038956061132700556496689281316755512979967633665355404709079398
886689530685781017330266056885368956021180772162258921919924311730
489252249712553122821175882252826509235822422520413837008263 88795
994087533142292025537883192590178881759789430772711316048915678508
678373881223628875585526611865733674460226117363328802255620686149
584672266053779357525558360934098916382963659980073078450013699458
821205197427166295188936366178872451938798839149850746367011614623
559091808914648782476983237759787096345593154570680055282070629464
310763848171836412428448832224163453064177764928060031678970019137
344145995290818130082735712024454178146061237267144018753822527453
515155242450079079753687991871156710284530318732656311281918735814
205042307746297225403696352335748306562048561086409342738331833463
432735127159264239390049127973028883783463744236046441965815843840
531910829032323939150063705253777010659429219076639318081087876557
596907078407317323972355063441358556746002928122819448262638 69185
813672160413954633187907256169308154099694376002147684823666895958
338644584339139734195773954458947379964993965019731801875821543881
858049244015386570718876787890605894343970572439680676623307775021
542477708237790441269041207606617175145832906568124019088806520592
144597223687602261730245554637405620748081399377467009412522215327
344884170636815244358256118696626136383402928664497006603799675017
937631676391806943767843386214908962356182010564061401237788509883
566708473114371688891394268479485387646650984117195433702892158483
507258601976515246041543560676274641178103795805511058527509424472
965571294588954450204682256720106209862067718216674868855967781333
673048941388830396566121918933058714047784551328767280301432209927
052902106177139212773759052612468035783233612231672451314301832827
898769529904655069884850334348398335992274164810683359631797050404
801716357581169611089887526505039455450818904578203339888055273361
740589066076256788760234489965581821950713067982798437470147130567
036780400279088826260968751798433062161683649757733948961813441882
416886502289967808162797562569227498087402088768810359436929920395
726561305068128838761441195918624002236445248003947999424405825317
268246513520948959665872693663488401509928375984646475342403056155
906510544916912421860787811768003899307609069048350672795121403003
404594882920845356727163295012007112146837654494140706925962143328
567874574683801853930454624313698559873264207073373620952682533002
246595654211021883163555532210223258354198699266649135319296318782
349014915870014774992191089465012801726186584241199577478446380888
179235896723654961582275353549969841302939493205679621375776989665

```
4209615618393575485106101873663140267325061995658143840958843545 92
7104275247448553201536290028879027363715117097611575104474448575 00
2325858148560788985128350955612212441353238781623318165611929257 6
2099918516879242862423080170586007655853464509921222138629193200 62
9166710405344413253099405031484201600328999231910328401724803603 26
4117395877373643931580547563446116674421959053416946656368004997 46
0891763261639369972680056711919008111646000296009990629766649508 01
0850800515867038581971813055231732463017352876930349789853304607 61
2670691519805210418792169386199911313682841025843874830863102275 56
6524082814123688895195062447293752240366903159218186432340269192 93
2376887151770807674952389899214924574176299185804334862960608936 31
1062581001413806306012314943627930687332687687714744549611824196 60
3717301173226721154889414471580764346364476457590703408588793793 8
8551175194674235340453941225240645707121446590466567348092426153 88
4175026364996764039796403950645360330584671065916086949364276706 38
4187525076396896156031731192926863383238674463351811330830743913 03
5433722790714103079528227165884110344434857882180908028208295544 28
1220038019526602186359524610566606314957612702515823033352249470 78
9046610507885186132600708705312521009241881403331109803432544721 87
5356433943220404659540269285044885564614251052654795847216630572 99
4563578821560772802148217504478700112477936570705673309892113872 19
3059290580864978398631943466325792242834020275207962010766746046 94
0717056095351333393760749271301176506022224078447808214938396398 8
1200547789380056657803599043114871016372770352144947284480659802 10
2462962863743293337500534210984024858609771594603462650708927576 84
8032018361905498852289280953768213151504355825172037286016959609 58
7642513950138220984049612226242281734043402808939972622577393303 66
1029868199221337579163735603453780755018132559615693550103283299 4
2384997475152433810011519501213178050138796465628491543324891943 37
1832694701926816767596061591878897636526032086512658522642452411 99
5901898187884508287694437676631849223848799241374007672294068073 10
5280395354023660352099842055043059212038827556559304808391165973 06
2450177252527879079885468508425855517383838338519943442889159122 53
6441186696441712424001358879607219106134942308330297896634430882 71
1074670005236299743261023180271422662226187505725439690773814742 63
5221552448324008043756966990710294726405178030151618910268009263 58
7698184180130345266471055199507316064326755040487453177281647974 98
4931681635188811325461499640318314012084999975450565440566511483 58
3871743810710444468199573634628689300271371764306960414783227327 56
7890305080957691434783086703540161620281849114412320084399928213 18
1848433228813425512488866865448527084230428400988313855490100379 40
2648447623636375364651105500810294066099152481479263173087744064 20
7095391999167556393167624758908322427072948295443281512295290316 47
5060981071517094932166168130222008489990733519284840900143323698 86
9379175997792387280564485863635604716964436602044525970486822151 44
1978159123227475787721639865752760984089988937377750893740406584 56
1154045344889826356794496286422470716132658749959555834400802449 400
5256475311275829458245552383399388616021670954090395096229843697 53
6057944381677828156635171719015608678501022971066937877214909889 19
3684543867259730079749381103429453581189213029108572049967356221 1
6733366350076432627405882954486157569614320478963305917252500296 55
9546804876536262815497576765802778755902367873481625042453157027 41
8353906499723714308623953642833379852588093656358087875872114167 35
8200023785857917146541612112026034272557384221551801587463057767 79
3952936789215329777005082262500819374164511416847373657252267778 90
8745799682373452773273602994642924169967155086229280680803167717 15
0190204161663020493507588377690661867461629647016770563441830896 76
2661887440329705177881452434012512226794104121776172182888508159 72
1642083847933339829566994034959379072820339780087960497013780702 94
0145706183227529603485302837192226100593956449912415092778754613 66
```

```
82314612894699816725882471189854476146641359747240400116726464033
329990401502635271218579913818751838215422530479921538890284616537
929472363796333479312708466427227370435410768537912131903433119245
063452076733343809168129039267109298757177148028222733070858590225
913929052589740024375710216995532657613335185187663860276199700398
052393052742893370901691023675207451770169640472375386382876543190
430290357981930446828632045430189142160750516996685123364451883139
431581404652068503559767528406209686484001463298802638325495627213
258275734485355830002225513318596228864977249448196664152819040702
879710950567775583836470750892928012992146550898465270072696571688
974013243287957198217231190281099092249421069115194270447735875202
660217787299739380432917832163467212887284336979031693485924557721
759863321692291013129964934565694568312672840958429250935515615355
868203373672201361285171957991790678887948977874155795078582804005
198795143793102409735137542445229106658730078654625141882080807307
192689839135049253775437442026570165148549039037849153357835239195
091842294100795817946261304621688184412174680622072287104625149387
649178333892585359415439913580058590242985408557250448942910311306
684106105252152943640589428225619515090298853496701185208964643320
418793215333668475009093794754862440500944419795259305808470573041
714228077856570371279475809345629087704798834697169323551696059155
129039465464919469769565801044772122115297178854242063014493599903
647048816869639454598739566495684468008279740648593976288861542063
449595204778764796022224814045187112205762128289512096424262439769
107779187598915091696748849690140417814624882189920472153978970100
410044519163746354849377767240489630561760857490190664199208564988
244166592591364114979721105709200483463562191125920531594952077285
728535022771786911343170950747417740461125977105440663928887571839
332360002445026038759995174213594979764940400041440939868093193286
423323138073107260523470222699550297533641333336768383307699122239
114777055859977842874256964525973045897989161844009118754738104698
043805595170062963032943375011243769165920722953015125432139405443
377891627819140621551682088473634534197999887951611726102841063233
698534566227140898250206912867044116902582047965765068060833893544
490862114387382565994643497880323272175829269451699863126735875109
548455878463140759717201962433708521996779288308204170836282188671
042940242600584400437735875331070418881422192092460714913350296369
058466448832031947410173461128786735179422094145466041853403015518
155623214316574733266610798980310906817008268873210193645956178585
173450547285898007872872115417256740244197902884322531541019214013
509123867111032321373145940511561470672128959326381967580376907231
303216158247304070138858933463663359767715470701977324954881451714
956158891597270403164434951218597470414671715097311329473848085021
070730048952123748421540389981859513224901441857291935709437524159
215545692963115014493847033948930762435538342354395078579177058758
873286872636137723131795763188119174939973645829559955961684714478
441518985430774145594300916272777064006784526222188606338106724847
269024402642674133907219353005842440622594642539483685654784505343
490529674305897486495643892935250696872825573073886534797956973796
373941631251221135723661242014026468319875234913753259196515806193
872666193916051049359265271321692209622463969924533949416814876975
945022756931601737297852259321139227972644699078707972112927010077
289316414132897554051129860713004542449721998255923017335593991966
625886284890280161029774147281472179960743046863683943583762096637
059217800358151699129447031754832624347225298003800959587555551363
524852923366036661334521578492026850615194920345290214617851420324
233104228486352089687974218454003873494172832011762737822647963978
467771365873511193020707222560037507494078103946338951998454416631
432297316080844049828135430303833631635314540529914831642560125106
820856569001603029729165846789183221058699489100407801076924778257
```

```
280672186586644935759237706601999726065952554332733642503894798336
601431993073084809345161508804807646366675290866716936206249287398
148879904365333871639691167273697027312653742840860973486972932552
788541993019041684282321395857966024873754065439260849531863413469
468678923583360680339445576185648701132596427755820263192568099715
894489345407354516693238449214991185549338282445770766882305254697
961282244041599668923715929509392373211954789450740806774448900380
624434575224611555723894226838593051527754976545431808349023872919
846748693162608871792151248294761589351414914158904235105073534968
796948749186334430479362520365105567215698882395203498052301531223
852125132616644947370461248186099014395654637271017556216112211047
224792650608818792187856456477020191870817409827426388517851782319
529341904819315715640400178260080474641545364258579688221314712021
950687073703931215333223942964710143388176399181150742155542260482
199024500820520315515880310767656881219857503845120447360279692388
489439850407766939191917803851311790463726457872800566499501595762
530276734247490355778730320694669762067937109531408787466090719090
054787150227573861562284031199979360148174018140726855934642470818
651372676127973427764124089407024122505759128332044876750838248233
549006224319625729282648056600967750928532573038883418242504410194
438374908292890770441518151343279012631862709344102805833319718393
808451124787757790528799614248096853758097666763701569484348743174
757489914638891633504338362739885110295590997268995590471511291794
555912698359429306738574304869899855944326198964253434921711711761
949868813811537360119252837634812218777109439259322057370956269816
464526459305254130817680476849179967094590975627099457464166873129
985177713155886207655433151026302360849223532018400246442694982220
093885619814174235294211012044888786517620477231007235577371175696
454026773786987829323848846586854824307251322459971819517637820651
677017349639072911973231521104508388963690034363456497713884180568
029841405323097836878788733235745843716778596231931182129965442642
274603311656218995807385709140748170907770720601258255372559881825
540001709679090974133855179150503462413627962943375279803921216124
494228573480554092996174221867552670663871540197164959258041982845
727233943587273849129806250522990823041441796420186323933597564085
626472114098710275684232847105442047692737227958693432551623728706
130624894831768300595031627353927222155596037191260927056320900168
844642239974599076283603861451560114679086719522744225341537356304
363680765820929448168157562440758354209445041481836940072478719937
160807471437048052724122720576200148265567384258527615204225756167
756634489083551590403475597055278114985130250874121655616058542729
230289933165473549907915612178664717813433928249941590501409236320
169840868059967723646311800323091723144906596018394433573246799472
136366714309332268725922769959786634219848604764038331215159824633
481575389136213747050626776094939156543444966503071575601905256149
343412398650086334976877258201426160358764218865753091740518241749
178412153032223830041880663938545588917876200687881404876692760597
626388508418767172390688215137534469074205279687593862965749865441
776294251870300911496135284438920514500715511087309466495949907089
979305234012957349386688178592744230815215906606499607550272376808
127238705851213727455288861773544544959385158956877519518026877985
648252026624094448618828672705420747504353679984584680211816124511
917916408388220977886418275681058507677565728648482836037024932871
581980604355587998037575747633172000054495984987251668856570630335
287606680930815901814105937213785607881031512925317504110509609751
542537103085517485489928079279216508267024775246374998378504723411
487224038878779685621658918415735659396870303193507502981382895299
683035730430607120754662998058479510773229041914306816287029509007
188141342145828415611632764589797794318524467033357220151830080677
300984342814598555943657389719903262861007167469115090265946427923
```

755624937423512174450803121349987410210504026254115763114123064033
738402302484473936132777143177832648722787200003132437991158454107
320083254717655335778841973881119878308116128253343500137910973264
580456753562692848345510253175697613783144368252477854306937063143
255096407622494270969727621061679816307458647731362102916913190193
505391736338772095930772880211384952253085233564200914758211321508
141634559373276638164620996415041814279261478485611225096974418073
994012186495761708774298539083941990118885877336373113130171013577
790334756204439526260767797656853850415178002862202601739831535789
490454442716570559649205222318835447428311193469603711941218609396
474369683521630084113092122137612361931555091187753464456042937379
215166896202425471680377818274638590796820735640934299433427179208
028875221125433179011414911600479638960331877220471455192593058948
693350499223357652070639336657861080859200577595735770605634693457
603884910805066955160938106943662128758827331613228648314314717672
115704619235614650037740538721762741113660178235855845173100298207
789993646817768759805771969044293265641492888950616174327395453482
331666399791748498402747835405359120022260943990531207076601966727
432146673132505991961537491912061092648781953777906142535189223466
139609531960625261784257158699243782660916171746497163472047738961
314867194294824902919894191675830888923397311741555417268094753310
273779799081756504505473602276862106975404505926143883778151617
925379010606402291673802696257343430464530042110425276623030552072
475739306792726393713188722880126958554904248663228307022774015552
803422055731726091592927513287204433777236381546602242627227955242
640479069128534664743956703901536664482511862340278040253780886661
135356644106913769723882365405370572032648513307118001886217776805
979532180654367532102225042800043994061851812889536140737723950663
115170700057138631530213293685538018498969696302851089301202179506
470724877503209994836756871724700290558145698405144674694507188717
376368028734735561968531753075661201569305703443098761497230689528
664441564074834588089865256616643797202895868442203921819431715127
564111776147563714059368640001035880263891259692381706227637167628
748062838160227594105114626922880912943302776649594724973844473093
376327460037108435907859976671800558687028730183229667292566511959
261005941581003650892906260399978910764693101952271744645199443616
999155564156412151087143820808680752297850148022862341353184 3920
566639711524608904813184451923149291063281540279224893782282515457
682716245961176395668864617423953715865744626643996155478905163732
521825783332535644589892905951926058659798671344827447826266678984
191962736059352022149668157043655690416708257527445881757281160956
148185722436954647505080328443075317077923557132934876117839081302
910599183552262237468671157570593774909379757938195247331632266235
982695699804734334402616879654751304293461624266134607473252695703
114881469691642933690719481545481790829291072069429731875971973101
542619933564615328361822870151559033107061465304217006688253379701
323449506071416835268609881312272205409030946646066185857999914153
978144847741564082258903540644906463510615433719400401386160350714
559736014278623451486573479621797846757021898995133336443819291905
300857739950452349349571896846127113768895759793323495332089538145
398467702851241091399996240942861535615495201564188996212593005126
442096865972528994184350366818804807529105972336008365482357019198
685509260350048765737882951629237418327132367686584946400059670950
677834536100367442594918858195595926902512393110725951212115633824
158960673748007183246877841307809693824148291518956042755017542065
174420881340145436070713556026763499597575960041036160961213773621
820223563980101455924936015689714897933658549918634973041034950 07
905509710373294892197640588699532018966493350820431004885230594298
486801785555656453897152963868713982393892788628313053889870441633 8
748532366550562543023828613176831474399344615609310765384947584648

```
9316215158358898933919567329443347903909096450020152545297422236093
348737748570906018648070516991257559332518203044120573389116924949
7937444418172101800486952748158248607577122172413829852529767703526
885042133034637032059011127692708423122473740399034467618957001025
917858966147045611886905543180001357411454538480916238456019398214
576980154036744730933242141647275552190877396917417373506414595184
607851240181377454588376298517906609425179969503658723513291154069
411855800405756107804357919105154389529301786070568857811721742139
155095320721197089841522154253164791930461604981176009994043413190
991189215513651226115501813110735194067489641860940284869283055022
119924343866309661229983761658981274730669004071331315325819303202
814967455702892711980502308342949072461054910957995507893660263469
846566281880554901043878989574409314152964143377690260506436409832
682176336287098826272397430230055063851675289226483750950886137219
833353460698489068556859024446788863364396043781823649316075069795
253661777044807862852104682093268266828972207159109800819778019264
952538304724636079589391737003693289663580220506598028533870299680
922286754271291338699940266335773608637540472021149927333995596386
713941415995063555038162271317992876143298924595866321022805072720
17663282902813951362436295879408411977424214784974887928534813292
261758042969536056849641633358836124647760471766303398537726717373
232324351929797334237646067007259056978477822590102247186184955108
700414015527634922430585064979174699941224701667003101044327626530
993015284206842468595235910530969681058431185510376080853681033317
095349081348831311722359377438741462183926501715609032794028189935
612694496396714332078290473191666678085182551977172880062773545399
159278903401078628896366115708075792637125157532125643458797675822
798605621785390463443878260224769831644730911677313769865439441397
481344800381829810375495058853983542914632275329122606239178293199
621398691881771111842441962771878992305735044724577538311943385179
322128576603521216877901140477658976778435696351365329151493096380
391047545011699675878027999795538955855005904553329793563702640770
333481120559679109660880465445819911756967335381794020297742084467
140554762538001665796195719912620080781668202885915862485723615599
401625547770791411160067640782608077107894734372899115676130685073
224963159123163419758846276472881920236762716375194766953325420490
891610249164837334965917270800147115271012908902961211040472462065
622820963283626670888972846484919450548524147558133923773626921276
628090107039603299462627250947141176912142913353975130151431774671
685840290596862221708011103666071463020620642207396736740275444511
153186803573711970612632143552346855544382456532551949622309244222
627616181076353271218486711038748633241670789046885223329211115019
790098723766740155479167534474858911628126868673604222994356076826
978331735176394113756818731185310939147331613471464295748025886612
098433336264478923277992171893811049025750898332957523113851163841
181019244991329300877847253627365880167927323911956677377346029231
167147252754387732395409644074174493088103356901689944732650629356
812407468591689254650921109142316433966434965355399905226030471148
711750195108603621437887928407449825270332425169177953432393380537
534154286334492005727579681918742184272188588466626602813391591226
508703295562974312100608476462382406120209740885851097134502445345
626967484521749379519983660135959959804421055339305799463541215659
2603739545448130709002681616473580753090700579469859512185766928204
335931333658021043935801610790827942664487820352801574984777718753
66638868714693482323597970201859216375263706470723923280711774975
523653624170626315463270059026630402473980453353020409393130497397
130791718151488632385160351409187151727259632060397751818987737942
98335498621492988306516879261732334295186029197912354209146617618
580812065785097554051812624547853587142349872282450762802185554164
393735572873413177079533182641069580231812678272926217247904786733
```

```
13230260287901476485433580999324437234918849958599486258306760012
20473363446668003021774428309567321206573109092985212685308829353
52033162609612387192704749103169411516483884747974567712343355744 2
98126844614327533710603770238115873068862889693941236300606050428
99652004510603748676961364917251172141710453972369837657482509286 2
53199176103796050507004745275198706924383079720813365107458086253 3
98704529503657739479437519432553660014210556464148224360616467707 9
17165851176561085923563460948549764477962116551131870096990291407 3
15148390390899181591857833265027795395784182519705615246751810745 6
33045708295944288915066671592976041280335474515510043994933991135 7
40036810821452010037166333769521213375323959064451506523337907475 0
42857815969527569618178470423817842031599241711215728175313825528 9
90831722270803193340184997462466150686413717867935948059327285196 4
33573688027414315869007652087234546637363983186912020965620754134 8
87411550435179457052021920866286215704650129595131279374407246762 0
41922665567445333444729681714873544938733848016654282642378338483 1
75654383336174408732187921997143097193907561528997991933481684566 4
86989431576014380286263353313618572379316723660636754943800525296 7
13997403509940712193373758571204555949602844456404613060336222636 2
16293412245761511654193879168481328096246952444569546212508791189 3
53983221963789994987057551748771886105104525870912001550271811121 4
00833033945999772865870452341916673040685570047172861172633588496 8
27107174500353890336310666580911221611227953205973563154238786279
22117400279299276602723091008788964486719775106448528542367606806 7
83287027160214912208907383598679167790798465468476544328863327545 9
26899764713611821919363719709430918976095893307419509153578998159 4
56268174031091186213611238703266328745925123801722185923759642039 7
17801197330135454863031156287645397333010353519936890891716582118 4
47202539404709317833060123964167270931216369379193323918425977305 2
76147922930212301316365295613762333052845463774496678385572416305 5
53286105327552078438940442472330870014940075648539493897085636662 4
72351155496842637074224198534072188433171180862478510999981762322 5
80581202049072702367515599603855846672839734732595961271044969489 9
69280704087235561355018834860982733449421192795115963891421701337 1
36254059591584006576371033621859435409072149507971926424741687886 6
13509620131303193981656443184231910367414205125568633280985520770 9
32399557422045837289243830948110842330087641536630847241689763751 9
41939984808639276953179016437278029776888061624908419337641036450 9
61260406512736947334321364751668674541875423533249045251400126199 1
02550494220608990865348912185197785208035382979351647361636394852 8
49756284971488562703642543761525303485679142181383415467656303629 3
59432715688885113964534175501135552342266095177381781803893864430 9
08305399273865319883923708251443497669579512540664055821324953476 0
82446423795952046740371691040228650601644011882128168872783923427 3
69292606206409640919596145904314517234161617915107061776717415112 9
70097436263571691798079131076075544007274823165853639170769125 91
90055511285073280816770513474907414501195024810842767773577308103 6
08450037555650268658270894906640961146299690429226983808434968138 9
14924798862248716712812408926279700650937412914280120188192206542 1
59389736338193225912707130384894216293191100490714922536282186203 5
61764468544699594307641907271338781826338479026905141348852408834 1
59704093166717645848516539046001096347293231702452686080786491800 7
70245426053385920091663315079277873248325901604421715668749405791 5
18967711591318927501780445182499374387432993291435543746809468340 2
60834642526817073513602678441171175476803025782843274127129555092 6
71085740230474696002644571189301805811218925757250024179106647302 0
11294693754953338392710767838158558088756706132999649915893949904 0
87497782355039210513630164671634086226936539403456769518652775268 5
60312868088156891699160460136793560002887848650173870361186136616 8
23370063762490171870354839165300888065752373767990681554788889386 4
```

```
62338043367881447386263697514446353315136450336525098779541309399
14676011222285012782734557551595619844872672888621691139127864441
26501071593433318160552880980931375760219544842366891814048761296
83574036801175518913300572269947591922872439694710724497704047329
75133848537289891985144879126933995627276286301571782705735523845
19366528869425030157128864909899305589774514806497400710813760206
66061002833539832072435945672059494512168440253056141611504723767
68712526931563193098160823297950425898166748008781526486773641449
56958428795387951111209004138824350699988209156555403289250228805
14169678792992662686222467052549066749536250132697003182451011407
51929815270911682876316152453362313242268045222889614970917397113
53525544012360861881545414708532046722994693907148818860332682826
72282696478516984097556132809109049299420589020997586802701182971
38113061665016560694050941744708413659317294603683231488678378340
58466652627793811034718565273429012646968995135220438138835925408
45087574293404830480525702636746819999711139249943082380948147319
57601152853824735720831491052716081699222814186753299117955244774
79202469824783577017905817684337666777689021776490621936995896546
65996942872180109781369213674462209747830040927181905137635612325
86127214522261680518029325681831093141396659245310344236884339706
35287266383000454195146442303262301907189759856124702358650054207
98252489819907503165380324950260169372305831481731475243043594249
91487918906280263409122726735334485377798532768897047616726158528
35140603525270885199292171330705785763874939374555940096761537521
78280116269037726528989620344126159881063216825320644381640612917
17212009556747383916722296235557461243901559905448832262644162568
12687048500344921141575761431548788382262449382571907205282243565
03066864339495278663919782619662128890293170809150693354760936306
50387796483806500970877125842074421149971698556158998974787651375
57853627245365217806628977507327157034985477471678902956663958351
11199772543088210830083871970300163603754823203181103451963419971
57080162637542560696966183436297269070662230614313186361811611331
84184951612964799463540815516628864531220105617962381014438462014
32524685102641379341166216666044355543396726083900293342498560592
04772543016048596898781615324252348894799274995680405750878596158
65639968827705082480803752624440992284265581071965313962147422222
41535077003136186652290242424273397522322011973008959689104985405
47427697563805962622690878847643676551937568195199630442280902471
65977981411229976113099668948406547030430616154284052898460555610
27743167094547976542569994432561515127041177684024726299051846873
38440317490922778671374650487756540035261823361358220969159516531
03029947026121379832699551547943004528250404116178992299479111764
21739926937741658202028350242611557953577101928695026460543592411
00668078233417498334223525119403957869035786809979573555664634818
10923535663805321625058733961273016517920915269630774160353934361
87650865695894416687593102819722708421300606989032768124813643408
29145069353500784269002833896928900367663065196212569113708251495
64130730020572342600614347947841846620763374247401965234906393029
62233773082064022870408809540394489260237559302757838186727111955
90362643818036944102698956099702240268518929057056341157634566345
53091783644912706551465214527451609570926960198193514825042308309
32402085693823257373246556197838050798236783914896441321211903253
37193051261214351205434672138024917208445724067560783891183614420
17219609324188787153906531193456242314305059597581389680014593272
80369903153145898178421841408627035413234057140637242334416230520
11460053724335454808504784915273835605329384194419408785777289
42894298905564111848901279881742427130941732502246499897761849958
44824319633387713606417005057588112062601890354612585934515456181
56840973147338420149518937581589960120875257562760332950030118318
09564291086792993649140874263226672138684915224129903291462932026
```

2373490956625790320642804533851675572566335964328298369067971544
89
4914414428445736613121471652577292832283872251912278185033318457
53
7523118138891046873011202533293433033228176744479092066563250188
38
8749917831245277956878032518570787710821321817542299137029990346
3
4082431982200181814301695015867564772318455173516019539741180681
6
2554986334692974279363836831228620901500847632960271542055409234
72
1977487555773727712535843792997336755041353900962607546017704783
20
0920900004370304772062396931123619969230694519212280751280626109
03
3960808551199393625766456058454748929845661051643776323020476293
34
8833136645533457348047357156744499773471782198157392629435661485
33
2563525738007537342458569627322644329253912185483500847187261537
61
1935992117554494687517220953402171496733230085430312773430084421
70
3922356580523746997811952384744493338373857748511427462252203934
67
5721232785066105269132797730634628873726222419584671667202215168
08
2910005267022364151265227407760046197949668504424149290330375261
53
2475565300931531455774156078548884372041571406008765128076133114
00
0215176092898248986294506264798639727812087334479298478545315123
29
3340514068472557469284862631503547709257191442014221858878025727
91
2833117798221233680779311687586547771399946239543986001782171404
45
1158779337645825217591991088192383005166331028327361341271140722
46237953912933883641879315532993289487987486153861391523074689
1741
0066261860777226791348713632214751656850844199178069486195460193
40
8937081923214192638277533759194570326450236304347568717345295839
95
5367097394731137451394332819779112222693972545912493837982312660
70
9638222596701900838145328629046106065868563209780150854223348481
10
5906173852298620528178960495007325704272202039361363824795831035
4
3259855072621403409859627786017216895598750303288281768040946852
09
3886403363652364944285765333810979533420258752306609947377791748
34
0996405620837330431676710875929826666843546700959970485895374841
51
1522145022499454441528386578029285301765856291013881441726693837
902
0705003419101213867913463546522874814071533820290191923514672126
83
8275100017394805179223575910310629411782671583818637819546488431
22
9736302075907294961313226423551084910264998474188701812740398720
30
6793583123154828787803868672076345498495199113445099124424731050
52
2725276683206603485380567348512636931946652992516290262646589416
34
1396091509721872364027550026970108838683249414212571204886964565
82
9636160986536859883788390280207060702963996208929169242011756462
92
1271784144386609444841530713275382741805124756047008456141960786
04
9544859255813071615271768187109610417028646244510638699279903132
98
0239383229230786002461112125625374929920696236055497397793370905
50
9150615995807462647693070614654733657295388010846593077370926439
32
7096173358979875513329851735335805761982037560717396495121026056
82
4215353943220657878065433368166837918392543102962997862558313815
08
4290234604146428506331820780266740857504296549353954494865185275
64
7088143513231959734978991714151693732568833893316283389645184887
03
2263989305568945183919124308293251565402367538500430945522752298
62
1936349993079956068968446618745989474882341366408518853219367311
43
7589463565702142223037174148120127262829105733185783922733479526
06
8004131224044446906957003432657910956173422846551383028777081709
28
0043703272564455762009029489870172647182289327617882346799595389
66
8011402866870526336706000630426129946084949956382755990602647776
521
9702537583064118146128754387609857828996342210595022534150439826
09
6187609835216523165433169772144125177003803902159813797489132029
29
2775543871170339116322480752465724972962312476509351794354674838
114
3152864133302908912377714661246904486455116492679934634155621188
22
8175642302405169489544428168314140490438057886059010737006718298
49
9365040749470278557386272032710842602732695690064120155580946913
71
0129842552905449576450645756003740314945879082105473559113639906
72
7806481459191706433870697147736652477844338630255698388102589879
30
9501971312840708918719696749394002657194057221592958688345786698
10

```
3181835949381027193116152515301740904031945172383224596330526786626
4210007457363367972646143529714988846055291907822957213456926463
47921759405780513036734887954494733446456067966769127826799049420
36288069900260352216652526648809722467212129461678228224742717834
0535858490938180843820769671226221556492524464101160066383911818380
8730856354226721501721889134911144340742316720185801544096839417218
8455292470306663317439699203209991372307939208706332681495027024
36323739355756594835586434275852715303647534674601181623121808611
37993248354514822898630625369332793747372640469312673756534019973
0907614262122865011585689448208037142836120485831617475039077128766
046503361236135224312142049114096204585829225543574900902717114310
056202779664273282036840883514218997367661285154174170155055966929
5433553384988687023249020610644580716922863343391553944346597418
103315453291025913036064622666879779455734904546748823275317375995
9372322731037104452113311533828930424773972419572744011654184843
56489404892135805570855762755849553488919138564379163834240893960
209788015875047614164578733843443198087351575166749682003791537
1029734944321094760732700463633436612590711792603829657765048983
96820052846423420685449469930387124964664248581160442000466693398
7416855517298369829263584910447179338446832504338447175872526993
8623375707985863799517647437774221029592622173881717992112564960
766549050364753011284605971998642239727843391967774038958231917557
3259941937900854928259806607678949854843333553305204429781468642
21546390705667804793891317765192204993576166388219632235722413875
048818728755477834305533714162429159181440724910183373607258613130
5858393796369137316050463865378761619976568352789603916541221197
3163706463843508750588046575531967200804810632083118215379561380
8353559526093637000645317080644202888377266908268009424750615773
306953699946473444264179908807236585691623899636517578076237318613
6628030006775952545698303593502093103401066548823876059063096671
58031902701805651077417965996417788950664060278847170680779275557
3510222371473067950065096075380534263982026154071272137856032274
8861680241733894597905050321379748466149030953017402300954957526
9588969836097031429140848045838420177059333087278988292106539860
4978417702268001994317231256072796693509378461673808145347108132
7634521964744163193311786906499824823727616205615024443944723233
106960839688560326743659447613243668623910583435263725870265527272
35468109736136753799885434022478297321958647384707984985141728538
7527792306584091743206050109910223892981893864572160416894923402
5594048059798887199075389944836245759181795872647854824368717842
511816570103599948961675645814411774359994155741564054198094077706
0781817873278088392351665272981172947045182489488694025397849704
0125785017085252294800326448553982933954102504934105444614356130
371236961682202427087546803225777224676453869069173584632909965978
9270857241360685294722841899888111976949257775673473149204541882
9353860754485383273493160249445830184005201100597121122488189926
409033905843014105055980718844415476335609338929558270335638391892
07244115662413634679375541673890893091868608031263789230912916607
500989808404308771738687684930623853335091504106000383060163948853
68792106123894105743940346062401637185484252177167545163976002550
0226439611525994294308693498690746297837599701612950308438036606
058922658529305637886695846678487572600253291839307185472610120143
5318123008268282453907565263848166284306712414091535323017373577
31705454533185733039863611629092807965140007625802958683252113035
252134998540067832905798100262663767805172062475401635370252168218
735528720401996359618873606934730672840960812886498922816545218524
0832827912818493863635272203008598275445998989995835111574368787
8127048557173814857403078036294204859420644334157901693839596815
5852775087815743971924322779883170605463400533096961159954373203
129955177197409249372819386910424719168074575580541317281683365537
```

```
9652759510402582937660069379484763050243686693087498612911511557902
9908914751147143616550977810891689159389043228611630980896160115436
5423970713173398762556138393349278906057471453816915692648820115102
6214721832503409165624542935311732839683741755506978877246043998556
2610853373740287709972880476114915778576510475290891138178806546922
2072171325415946797805559574054495325587792843232475048202572296107
2119305427203445431119018432651599832951192425499568866292245120615
5443548518778433760228457318552553020385780679964233347394328322550
7976814317493529036535523570833622729540297603622459678702246796610
8729006536915811032977241127196871846317120153108720228929121678513
6832868288998410063083059699732951240183437928080758668778898499604
3772754027589522929366853922675139928237161596447373298270175090833
7568027446669159111149779944667113569108892437919930942472133080730
8198426259314434796579085670082562885883611446330706901910636066859
9518538704171062385680432411229940699769765217189489933497188045038
6432175982864331340232731735034487552793783486413104199496599552577
0669045671843550215620189672793973426821625686085922488113116664734
1429891013875712757048305145943663609924661062720112440987233999710
4207565439150686310201357598460146730265119903429865063967600006966
8795828289243397825905874856782626926330346837233212406615777602951
5653722610682290383661336834150499989593428093201865424703607335907
6560816215997593438201724618076958173472212715039912393733080598
1643494623136717459999946304211763818147830191021334473569265625588
0571016446879845566172037587428149099843393046523931220003556442486
5028020022103872381508554360806108595381742785324654979231101511018
1266741384662946267400340729092430677564917857934277516529509846000
0986282198651935014863141311338234081864181019598887229593358560343
7224236723960151462789656548533533174007419842426013606673555298407
5440257317771495402192754876256636632097951348389232398473093428227
2993909549226286852582803762571040814041407092153377982471219333464
8252071838778537445007238525936056767595762204021945192479291241307S
8546485918127845559512533948537732743954653252016862250537285001303
4537240004647444790745978251029444790475972689994937537469280893311
5543550514205161236368344100734984299470708653487282616682611949954
4459888850359607914367111963913932091120095413351288550899249339288
5379476656164159254527588534790680348593042101431778577117245113744
1846243215533722405654121494232234673410032864092372275714731703803
9305846666114105286653492921570438437193875825489184989446589748921
1239804355925364919086589066917390808867500913233054266548207715733
6402520816248301658987303608659808379615767364117736273466976156663
5392134829345642399129280785997987881520429221519091416907854973613
8725169309999132270006749972335155765795143664747023748766149644043
9261348608299760978362604927823173889497922468520977599508049882699
7239249576598722306469511876779916054956726996908515258226529522733
8588543930217342747557439187441137663399412859483123438484881279455
7601367100667616597439589632554530670816842945121140912212009108666
6989989150010205569248485237225542131071661391982827657429818829177
5183372084175238696768280591023151992531280144537721647436825950883
6088863644346720804079957456104290101965608808393098287160616049122
1636045869086222897375645574135743071591089367242331664477332829688
2418831492171649497251401194936905670952961527043291961756410101855
1405960839542210112530043203244772904509568672868692837978994453344
7325407832005428354880451308874136319369558168287460790465669459003
4074428841873812325674999716469267998695588605208063729838321123866
2468120288170434815581406294988306263459334499888403865260573742233
0738578664000237741531288590945512575353933694086944429394075221822
8471001077665809512756702014775408298259436553900777906180300371044
0301910921852932847824116551890922870290124041600452149317093577535
6081634208565523320144384538895834220684171388239953227063563872422
6113302172360887531969248201179065222750848154653606346843208835251
```

951083321606843173343658468059130157408787018229598765822830020425
283556693204501981988171458261171598400011723232484622368023378498
390571958420833941883302500041002600378834221148367305474960967792
429704499983799479044054349710896265896766913002849909603860630462
400933379790920357551625516664005711218771723903001503960954051845
816999386430449804010399161286593474495582760668348248909337338629
266989646970531741560892296662428914381927372356726030305011034159
701503907594115991561792511656228924417675577202639271089785260599
471315335700459048301245358602245707716058212332185295875822030519
372890200177343206194287342147523788608300702997965315568103011287
992589391833877964700675202703688772405840664369190902874387633882
097145801017495101346458402812780113168139897806509007407674642209
638998045333262076514960825977452275842390413450268461861681457933
717594622683030636661453659920280300843252851498178817712725738675
355028513383679230567432436869620272756904956947214224246798843604
119226316915567882764842223911962740367145989741445431800616886293
376356239752548161092018062894420650865088651743884451744029361570
891066530518191344083524173853908952947331269090022881476173592405
472755741008722118602480706552734785464670810033252880494872818846
47664513871948464700273983639678691108722490689442524499301361359
823021009664966265824979074179330260447961646789612176304735470941
059054767787436276981114648195946765395331326021604518805685201238
1853835993525090558673048165893931266888710724516375807869185298
046443759849390149864088672912156151469350544680039277537716280028
444617088728346133201602784693514171037189813592856544404738893533
643422529953563067148643575822661507084722421213957490588123647260
80795665391821078069759191962799613768250527190168013501825936503
904314892374222182997294359105047665101984354967715836390356050902
744094547376200086625518953798973986955249442094528368937291622558
64458818572322005097340211240242701338138097506387073687862241346
162660761418658903675756728049468513929492469474976704482862785037
993942832787912203329713975438436447227794195248300533133083265941
26816548143183672418519071645371189456188537671861146345100987635
561039688240346932274316386856389366920782628786664631623058656232
080344670332241489658442908620119179775183607898117847087626296153
194003478154640506345659585453959336783920471778161961151978159915
334832397561116212221045289683087138354599880658578013548593749042
639560201729578681154940798878998952785944953129124758248171371088
5909691407061933036180003033238919132168402423711785594147938175122
615373552928204846201190878355782410767958987282648380188363060516
258745813238071702127070311601599319566532110559086844637230112193
935288299328435695606597198930148418941924696514195047131003620913
846840871436786883238124871873805822177969166872677052869491723296
929757412937157650310486149826499639425425153552278926558176593281
228135199049986283389176950986498709388528652246416241498009133604
809416167206933424250017253335902412245206966274283806079157097461
019323432744228427903009219716781979659790595491272105538644724076
008310005880818190724478703436574542794750466602116861532820793670
422831576774109787065652889958092151207900910624889386465174860336
630488088385858365475419590635290169607959866719791951547267539998
847762188847851073660556792237455158009612734637037295470996414489
544035707005097959712497079149894057504201650307392100837573941328
165780857198028511304247961345145042777636660548705739016497996388
0067492751266369901742142470860427633687015388954255448605196615601
145707431101267836061897633765408595584416739699898991714686664840
902419001493111173462062958230778705794867646385567587210995136468
309977716094546557201681228539377673740994283039515574945316920658
203714520458277535783379827116157535547547595988090288825001513269
030621837535588152280080499462199263139514759007671504441201028640
422323467572146522255433374645407695544296373365183294408114816553

112317888568534493625651092338223250887519700640217856262405043920
393115512742419812786611804575203790313522638215002107721305024066
241830028624776559111141308947497641704427632877747366695141529627
972984736229019636223154363191418417996968962803592775061551398755
785367266353781400817153183187933147980316630735418382498547746143
475821220350330394913462672508437397313313461349718786522154847952
113280655897451002032487297922392568927537490270425986685614904053
752845046626144264259912295769949845956168866129342741521686045369
505827710553806842470639686077813289931062855112879954394336700999
191520888614455564574422792533094751032786399982860866477824697766
936469596820933063048325230272861628840918540210758575059523354917
451756350558943167491291170862073846960048789782639109056257395994
874924959790110901916146590802074849626393582792650583647676708383
011968855505051861579809721852980782027546790777352845948855486420
957184809577355026418379662201056062017672410164759618231771444198
810096102794777608196256246820854574993759391755772555043901644270
909099403336820210181891880943144687251194488397607261064289476377
050838168092847287045308547161072786663101220366887582906462496532
944215040042608960795596028483768115833106563981887154102229185636 3
755468086146768060626175912547513262658963341657062651172681705493
010940658630266922042229894830237644323671421946364900320018910295 1
055373197420393993038094287078665529147692881385645878149664779808
233148266402166554846713406240185971412175424409787127718287785341
343837382580995377745556686390309700061492840773024700917201995246
206245391985859237134507423998517182249542889513234350318233448 37
883192959553348790109921171899225365294293653362582595390946552963
581374497293699746511875338537487094217708081745701742251604090438
846121574124452850202379839036999113896967347788049704208886393128
438915798686149953572063769482149209306281251312280804996662625532
242838399173520256674525229908409946325864683411304208458988032 41
428782414860826210577494753300377060215168255421685888255205289137
193877249869082025393362940473047505009970440709469358919699005334
783044635811964910483163816068074323974751887377450485393208011892
092176200325412859001921285078008780108096121869972156727878783603
783428505022335910473861003790033681958215347953124203321923791186
979738109328501036782788060812745282883103918315704414803727152691
119589138273502062661678813673893005894349871926275421758678377586
169291156419695497850050502717441482142253177166456489762559437582 6
764309491260552928577535565273114929560879110821596194017570249204
462620779468053776955441637902384442862707600133588293722905895613
531099244879237739700126380103906210362971005400902332662052868551
292388936540076639663983925724508244968989262459924394384508765578
909028189856834334510996196384091164376705960548419525350568787230
520679162057973980086958750046561196154504016297677700965470185284
334977644467949602803722422923120925815523806451507317582639784897 1
659561076294495873794568519845906093691349732270242823829358483476
200972795732039739082440490265245937396257295449117729608598859109
798319161919237155743147773056132758650301867128792333999409221 06
267909462585081169282796692381723798551276299352386088317714689728
571559104796911352900853677375489955124718689039574466000484795401
447802882232082425670184511475458385946399776041212321829451207207
790817682331516184554219598749744558901511992706236051896340735393
487564095315603407069359582576081667695587492098240480666527562455
192322003251452941755396468271902352195763796378975941750521586754
201928536559666201450456338552783571256712051282275196092953909245
784188554012712828606220318403041625230457334991986203368394185491
917443128141702746834805331236365464080095227986799808167861438767
022991764204219357703030288924063382337118831666892347256653147154
261973692488185677444236830676285808035577667085249394327267591827
130580282047449868310923884518396569291282691413580228508792026381

557594458857783917630415382477745027363004796768568959057429077532
824031838887419532847250575823699984185573609737934792621075648001
276066005684856289529627036503340728499245707682166060043085192144
993994615927401867906702492509188084254975382500057364115276562788
206831683745613611646610594529609876478761781065732569944130069604
044127574848059081543152521914759307810414099180436770663956672634
435356245619356407513565467271679094118794884808680923093832873822
500428513086155646738231344891197653033059034948850709043640855117
089681596818853555968367767082875926959001222681306340790521808314
175342883875013165292187663333574314371010163477966588836188698834
998328981164007025965502047611990688459306411880137433528093795109
830522058665755190255331324793551842157260882310168318176409724179
664282170553923573318235997210559146758099096015712545362591465735
834510808497696708071726694371830812496641392852932420581483522627
446937585856957168703450223775777835981585809545667455462729794 73
079756932050856264050352830255672286677544482840862099813897930370
925326425964038534996170546386083723031489481001371999013197012628
010849698683279080599525074937754235999978783744657783712375357578
526777106381435613678909479473724792426181599280191554236358409 22410
926951949865783701400806912594594455592546704732039280047011160015
595417020287950359292017703968601134563044942333977435455716545727
149517353452904622158776693210397256540533682391305809660021 21232
483113870490726163498817775250633980037352830441378850405352914195
734486262214803329495448889085450792480542683741940669188555167572
166221109208997318526676782935266132904276171207173433002345258919
537355747509268743152936342844964077178567399584381489421046285181
038496434277355192443854011056003640918609065983002373684591 49958
401444990129369372589395288983481155645581061030794545804756646504
893576785275211183407994598744205675506984616282974816927434031957
448112126921989132435503198370546644424960963633748486558714369342
400084268306946647268678216054307605555515711301054996369421412014
528605671549281450356360885793542044988312557195995587078583365330
551210839284998411268479057129722024655013870820524479272341 91950
360303939460347677085153472543380769135430210323311827099410525437
316371791899608133844403673509209111063173376587401600018697304252
984202448885270331725146924974753931982350352522617616094384809705
351245708751318689267370050744277412070979040734631226205290006391
892909903319643533353377827730338009564355202372811893414222213163
841246621876265629262131653747440952305454016919059121029833254873
844314996900817917666244456257105500140603668001332495809064102834
877164193564714304095505763803857385220987161679591048522208070839
544381665295350087746068113602730824885662613928667728371703032378
323346716406418651059916248176707063456531467640744926589904002492
943382034766548273034152265790423510131092975678304848136329763976
322746732729908939274496385721441290848706448070466163067183 26269
730189550522617503670443765606386089754748091995263944035360465439
982377356190246502693129589140222105988734088163222562586861744532
441158949303555099774824741515073734119475733373556527627418519164
245146201049878262945368950884462321176358003511841835926759864297
128139853841446909691719079951674046781893587502744350355118079967
776249870628475929132726168844888493914112874532057248359162360674
161634463880131235116126332141573507358737890898646033191010479049
510880532762436343801953205313641343554593647041984399732731928183
025760085767530258321696714646834358840039142037072426708260176162
533902989867152675622198130603529594844640440396885600064817661090
330560790650387689684467316948543389183689353793341689787646104050
602410935985553266431299975939026367969692513769369261591022851172
165414889215726223597736677014639845855210470747638897225490221795
578347385363008193343789887481568027697599949512125441570271376490
277515078777994910956148957426227398794033221282575324578456195 5271

```
49717737489231107175800448526108753397144093342364167000739474760533876638025429586355293691303476986899061333624590847353805299916952374065505765703934901547390655652892580819446962840122139245511198760380740566099410523116436019256847220532851072587588370887878354074617797601531730495005829381247505250302170023610957367090784022351162225972381301444079847918133032105443244311027197910059137380934837758636139977194367200655924569938147027619184666121180429617186652831069577660924377161598315124593617280103901636552046619370925251253631396559201177821427680194280476586534858158747031199267709791335049110720516524324623125383157448751295415603552750263679614546109344416853578102731389969995468673435181034432552595169300233005059257279978159048202235890526047920348250750421717345546642531252852594784406842133378979724559938145290249134127724342450971795118644615062815283928650237212926436840813268942316931518881895385268180047631030778038992441215187198582722254498999677875145879160239707666604413330594001772519682882761813890254014214115403222188075221493138730394389483863488048858725731296054402267540119444344427123955690237907150071386106419858388879568805486335172808446464724813277238595610521301309101510626429327631624722285985257102637159462999401322655051880446573989800377544218446299791933040060517616187986026555760768914956796240330209203533823006490419857512128054908768126499986629682021600839357742569239001450967655189683001149858003950066246338616802255066870759127483197530001455406015411980784113494829465680601707418219448269420291459193117972944253523513933101121868831678002326637691951938989304956559636443049982636233222213173795863375272901598026762438208490894364283124967962162500163529966893044625845804167249071090414279544743227764055860644979937748159790612922202930619833526180042611796654967580548290181068947372216120265716263043635302282129337245083943534370967854324380583128895052786635657171288036985284548714950798562466555779317050790289986859714364593077973507014015227544766934198239263898929453534319021801693875850287786879702046168231973519928076697586512760646823839169601486711150096038459388200510615266462562727086373994715025777181072308962043626415525571521279045835429590591012051850860519983358295202764452425123577351536145132912213357834119671870758566063500029766458721899656846809835422555679769978615295831620657432073721099684406194608527521399720774602837961829406778265980996983586608974386510365624255625084235435456301512197111167328336550705832479172735651427694109849863570666188025284345361197742349000160410913598065825325104777234873758588466697858029999224197366504115511962816004732157650700516628984539963791941447196127536849638484184078353921949516076075298476708413827460440301770757999666767568612536105140039171681725678050138978371865837968976150172098480602272151208763671116355293561961304020927396418528693604726513966875556304008753585686831314128686092282555124226959567993035024901136677093640349903748458741989108901894570519857812478440357578671393197085549893809997065410579169020959889749873844727261372435180656164993163897351119703310393978040928094799734337726502122497143409823782365196589288627922327799039418205068569837671166237721514412022766337949173743734228317972794011937453904905797144617183602567322140552194621862859145438965623402489453798119559649687070730218607805131930946785284844420212843249930715413564423079386272526585208492269484399394853053527270682335863948608170577407516973852120210628959417716079254130699134608143824632866935231265907343036680953859410617393229095642880544878637787221289725072743419564661165959340871344812029957960400057641468485638419208402583268552123795496248911586260094009876541358587061925113653719481486085710770837602097237465955311440307339494234844861525237226662531720908162226940000211227591834255298281689971968761014385191901289880742428052835555332523257154858756144775201194680111550944054296573
```

```
19362159591875821948220747561530783348030085499433087398213402707 0
0031128588792796739627366092071269711513819537715546410633745558 49
19631691755255599189224089797833124273545384179602784595898647060 0
95284180866467711094641598431500095974947022075958749369609348923 5
13155308795226753192288751932690569926959011242800843780897580223 7
27211128142771580921578619031438232822215843119736386797272276849 5
81363281470182765236169987038316548057146175201779780107490052009 8
62225386713437898798488104450302717738606821067182348566610328159 8
40918571490847707412577372152962362895142819394934492310024755294 6
87688142282688263381992107050031482296907812706850236096795245615 6
31762537844390868388545471766250548688614538858940190650918410158 8
52088336961298773167275269197562386427609513694583842618521833895 7
05186413263202522931391348380821287964338813629845539042373128573 8
55900623287197915909121817103349208827365725960067510345169173034
84066477312472853649869703225505802851210314581397165500540219991 2
58467124752296233047947620417483573396512933884625986054669020687 2
74310798920093600862996258526495569263422443490758898712075405572 3
91778889837474006283110359893639753683143163791553508445994998151 7
90357191664595797264053563579622852232320999562529072956596862566 6
47611821743688936552658420973588048382356327038462917410427463403 2
76404424721791963389233004523529200287573013563038211172897133169
43637220617508581520290849724636905566762892184262651781976519538 5
24643036425620321295916089585335981540706502452521657088226438896 9
55320033071238601771994269799874271196603530485283581844146085491 3
45064443171308666567324744794322805473391376062758189042836565865
98954664885617098590233571893647110221915544801416081086328652657 2
02503734779658698028969756875969566551715729978174149125519450833 7
79497446698060268643181523422924316776326510155053746777092041564 7
64624751249672301142884839539706060560724653142273218895838355013 9
85022479806163823494536612899404093559178092658682360641984947863 9
49273925514675962185564843402871639984241656407922432049921519352 7
09427492550972098376405547995076369623700896158531420828549780644 0
65756946107401242830116770917540880488062665750487449700100644817 2
81703371857168769905205043126912675894235464242632192681612607135 2
55937799846876848766637463737084830913023031875975519252439917826 2
64027996616367094369112530086284350297886671483877355700954085095 1
09254267237087162850872049910014666606934352543968132422775052041 2
08431177836208642591374140370189390584913088530767180337775977981 5
45040600450842816926539549424241734396825797942963322331213218107 8
01293219793602750388852631045872578879049933017249371699290336354 5
29074965146405609127548752881574874850466564788157133643242701577 1
20650882647257091154529355415106455103509471072017880017924641359 7
21384299487104597755279842745069774265641488340683008092305464626 0
38948326722396040624646594574202522108428812826688967527898024346 8
26557896265626637974536891092934689209248410970235713162753302389 0
20769867314325842760948183881245857587340140970686718956181311222 9
47002197844824158154450981988915294242890693466056260795656643943 3
93427998358823571167575116329255621499470951835223312458109131586 5
57735917584703694148488150386326409866052441608994421423724467318 5
76854052616459608035904616045947747232056287891088699234201957552 6
45554915186288103709855628981849208453628176074175578224666387907 2
60467755483451744348189049688056376503250353592627137451498862405 4
82956247369333449623309027391137081058407123726554039444066616546 6
69812794016117438031442545836113138700180051064222504742126749539 9
70759097152710314165536334773200549635491466719499256643771113519 6
47122484421338334482991474019169297097827330482096570236574416621 6
40413859757199401107550548138356750975367702086214802247690575931 2
84579612052010606527221595997455895639292741610135447771486602722 2
28078788919031049330486064234888941265365091980468047266792907707 7
02290502025767138443684581563482900222665872245389242075867812648 0
```

```
7425984310372314483507393491632856870879893530898303553843839500 79
7078015089931667721215355785047682448066812060081609252490055065 60
6882005394397529404297779977390954812182338828159978628439344893 7
9186155563845847942592989490543845037369764733322568524240216019 59
0447240163994449258915452220947381972857356081416294420120829692 34
2136751905692105337359237781600665668763641463665790435737824436 65
1668510493519577657907919335490054245374836258264105168437864450 29
5918358983964405685936888263686371050276878385312777705665995603 00
1572358237147154721905671426014336879664684364914394999572722150 58
0428992181009895079934494421419902144689255392867691751039824675 82
4637343805239735083028068718734460641876299320312170407048304612 91
6426319820862850786951729018997001434289682624417807819162644171 95
0445075766685632424567458175518591360435999585745988250355384667 41
3282045253701080509023511484048195305888064160408235523512941281 40
4845448810370856942626000271639230100860372142424842912649571956 98
7321905242756339490162246454625934745670300567283750846724982527 98
3673495617708983651654782788942618610518327692085036036217800339 15
2493371484445501415791162505068909107138275802244650509860986883 27
6779711832573931871621676788356224198867538683931575658977686520 16
3945282738867440651787566006894982173557480744432557759069273637 84
8180513357096270189715205890970811986200522767934991330405828456 72
0358566472410588945530875223646183843964025960112548528766088662 84
8307636012870066672280267000361494230261254165504582961699316384 37
0582967507053229269109161196749361273729163120586368847905250952 73
5154380622219327300289599240793074438573669093529492586894401073 4
2217802437077152816124253190882271732715433823740147454362184333 25
6802959940771301498332370451096996545320274533507021770370706113 81
9105163588030747477081980826531951055240343461890804087728558871 02
6191299109229595088225181920585188744198634862518824566545078032 95
3634810263484330308372418113655627830193910161835174032238450979 14
6875216238771442392232324557636410797470012553983247122601905304 88
6666493332284863290538086835170964354044025686679116884443421694 02
5177269167200542365879524586487291931941963983705910834659556545 73
7455427472252563872049196484680456121634675557800183911458050720 29
1040917746197882965048612355528726975520000423820381832076425536 409
6320893392454496759815230921518947305019785351001529957353054281 12
8364842365947435959609595698016202753023959419953344628208264979 23
6079421886804110602415874150857519458061568880834301854125378195 45
9697414236778741870667215842752231935277070188776280303233740286 26
6042073050523785203542104257724425591404270087490764352482693868 10
7163766930730372723741717542458522477357582702959966498541023115 10
1387432370479915917879029944855016825586545153881254857425414604 29
1201232285561488953271771724012262799441082686913997298743825568 15
8111262387326261042642491914673031393240789967378614329041420844 11
4674153516742689733703219069028747706020088422190321251655289117 17
3856747773113661537343917519627079549216170937800543404578737896 89
5794065840260922267066639747064746191485114465244380741520552128 68
6202006717232636847179672315491533594924534289288748593176642699 36
2096734074977450530705684314101332632877759213057623147008743738 45
0762603058757749787324207140665136179949569456010819284319373673 28
4179893518959542351970228934729769771049753586499567318504695098 73
9662801395315247336067459574653673422509659501098766962373414060 68
3935034819838271821186844060176157656025470113953735726783452694 55
9607917770944971727234694733436780387223775747916868955520413621 538
0142825486737769528370384142793400440013056897835562279860713607 05
9660446853343332247081996051727615220108066710652379501907097493 74
1821633529938651891700778898834763609236188052690600640828079713 43
4978942759592887202610785155541123973730460975923178834688072538 35
1059080021866044902897911896725936755213964729068579735073675718 21
6974036670698961345787450610971203501479565375164166153121647325 44
```

16789277507245943628192382562336298103756532891328239232272506794
17094691318566996226763008474933294923772482025168055066631619034
578005029621609509712783134975497484970807501469286177972053920877
355735426344654046917507878362978303712221263449953760458706825466
567329277539722860367819247326075875375036396055575515247044790468
927900741744080991621535352379551593168250391708411573389472148337
705878936954153482731607170302320249290945466553120552501263225317
414273729408935823231304140359670910492571838352019535775111030301
893738736672956883475900280466901502804156922062794107897682809626
966101213748811955631196777980468124930647837405316274760628345868
471645943824367753427608269557653234427605339971298708052089898561
442065934722157535135731353150964325686326997601181676887233090478
473878261088300271876502608262925233194476909940416700264006555597
136991814669791135677806574510572964711963826438069896023388113530
721498585368708628587178926879629780160894163936301209416355230277
734299630152634357751250413519834118736205833454731185380745726843
372069052208562550105061009379428561404741845592117933927270859725
115288005694028053614114492402092462087948741836224854453701673479
359020150069908947111950095477169960645156934098095760872306116798
593054474249458559276375426550790985078262274524142805641961957947
016181410188593967029288408817507132694912645147924587138834722095
701254537628711546135844710131132320149549094464014760003023763285
717139536547149001355586963306925811264047920053172809211791287009
678813893732959490687691623091782228643533340593396791602428932748
444663155945748561132045178306464916622418132462957675091859029883
332306551450236294043474054925561176422160938847117341895740719985
035273669869338669851702573938066023027910628085352549353166194585
293885401347619818297901927026997553976270972133207752142888313638
279403779548104363968462169524948229844322968969208533555308531740
953971002744873252835275736247945801278044550361060645585780357362
625255636064773490568638324600588264572996728670647068819718804899
591820953876986724126105812313371883281538730532406351716048837318
634831944878552453402131059605432697873627899027362358152686677286
48413763217540668989734882611860180029360022362615884959038938183
834781502164731089138369537380668316436990879808593012837352876220
600536227587287679465791680576358143240925305502388654829492572512
760977104308414241327149223014555024915380116515701072599196608891
033445877802018420198687255798348589279411579165489841807965598165
292440028600089283308995984612515413473641247553705658072496073372
896863956551034497585830017188013929340815934657740749168731401990
382842771226233324460588756739838593500769513118556316845738386555
122929408030684220362567245918113860635048015522616706356496428673
234596566937992435872932911668849839364206797703901915931945597036
125926270637083717136079722292448389736599492632218594309529344551
705400945927487032843519938814026708591528949635950763638073234705
346230932441509575691850480891957173919165310002415714293566869097
067553848502610804074340645742634283252211020710345037453834072171
927286093079709087864027403756034196203260951802333194466047043934
800540635869102941831438198076626369229201519626745478890548730085
33422088159740328925356782478045723448555638842993651785938154287
147347054077625040798071086832571272096595247028093129849059790306
19675080599442179885069831610963804318575734932089702792144339391
342829009838902927600998103497167534005535026657548513582069817189
4317365218737270386652434205926968399585877165807536293049174582
102753301267023622273305213709274757549275403224866536323928428878
807181194344775443943157463373774219051446263840148384522306013263
650278845147170479058318058348940856949424994415155483863342377204
069960193358031375344976028444995154109011381560664132329431053540
356633498250090053413621495974752980282398461972836700621058461397
781582746765798260178472965764639589418774249633169588422839119159

```
05656402281934968017581638401394292081420882045469029946376520598
8197831754480127119965562213173244271608021931664467184506702416
04612011797638272392113483394387989629058401796863609432553006062
8889732392513616327023907523959826534893994680658059487686462751 41
0940649931153419873217299143125910097771886869455712444493582861 38
125976463755113427984573762023435625698831225304205902149070999674
160321546707538816502965863991553151342905513331653248308850347019
549055674484101032187658995675839455823828668310814186283547319475
5252747115754025434804661774803878685983787156949134278530829472 88
7354120431902320905929543286106613269760762669266113521146625 2769
841277340852419138268582809550758375787518294419538166996475933805
8109744197040887688325257374385618259110897501964314793725720708 09
405896055397098285800445563078599861108297845198039988230941625098
6802635168228075608165070483489644168361836594632976919733266450 4
4332702652964407332608359487129720563680362999226922055550219361 31
3094392925616898258938095311543481328951849165428725462863519781 03
0237300349037991793076886122045326513181013816898791956784667866 14
4331058014381259912791415887667170290675999071222928172745278544 31
917637751864885446905521418294754607553734560608556346420396176670
9575287454949012046660351964636873577292974282347505496786544592736
06276089892469782418907136691030092667819130305591951169569317831 9
75407962403384211046644652404581868639326096465330334711292131543 6
9571442206723727019032161281636606835353591402798852609531474419 7
670576401090753060472138657067665499726561399562590818508530304555
9284076141246522180996543530716318507488647893313715980401910580 10
24255417135661896120601106976120338712176953627748147024046287959 4
4796568929166656151629117736946184946177683166359452851171641400 87
96109655867194211638165457893559437474165960191040265069965376089 1
088490540908807662422362445253132852178568721171075072872580243702
7495835664624563513977205964778734767213709697787437222222854441 50
51625814759001600103498734216428737941520917280874385287068745299 6
7585063462361565683806568468586659128839299398749192804509759935 76
2191530345339640241628163756457337985969012829274187962762503806 40
305799822393935095892199527851029164638047832936209192780407715041
87300689178573817825379312653226956429848057505704338593699343393 4
560449623259372433043576671477116642620566716193777375770182049361
59782065517759604455742714015958506242086143202210279470032864409 7
49853119493397220525601724380678398080630198033038714010823737020 2
1780239991965948474208100416246313999893872678129698371396533436 97
8063946676428600241528248737856394129279353836077076083007500854 68
836684968344738138000194809994639279397254809261755712323072287991
47294996278293181211799953119139336829142170800391710839203996253 2
46571242671148076218732388866302732632605102274855876858248299627 3
7856303750205262948831696089490129163137263488580498192487545535 24
88732623943936750450165476893402068214585655661710507751194373805 8
9413425696041313947581919706682302632423409024450540958834108768 89
880583600190580085619949103323884501331396041945468828359061480627
9170274255056983630386819040807698607465088442367761705462260845 43
972221940355420265203310445526900704688277458214569663667446999428
8417347114807023479517943077836152757400116754238104978226516996 79
32701790991325359692564131021203176759602636795510869259891936051 5
29316116399937906052216218262573447363342026307505726425225525500 6
96250372133805324484465377149717057771217385550214036410911783897 2
1417976354731764860997323702087657166232862736406666525224448442 3
7047431260270194052932539203881245611678392260714780011957184750 45
5611615250384482208269186674529500194547955474267031195338846336 75
0475341192430517289055830639606427300931789903397134393158405916 10
08586393822138202271708192475778210015039163848666017090813909135 9
53340619014626904240956805262401070564777661840736519965983120159 1
4861912479104532820849003769623579045204928147481448465817268742 91
```

```
6011125678009811772691222090702378514866112437144591984668576309 47
37512094243352004465053297391251670830182554297130226067466098 0052
60391962755798389509069243190047375640183607454934859101794475 5771
62863150554887610286729181867586476644478659627827294039993209 9053
35496913847574304220358026682005018352485651517034209943110726 0374
75082164349588541432104573557419801182940065163845907783130947 3009
92993954182718180599773199552253765623522616879880482847203149 5890
62569689442427840761719747852121117086752944603670533555703336 1952
69940643523308190957437080465607841235006193415649510049733173 8362
04004227344378915789653495861159191813589724449560707032232278 2801
57914855808866326700924042342031392716468963013705622185503990 3462
29467917697832970152412757358458013089759525863985502154636770 5090
07033290797558326525697330992519942335234267432452628783434878 0393
20990147869741317281125496445904277797369126687707533793810529 5979
21956009451964724521456644781129408884259739950228931567320489 0035
95653148818181335248844868969480061253647427755000504204046210 3442
55558808662144252379324645861308670915261439688781633677349695 1240
90077391672641409412421645618536462085838052194808988737746342 8514
00043979235067024426706670697307923553229765566845704762902563 2259
78319618333972491546952552514351434797307250589853935034414301 0372
76933082870107555261221323794891532424850154784570097745683673 9570
64624532316783427160599513253350384476461804529889100892576142 3645
68920937121623357779190101698527465074331339403860558383560512 5299
11464752510497400839238188040952466569782190675007745127340413 7469
48598903243038421773757608092588363984942852491661239742134030 6639
96839945731531459218956185429736941639291274586602149193256062 9083
54788945387058909910287768426344909242758195382277154455075508 2820
78488360093885750407133806431446435106635772542001072151282148 7380
12783255219477266669643519639951388097664532433272355768426415 3138
09782298046321315377462523540429060358017056192744688484775984 9178
08674554983296585195346162001081254224267667244659198500373724 6700
09453141832851380224433867264250159567592114147496245184912047 2064
67560940593359887917979059001367488538645068696206561499083496 8225
78568113455648395727288903768564734858702787470924437841701540 0337
45698274823246922177670738059985075586166871378718683096809676 5583
70216611140772207852210640268269888730728960516843783520367402 2500
33012942208799728073355203320849825187947636617429055283759128 5641
64974137281936511433254132159665447975088966378440583413844824 5573
38593122367508775691745807770666376143138370336043345867465015 7199
99493570926314983135394760109974600000537658144945733267458610 6330
49321502973839393544273709938641506048173133810760582530943941 9878
57532365723323047959249575058023465548576017407830040764894676 8258
64095103880437439926955341506926095520996684963621960975419902 5668
92730018303988411552635487584101918625856519589499175436701377 5262
96212355626089075981447245106345316843742039269634125122549425 5324
46603922385414921802547488287657536406695665685449904948149152 8050
38253528556467200442522894314635745970560541321113477618345914 3500
68040975165789396711785485165229206778357107525513953145282312 2246
07743264857802147106967125824905495325200298011874329803856098 2084
74987810516242573853621749468345607944013868042725973721779959 7613
48492683692590494544728545348555476728550926269663335154395319 1992
62090222901179165035405320535415573239628658778850100121050944 8364
36935545656529870251042737311270368643270185393046229863901849 849
77908527046883100741060641993467683487921490182379262313535776 004
52539830948834995312973156738110357671380950602689881032606604 4317
64355029955330743512178353637422630730894118909833411963860551 52202
49684439394253053142728238451977244601660403995835472791372579 9487
69056309963892047062937605056521820542134579977355489353836803 3652
82076081251489436246900174250148369489103249786394191146005402 3062
16185569908610246731548646098802027810734737377704918834398152 9606
```

```
9606171715477091558045391472137944886307027510625910079537399995139
4861744903022978921815233955882101576496402094591940900160611658741
1111980734335103381902040120299293240314432987716472194187589256
6345923219990922901557239337288860713694061776164509345671522804998
2747509278302635993198163991685562604495679935194832038447039650090
8998538011265861333379477552130328891619787933732768447413283162150
3821350502232982479519855842530644062732756704048542157953717334380
3013657922716976581525422725319026917215835634790655014339322211840
5457743373186545271855941021062294882520434730878381222298316872350
7783733734451559948232923392695789294479982400949392664270739432300
2747132009716034757074410728503079630390757270283805020959161755070
0005016627794293181245052386723996858519317795903884046755651332500
5758214943153517959498790175939954018699586162066971538933325756000
1809207795785012715852501324370267983815321683151058802737455893980
2251650796556806740552933580416458692852316528925062441034507254750
1746696957664759912065568479831778838624441646954191913411663831350
9509426984078970554946580729459831838654621775210631145510433633530
6617757305037406342920891277502236209418309382037942049430183256480
8151462174731495312272496651940332666946548174825341725229124749700
5114616160054281880540354198947234572555907901419851829814814599027
1405143266071026229634919481259342145337898724583097604861886869580
5130390729173392077225689609836520912793114821797475064465597613400
3875759224022396034735708491833781121498925829532335444378531833360
1017437217127075561619143805327266024494866847503438075251839224590
2395717830234714190223503503807941127277487289504002308047407224550
6001247620731599212504578861913386499033912685147243309106085594360
6056248486764753301033636598577489631546413465281763741261581100780
1736701249544796541160122490093946034993309994023927494381350400800
2944899168793936676108675503546923865708941470394616477845589307010
1895036016968430078158866532913562055689169725157812754395541621510
9521053001313362218719381457197443546784636798831874133330551292210
0015747304782227473543623380608200983366453685586892563315746920240
3151683123406729773141705079853683002114655362735781206338697324680
7906485958758167228676488743765465044904838056518022973211179540560
5437944615042021563406645608062174908344929657888829537930350472600
8621682320154984933606588503695960666607613634125466771426576696690
3825333353829686677801855476375874137561497408516836293864444543720
8252821275965733418806978040386375624321359353338276914364031872200
5194448826998998678043790503172651953332428847616800651629802990750
0232478834434240656782881288607696374064960256307156567675052037050
3083913616628392164184509828446743051228444239833464130153027392170
5042011926614572750828139037673363576392544605297160176537577389890
4691397706717184212302966812872049713645325528993086401233052322600
5408161138788925319487861723276315274802047699701084142223997929110
0102895691963294280332770835352538903514318588286319374292654222120
9276285260042254539799810059553667839998923929180915038777361400920
8153081940786066474842382259576352851784924147444843684342520668210
5659669197697288057366703621563551249944361226689330580394804546270
7509788735672716123758257138391394108724319551951605337651555589250
3551826979714756066893173531053191521229835917302302675839274164930
1422439389744310087449119622448073715852494755275828413716873388500
6845139719357174351376651048952390290170630927122646840669278348390
9886285959423967936456417355871840199018757254634606762070626278960
2322034805371836351794691087763851991107837936690226478961426528190
8994989440958346496265144316565821247179207892033514059366782849401
7798965297981550745435803177585622558690690601230324010936129535535
7635843299746307928840816702336678897012814595884742819942874986614
3771185970104607861183122285674946913190044825643028262007248787520
5394397901252203517990670108864444173332942703850477762959484381490
9099891262534888002247011268538660594376622270365082672212322235150
```

```
7255037650385409525310175758687338353119969360241660039650928072740
3807137547048484456886848919687212310981990987307479532054140103950
9736196967523052442164056190052674275993797137268686278535430551790
1257504715766018492371822393484939196929539449988380196572662503650
1757494033119695979411721257623713831651147962605579178440278188120
2553834089639827049789072574304430334117910810905995054171220773730
7974775030368125820309958441194867999857940111713933242395262703610
9927063772417033978111333238271568277342014790547261654340193226710
4421801961053370502633374273190455187948713485249862668222211111310
8914455762210422898347390349981259778110809013186425670889103674290
8030491363651421324982033989238262331145775400763163825126866684850
0315841111141155886426790721346040922170507459824720702455243140350
2011956531392458331009142536349587897907439371365970955272555666600
0702420283910074594624663130745446751130599377751204119280556497290
1512349150553278102298643060840537644098917444310769987172760038150
1634428606521830692100917992794170931936294247745806817335335970170
5989328603148532015687697915652124189670040309591727757081603018690
4597140799824436333287543192214073599695262683038565958452089565540
9778101327453943408643865269541406604205250151308378086645729974920
5690376170930028161622503187003032737144860512516407239007008823820
3906811473995804355590351241221823298274366777890385385862391814780
1588335258137893191305164723901590515007329258274620428914392667530
4952154942924092785612941425869372951468931427054442270009321461090
3344478176261888491644169256081359077579447386206015924040120633740
9989542529116340952448531423182474586867921351026966287517052106460
0784704974666154518814151035167349815783088805062902524727849132880
3585857196877031633009755390490488456644897468888248422504227410760
9069154782415861985184219579094591392694553934970741708260129913610
3729331990899612447611270277043889271701723488617631963685024672080
2669876084819752651511784683974330831726048785403033294278644360910
1489762879741302033675392689318594580161832917944010095832498058750
0645836641276952928598265770333006234582654955532316653230563737350
1219528492148963929423810595598227092759973032994737505687449872810
2934702606624477615834666170491626975717975872429291141879750748780
2171533419974526805573225600314170463422031897578207730237386246970
8504165097975844527164585220435513975928752950895465228066269694340
4990148802004181186420397742204042702669554460329902549594352025200
7964887345800543458468494529753539158379291130570376177366337579520
3977108739337954733211854879061926854224008395361036877899152210450
2106502003800518083477093161510544129726850899664228246448977642320
3194767560243809769463100168877605725679893692800865024874467608240
5459575013283810001229747305653999137661127606785834512958030384050
0253041663117398222113792207474393966300340704960764328821987339870
7333802859793609821535465591007243170971570609710596868869066479060
7951508101151970513635751636112075963738637573858499983786453057900
3044394301295041097437837274732158210702226767570396614186087744390
6909624777614298268125725518207382106291429179289825779700233074920
9888582353993193563942526806194864206708332451046817067040554213410
8765164192197761886802958921872436739129792967021700260470795407590
9880696538294706826294750079920917805450108721318367103021403412390
9398867410140472913176444209080110919803524432113336535828527182840
3262367250370024116259482255974488083176067370154856289118665446550
0456305213779045057328185120197966540943027004974463254612122414110
2832936643794032198447927665610927170763559401220553590244673070730
7840681089160484022631613165378822613062347649322815522919522340920
5183960171495570625339301919067459718990077654358539453730570858760
7339377522556188759086266557260714813602684304809463378108948705330
2533469315286522818485015039938003366387897338934112884345773523320
1999762575438761947829060841049231708697927266856501771784535760140
4406871716869009528068034318933563042709727787065088633337297031000
```

```
1593202223247970041018149467646133696884479094536114901744629897493
2300375802531917695505241625006552842611437307622654208268221345 94
6753703366218421816566443477572096300136885151459679472036012139 39
9463261145414446827526486615867566816023239217047451257013486590 61
6430860058855687920847833606246304195846417470830336606533005342 06
2042836863188883242668160351752140074640269007587610894794635150 84
4959617000501827708966824263274755293913446482687560096276222425 07
2962721883787469558539680869873126892374812698135012870259485298 70
9385372271299505563015937166285821886591605207403805726033045131 97
2167929147718675630529355727688239029226621973058048731140117530 81
3389217011861801173372514366353087565734208941704807219335988747 97
3642686198794102854212952941043654806166646656095350681267986083 77
2342685220615877477450454408597241235728136293950248772132291814 47
4603528240905004010177366269864170218167035181897467051204279605 43
6662794521749414856486403423375959054906013609693091684106291636 79
4689232189120912740195170618038721228430708796077311372544130605 41
7298995054837882772704666386419113779886974063277679996081032755 65
6287090677016148581185167152557206731092594326602485559388718412 43
0422561677461510838972883424225891485050847290517606189977758300 70
6565252084740820884217337391076739811488077333220165889114100515 85
4223884063672865672508971288503845294031629188371445378786613054 00
0917050111154718543635583103320721198133485863115342360192029371 83
0435261690844019550048145069369378671523847124185820700564413530 4874
2051561451208666809688655364730701451711555839964583567800349094 90
3932744514411779916379631033825445061267296629820769283473834827 5
6376171383960793925089382875193889083742482839533422566401300588 87
7665791783597740406707501771087193911457846825425001211040115678 13
8129566257255109176460365967780579961308628200115012516792484947 60
4849884203733393954346866859023545752309540738153041167591919640 33
9500823221212203194858219244347552933753017393518181466920530067 68
3549832608976267360301178458554875270307322003532412239102967066 48
1671955925453221347824974025002702748059981683762141181833876083 48
7925809813815166160414642080752020537454958013051355297538783179 55
6066095345275028999528430525995863149779903125995926852386759975 76
4413602257604706511987193235262649108130193591599676247754200546 83
3291360809333218453091032664269570273636886158684198635589869662 16
1263694234626987065295164603659088977630943695328921497180259712 63
1079198634234336833798542781592437536105952313676705884251472686 69
2596225562333882544491533895148078035316009623627236262932109383 81
2134429259616897760712961096532858126385635284069187072690950871 99
0848758805976806154343849833078622373299505385954465287258009173 84
8216395247618669194284409202032528586359734273652108417792406533 76
9948709190400653628400265799102780858816942811241986780321267661 19
0821206876943902568983185502950735813628332588132934978756119965 70
6477032335460135933015737186998527595278840155231304466467007044 5
7016737473029447784258379713395798102341927430114166335631047200 20
6230346672004347363362091860740637938741083779837265910226226628 16
6836817461450888105867940209169623707026722707855670246696621523 59
2324890655654114232165300123066831581370950117516497474177077104 78
6711442312703082596497028065230972652259535026093760320464181040 12
8257029715290996630179728749671607818738643460436560312600913080 19
9055913449698243059810448121422323919882333051748761776106038024 22
4869336078269834879905318712019365657188113798828547000366180337 64
6164180800562110656657135445738035572162702066987066596116302669 28
1335128597234227347404355045030184366157059758602591897297176293 78
2075851521436630058441375435301528736386393755920249401991229614 78
3120533902040215249571623751771392074048121632069561687837440675 14
2766118193570409262254428125724467479356699022400016162793569997 73
7936222932888995109667188147254724474423324508328161135885062617 781
3475226377416689306796189069817385426207116834520208661722554021 51
```

```
3152030142615363529241762488724019384328470314533568553211634603224
1191096900498066163653704830044010118129186561089746980695576919113
5851555938337915890679818785736968733491665317029348327448262343967
8936713440726772268408403907850447337091690161948341749284476857666
0558238949976266570726095917281026112370882204240489674179817610599
7121652434189876973254051835763906896752464304945981403996019833688
1862821705860733720146993569728500023185154135769994130028979845466
3872060925991656750042574557721385582160662381881843260855908648844
2305772902458375483327194659221890608225577193031024428450880238004
1182458745459540599118793898665243467776067162411186100101040907344
9130306713696907321594348481297454532146506161170158707923782677677
5224366356639191960427312642890214401873475928547074256703449969177
6752335984781388655657058999833186012346150364759381711586038569700
4789249935904441279760418898209130348330214953067826196903024060822
5099184094962411171475019366825471966844473398515303878500511069799
0200649735354559385757078833367688924611079346271444198027290305966
6709465426946680003655724825053853726570034645529843754856057664366
5484689591987032555090859093742098048624130992674323728635611761800
9716368736588525875429289986840706674091310523331169139017590611777
9084055504104097301267508771676860043264047173173087489445795368288
0651668288418809763876877516772254015070039336937988371358231367555
0158528752403375539868709478397561579463085259914621207238560952299
2201024194226436550096437281621236592956492120341931085580480579255
2070560970733110036108725733655124436397417268775153220654225639333
9142498791922029924304015135326183042516398217599879940327177063066
5296019659466033166091932252139785174202756045328225580091107055700
1608519778065710143163012118809125580649860309480491466761077207455
5026345069561581532830704419644626444019789530416738083329238465455
1537251333168403315256389658947110087988118295323646800461339453766
7014912177042821942828505066221884630508804097835701153266549162555
2495263850962757967494757716034923473596280176155626743906233034700
0445381194095286975509385806797026611456848484630899149431515248800
1780244169740998906039084394418502530473572469373056161853793406888
2946014254022114233731397240857449458623776193225518556891103646377
6840705160036061406435708118477977704059956412001046014130008907888
0893775952957450476550390531835991468545540757025419445358817282300
2171840873401560659477066982172966386591321277165192516662912421600
0260824045564181828242071555930414128479212381485951448399656715055
7646027136104073454888170722718008329681401203966223752409176259300
5011964574375389928646189021874107501694155173074879655579434122133
4018619457111141451434767911050873858437954322814623925103215251788
0610220029850611715115229246844062336709270892264532410781786234933
0020364861529930701368469705066369587621303871918496736262861287733
1353077213166220888069011784522319949365322724431774790440805210122
4268282757760576852072110323533635517332228465853855790725929976588
4978688690119345292746422752555850487824174159627743927269508630033
7391972324328096423320958067469745511572367038795593244575845312222
6002395645186342413700109861502651950965012763338281967365976435599
4000089837050721922683756253424579642152081415381403528342327457455
2821886539984540277441222545229422654145010246288388525706463919900
4127385863747237719701816615015593065525804024490929824495350132777
8095325642634262634327899951686692296919787694623076382134287918533
4016638265861389810556650674010634208285394781800204536422696790166
3479917796814269701962431418370179332392082069639114568653435751788
9370246642695952596006543260916042709032773341248793762208978545699
4318474194345106203974665551472056170610194612226866815969048383944
2904309928316773541444293722192576392177792342237733971484881819100
1699820182786211318128453632639843862156550967765319885417831855866
7415823900430534511707373728672801882335457853069599677880674179644
3009793841325405448123808319030586540851532278542313542837423537588
```

721688236322055070652706495251356963675212104632064184322393563779
520998965454720016968351074307701939884197870709476949874864200855
470745726706021712740956692665431438337769024013142789997756778724
179571357223060632305238563514763132557264467597733776986284175094
033938121692142673563864623543402066943063507513940274428897658237
003075649301065734518698212694757885041191961361046093431644074153
374395772435885256502313780947543195773054518785207209863861162273
043345329587547485512733832797221918503504787189788424928710689618
210899417158677612083801516188865145400128585971646301364496516055
149382279283444908376743281989211429104310611108686921655279207982
016493293745813421507655118784892767382548793511783235161120855178
410837621175281500785185477818607679428641484323323319109726685003
293412891404585820443155761077878576257742383848993157237395983811
060781246778635855689965273688452409425287045964359207605793466843
241453255963562487488211791208183970347846417549291422486198816983
583681912923190240717129570007687463345058546053618974136529114874
878826670127663175041210072031578108892437664036773091175530904092
817119613621053923413873342259376787685262571351224341348244924378
633188527682753743104903544552421435713693138564029040006569936253
681779918785587184473077058252974350574866412708465442603847274453
318352984893683898978082890186230744840470844908528494030390434295
546385274085475901526881600037477252228117811611574237139819507 4067
417534318414635054434243835745192486115808800396066834394019089873
781924404002198322845207651547921136925507478741658366024221854621
946430775152186135581519887540463551761409590543738570052501358093
904859672162021606984416156907877168406812741437661409111813963108
559915166148107954451532495992136682549963271237356256841474541431
231206048819565493502823579799437677757118356659006902041799336 9091
728241049062313271244249416014285160962807790636038335841419927091
542276842581774992219930572580325951237712012994424840701227968679
444734180679258265793495891476788837891544093263165670060889473109
325610561988030860548652087745645452474853531540501116812428474957
904372159415539436702907125778653689754228949640116185024437131408
434630354358064772127114350431362548438660924361550031965108550050
907158337041502556889102458400418193352025212449845716767925568221
802326639623157096458907968699494137343262118149547389785624882172
010558278984533331365484894508887856751904044595926531952158 11924
489811352902213455038356598271936949317656578186760047007731691816
455034194766774380181590333099302566595666806010250926530115150160
622468616389719309021432141704002191457726858407865209722168098063
403409743086907298822309751951983100298612670489081778827687757961
178330223290184600190716087476842315224050774360779330699714208266
188407940469258063274247275041565742546714723309962603957286538590
552888005911222577468976219282389040655521371974945223212768338451
551457684661127766882078834758858600648865735763165275569994119108
346614456186706812749463392864273661511558912240868597078927007503
394219875836535973430041069559226761035533059931059176312793511629
714079606501253293619401366506307941570050211188043581494533791320
858732548430463659635754453470236895764075477044155714931768679302
277753119882184837301911786289306940111589359951274829912053068129
551929824938272147795541012944377345175642511716526216166999185835
646874649357924097724551332802362936675709907697852514226641191193
585434501374096079376005086552834228065726478022042061307951699639
533247616622891546684694096914515252563415426976727096542892366968
403192535094906738450902029724318091231270182551951383460029378821
762077676614701791056987095327706600308416181059206587486560051483
952184824992543254856132508585197436417072553803196406928071563221
322173345451876615575526390318339396568420029460701119129003740322
343976701062591895494110816617775621921623121137090313971995109300
060103007153333452901597889358798595884784180052537960087983471109

```
26578754895419075386106622018995978954059343787394706384236767750
18336928872866052783454452202405805711362960075974665197771111263
96946950342384651053143366709511076068629058782907882208713346420
36439036633298098850085133781496316618857710806631255804432420769
64751221658236162083468148414083152527539605062706669652630190259
84874403412660635747377192472521516522939406695524534224812999183
65659442375912055988200472864204206707422287275907409713982157237
63214549916729673080286486448406832219033684902698992971020092041
86578702517859183575055270334768877563858546273960750997614740057
19289818296672620120311458260815855382692225101382561102542944306
96243640089978100544006780213427670764254992593671010228467486622
94117529405166755581862694175059399711537675399665098330161573697
92270055730969595564927238518257578755341788875263978855596462447
92326407482162854233803633594937489952680601675414219788350902373
05768750328191825905212533184931830610070220267858052785156302432
19555393856571133062252246234147971144793257899373626522022284579
23034601177104157440941246819729500291141398676155035259981948073
23915452858111822298181564944792756355332235062904962376021888577
94081893514505639433389353397765545634086655528265813600081646333
52544948455955667051631077088725052066260225605736292144516747
13886016916293005420512420641555527240194558735950975262553372909
89990752880852423425526878962326127453557578081715309102459635355
94814762771969164198426111827588625890580436615487562068163743408
04760016441984380293734146828677717616041428541260642564158093743
61591292427136313673177612445899338591777306113329884665524574828
49252311945870699891238106008382027026598562576333919033672940001
26429069966838423817943612746986659318961904532222329360316632960
49436871828093274304915238932256255191114730075314812880720642684
22698113618552015447980876010728760945026924945406148795259778098
36006966910137781412349002068691938926415376722551768749515204014
88303120411302022780645964589480587137799676887349391870379821439
67206459086965189722569169850990310203096657363301877215791078781
42644572561741158418587769963563529157661151716117556191214637721
80113652263627127850352145333065842404271934657080561805642862699
83193272737246850808063725345867743143564713432991361084587114567
17680602415639874524038583336379398356339349445950307144276942139
65933515161002806826001862171080275899091634546246022698586717454
31097729730601950455750212178667292686336651258071050500174721336
20726980719277906330129190334291822013011713020686124637361536176
94805561122679035959983458207368030321560508366401669154640260872
05066519849075749621296331192046086424701059966275204067990852111
88739395262221717183945674358436625025940756778745520688317702101
22639289293331994618955621433939875377741823349077638559935400871
35321557810634349264692166801973069587793471722254480791181111963
26392764800123517725719274788305783971136690606455254331919032228
19360954971843249100904540662729238502740563383854859018826814943
84364584398026261111617176584281609795765250678761179511632399263
17003261953415092975005534048866409658351916597949193508634882192
15981448436924375455651122041948055268230753324769740884727787435
52359272108804052625835368689199319844609897160844674263673591680
55284786340626912717217317175601677171463475561619807884390311358
47771642605104747457663614383208549936721974573997978665227750353
80618914088883859093213743752720336230257877956104729285636608513
91577846496000873633392031048977816919904548372115769326147221016
37339567708656913761110896153278354055689486050710822954240918055
80809585284066735287814803865380214664675714389654758086043451295
39355130958693211086299311106058399394249657601065749524026449463
55244424073059903652849089666480404679455176056890276317171918768
27725748903336567177856382321653056921291150503264128157327075011
35519789309408910748803426109088274141371194091230943716786961363
```

0724776571046234861504060685470464577187891660382140143475097305 36
9103110844079695504562377538119827552159521365018775633970735439 58
0120471966019512882510545033173051621634109051819226052554631226 43
5532259295747572882001626270808236042444590358136199045960449167 54
0375537272061819889995147771614932760797999354053231793037435275 84
9954268171872137473000259335615361921111292616389162184695669562 03
3564970596509332371688551878420333041807503066505560625174160505 26
2331664091925223825887095521890288129575052171165597917130825340 46
0843307977465476881666919681447689732848391792177677642710321517 45
2447950735880763289054167316031811926102417003817755659611825654 152
5180967987602616343017278370327961732925081347047654857656059010 72
7673521385459827689298733297583299446853656599192720272312841968 96
6632593594772667223500113719502646730844926286095985262052240952 18
2235920031470698269779266722504236559291924920543503544423909408 80
5762010504653092697731349410857279976380113049279739865584198988 76
5833201593343961046875079635201784729873173044084272669658406096 18
0546546563193025050149598884019250855963188092332801473038791291 95
7958251012920437765334741089180758072471272402761666296862622222 31
6607044875229214715071461596077335123827216691545527291307887613 67
0400334477105207700594289972711773651892429913212080970648963125 58
8439119442642483455502072746152267209925644565283467989949066034 17
4136847615577313440734698003798042141226713203724653210732173573 76
0491932062755646766549039130286899780152779120272475105329245955 27
3986420662452957180086809157335553970196512931004832314704135049 42
9359651182657240498204431397567031470537098506131461559915459679 08
0382063327112705397643894613068335246691567644480584790531856264 95
7839354546836297097508864072557823669299065081270643207674253904 36
8857138109407458556596741811348102672978012876597705816267284575 61
5932812660645753286983567541694373351718691544942980395328095625 32
9671764742784192171054963853414283219862148618952679148304004542 30
2437244624942769588188513047879480515092402218472726874326028962 04
8598568318074375214862909921339139921806953807443634711062302102 02
3990801664283121979039310889890286812774491398778160123696349353 83
7904833738861649739886424085640388600121735603712566302824193284 41
3937152603550255365006846913799512533015708816931761980595766096 11
3281453624863814374708137609973392793407138710218356044379465595 76
3210859726380561131738627799618662828106580006360605669651605002 75
4632000642838339900470686106215897801359187080238837576895579111 71
3270218719138612446092285094662178800912356646714252845813168832 33
4386170263454531063573268617141732682521099271958324907832321928 98
0485122982303379378592697226931958950333541260677368451920279901 1
2943513290085258960490613481768461244818586345267324944123950337 02
4289552856674557637765483130391544907241744699033348963010326960 85
1264053688782221214621521942382509078188940264353675156891044885 68
3292128360258157480099845832054876530840824256135089359722960318 58
8388580383581856644121538670876760124831010463084474432188014479 09
3367474688447856414817445909124539810323008859206371015635875651 64
3095961127396401586176978131408795073714288317760436689819626413 47
5006971940565195045550516774239794019689986252789008523744580732 886
7069741773963572545060985423456789852042507322860709420263948418 28
6692566061665444072045775683939323122654078124783166688018030184 22
5045200535518686848505584530852538497542612057943053533080747750 82
6496088529445572785003441395589379335051184030225298701629150596 4
2259996005856489572336531798691369649635666578912525684626041479
8110865685571739072133078933108525903333113718587728703492627902 71
5673291686627166749081993182583166832828500157570780161193169221 93
1514754937755159804654092839991094937420103717085608605881785449 00
5704104136040435137642468998152680609255401123465329504349180537 47
7356166667104692983095678920316482063931739221248405512034780632 11
1316813373224063216455415588237846091942738088502838312362266549 74

```
4300558099898299574258432353764298631465635055283560477 09075747328
2636770439630979234656297949344566413960851464371303932 13677421247
0904452721540687921542630642597260292018994655298115142 61260490076
3867141730235727276839041559723450666693866460588292012 47114417883
1782234821533891876058363276181819433227695553112581904 84751746290
5620013468996440716198232054347184611020511315550930226 82510749199
0149608178562605108859036584745150376384915134000329516 39910621924
0557283008103521761979616832213981692408357639556211657 12611219290
5087163255258558649616638254193591482181876195923292056 99550637645
8182685575221152787011802994335467415362762077497854054 13330313633
5423682410108464763749063885279841490076464697648540094 79635895497
5461448137636970591635699836811987525054793069353207570 76678014844
7701424716241908166822490074207111864881547728917186535 96776539579
9335033427282146054169649600984706979585592643042870363 66471307131
4782330611576419913222420646099898830762685836055527409 90478467610
7604241784215062851755735299964786255295428367429870664 57943375801
0140740211618614484329765744263428528704778556308309631 43527878304
1945019702946575777732816746858087453931603937253315899 28057943463
1408735860861778826334927746151184911655130681846713677 34882334108
5136403947939208876886336339461382358344794081569610914 29387734713
8934237736191096460564244474779082076049660271356168954 10644483213
6598082938909729618912118342914906163896386106937520895 34688398334
4467189821243478072387447576975540743684674713502485881 839966556
8196344528811941833172636825050611864900394125520574571 20360355780
2514190435267183721921384829905803224695842432315898443 25103965443
5350535432292167470407786146848597625574461535118800314 30569954927
8471674544972697612839332518381972223283607075227812928 13010656941
2629487306342688373381817421706086475482763942423914027 53218042951
9034116351704698074233515560578575624509992532017874996 36640473477
0389855873065076038709977318431281098978988208543559550 94325390237
1895216820233442455725753078792633985509016455942373396 62522335164
8750589556942172972448959988250892321120347958941546546 03037878617
5915716613988693268737496847305496532937821475648105793 80828530053
2447080506569294223400109593482946145390788906616264021 50130735330
0331920745637263770770999399922886212243248802062634850 88853036010
7234368901360642758142528398785941799796112196379757651 9245218670
9608809213711197750008781593043072934488393095757415924 13752859777
9729189345385050803831986774590025186579172370808574164 29715380788
4060713068680361982419715774763895072534684045691927595 31937223702
2290155800656076047385473599044779967487499697694271376 68695533195
1253377640985870966838632639261649456086841403745684207 19405950701
7430354691821509004664939985517413893851975731215682616 22862231881
0967297476060130283311937161140874727067625585677751199 56667486151
9649129701933180849941096181392964927893609021253544332 73750642606
2429941203273625582441749834509473094534366159072841631 93683075719
7980682315357371555718161221567879364250138871170232755 55779302266
7858031999308108305763076523320507400139390958079016377 17629259283
7648747901772741256781905555621805048767469911408399779 19376542320
6233747173247033697633579258915152603156140333212728491 94418437150
6965520875424505989567879613033116462839963464604220901 06105779458
151
```

www.ingramcontent.com/pod-product-compliance
Lightning Source LLC
Chambersburg PA
CBHW071534210326
41597CB00018B/2994